"十二五"国家重点图书出版规划项目

防灾减灾技术丛书

洪涝灾害及防灾减灾对策

丛书主编　宋波

向立云　等　编著

中国水利水电出版社
www.waterpub.com.cn
·北京·

内 容 提 要

本书全面总结了洪涝灾害防灾减灾领域的最新理论研究与技术实践，共分为 5 章，包括：洪水与洪水灾害、防洪减灾实践与理论方法、防洪减灾技术、山洪灾害综合治理、城市内涝治理。

本书适合防灾减灾专业相关科研、工程人员参考借鉴，也可为政府管理人员作出相关合理决策提供支持，亦可作为相关专业院校师生的教辅使用。

图书在版编目（CIP）数据

洪涝灾害及防灾减灾对策 / 向立云等编著. -- 北京：中国水利水电出版社，2019.2
（防灾减灾技术丛书 / 宋波主编）
ISBN 978-7-5170-7494-6

Ⅰ．①洪… Ⅱ．①向… Ⅲ．①水灾—灾害防治 Ⅳ．①P426.616

中国版本图书馆CIP数据核字(2019)第035815号

书　　名	防灾减灾技术丛书 **洪涝灾害及防灾减灾对策** HONGLAO ZAIHAI JI FANGZAI JIANZAI DUICE
作　　者	丛书主编　宋波 向立云　等 编著
出版发行	中国水利水电出版社 （北京市海淀区玉渊潭南路 1 号 D 座　100038） 网址：www.waterpub.com.cn E - mail：sales@waterpub.com.cn 电话：(010) 68367658（营销中心）
经　　售	北京科水图书销售中心（零售） 电话：(010) 88383994、63202643、68545874 全国各地新华书店和相关出版物销售网点
排　　版	中国水利水电出版社微机排版中心
印　　刷	天津嘉恒印务有限公司
规　　格	203mm×253mm　16 开本　20.75 印张　485 千字
版　　次	2019 年 2 月第 1 版　2019 年 2 月第 1 次印刷
印　　数	0001—2000 册
定　　价	**58.00 元**

前 言
Preface

自人类脱离渔猎生活，进入农业社会，居有定所以来，沿河湖的洪泛平原和阶地，因其优越的水土资源和便利的交通条件，而成为人类开发利用的首选场所。技术的发展、生产力的提高和稳定的生活环境，使人口不断增长，导致对洪泛区进一步开发利用的需求增强。经过约 5000 年的开发和繁衍，目前，中国的洪泛平原、山区河流阶地，甚至河道的滩区几乎被开发殆尽。

洪泛区的土地开发利用造就了中国农业文明，也是现代文明发展的主要场所，这种开发利用是人类社会经济发展的大势和必然。

对洪水不时泛滥场所的开发和利用，必然会引发洪水问题。"汤汤洪水方割，荡荡怀山襄陵，浩浩滔天，下民其咨。"在尧、舜、禹时期，黄河流域连续出现特大洪水，淹没了平原，包围了丘陵和山冈，人畜死亡，房屋积蓄都被洪水吞没。在同一时期，西方也有"诺亚方舟"的传说。都表明洪水对人类和人类文明发展的巨大威胁和影响，这种威胁和影响一直伴随着洪泛区的开发过程。

为应对洪水带来的威胁和影响，几千年来，人类在认识洪水特性及人水关系的基础上，先后采取了堵、疏、筑堤、开辟分洪道、设置蓄滞洪区、建设防洪水库等防、疏、泄、蓄的措施。发展到现在，各流域基本都形成了由堤防、水库、蓄滞洪区、分洪道组成的防洪工程体系。

禹疏九河之后，自战国时期起，堤防便成为防御洪水、保护财产和推动进一步开发的主要手段，尽管中途有"贾让三策"的提出，在中国以堤为主的防洪策略一直延续至今。

进入工业文明之后，技术的发展使人类对改造自然的能力充分自信，认为已经找到了"撬动地球的支点"，根治和消除洪水的工程规划和建设曾一度成为决策者和工程师追求的目标。

受降水的随机性、不可预见性，工程的经济、安全和社会问题，以及近来认识到的工程对生态环境影响等因素的制约，实际上，工程只能防御一定量级的洪水，当洪水大到一定程度，工程则无能为力，极端情况下，还有可能使洪水的破坏力放大，例如溃坝。

认识到以工程控制洪水策略的局限性，20 世纪 40 年代，以美国吉尔伯特·怀特（Gilbert F. White）为代表的有识之士首先提出了协调人与洪水的关系，综合运用工程、洪泛区土地管理、洪水保险、建筑规范、应急响应等措施优化组合的洪水管理思想。在中国，1991 年和 1998 年洪水后，虽然实际决策的主流仍和历史上洪水过后一样，按新的水情规划建设工程，提高防洪标准，但也促使决策者开始反思以工程控制洪水策略的得失；在对洪水、洪水灾害特性，洪水与社会、经济、生态、环境等关系的认识不断深化和提炼后，2003 年新的治水思路基本形成，由"洪水控制"转向"洪水管理"的策略正式提出。

洪水管理的概念是相对于单一的以工程措施控制或消除洪水灾害的观念提出的，与通过工程控制洪水不同，其对象不再限于"洪水"，还包括土地和人的行为管理。

对于人、土地开发利用与洪水和防洪的关系，古人已经有了一些朴素的辩证认识。"凡立国都，非于大山之下，必于广川之上，高毋近旱，而水用足；下毋近水，而沟防省。"（《管子·乘马》，约公元前 700 年）。出于对筑堤防御黄河洪水，"增卑倍薄，劳费无已，数逢其害"弊病的认识，汉代贾让提出了他的"上策"：在黎阳遮害亭开口，将黄河约束在西边的大山和东面的金堤之间宽广的区域，迁移其中的居民，使黄河"左右游波，宽缓而不迫"，则可"河定民安，千载无患"。历史上凡大洪水（包括 1998 年洪水）发生后，或者洪水问题严重时期，总会出现"人水争地"的讨论，所谓"人与水争地为利，水必与人争地为殃"，甚至更有极端者，认为"宜任水势所之，使人随高而处"（汉明帝），对洪水"听之所趋""无违其性"（宋神宗）、"让人类远离洪水"（现代）。无论是"束洪水于河道之中"，还是"让人类远离洪水"都是人水对立的"零和"博弈，是不可取的。

人类利用洪水曾经不时泛滥、将来也有可能泛滥的土地，即所谓"人水争地"是不可避免的，也是一种合理地选择，在人口不断增长、粮食需求压力巨大的以农业为主的时期尤其如此。

洪水管理高度受制于人口因素的约束。200 多年前，马尔萨斯（《论人口原理》，1798）指出，若任由人类自然繁衍，"由于自然界提供的土地数量是固定的，收益递减规律发生作用，粮食生产不能按几何级数与人口保持同步"。"随着人口的加倍再加倍，正像地球的体积减半再减半一样——直到最后缩减到这种程度，粮食和基本生活资料下降到生存所必需的水平以下"。

马尔萨斯认为上述的人口增长不能长久，开始他认为瘟疫、饥馑和战争将使人口保持在维持基本生存的水平，而后，则寄希望于抑制生育的措施。

马尔萨斯所勾勒的这种情景，不幸正在一些第三世界国家的部分地区成为事实，在20世纪80年代之前的中国似乎也在滑向这一境况。即使是现在，在我国的一些地区，人们还在越来越贫瘠的土地上为最基本的生存而辛勤劳作。

贾让的治黄上策之所以在当时未被采纳，最主要的原因是，那时以农业为主的中国社会经济发展尚需仰仗贾让建议放弃的大片的土地资源养育位于中国政治经济文化中心——"中原"的大量人口。

马尔萨斯的理论在今天看来过于简单化，一方面，在社会发展的某些时期，由于生产技术的革新，产量可能会超过人口增长，当然若人口仍按几何级数增长，最终还将会供不应求；另一方面，一些西方国家的发展实际和我国近来发展的趋势表明，因技术进步带来社会财富和生活水平迅速提高的同时，人口增长率开始下降，甚至出现负增长。由此发展形成现代的人口观。

但对于类似中国的情况，若期望自然过渡到那些西方国家的人口增长状况，如果不是中途因人口压力致使支撑社会发展的资源系统崩溃，也必将经历一个漫长而痛苦的阶段，一如马尔萨斯描绘的惨烈情景。

现代人口理论描述了如下的人口迁移过程。第一阶段（农业社会时期），高出生率和高死亡率使人口增长相对缓慢。在中国这一阶段大致维持到清朝初期（18世纪），在从秦统一中国后的2000多年的时期内，总人口由几千万增长到1亿左右；第二阶段（早期发展），医学的进步使死亡率下降，而出生率不变，人口急剧增长。这一阶段在中国由清朝中期持续到20世纪80年代，人口由1亿多快速增长到10亿左右。特别是在20世纪50—80年代的40年间，人口大约增加了6亿；第三阶段（晚期发展），低婴儿死亡率、城市化和教育的普及使许多家庭愿意少要孩子，加之一定时期的强制性的计划生育政策，降低了出生率，人口增长依然较快，但势头开始减缓，这一时期在中国大约持续到2020年，总人口约达到13亿；第四阶段（成熟期），夫妇自行实行节育措施，两个人都愿意走出家庭，参加工作，家庭期望的（以及实际的）子女数在2个左右，甚至更少，从而使净人口增长率接近于零或负增长。与此对照，马尔萨斯的悲观推断与许多国家的实际有偏差，但其真理性成分至少警醒了中国的决策者，使控制人口增长成为一项基本国策。

由于20世纪80年代起推行的计划生育政策及随后的城市化快速发展，中国目前的人口迁移状况处于第三阶段的后期，并开始步入第四阶段。

城市化是影响人口迁移进程的重要因素，不仅使大量的农业人口脱离了对土地的依存，推进了新技术和新的耕种模式（机械化的规模经营）的运用，有效地提高了粮食产量，而且改变了人的生育观念，促进了人口迁移向第四阶段过渡。

我国现时所处的人口迁移阶段和城市化快速发展对农业人口的巨大的吸纳能力；洪水风险区内规模化经营土地的农户家庭财产构成由农作物和不耐淹的平房、土房为主转变为农作物、较多的储蓄和耐淹的楼房并重，而使其抗御灾害的能力显著提高；粮食压力的减少使得更多的洪水风险较高的土地有转变为耐水性产品和生态用地的需求和可能，为治水方略的调整提供了社会条件。

我国防洪工程经过上千年的，特别是近50多年的建设和不断地适应于洪水特性的调整完善，已形成了较为合理的以堤防、水库、蓄滞洪区、分洪道、闸坝及排涝设施组成的互为支撑和补充的体系，基本上可以保证重要城市和主要保护区的安全，为社会经济的持续稳定发展提供了保障，也为由控制洪水向综合的洪水管理策略的转折提供了工程基础。

合理的洪水管理模式是在一国或一流域或一区域一定时期的社会、经济、环境和行政等条件约束下，对未来发展趋势预测和洪水风险分析的基础上形成的。

与洪水控制策略不同，洪水管理不仅要在认识洪水特性的基础上，规划建设防御洪水的工程体系；还要考虑防洪工程体系的经济可行性，而不是简单地以某一历史洪水或某一再现期的洪水作为工程规划和建设的基准；考虑防洪与发展的关系，以采取综合的，包括促进洪泛区土地合理有效利用规范、风险分担政策和应急体系等，而不是单一的工程措施，减轻洪水影响，保障社会的可持续发展；考虑稀缺的社会资源在洪水管理与其他公共部门的合理配置，以实现资源的效率；考虑社会公平性，并针对洪水管理措施可能造成的不公平加以补救；考虑洪水的生态和资源等效益的维持和发挥。

对于类似于洪水这样的社会问题，由于其影响面广，并通常伴随有外部性，市场机制对这些问题往往无能为力。有效率的，有时也是唯一可行的解决办法是制定公共政策，采取集体行动。从4000多年前的大禹治水开始，中国的洪水问题基本上都是由政府组织，通过集体行动来处理的，其他国家也是这样。

但是，通过政府行为处理社会问题并不总是有效率和公平的，"当政府政策或集体行动不能改善经济效益或道德上可接受的收入分配时，政府失灵便产生了"（保罗·A·萨缪尔森）。

造成政府失灵的主要原因包括信息不完备、政府缺乏代表性，以及政府官员的急功近利、好大喜功、墨守成规等局限性。

因为洪水管理涉及自然、社会、经济、工程、生态环境等各个方面，而这些方面又相互关联、相互影响，并且随着社会经济的发展和环境的变化，其相互作用机理正日趋复杂化，存在大量的尚未被人类认识的不确定性和风险因素，因此，任何简单化的、片面的洪水管理政策和措施，任何期望在短期内一劳永逸地解决洪水问题的做法都是不合理、不现实，甚至可能是有害的。如各国在不同时期，包括我国在近期已认识到的企图以单一的工程措施"根治、消除"洪水灾害的"控制洪水"的"工程水利"策略所暴露出的不足与缺陷。

为什么政府在处理类似于洪水这样的社会问题时会出现这类失误？20世纪发展形成的公共选择理论和政策科学对此给出了部分解释和相对科学的解决方案。

1998年洪水后，经过多年的反思和讨论，我国的治水策略应由"洪水控制"向"洪水管理"转折已在社会各层次达成共识，有关管理政策和措施将陆续出台。在强调洪水管理、强调人水和谐、强调洪水各种利益的同时，还要警惕将工程防洪与洪水管理对立的趋向。实际上，防洪工程措施是洪水管理体系中不可或缺的重要组成部分，适度的防洪工程是为洪水威胁区社会经济发展提供安定环境的基本保障，并在相当程度上为非工程的洪水管理政策措施的采取奠定了基础。

本书主要内容及编写分工如下：

第一章　洪水与洪水灾害，概要介绍了中国洪水的类型、特征及洪水灾害的影响，并罗列了历史上各类典型的洪水事件，以加深读者对中国洪水水文及灾害特征的理解。

第二章　防洪减灾实践与理论方法，概要总结了中外防洪减灾历程和实践，阐述了政府在防洪减灾工作中的职能及面临的困境，以及可能的防洪减灾政策与措施选择，介绍了支撑政府防洪减灾决策和措施采取的洪水风险分析理论与基于洪水风险分析的防洪减灾规划方法。

第三章　防洪减灾技术，介绍了洪水监测预报、洪水分析、洪水影响与损失评估、洪水调度、洪水风险图编制及防洪决策支持系统等方法与技术。

第四章　山洪灾害综合治理，结合我国目前正在实施的山洪灾害防治项目及典型案例，介绍了山洪灾害治理的工程与非工程措施。

第五章　城市内涝治理，概要分析了城市内涝的成因与风险特征，介绍了城市内涝治理的工程与非工程措施。

本书第一章由向立云、解家毕、万洪涛编写，第二章和第五章由向立云编写，第三章由何晓燕、张大伟、王艳艳、曹大岭、刘舒、万洪涛、郑敬伟、向立云编写，第四章由解家毕、向立云编写，全书由向立云审稿。

由于江河中下游洪水防治的相关著述已有很多，农田内涝治理与城市内涝治理有相通之处且更为简单，本书虽未具体涉及，但书中所述的有关理论、方法和技术，以及治理政策措施具有通用性，亦可为其参考和借鉴。

本书的编写与出版得到了"全国重点地区洪水风险图编制项目"和"十二五"科技支撑项目"太湖流域洪水风险演变及适应技术集成与应用"的资助。

作者

2018 年 1 月于北京

目录
Contents

第一章　洪水与洪水灾害

中国位于欧亚大陆的东南部，东面是全球最大的海洋——太平洋，西面是世界屋脊——青藏高原，地势自西向东呈三级阶梯状分布。最高一级为青藏高原，海拔一般在 4000m 以上，青藏高原以北和以东地区地势显著下降到海拔 1000～2000m，高原和盆地相间分布，构成第二级阶梯，大兴安岭、太行山、巫山、云贵高原东缘线以东，直至滨海地区，海拔一般在 500m 以下，自西向东有丘陵和平原交错分布，属第三级阶梯。

中国幅员辽阔，气候复杂，东部属季风气候（又可分为亚热带季风气候、温带季风气候和热带季风气候），西北部属温带大陆性气候，青藏高原属高寒气候。

中国的洪水集中发生在季风气候区域。

第一节　洪水类型及其成因

洪水指水淹平时无水陆地的现象。

洪水的发生多源于暴雨、融雪和风暴潮等气象因素。地质的突然变化，如地震、滑坡、山体崩塌、泥石流等，堵塞河道形成天然坝体造成水位异常升高淹没上游地区，随后溃决，导致下游部分地区淹没，或引发海啸淹没沿海地区，也是洪水的成因之一。气候变暖，造成海平面上升，逐步侵入淹没沿海地区，桑田变沧海，则形成永久性洪水。某些人类活动，如侵占填埋河道、围湖填海、开垦坡地破坏植被、硬化地面、过度开采地下水及地下矿藏导致地面沉陷、修建水库抬高库区水位，或人造工程（大坝、堤防）失事，也会引发洪水或扩大洪水淹没范围、加重洪水淹没程度。

洪水类型的划分有许多方式。基于其来源、形态及淹没地域分布等因素，通常将洪水分为河道洪水、内涝积水、海洋洪水等；按照其成因，通常将洪水分为暴雨洪水、融雪洪水、冰凌洪水、溃坝决堤洪水、地下水洪水、风暴潮、海啸、海平面上升等；根据其形成速度，一般将洪水分为突发洪水、缓涨洪水、半永久性或永久性洪水等。

下面以上述第一种分类为主线，兼顾其他分类，介绍洪水的类型及其成因。

一、河道洪水

河道洪水指江河中水流泛滥淹及两岸土地的现象，包括由降雨、融雪、融冰、冰凌和溃坝等引发的山洪和平原河道洪水。我国的河道洪水主要由暴雨造成。

（一）山洪

山洪即暴洪，指发生在山丘区河道的突发性洪水。定量地，多将河道内水位起涨达到峰值水位的时间间隔小于12h的洪水划分为山洪，因此，位于山丘区的人工大坝和天然坝（堰塞湖、冰湖）等溃决形成的洪水也归为山洪。

山洪多由山丘区局地强降雨造成，具有形成时间短、暴涨暴落、流速大、破坏力和冲刷力强，并时常伴有泥石流等特点。山丘区暴雨主要由锋面、切变线、低涡及局部强对流等天气条件形成。

我国山丘区面积约占国土总面积的70%以上，山区河流面广量大，山洪频发。地域上，我国南方山区，如长江流域山丘区、珠江流域山丘区、闽江流域和淮河流域山丘区山洪发生频繁、集中，北方山区山洪发生频次较低，但正由于此，且山洪多伴随泥石流，其突发性和破坏力更强，防范难度更大。

因山区河流集雨面积小、且由局地短历时强降雨引发，山洪过程自起涨至消退多仅持续数小时，最长一般不超过一天。受山区河流地形约束，山洪的水流流向与河谷走向一致，为单向流动，淹没形态呈狭长形，当山洪量级较大时，会淹及沿程山间台地（南方称"坝子"），淹没形态呈不规则藕节形，在汇入干流处河谷扩展，淹没形态呈扇形。由于山区河流两岸陡峭，虽然山洪涨落幅度较大，峰枯水位差常达20～30m，水面沿两岸横向延伸多在百米量级，淹没面积有限。

山区坡陡、河流比降大，山洪水流湍急，流速可高达数米每秒，冲刷力强、挟沙量高，通常会裹挟大量泥石树木冲泻而下，更增加了其破坏力（图1-1）。在地表破碎松散、土壤抗冲性能差、植被覆盖率低、土石裸露的地区，如我国西北山区，山洪通常与泥石流伴生，水流与其裹挟的泥石体积相当，故多被称为山洪泥石流。山洪过后，淹没所及，会沉积大量泥石杂物，淤阻河道、填埋房屋和农田（图1-2和图1-3）。

位于山丘区或山脚下的城镇，因规划不当，填埋原有排洪沟渠，可能导致降雨时山区来水汇入顺山坡走向建设的街道，成为排洪通道，形成类似于山洪的顺街行洪洪水，是城镇化发展产生的新的山洪形态。例如我国的济南市发生较大降雨时某些街道的洪水便具有典型的山洪特征（图1-4）。

山洪的特征通常采用暴雨频率（与山洪发生频率一致）、各频率下的洪峰流量、水位、不同频率之间的水位差（涨幅）、断面平均流速等反映。

图1-1　湍急的山洪水流

图1-2　山洪淤埋房屋农田

图1-3 山洪冲毁淤埋居住区

图1-4 山丘区城市顺街行洪洪水

（二）平原河道洪水

平原河道洪水，指发生在流域中下游洪积或冲积平原河道缓慢上涨而造成两岸土地淹没的洪水。平原河道洪水自起涨至消退的过程通常持续数天，大江大河，例如我国的长江、淮河等流域中下游的一次洪水过程可长达两个月以上。

平原河道洪水多由长历时、大范围降雨形成，这类降雨多是由夏季在我国上空移动的西太平洋副热带高压脊线在某一个位置上徘徊停滞、热带风暴或台风深入内陆后引发的。

由于地处季风气候区，我国的降雨具有显著的季节性，大暴雨主要集中在夏季3～4个月内发生，且热带高压脊线移动或停滞及热带风暴或台风发生在年内或年际间具有随机性，致使平原河道洪水呈现峰高、洪量集中、年际变化显著的特点。根据调查和实测最大洪水资料，我国一些河流的最大洪峰流量值十分接近甚至超过世界相近流域河流，一次大洪水七日洪量和次洪总量与多年平均年径流总量的比值很高，松花江、海河和淮河等北方和南北过渡带流域，其平原河道干支流许多控制站的次洪量达到多年平均年径流总量的 1 倍以上，个别的达到 2 倍以上，长江和珠江等南方河流的相应比例虽较小，但也高达 18%～60%，七日洪量也常超过多年平均年径流总量的一半以上。以河道平原段主要控制站洪峰流量最大值与年最大洪峰流量平均值之比表征洪峰流量的年际变化幅度，则长江及珠江为 1.4～3，淮河与黄河为 2～8，松花江、辽河为 3～8，海河及滦河为 5～9。

我国平原地区河流多受堤防约束，由于洪水具有峰高、洪量集中的特点，堤防通常较高，最高者可超出堤外地面 10m 以上，如长江的荆江大堤和黄河中下游堤防。与天然平原河道洪水缓慢上涨、逐渐浸淹两岸土地不同，泛滥洪水通常以堤防冲决、漫决或因管涌溃决等形态出现，居高而下，出流相对集中，破坏力较大。溃堤而出的洪水，受平原地形和水流自身动能的共同影响在平原地区扩散泛滥，具有典型的二维特征。大多数河流的泛滥洪水随着河道洪水的消退，部分滞留平原低洼地带，部分逐渐回归河道；而个别因泥沙淤积和人工筑堤共同作用形成的地上河，如黄河和清康熙之前的永定河（曾称无定河），其泛滥洪水会借相邻河道，甚至其他流域的河道入海，严重时可能长期经溃口漫流，最终形成新的入海通道。

经过长期的农业经营，我国某些天然的平原浅水沼泽地带或湖区被逐渐围垦，形成了独特的平原河网圩区，如太湖地区河网圩区、珠江三角洲河网圩区、洞庭湖和鄱阳湖河网圩区等，河网内各河道流量变幅不大且呈往复流态，洪水发生与否主要由水位控制，溃堤后洪水泛滥区域多局限在一个或与其相邻的有限的几个圩区，面积不大。

在平原河道，尤其是大江大河中下游河段的两堤之间，通常有较为广阔的滩地，因疏于管理，迫于人口压力，多开垦为耕地，且有居民点分布其中，并沿河道主槽筑有生产堤或围堤保护耕地房屋，而成为平时无水的区域。河道洪水发生时，这些滩地首当其冲，成为淹没可能性较高的区域。

二、暴雨内涝

内涝积水指当地降雨汇集在低洼地带造成平时无水地面临时淹没的现象。农田因当地降雨临时淹没称为内涝，城市地表因当地降雨临时淹没称为积水，有时不作区分统称为暴雨内涝。

"当地降雨"对于平原圩区而言含义相对明确，基本上是"一块天对一块地"，而对于周边有坡地的低洼地带，当地降雨并不是严格意义上的"当地"，降雨范围不仅含内涝淹没区，还包括周边坡地的集雨面积。

（一）农田内涝

内涝通常发生在自流排水条件较差的平原低洼地区，历史上多为雨水汇聚的平原浅水沼泽地带或湖区，如太湖及其周边湖沼区、珠江三角洲、湖北四湖地区、洞庭湖及鄱阳湖、沿淮平原洼地等，经人类不断围垦侵占成为农田，当降雨超过其排水能力，田间积水深度或积水时间超过农作物耐水能力，便会发生内涝。

农田内涝可能因当地降雨发生的同时，遭遇河道洪水、湖水位或潮水位上涨导致排水条件恶化而加剧。在河道发生大洪水危及堤防安全的极端情况下，出于防洪全局考虑，为缓解防洪压力，会强制关闭农田机排设施，从而出现"因洪致涝"或"关门淹"的情况。

在平原河网地区，圩区排涝能力受制于区域河网的整体排水能力，一旦圩区排涝能力超过河网排水能力，排涝的结果将使部分河道水位超过其堤防防洪标准而导致漫堤或溃堤，从而出现"因涝致洪"的情况，反而造成更大的损失。

（二）城市内涝

与农田内涝类似，城市也会面临内涝积水问题。

历史上，由于城市人口较少，城市通常规模不大，可供城市建设所用的适宜场所很多："凡立国都，非于大山之下，必于广川之上，高毋近旱而水用足，下毋近水而沟防省。因天材，就地利，故城郭不必中规矩，道路不必中准绳"（《管子·度地》），城市选址多可避开可能发生内涝的低洼地带，无需配置大量的排水设施（"沟防省"中的"沟"即指排水沟渠）便无内涝之虞，同时要求城市规划建设多遵循"因天才，就地利"，顺势而为的原则，不破坏自然形成的地形地势。近来城市内涝的实际表明，凡古城区部分，很少出现内涝问题。

工业化以后，人口大量向城市聚集，城市迅速发展，呈现出两个特点：①以现有城市为中心向周边，包括低洼地带和河道沿线等"近水"之地扩张；②根据经济发展需要建设新城，不受"大山之下、广川之上"的城市选址原则的制约，使得许多新城位于江河湖海沿岸的低洼易涝地带。

而在城市快速扩张和建设过程中，又往往忽视"因天材，就地利"，填湖埋沟，围滩束河，寸土必争。街区务须规整，道路强求顺直，地面但图坚实，遇坡削坡、遇洼填洼、遇沟截沟，导致自然地势破碎，蓄涝能力降低，排水通道紊乱。

本无内涝问题的山丘区城市，由于城区不断向河道两岸推进，产生了修建堤防的需求（下已近水，"防"难省），而堤防的存在，在很大程度上隔断了排水通道，经城市坡面汇流而下的雨水一时间聚集在堤防沿线，难以及时排入河道，使得排水条件优良的山丘区城市也出现了内涝问题，呈现出一种新的内涝形态。

在因城市选址和规划建设不当导致地表排水蓄涝下渗性能低下的同时，对地下排水系统的建设也同样表现出认识不足，缺乏统筹规划，盲目被动，反复试错的局面。一方面，城市，尤其是新兴城市的快速扩张，通常伴随着棚户区和违规自建住宅区的出现，形成"城中村"景观，这些区块大多无地下排水设施，一遇降雨，涝水污水横溢，糜烂不堪，多是城市内涝严重地带，因人口密集，相对贫困，道路狭小，而成为重构或改造地下排水系统的难点；另一方面，即使是按正规程序规划建设的城区，由于普遍存在"先地上，后地下"的发展模式，地下排水体系参差不齐、缺乏层次、随意性多而系统性差，往往不能满足城市发展对排涝的需求。

城市道路规划建设过程中缺乏对地表排水和产汇流特性的认识也是加重城市内涝问题的原因之一，主要表现为：①阻断或缩小排水通道。例如，道路横穿排水沟渠或坡面汇流路径时，修建挡墙阻止降雨来水进入道路，或在路面下设置远低于原沟渠过流能力的孔道而形成卡口；与排水河渠争地，缩窄过流断面并沿程封盖，形成地下暗渠地上道路的格局；②填埋排水沟渠修建道路，暴雨期间道路成为排水通道，顺街行洪；③采取下潜方式建设道路立交，导致下潜路段成为雨水汇聚的易涝场所。

城市的形成和扩张必然会增加地表不透水率，显著改变城市地区原有的自然水循环格局，导致地表径流加大，而在城市建设过程中特意将道路、广场、停车场、屋顶硬化的做法更增加了城市不透水的面积。图1-5中所示的降雨径流、下渗和蒸发蒸腾比例为大致的平均值，其总体趋势是随着降雨强度加大，地表径流占降雨总量的比例升高，在高度城市化区域，大暴雨期间产生的地表径流占比可高达降雨总量的80%～90%。城市建设的地表格局，即房屋地基高于生活生产小区地表、小区地表高于道路路面、一般道路路面高于干道路面（图1-6），使得降雨产生的地表径流及其携带的杂物呈现出向城市道路汇集的总体趋势，一旦沿路地下管网排泄不及时或下水口堵塞，便会造成路面积水，交通中断。

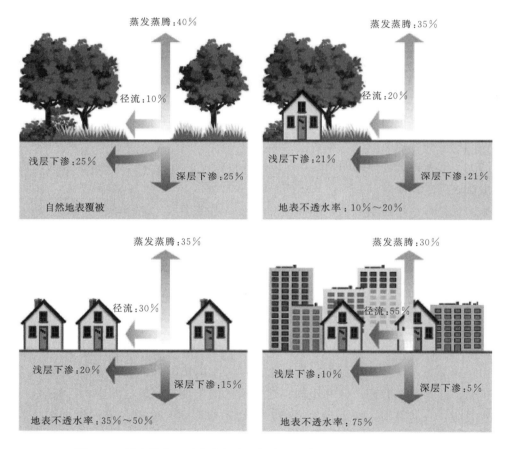

图1-5 城市地表不透水率与降雨径流、下渗和蒸发蒸腾关系示意图

城市地面不透水率的增加在导致地表径流量加大的同时，还加快了地表汇流的速度，而大量城市地表径流通过地下管网、泵站直排进入外排河道（图1-7），又加大了地下排水速度，使得通过地表和地下进入外排河道的水量增加，且更为集中，从而导致同等降雨条件下外排河道的流量加大、水位抬高，甚至泛滥至河道两岸。高涨的河道水位反过来又阻滞了管道排水、降低了泵站抽排能力，导致后续降雨径流更多地滞留于地表。有时，河道水位可能会高于城市某些检查井入口高程，而出

现河水沿排水管网倒灌溢出检查井，造成局部区域严重积水的情况。

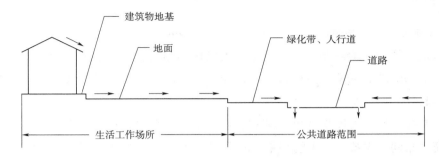

图 1-6　城市雨水地表汇流过程概念图

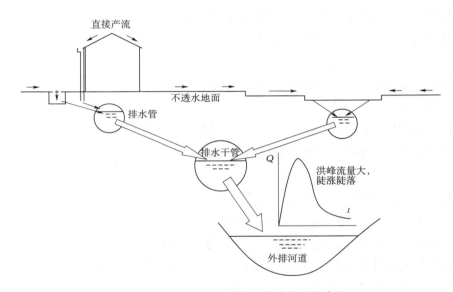

图 1-7　城市传统（直接）排水体系概念图

　　造成或加重城市内涝积水的主要因素见表 1-1。

表 1-1　　　　　　　　　城市内涝主要成因及其致涝特点一览表

城市内涝成因		成 因 说 明
自然因素	降雨	降雨强度超过城市某些区域的排水能力
	地理	位于平原低洼地区或排水易受河道洪水顶托的城市，易发生内涝
人为因素	选址	在易涝低洼地带选址建设城市，自然排水条件差，易发生内涝
	规划建设	城市规划建设阻碍、破坏、缩窄、填埋排水通道，城市建设与城市排水系统建设缺乏统筹规划，城市向低洼地带扩张，下潜式道路建设等，导致内涝加剧
	城中村、贫民区	城中村和城市贫民区排水条件和排水设施缺乏，成为城市内涝的易发、频发和重灾区
	城市垃圾	城市垃圾堵塞排水河道、雨水收集系统和地下管网，降低排涝能力
	地面硬化	增加地表径流量和汇流速度，涝水量更大、更集中，且加大排涝河渠的流量、抬高河渠水位，可能导致河渠洪水泛滥，或河水倒灌

三、海洋洪水

（一）风暴潮洪水

风暴潮洪水是由热带气旋或温带气旋及寒潮大风作用和气压骤变引起的沿海海面异常升高，导致海水侵入淹没沿海陆地的现象，当风暴增水适逢天文大潮时危害更为严重。我国的风暴潮洪水主要由热带气旋引起。

我国大陆海岸线几乎均可能受到风暴潮的袭击，但不同海岸带遭受风暴潮袭击的频次、严重程度和诱因并不完全相同。据统计，平均每年登陆我国沿海的台风约（热带气旋中的持续风速达到12级）7个，东南部沿海是我国遭受台风侵袭引发风暴潮严重的地区，韩江口、珠江口、雷州半岛东部、海南省东北部和广西沿海是受台风风暴潮侵袭最严重的海岸段。

我国沿海受风暴潮威胁的地区基本上都建有海堤（海塘）防御海水入侵，因此风暴潮洪水淹没内陆主要表现为两种形态：①风暴潮冲毁海堤，导致部分堤段溃决，海水主要由溃口涌入，淹没内陆部分区域；②海堤基本完好，风暴潮涌浪越过堤顶，淹没堤内部分区域。通常，发生上述第一种情况时，往往伴随着越浪淹没形态。

台风登陆后，所到之处，往往会引发强降雨，而降雨导致的当地内涝和河道洪水，可能遭遇风暴潮产生的高潮位，使行洪水排涝不畅，加重沿海地区的洪水和内涝程度。

（二）海啸

海啸是由海底地震、火山喷发、滑坡等海底地形突然变化所引发的具有超长波长和周期的大洋横波，其传播速度大约500～1000km/h，而相邻两个波峰的距离可能远达500～650km。当其在近岸浅水区行进时，波速变小，振幅陡涨，有时可达20～30m以上，形成"水墙"，瞬时侵入淹没沿海陆地。世界海啸多发区为夏威夷群岛、阿拉斯加区域、堪察加—千岛群岛、日本及周围区域、菲律宾群岛、印度尼西亚区域、新几内亚区域—所罗门群岛、新西兰—澳大利亚和南太平洋区域、哥伦比亚—厄瓜多尔北部及智利海岸、中美洲及美国、加拿大西海岸，以及地中海东北部沿岸区域等。据1900—1983年的统计，太平洋地区共发生405次海啸，其中造成伤亡和显著经济损失的达84次，即平均每年1次。

中国的近海，渤海平均深度约为20m，黄海平均深度约为40m，东海平均深度约为340m，它们的深度都不大，只有南海平均深度为1200m。因此，中国大部分海域地震产生本地海啸的可能性比较小，只有在南海和东海的个别地方发生特大地震才有可能产生海啸。

（三）海平面上升导致的洪水

海平面上升洪水指因气候变化导致海平面持续升高造成沿海部分地带的陆地永久性淹没的现象。

观测数据表明，在20世纪全球海平面年均上升（1.7mm±0.5mm），且研究表明，全球海平面仍于上升趋势。但是由于对导致海平面上升的影响因素的认识十分有限，目前尚难以对未来海平面上升作出定量的预测。尽管如此，海平面上升仍是人类面临的重大潜在威胁。

当海平面上升的上限处于某区域可通过工程措施防御的范围内，该区域有可能保全，虽然在此海平面基准上，区域遭受洪水、内涝、风暴潮洪水淹没的可能性会增加；而当海平面上升的幅度超过某区域的防御能力，或通过工程保全某一区域变得不经济时，该区域将被海水永久性淹没。

沿海地区的地面沉降更增加了海平面上升的威胁，有些区域可能会由于地面沉降和海平面上升的双重作用而无力防护，导致桑田变沧海。

第二节　洪　水　特　征

洪水造成陆地淹没的程度及淹没状态主要与以下因素有关：洪水类型、洪水量级、洪水过程、洪水水质、洪水携带物、淹没区地形、防洪能力等，与之相应的定量反映洪水特征的指标包括洪水发生概率、洪峰、洪量、杂质（泥石、盐分、污染物等）含量、淹没水深、淹没历时、洪水流速等。

一、洪水的度量

（一）洪水发生概率

确定洪水发生概率的常规手段是通过历史洪水事件实测或调查资料的分析，推求不同量级洪水的重现期，据此预测未来洪水发生的概率。

受人类活动、自然和气候变化、防洪排涝工程建设与管理、人类认识水平以及其他人为因素的影响或制约，即使在有系列历史洪水数据的情况下，亦很难准确估算洪水发生的概率。相对而言，河道洪水发生概率的确定相对可靠，虽然对于洪水地区组成繁多、江湖关系复杂的大流域中下游河道，估算其洪水发生概率仍无定论。对于某些类型的洪水，例如海啸、溃坝洪水、永久或半永久性洪水（如海平面上升）等，预测其发生概率或在目前认识水平下尚不可能，或有很大程度的不确定性。

计算技术的发展为洪水发生概率的估算提供了新的途径，针对不同洪水类型，确定引发洪水的关键变量的概率分布，如降雨强度及其分布、气压场和风场等，建立数学模型，则可模拟计算洪水事件发生的概率。

1. 重现期

洪水的重现期定义为：假定洪水（河道洪水、暴雨内涝、风暴潮）事件为随机事件，对于给定量级的洪水，其重复发生的平均时间间隔，通常以若干年一遇称之。

不同类型的洪水，反映其重现期的指标不同：河道洪水通常为洪峰流量，当洪水来源地区组成和江湖关系复杂时，还需考虑洪量，内涝为暴雨强度（24h、3h降雨量等），风暴潮为潮位和浪高等。

在不同地区，同一类型同等量级的洪水其重现期不同。大江大河数万立方米每秒的洪峰流量可能是常遇洪水，而对于较小河流则是稀遇洪水或不可能发生；同样尺度的流域，同样的洪峰流量，对于干旱地区，重现期会更长。

洪水重现期需基于实测资料推求，实测资料系列越长，重现期计算的不确定性越小，通常要求实测资料系列不少于30年。

由于实测资料系列有限，推求洪水重现期时，通常需基于实测资料对洪水频率分布作出相应的假设，从而得出任意量级洪水的重现期。

2．洪水概率

洪水发生的概率通常指任意一年中某一量级洪水发生的可能性，可见洪水概率是重现期的倒数，例如重现期为100年一遇的洪水，在任意一年中发生的可能性（概率）为1％。重现期的概念有可能会被误解，因为某一重现期的洪水并不一定在此期间内必然发生一次，实际上它可能发生不止一次，也可能不发生。

某一重现期为T的洪水在特定期间t内发生的概率$P=1-(1-1/T)^t$，例如，100年一遇洪水在未来100年内发生的概率为0.634（接近2/3），不发生的概率为0.366。

3．洪水概率的不确定性

上述洪水重现期或概率计算基于一系列的假设，主要包括：

（1）存在长期的、高质量的实测资料。

（2）洪水事件为独立事件。

（3）自然系统是恒定的不变的，因此，实测资料具有代表性和一致性。

（4）洪水事件服从某一概率分布，并且该概率分布可代表任何时间的概率分布等。

这些假设与实际情况或多或少有偏差，从而导致计算的洪水概率存在一定程度的不确定性，这种不确定性是在防洪减灾决策过程中必须考虑的因素。

（二）洪水特征指标

常用于描述河道洪水特征的指标为：流量、水位及其峰值和洪量。流量定义为单位时间通过某一河道断面的水流体积（多以m^3/s为单位），水位定义为在某一基准之上的高程，洪峰流量或洪峰水位指在洪水事件期间的最大流量和最高水位，洪量定义为某一时间间隔内流经某一河道断面的水流体积。

某一河道断面的流量和水位通常会呈现出一定的相关关系，可通过绘制两个指标的观测数据曲线直观表示。这一曲线只是近似值，受洪水流动非恒定特性的影响，水位和流量之间的关系是非线性的，同一水位值对应的流量值并不唯一，反之亦然。在受潮汐影响的河口附近河段或平原河网地区，河道断面的流量和水位之间则基本上无相关性。

我国的河道洪水多由暴雨引发，对于中小流域，由于降雨天气系统多可将其覆盖，降雨造成的洪水来源地区组成相对明确，河道断面的流量过程和洪峰流量与场次降雨量和降雨强度具有较好的相关关系，因此，降雨特征指标也可间接反映河道洪水的特征。

平原地区农田或城市因暴雨造成的内涝特征通常采用代表性时段的降雨量、分段降雨强度（以小时或分计）和区域排水能力等指标描述。根据作物种类的不同，农田的排水能力以某一重现期降雨若干时间（如3天或24h）排干衡量，而城市（包括居民点）的排水能力则以某一重现期降雨道路或地面积水深小于某一临界值（如0.15m）表示。

描述海洋洪水特征的指标为海（潮）水位和波浪高。风暴潮是气压增水和风浪增水共同造成的，海啸则是由于海底地形突然变化引发的大洋横波行进至近岸浅水区时，波高急剧增加引发的，海平面上升则表现为海水位缓慢上涨。

（三）洪水淹没特征指标

如前所述，洪水指水淹平时无水陆地的现象，由此可见，当水流在河道内（或在堤防间）行进，降雨小于当地排水能力，海洋增水未越过滩涂或海堤，未造成陆地淹没时，则无洪水发生。

洪水量级一旦超过某一地区防洪、排水或防潮能力，或防洪工程设施在水力作用下破坏时，将会造成平时无水陆地的淹没。衡量洪水淹没特征的指标主要包括淹没范围、淹没水深、淹没历时和流速等。

除洪水大小外，淹没范围主要取决于洪水泛滥区域的地形特征。在山丘区，河道水位的上涨可能不会导致淹没范围的显著变化，而在平原地区，水位些许增加，往往会造成大范围的淹没。

淹没水深是反映洪水危害特征最主要的指标。道路路面水深超过0.3m，交通基本中断，水深大于0.5m，会危及儿童生命，水深超过1m，会危及成人安全，农作物或植物当水深超过一定值也会绝收或减产。

淹没历时在一定程度上反映了洪水造成经济活动中断的时间，对旱地作物或植物而言，即使淹没水深较浅，但若根部长时间浸水，也会使其绝收或减产，建筑物基础被长期浸泡，则可能导致建筑物倒塌或缩短其使用寿命。

流速是衡量洪水破坏力的指标，较高流速的水流，可能冲倒房屋、冲断道路桥梁、淘刷建筑物基础，使水中人员失去平衡而溺水。相对而言，平原地区的泛滥洪水流速较小，山丘区洪水流速较大，流速指标显得更为重要。

此外，洪水的泥沙含量、杂物携带量（多为山丘区洪水）、含盐量（海洋洪水）有时也需作为洪水危害性指标纳入考虑。

（四）洪水等级

1. 河道洪水

我国的《水文情报预报规范》（GB/T 22482—2008）对河道洪水（包括因暴雨、融雪、溃坝等引发的河道洪水）量级的等级划分标准如下：

- 小洪水：洪峰流量（水位）或洪量的重现期小于5年的洪水。
- 中等洪水：洪峰流量（水位）或洪量的重现期大于等于5年，小于20年的洪水。
- 大洪水：洪峰流量（水位）或洪量的重现期为大于等于20年，小于50年的洪水。
- 特大洪水：洪峰流量（水位）或洪量的重现期大于50年的洪水。

2. 风暴潮

国家海洋局发布的《风暴潮、海浪、海啸和海冰灾害应急预案》中，根据风暴潮超过当地验潮站警戒水位的增水量，将风暴潮预警级别分为Ⅰ、Ⅱ、Ⅲ、Ⅳ四级警报，分别表示特别严重、严重、较重、一般，对应的增水分别为大于80cm，30～80cm，0～30cm和-30～0cm。

《海堤工程设计规范》（SL 435—2008）将防御风暴潮的海堤工程分为5级，分别与大于100年一遇、50～100 年一遇、30～50 年一遇、20～30 年一遇和小于 20 年一遇风暴潮对应。

相比而言，以发生频率衡量风暴潮的量级更为清晰和更有可比性，也与河道洪水分级的指标一致，因此本书参考《海堤工程设计规范》（SL 435—2008）对风暴潮进行分级，并将其与洪水等级的名称对应，分别称为一般风暴潮、较大风暴潮、大风暴潮和特大风暴潮。即：

- 一般风暴潮：重现期低于 20 年一遇的风暴潮。
- 较大风暴潮：重现期为 20～50 年一遇的风暴潮。
- 大风暴潮：重现期为 50～100 年一遇的风暴潮。
- 特大风暴潮：重现期大于 100 年一遇的风暴潮。

3. 内涝

我国目前尚无国家或行业的内涝分级标准。

对于内涝，根据受威胁对象的不同，通常区分为城市内涝和农田内涝两种情况。

（1）城市内涝。

城市内涝的定义是降水导致地面积水。《城市排水工程规划规范》（GB 50318—2000）规定："城市雨水规划重现期，应根据城市性质、重要性以及汇水地区类型（广场、干道、居住区）、地形特点和气候条件等因素确定。在同一排水系统中可采用同一重现期或不同重现期。重要干道、重要地区或短期积水能引起严重后果的地区，重现期宜采用 3～5 年，其他地区重现期宜采用 1～3 年。特别重要地区和次要地区或排水条件好的地区规划重现期可酌情增减。"我国城市中最重要的地区——天安门广场的排水能力为 10 年一遇暴雨，是目前我国能达到的最高标准，其他特别重要的城市地区或交通干道的排水能力最高为 5 年一遇，大多数城市的排水能力在 1 年一遇左右。

城市雨水管道主要沿道路分布，城市内涝程度通常由道路积水深度反映。一般而言，道路积水深度达到 15cm 时，交通严重滞缓，道路积水深度达到 30cm 时，交通基本中断，通常，随着暴雨量级的增加，暴雨积水由低等级道路向高等级道路蔓延。根据道路积水深度指标，本书将城市暴雨内涝分级如下：

- 城市一般内涝：城市一般道路最大积水深度达到 15cm。
- 城市较严重内涝：城市一般道路最大积水深度达到 30cm 或交通干道最大积水深度达到 15cm。
- 城市严重内涝：城市交通干道最大积水深度达到 30cm。
- 城市特大内涝：城市交通干道最大积水深度超过 50cm。

（2）农田内涝。

《农田排水工程技术规范》（SL/T 4—1999）要求："排涝标准的确定应符合下列规定：设计暴雨重现期可采用 5～10 年。设计暴雨的历时和排出时间，应根据治理区的暴雨特性、汇流条件、河网湖泊调蓄能力、农作物的耐淹水深和耐淹历时及对农作物减产率的相关分析等条件确定。旱作区可采用 1～3 天暴雨 1～3 天排除。稻作区可采用 1～3 天暴雨 3～5 天排至耐淹水深。"可见，若在规定排水时间内农田积水未排干或未排至耐淹水深，则发生农田内涝，导致农作物出现不同程度的减产。

目前我国多数农田的排涝能力在 5～10 年一遇水平,能达到的最大排涝能力约为 20 年一遇。

农田内涝程度通常以农作物因涝减产幅度衡量,据此,本书将农田内涝分级如下:

- 农田一般内涝:主要农作物因暴雨内涝减产 10% 以下。
- 农田较严重内涝:主要农作物因暴雨内涝减产 10% ～ 30%。
- 农田严重内涝:主要农作物因暴雨内涝减产 30% ～ 50%。
- 农田特大内涝:主要农作物因暴雨内涝减产 50% 以上。

二、我国各类洪水的特征

(一) 河道洪水

我国河流众多,流域面积超过 100km² 的河流 5 万多条,超过 1000km² 的河流 1500 多条。按照流向可分为流入海洋的外流河和不流入海洋的内陆河,外流河的流域面积约占全国国土面积的 2/3,该区河流大多数自西向东或东南流向太平洋,主要有黑龙江、辽河、海河、黄河、淮河、长江、珠江、澜沧江、钱塘江、闽江等;怒江、雅鲁藏布江等江河向南出国境后流入印度洋;新疆西北部的额尔齐斯河流经俄罗斯汇入北冰洋。

我国绝大多数河流分布在气候较为湿润和多雨的东部与南部地区,西北地区气候干旱,河流稀少,并有较大范围的无流区。我国主要河流特征见表 1-2。

表 1-2 中国主要河流特征表

河 名	河 长/km	流域面积/km²	注 入
长江	6300	1808500	东海
黄河	5464	752443	渤海
淮河	1000	269283	渤海湾
海河	1090	263631	长江
滦河	877	44100	渤海湾
珠江	2214	453690	南海
黑龙江	3420	1620170	鞑靼海峡(经俄罗斯)
松花江	2308	557180	黑龙江
辽河	1390	228960	渤海湾
闽江	541	60992	东海
钱塘江	428	42156	东海
南渡江	311	7176	琼州海峡
韩江	285	30000	南海
雅鲁藏布江	2057	240480	孟加拉湾(经印度)
浊水溪	186	3155	台湾海峡
澜沧江	1826	167486	南海(经老挝、柬埔寨)

续表

河　名	河　长/km	流域面积/km²	注　　入
怒江	1659	137818	安达曼海（经缅甸）
元江	565	39768	北部湾（经越南）
鸭绿江	790	61889	黄海（中朝界河）
额尔齐斯河	633	57290	喀拉海（经俄罗斯）
伊犁河	601	61640	巴尔喀什湖（经俄罗斯）
塔里木河	2046	194210	台特马湖

受季风气候影响，加之地形条件复杂，我国降雨具有年内集中、年内和年际差异显著的特点，由此导致河道洪水峰高量大，山丘区洪水陡涨陡落，水深流急，平原区洪水流量、水位变幅大，淹没范围广。

按照暴雨时空尺度特征，我国的暴雨大致可以分为两类：一类是局地性暴雨，一次暴雨过程为几小时或十几小时，覆盖面积几千乃至几百平方公里，中心强度较大，对局部地区危害严重；另一类为大面积暴雨，大江大河的流域性大洪水主要由这类暴雨产生。

我国河道洪水呈现峰高、洪量集中、中下游平原地区淹没范围广、洪水持续时间和淹没深度变幅大等特点。

我国一些河流最大洪峰流量往往十分接近甚至超过世界相近流域河流的最大流量。一次大洪水七日洪量和次洪总量与多年平均年径流总量的比值很高，松花江、海河和淮河等河流干支流许多控制站的次洪量达多年平均年径流总量的1倍以上，个别可达2倍以上，七日洪量也常超过多年平均年径流总量的50%，长江和珠江等丰水地区该比例虽较淮河以北小，但也高达18%～60%，大洪水年份干流控制站次洪总量在1000亿 m³ 以上。我国流域中下游地区平原面积大，且多位于河道洪水位以下，洪水泛滥可能造成大范围淹没，遇流域性大洪水，淹没面积可达上万平方千米，甚至数万平方千米，例如长江1954年洪水平原地区淹没面积超过3万 km²，海河1963年洪水平原地区淹没面积超过4万 km²。平原地区河道洪水的淹没水深和淹没历时总体上以长江流域较深较长，深者可达8m以上，历时长者可超过2个月，以海河流域较浅较短，深者多不足3m，历时多不超过半个月。

1. 长江洪水

长江发源于青藏高原的唐古拉山主峰各拉丹东雪山西南侧，干流全长6300余 km，以宜昌、湖口为界，划分为上、中、下游。长江支流众多，流域面积1000km²以上的支流有437条；超过1万 km²的有49条；超过10万 km²的有雅砻江、岷江、嘉陵江和汉江，以嘉陵江的16万 km²为最大。流域西以芒康山、宁静山与澜沧江水系为界，北以巴颜喀拉山、秦岭、大别山与黄、淮水系相接，东临东海，南以南岭、武夷山、天目山与珠江和闽浙诸水系相邻，流域集水总面积180万 km²，占我国陆地总面积的18.8%。

长江流域的洪水主要由暴雨形成。上游直门达以上，径流量主要由融冰化雪形成，很少有洪水，金沙江径流由暴雨和融冰化雪共同形成，流量平稳，洪水亦较少，是其下游洪水的基流。上游宜宾至宜昌河段，有川西暴雨区和大巴山暴雨区，暴雨走向大多与流经暴雨区的岷江、嘉陵江等支流流向一致，洪水陡涨陡落，过程尖瘦，水位涨幅可超过 20m，洪峰流量大，受山谷约束，淹没范围沿河呈线状分布，流速大，具有典型的山丘区洪水特征。长江出三峡后，进入中游冲积平原，水流变缓，江湖关系复杂，上游干流和中下游支流入汇的洪水经河湖调蓄后，上涨过程较为平缓，退水过程十分缓慢，其间若遇新一轮暴雨，又会再次涨水，形成多峰型洪水，一次洪水过程往往持续 30～60 天，洪量巨大，洪水一旦泛滥，淹没历时长、淹没水深大，受沿程分布的山丘控制，干流可能的淹没区呈藕节状分布，其中淹没范围以江汉平原最广，可达 1 万 km²。大通以下为感潮河段，受到上游来水和潮汐的双重影响，江阴以下河段高水位受潮汐影响很大，长江河口水位的急剧变化主要受台风引起的风暴潮影响，发生在长江口的风暴潮使江水位异常升降是长江河口段洪水的主要原因。

按暴雨地区分布和覆盖范围大小，通常将长江大洪水分为两种类型：一种类型是区域性大洪水，是由上游若干支流或中游汉江、澧水以及干流某些河段发生强度特别大的集中暴雨而形成的大洪水，1860 年、1870 年、1935 年和 1981 年的洪水即为此类；另一种类型为全流域型大洪水，是某些支流雨季提前或推迟，上、中、下游干支流雨季相互重叠，形成全流域洪量大，持续时间长的大洪水，1954 年、1998 年和 1931 年的洪水即属此类。

此外，长江流域山丘区面积大、地形复杂、气候条件多变、集中暴雨区广泛分布，局地强降雨频发，常出现突发性河道洪水，称为山洪。

2. 黄河洪水

黄河发源于青藏高原巴颜喀拉山北麓，流域面积 79.5 万 km²，干流河道全长 5464km，以河口镇、桃花峪为界，划分为上、中、下游。与其他江河不同，黄河流域上中游地区的流域面积占总面积的 97%。流域西部地区属青藏高原，海拔在 3000m 以上；中部地区绝大部分属黄土高原，海拔在1000～2000m 之间；东部属黄淮海平原，河道高悬于两岸地面之上，洪水威胁十分严重。

流域内黄土高原土壤结构疏松，抗冲、抗蚀能力差，气候干旱，植被稀少，坡陡沟深，暴雨集中，是我国乃至世界上水土流失面积最广、强度最大的地区，严重的水土流失使大量泥沙输入黄河，淤高下游河床，增加了黄河下游的洪水威胁。

黄河上游兰州以上地区暴雨强度较小，径流平缓，洪水较少发生。兰州至河口镇区间的沿河平原和川地洪水时有发生，特别是内蒙古三盛公以下河段，地处黄河自低纬度流向高纬度河段的顶端，凌汛期间冰塞、冰坝壅水，可能造成堤防决溢，冰水泛滥，危害较大。黄河上游洪水与中游洪水不遭遇，对黄河下游威胁不大。

河口镇至河南郑州市桃花峪为黄河中游，是黄河洪水和泥沙的主要来源区。其中禹门口至三门峡区间，黄河流经汾渭地堑，河谷展宽，禹门口至潼关（亦称小北干流）河道宽浅散乱，冲淤变化剧烈，有汾河、渭河两大支流相继汇入。潼关至三门峡大坝河道为三门峡水库常用库区范围。三门峡至桃花峪区间，小浪底以上，河道穿行于中条山和崤山之间，是黄河的最后一段峡谷；小浪底以下河谷逐渐展宽，是黄河由山区进入平原的过渡地段，有伊洛河、沁河两大支流汇入，受黄河淤积顶托的影响，沁河下游成为地上河，洪水威胁较大。

黄河中游地区暴雨频繁、强度大、历时短，形成的洪水具有洪峰高、历时短、陡涨陡落的特点，对下游威胁极大。

黄河下游河道是在长期排洪输沙与堤防持续加高的过程中淤积塑造形成的，河床普遍高出两岸地面 4～6m，局部河段达 10m 以上，基本靠堤防挡水，两岸堤防无论何处溃决，淹没面积均数以万平方千米计，其中艾山以上河段溃决淹没范围更大。

在黄河众多支流中，以沁河下游、渭河下游洪水较为频繁，汾河、大汶河、伊洛河、洮河、大黑河、湟水等主要支流下游及沿河川地也时有洪水发生。

3. 淮河洪水

淮河流域西起桐柏山、伏牛山，东临黄海，南以大别山、江淮丘陵、通扬运河及如泰运河南堤与长江流域分界，北以黄河南堤和泰山为界，废黄河淤高的地形将流域分为淮河水系和沂沭泗河水系，面积分别为 19 万 km² 和 8 万 km²。

淮河流域自南向北形成亚热带北部向暖温带南部过渡的气候类型，冷暖气团活动频繁，降水量变化大。

淮河水系发源于河南省桐柏山，主流在三江营入长江，全长 1000km，以洪河口、中渡（洪泽湖出口）为界，划分为上、中、下游。

淮河上、中游支流众多。南岸支流发源于大别山区及江淮丘陵区，源短流急，北岸支流多是平原排水河道。

沂沭泗河水系由沂河、沭河、泗运河等组成。沂河发源于沂山南麓，南流至苗圩入骆马湖，在刘家道口辟有分沂入沭水道，分沂河洪水经新沭河直接入海，在江风口辟有邳苍分洪道，分沂河洪水入中运河。

沭河发源于沂山南麓，南流至口头入新沂河，在大官庄与分沂入沭水道分泄的沂河洪水汇合，向东由新沭河泄洪闸控制经新沭河入海，向南由人民胜利堰闸控制至口头入新沂河。

泗河发源于蒙山西麓，流经南四湖汇集蒙山西部及湖西平原各支流来水，由韩庄枢纽下泄，再汇集邳苍地区来水及由邳苍分洪道分泄的沂河洪水，经韩庄运河、中运河入骆马湖。

骆马湖上承沂河并接纳泗运河和邳苍地区来水，由嶂山闸控制东泄经新沂河入海。

淮河流域河道洪水可分两类：①由大范围连续多次暴雨形成的流域性洪水，洪量大，持续时间长，影响范围广，如淮河 1931 年、1954 年、1991 年、2003 年洪水和沂沭泗河 1957 年洪水；②由一、二次大暴雨形成的局部地区洪水，洪峰流量很大，部分山区河流洪峰流量创下了全国同样汇流面积实测最大洪峰流量记录，如 1968 年淮河上游洪水，1975 年洪汝河、沙颍河洪水及 1974 年沂沭河洪水。

淮河干流的洪水持续时间长，水量大，正阳关以下一般是一次洪水历时 1 个月左右。每当汛期大暴雨时，淮河上游及支流洪水汹涌而下，洪峰很快到达王家坝，因淮河中游河道比降平缓，泄流不畅，加之山丘区支流相继汇入，河道水位迅速抬高，并长时间维持，中游北岸为淮北平原，洪水一旦泛滥，淹没范围广、历时长、水深较大，南岸多为丘陵地带，淹没范围有限。支流洪水泛滥分两种情况：一是山丘区河道洪水，流速大、陡涨陡落；二是平原河道洪水，主要分布在中游北岸，河道坡降平缓，且受干流洪水顶托，涨落平缓，持续时间长，但河道水量不大，泛滥淹没多沿河道两岸呈带状分布。

沂沭泗河水系的洪水特性是沂沭河洪水来势凶猛，峰高量大；南四湖湖东河流源短流急，洪水暴涨暴落；湖西地区河流为平原坡水河道，洪水变化平缓；邳苍地区上游洪水陡涨陡落，中下游地区洪水变化平缓。

山东半岛多为山区性独流入海河道，上中游河道坡降大，洪水陡涨陡落，持续时间短；下游多为平原，河道坡度平缓，河道往往宣泄不及；洪水与风暴潮常遭遇，顶托河道排洪。

4. 海河洪水

海河流域包括海河和滦河两大水系。海河水系的漳卫河、子牙河、大清河（称海河南系）及永定河、北三河（潮白、北运、蓟运河）（称海河北系）呈扇形分布，漳卫河、子牙河、大清河、永定河、潮白河有单独入海河道，海河干流只排泄大清河、永定河的部分洪水；漳卫河与子牙河间的黑龙港地区洪水经南、北排河入海；徒骇马颊河位于海河水系南部平原，毗邻黄河，单独入海。滦河水系位于流域东北部，由滦河及冀东沿海诸河组成。

海河流域的河流分为两种类型：一种类型是发源于太行山、燕山背风坡的河流，如漳河、滹沱河、永定河、潮白河、滦河等，源远流长，山区汇水面积大，水系集中；另一种类型多发源于太行山、燕山迎风坡，如卫河、滏阳河、大清河、北运河、蓟运河等，支流分散，源短流急，洪峰高、历时短、突发性强。

海河洪水来自夏季暴雨，主要由7月下旬至8月上旬1～2次降雨过程形成，洪水发生时间在我国七大江河中最为集中。海河大部分河道中游段短，洪水源短流急，洪量集中，洪水出山口后，在中游漫流而下，汇入下游河道，下游河道比降平缓，多数河道尾闾泄洪不畅，虽下游平原面积广阔，但受各河道间堤防阻隔，一河泛滥时，水量有限，淹没范围相对明确，水深不大，历时较短，若遇流域大范围强降雨，可能多条河流同时泛滥，淹没范围加大。近来，由于海河流域处于长时间少雨期，径流系数成倍降低，河道洪水威胁呈减弱态势。

5. 松花江、辽河洪水

松花江流域位于我国东北地区北部，流域面积55.68万km²。松花江有两源，北源嫩江发源于内蒙古自治区大兴安岭伊勒呼里山，南源第二松花江（简称"二松"）发源于吉林省长白山天池，两江在三岔河汇合后称松花江（简称"松干"），在黑龙江省同江市注入黑龙江。嫩江、二松、松干流域面积分别为29.70万km²、7.34万km²、18.64万km²。松花江流域支流众多，流域面积大于1000km²的河流有86条，大于10000km²的河流有16条。

辽河流域位于我国东北地区的西南部，发源于七老图山脉的光头山，全长1345km，流域面积21.96万km²。

辽河在西安村附近汇入西拉木伦河后，称西辽河，由西向东流至小瓦房纳乌力吉木伦河后折向东南于福德店纳入东辽河后，称辽河，继续南流，分别纳入左侧支流招苏台河、清河、柴河、泛河和右侧支流秀水河、养息牧河、柳河等，至六间房分成两股。一股西南行称双台子河，在盘山纳绕阳河后入渤海（辽河福德店至双台子河口段习惯称作"辽干"，以下简称"辽干"）；另一股南行，称外辽河，在三岔河与浑河、太子河汇合后称大辽河，于营口入渤海。

松花江洪水多发生在 7—9 月，第二松花江洪水主要发生在 7—8 月，4 月也会出现冰凌洪水。干流洪水涨落缓慢，洪水过程持续时间长，一次洪水过程历时可达 90 天甚至更长。干流（哈尔滨以上）大洪水往往是由嫩江和第二松花江较大洪水遭遇所造成，干流下游大洪水则是由干流上游洪水和支流呼兰河或牡丹江或汤旺河洪水相遭遇而形成。

二松流域暴雨频繁集中，洪水相对多发，洪水淹没沿两岸呈带状分布，松原以下淹没范围较大，洪水淹没历时相对较短。嫩江河道宽阔，洪水主要发生在嫩江平原地区，淹没范围广阔，可达数千平方千米，淹没历时长，可达数月之久，松干哈尔滨至佳木斯河段为丘陵地区，洪水淹没范围局限在沿河一线，松干三江平原段洪水淹没特征与嫩江平原类似。

辽河洪水由暴雨形成，其主要支流大都流经山丘地区，集水面积小，流程短，故洪水一般为陡涨陡落，一次洪水过程一般不超过 7 天，最长为半个月左右。由于洪水成因和汇流条件等不同，东、西辽河洪水与干流中下游洪水一般不遭遇，因浑河与太子河相邻，常处于同一暴雨区，洪水同时发生且在下游遭遇，因而量级很大。辽河洪水年际变化大，仅次于海河洪水。

6. 太湖洪水

太湖流域地处长江三角洲的南翼，北抵长江，东临东海，南滨钱塘江，西以天目山、茅山等山区为界，流域面积 36895km²。

太湖流域地形呈周边高、中间低的碟状地形。其西部为山区，属天目山山区及茅山山区的一部分，中间为平原河网和以太湖为中心的洼地及湖泊，北、东、南周边受长江和杭州湾泥沙堆积影响，地势高亢，形成碟边。

太湖流域河道总长约 12 万 km，河道密度达 3.25km/km²，河流纵横交错，湖泊星罗棋布，是典型水网地区。流域内河道水系以太湖为中心，分上游水系和下游水系两个部分。上游主要为西部山丘区独立水系，有苕溪水系、南河水系及洮滆水系等；下游主要为平原河网水系，主要有以黄浦江为主干的东部黄浦江水系（包括吴淞江）、北部沿江水系和南部沿杭州湾水系。京杭运河穿越流域腹地及下游诸水系，全长 312km。

太湖流域全年有 3 个明显的雨季。3—5 月为春雨，特点是雨日多，雨日数占全年雨日的 30% 左右；6—7 月为梅雨期，梅雨雨量较大，约占年降水量的 20%～30%，梅雨期历时一般为 23 天，梅雨期降水总量大、历时长、范围广，易形成流域性洪水；8—10 月为台风雨，降水强度较大，但历时较短，易造成局部洪水。

太湖流域 84% 为平原水网区，河道内流向不定，河道洪水主要受水位控制，泛滥洪水受圩区围堤约束，淹没范围较小，但淹没历时较长。

7. 珠江洪水

珠江流域由西江、北江、东江及珠江三角洲诸河组成，总面积 45.37 万 km²。珠江主流为西江，发源于云南省曲靖市乌蒙山余脉的马雄山东麓，全长 2075km，集水面积 35.31 万 km²；北江发源于江西省信丰县石碣大茅坑，全长 468km，集水面积 4.67 万 km²；东江发源于江西省寻乌县的桠髻钵，全长 520km，集水面积 2.70 万 km²。西江、北江在广东省三水思贤滘、东江在广东省东莞市石龙镇分别汇入珠江三角洲，经虎门、蕉门、洪奇门、横门、磨刀门、鸡啼门、虎跳门和崖门八大口门入注南海。

珠江流域南临南海，属于湿热多雨的热带、亚热带气候。四季气候特点是：春季阴雨连绵；夏季高温湿热，暴雨集中；秋季热带气旋入侵频繁；冬季温暖少雨。流域多年平均降水量约 1470mm，多年平均径流量 3360 亿 m³。北江、东江的中、下游地区，年平均降水量在 2000mm 以上。

珠江流域的洪水暴雨形成，4—7 月为前汛期，降雨主要由锋面或静止锋西南槽引发；8—9 月为后汛期，主要由热带风暴和台风形成。洪水峰高量大，历时较长。通常，各大支流洪水出现的时间自东向西逐步推进，但西江与北江洪水遭遇的情形较多，且两江洪水量级越大，其遭遇的机会越多，从而形成流域性大洪水。

（二）内涝

内涝是因当地暴雨积水不能及时排除而造成陆地淹没达到一定深度的现象。发生内涝的积水深度的临界值，城市与农田不同，且不同作物的农田也各异。内涝程度不仅与当地降雨有关，还受到排涝受水体（河道、湖泊、海洋等）在暴雨期间的水位及其变化过程的影响，对城市而言，极端情况下，即使城市所在区域未发生降雨，因与城市排水通道连接的外部水体水位高企，外水可能通过排水通道倒灌入城市低洼地区造成淹没，也被归为"内涝"。

1. 农田内涝

我国农田易涝区主要集中在南方河流的中下游平原地区，如长江中游的四湖地区、太湖水网区、珠江三角洲、淮北平原洼地等区域，北方的松花江流域松嫩平原和三江平原，辽河流域的下游平原区也时有内涝发生，以往内涝盐碱严重的海河流域下游平原地区（该地区称为"沥涝"），由于地下水超采严重，地下水位多在地表 10m 以下，地表下渗能力很强，已基本无农田内涝问题。

一般年份，我国内涝淹没面积远大于河道洪水泛滥的淹没面积，即使是河道洪水严重的大水年份，内涝范围也会超过河道洪水淹没范围许多，对于南方流域尤其如此。例如 1998 年长江大水，内涝面积占流域淹没总面积的 90% 以上，1991 年淮河和太湖流域洪水，以及 2003 年、2007 年淮河洪水，内涝面积占总淹没面积的比例则更高。除我国防洪体系已相对完善、农田排涝能力较为低下外，平原地区的湖区、洼地和湿地被大量围垦侵占，用于农业种植，成为易涝耕地，天然蓄水水面、湿地锐减，是造成这一现象的主要原因。以长江中下游平原地区为例，其水面率已从 20 世纪 50 年代初的 16% 减少到目前的不足 5%，太湖流域、淮河流域和珠江三角洲的情况也基本类似。

通常，比之于洪水泛滥，内涝的淹没水深更浅，多不超过 1m，淹没历时更短，多不超过 3 天，但当涝水外排河道维持长期高水位，自排受阻、抽排受限（为减轻河道防洪压力，采取限排或禁排措施）时，沿江河低洼地带或部分河网圩区会出现"关门淹"的现象，导致大水深长历时的内涝淹没，在南方河流大水期间，中下游平原地区若遇当地暴雨，常会发生这种情况。例如，淮河流域地形呈周边山丘高地围绕广阔平原，而平原地势低平，加之历史上黄河长期南泛夺淮，打乱水系，堵

19

塞河道，使得淮河中下游平原蓄水困难，排水不畅，流域内低洼地区主要分布在沿淮、支流河口、分洪河道两侧、滨湖和里下河地区。沿淮农田主要表现为"关门淹"，即由于干流排洪不畅，高水位长时间顶托，大小支流河口（湖口）地区和洼地积水难排，甚至洪水倒灌；里下河地区排水相对独立，但地势低洼，中间低周边高，自流排水极为困难，主要靠圩区机排，一遇暴雨，淮河经常成灾的除行蓄洪区外，多为低洼地区涝灾。有的圩区，在周边河道水位上涨到一定程度，河堤有明显溃决迹象时，还会采取主动"沉圩"的方式，引河水入圩提高圩内内涝水位，维持河堤内外水压相对平衡，以避免河道堤防溃决导致更大的淹没损失，这种情况以太湖流域最为典型。

不同的农作物有其特定的耐淹水深和耐淹历时，因此农田出现积水并不必然造成内涝，水田作物对水深更为敏感，旱地作物则难耐长时间浸泡，有时，即使地表未积水，由于降雨导致地下水位抬升或土壤含水量过高，也会使作物根系损伤，造成"渍灾"。

2. 城市内涝

伴随着城市化进程的快速发展和城市化率的迅速提高，我国的城市暴雨内涝问题日益突出。城市内涝问题的成因如前所述，由于城市道路多较其周边地面低，城市暴雨积水首先出现在道路低洼段，尤其是下潜式立交道路所在路段，随着暴雨量级的增加，其他路段和城市低洼区域渐次发生积水，在排水设施缺乏的城中村或棚户区，积水尤为严重，当暴雨达到一定量级后，道路低洼段的积水将浸入沿街房屋及部分地下设施。

与农田内涝类似，城市内涝积水通常不深，路面积水多在 0.5m 以下，下潜式立交桥和排水设施缺乏的低洼棚户区等局部路段或地区可能超过 1m。在空间上，城市内涝积水大多呈沿道路的断续线状分布和低洼地带及排水设施缺乏地区的零星点状分布，称之为易积水路段和易积水点；在时间上，由于一次暴雨过程中超过城市排水能力降雨强度的时段多以小时计，城市积水路段或积水点的内涝积水历时基本与该时段相当，一般情况下不超过 3h，当城市超标准暴雨期间适逢排涝受水河道发生大洪水或受水水体（湖泊、海域等）持续高水（潮）位，受其影响，城市内涝积水历时会明显延长。

城市道路或地面出现暴雨积水并不一定形成内涝。任何程度的道路积水均会降低交通的通畅性，延缓通行速度，任何程度的生活或工作场所室外地面积水，也都会造成行动的某些不便，但并不一定造成交通的中断或生产生活活动的停顿，或导致某些场所暂时丧失其应有的功能。国家标准《室外排水设计规范》（GB 50014—2006）对内涝与否的界定是：①居民住宅或工商业建筑物底层是否进水；②道路中是否尚有一条车道的积水深不超过 15cm。通常情况下，除棚户区外，居民住宅或工商建筑物底层的高程均高于其周边道路的最高点 15cm 以上，因此，道路中有一条车道的积水深不超过 15cm，基本可作为城市积水是否形成内涝的判别标准。

对于山丘区城市或地面坡度较大的城市，城市暴雨还会导致与地面坡度走向基本一致的道路出现顺街行洪的现象，道路的作用类似于行洪渠道，大暴雨时，有些路段的流速可能超过 2m/s，水流的冲击力与水深和流速成正比，在大流速与水流中携带的杂物共同作用下，即使水深不大，也可能使车辆失去控制，或冲倒、撞伤行人，这种水流对于儿童、老人和残疾人的威胁尤为严重。

城市为人口高度密集、工商业活动集中区域，生活和工商业垃圾、污水排放量大，暴雨期间雨水沿程冲刷各类垃圾汇入积水内涝地带，雨污合流的城市，当暴雨量级达到一定程度后，排水灌渠的污水会溢出淹没地面，因此城市涝水中通常含有较高浓度的污染物，对于垃圾管理不当、排水设施不完善的城市，涝水的污染程度更高，而城市棚户区则是内涝污染最为严重的区域。污染的涝水是病菌及疾病传播媒介（蚊蝇等）最易滋生的场所，可能导致瘟疫，危及人类健康及生命安全。

城市地下空间高度开发，地下室、地下商场、地下停车场、地铁、地下通道、人防工程密布，暴雨期间一旦进水，因高程低下，排水困难，积水通常较深，且其出入口通行能力有限，水流居高而下，湍急汹涌，人员物资难以疏散，是受内涝威胁最为严重的场所之一。

城市电力设施、输电线路密布，在内涝积水达到一定程度后，会淹及某些电力设施或线路，导致其漏电，而使局部涝水成为带电导电体，危及涉水人员的生命安全，进一步增加了内涝的致灾力。

（三）风暴潮洪水

我国大陆海岸线全长约 1.8 万 km（不包括沿海 6500 多个大小岛屿约 1.4 万 km 的海岸线），几乎均可能受到风暴潮的袭击，但不同海岸带遭受风暴潮袭击的频次、严重程度和诱因并不完全相同。风暴潮是由热带、气旋温带气旋、冷锋等的强风作用和气压骤变等强烈的天气系统引起的水面异常升降现象，又称风暴增水或气象海啸。风暴潮的形成与天气系统、海洋水文特性、自然地理环境等因素密切相关，具有突发性强、风力大、波浪高、增水剧烈、高潮位持续时间长等特点。

我国东南部沿海是风暴潮频发、强度大、受威胁相对严重的地区，其中韩江口、珠江口、雷州半岛东部、海南省东北部和广西沿海更为突出；北部沿海在春秋过渡季节，是冷暖气流激烈交汇地区，常因寒潮大风激起风暴潮，其中渤海湾、莱州湾和黄河三角洲是风暴潮成灾较严重的地区。表 1-3 为我国 1950—1990 年沿海主要港口台站风暴潮实测最大增水值，其中 1980 年在广东省雷州半岛东部岸段登陆的第 7 号台风，使南渡站潮位净升高 5.94m，是我国沿海有观测记录以来的风暴潮最大增水值。

表 1-3　　　　　　　　　　　我国沿海风暴潮实测最大增水值

海区	站名	增水值/m	编号	海区	站名	增水值/m	编号
南部	北海	1.61	6509	东部	乍浦	4.34	5612
	石头埠	2.33	7109		吴淞	2.42	5612
	海口	2.48	8007		吕四	2.50	7708
	南浪	5.94	8007	北部	青岛	1.47	5216
	湛江	4.63	8007		烟台	1.2	7203
	黄浦	2.52	6415		羊角沟	3.77	寒潮
	妈屿	3.14	6903		塘沽	2.27	寒潮
东部	厦门	1.79	8304		葫芦岛	2.03	7203
	平潭	2.47	7115		大连	1.46	8509
	温州	3.88	5207		丹东	3.49	8509

我国东海沿岸平均潮差约 5m，渤海、黄海约为 2～3m，南海小于 2m。受潮汐影响，风暴潮期间的沿岸潮位过程与潮汐过程基本同步，呈起伏变化形态。风暴潮期间，有海堤保护的区域，若海堤完好，风暴潮增水与潮汐高潮段叠加，可能导致海水间歇性地越过海堤，造成堤内局部区域积水淹没，由于越堤海水量不大，淹没范围和水深均有限；无海堤保护或有海堤保护但海堤因风暴潮冲击而溃破的区域，其淹没范围和淹没水深取决于风暴潮增水、风暴潮期间的天文潮状态以及区域地形条件，受潮汐涨落的影响，淹没区海水演进呈往复流形态：涨潮段涌入内陆，落潮段退向海域，这一特点决定了海水的侵入缺乏持续性，使得风暴潮的淹没范围通常局限在沿海一带。

侵入内陆的风暴潮常伴表现为涌浪，流速较大、冲击力强，可对人员安全和资产构成严重威胁，在近海一线这一特点更为突出。

与河道洪水和内涝不同，海水含有盐分，具有更强的腐蚀性，一旦浸入，受淹建筑物及室内财产和农作物的受损程度会更高。

第三节 洪 水 灾 害

我国人口众多，因不适宜居住的山地、高原、沙漠面积约占国土面积的 70% 以上，致使人口、资产和经济活动基本集中在江河中下游平原地区和山丘区河道两岸阶地及河道交汇处的山间平地，其中在占国土面积约 10% 的受洪水威胁的江河中下游平原地区集中了 70% 以上的人口、80% 以上的资产、约 40% 的耕地和 90% 以上的大中城市，虽然目前重要江河中下游已建成较为完善的基本达到规划标准的防洪（防潮）工程体系，但发生超标准洪水泛滥成灾、造成重大损失的可能性依然存在，而山丘区河道防洪标准相对较低，甚至不设防，山洪对生命安全的威胁严重。

我国易涝农田面广量大，主要集中在长江中下游、淮北平原、里下河地区、南四湖湖西地区、太湖水网地区和珠江三角洲，此外松花江和辽河中下游平原部分地区也时有内涝发生。海河流域因地下水超采严重，山区产流基本被水库拦蓄，中下游平原地区河道长期干涸，偶发较大降雨，或直接渗入农田地下，或易于排入河道，基本无内涝问题。农田内涝主要造成农作物减产或绝收，威胁粮食安全。

我国城市防洪标准和防洪能力多高于其上下游农村地区，城市，尤其是重要城市发生河道洪水泛滥的可能性很小，但由于城市的快速扩展（通常是向低洼地带扩展）和城市排水除涝设施建设滞后或设计能力不足，致使城市内涝灾害的发生日趋频繁，即使是北方一些无农田内涝问题的地区，城市内涝灾害亦十分严重。

风暴潮灾害主要发生在我国东南沿海地区，北部沿海地区也时有温带风暴潮灾害发生。受风暴潮威胁的地区多已建有达到设防标准的海堤，仅就风暴潮灾害而言，其淹没可能性已明显降低，淹没范围也得到有效的控制，由于风暴潮增水造成沿海潮位抬升，使排水条件恶化，若与河道洪水或当地暴雨遭遇，则会导致洪涝灾害加重。

洪水灾害的直接表现是导致人员伤亡，造成淹没区财产损失和社会经济活动停滞，并由此带来间接的社会经济影响，如心理创伤、失业、无家可归、淹没区外相关经济活动减缓和失业增加。在一定条件下，洪水的发生还会引发火灾、污染物泄漏扩散、土地沙化、疾病流行等次生灾害。

一、洪水直接影响

衡量洪水灾害直接影响的指标主要包括洪水造成的死亡人口、经济损失等。

（一）死亡人口

我国居住于洪水可能淹没区的人口众多，其中位于山洪危险区和平原河道洪水及风暴潮洪水淹没深水区人口的生命安全受到的威胁较大，虽然浅水区和内涝积水区的洪水通常不会造成其中人口溺水死亡，但建筑物因水浸倒塌、触电、失足落入下水口或河渠等也会造成一些人员伤亡。

洪水期间造成死亡的原因主要包括溺水、创伤、疾病和传染病、饥荒、触电、蛇咬等。在洪水造成的死亡中，老人、儿童和贫困人口所占的比例较高。

我国 1950—2016 年洪水死亡人口统计见表 1-4。

表 1-4　　　　　　　　　我国 1950—2016 年洪水死亡人口统计表

年　份	死亡人口 /人	年　份	死亡人口 /人	年　份	死亡人口 /人	年　份	死亡人口 /人
1950	1982	1967	1095	1984	3941	2001	1605
1951	7819	1968	1159	1985	3578	2002	1819
1952	4162	1969	4667	1986	2761	2003	1551
1953	3308	1970	2444	1987	3749	2004	1282
1954	42447	1971	2323	1988	4094	2005	1660
1955	2718	1972	1910	1989	3270	2006	2276
1956	10676	1973	3413	1990	3589	2007	1230
1957	4415	1974	1849	1991	5113	2008	633
1958	3642	1975	29653	1992	3012	2009	538
1959	4540	1976	1817	1993	3499	2010	3222
1960	6033	1977	3163	1994	5340	2011	519
1961	5074	1978	1796	1995	3852	2012	673
1962	4350	1979	3446	1996	5840	2013	775
1963	10441	1980	3705	1997	2799	2014	486
1964	4288	1981	5832	1998	4150	2015	319
1965	1906	1982	5323	1999	1896	2016	686
1966	1901	1983	7238	2000	1942	平均	4212

由表 1-4 可见，我国洪水死亡人数呈下降趋势，尤其是 2000 年以后，许多年份的死亡人口减少到 3 位数。某些年份的死亡人数明显较其相近年份多，原因是发生了较大范围的大洪水或出现了工程失事，如 1954 年长江流域发生了 20 世纪最大的流域性洪水，1963 年海河流域发生了流

域性特大洪水并造成多座中型水库溃决，1975 年淮河流域发生局部特大暴雨，造成两座大型水库溃决等。

洪水死亡人口持续减少的最主要原因是经济的发展有效改善了洪水可能淹没区的居住条件、医疗卫生条件，以及保障了灾民的饮食供给。

自 2000 年起，我国对山洪灾害死亡人口进行了分类统计，数据表明，在洪水死亡人口中，山洪、泥石流等突发性洪水灾害所占比例多在 70% 以上（表 1-5 和图 1-8）。

表 1-5　　　　　　　　　　　山洪灾害死亡人口及其占洪涝灾害死亡总人数的百分比

年份	山洪灾害死亡人口/人	占因洪水死亡总人口的百分比/%	年份	山洪灾害死亡人口/人	占因洪水死亡总人口的百分比/%
2000	1102	56.7	2008	508	80.3
2001	788	49.1	2009	430	79.9
2002	924	50.8	2010	2824	87.6
2003	1307	84.3	2011	413	79.6
2004	998	77.8	2012	473	70.3
2005	1400	84.3	2013	560	72.3
2006	1612	70.8	2014	340	70.0
2007	1069	86.9	2015	226	71.0

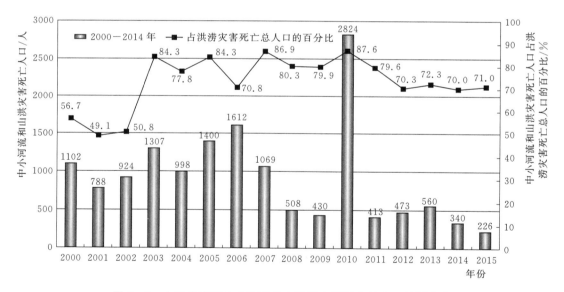

图 1-8　山洪灾害死亡人口及其占洪涝灾害死亡总人口的百分比

我国可能发生山洪的河道、溪沟面广量大，因人口压力和河道沿岸土地管理存在薄弱环节，侵占山洪行洪通道的行为较为普遍，致使减少山洪死亡人数的难度很大。2010 年后，得益于以山洪预报预警和应急转移为重点的山洪灾害防治非工程措施建设，山洪灾害死亡人数呈显著下降的趋势。

随着我国城市化的进程，城市内涝日趋严重和频繁，城市内涝期间因触电、失足落入下水道、地下空间进水和车辆误入或冲入深水区导致。

（二）经济损失

洪水造成的直接经济损失包括实物损失和洪水淹没区内工商业的停产停业损失。

在农业社会时期，洪水的直接经济损失主要为农作物、家畜和住房损失，尤其是住房，由于多为土坯和砖砌房屋，耐淹和抗冲性能差，受洪水淹没极易倒塌毁坏，这种居住条件也是导致历史上洪水溺亡人数多的主要原因。进入工业社会以后，工商业占国民财富的比例快速增加，洪水造成的损失中工商业损失（包括实物损失和停产停业损失）成为主要部分。随着框架结构和钢筋混凝土建筑物的普及，洪水造成的房屋倒塌和毁坏减少，而建筑物内部物品（家庭财产、生产资料、原料、成品和半成品、商品等）、交通工具等损失呈快速增加趋势。洪水期间，往往会导致淹没区经济活动临时中断：工业企业停产、商业企业停业，而减少社会财富的生产和流通。

我国有统计资料以来的洪水直接经济损失（当年价格）见表1-6，表中未包括工商企业的停工停业损失。

表1-6　　　　　　　　　　　　1990—2015年洪水直接经济损失统计表

年份	受灾面积 /万 hm²	倒塌房屋 /万间	直接经济损失 /亿元	年份	受灾面积 /万 hm²	倒塌房屋 /万间	直接经济损失 /亿元
1990	1180.40	96.60	239.00	2003	20365.70	245.42	1300.51
1991	2459.60	497.90	779.08	2004	7781.90	93.31	713.51
1992	942.33	98.95	412.77	2005	14967.48	153.29	1662.20
1993	1638.73	148.91	641.74	2006	10521.86	105.82	1332.62
1994	1885.89	349.37	1796.60	2007	12548.92	102.97	1123.30
1995	1436.67	245.58	1653.30	2008	8867.82	44.70	955.44
1996	2038.81	547.70	2208.36	2009	8748.16	55.59	845.96
1997	1313.48	101.06	930.11	2010	17866.69	227.10	3745.43
1998	2229.18	685.03	2550.90	2011	7191.50	69.30	1301.27
1999	960.52	160.50	930.23	2012	11218.09	58.60	2675.32
2000	904.50	112.61	711.63	2013	11777.53	53.36	3155.74
2001	713.78	63.49	623.03	2014	5919.43	25.99	1573.55
2002	1238.42	146.23	838.00	2015	6132.08	15.23	1660.75

注　表中直接经济损失数据为当年价格。

二、洪水间接影响和次生灾害

洪水的间接影响主要包括社会和经济两个方面。洪水的发生往往会引发次生灾害，包括停水停电、污染物扩散、油气泄漏引发火灾、交通事故、土地沙化、滑坡泥石流等，有时，次生灾害的影响可能会超过洪水本身。

（一）间接影响

1.社会影响

洪水可能导致部分工商企业临时停产停业，甚至倒闭，造成从业人员短期或长期失业；洪水淹没期间，往往需要转移疏散，使大量人员暂避野外，风餐露宿，部分住房冲毁倒塌，会导致一些灾民长期流离失所，无家可归，有可能影响社会稳定；一些人会因为目睹死亡，特别是亲人死亡，受伤、颠沛流离，或亲历受伤、流离失所而遭受心理创伤，主要表现为精神紊乱、精神障碍，甚至自杀。

2. 经济影响

现代经济体系在地域上呈现相互联系、相互依存的特征，一地发生洪水灾害，会使得依赖于该地资源、原材料、中间产品和最终产品的其他地区的经济活动受到影响，甚至停滞；洪水造成的交通、供电、供水、供油、供气等中断或受阻，可能同时影响灾区当地和与之相关联的外地的经济活动，使社会财富的生产减少，使依存于相关经济活动社会群体的收入降低。洪水灾害的发生，可能导致市场产生自动调节：灾区人才外流、资产价值降低，外部人才、资源和投资注入减少，而造成灾区经济活力在一段时期，甚至长期削弱；各级政府因需要投入财政资金开展灾区救助、恢复重建，而导致其他正常开支减少，从而对总体经济的运行造成影响等。

（二）次生灾害

洪水通常会携带垃圾、污水，造成环境污染、细菌滋生，使卫生条件恶化、疾病发生，甚至疫病流行，严重时会冲毁有毒、有害、放射性物质的仓储设施或生产场所，例如造成尾矿坝溃决、危化物资仓库或企业淹没、核设施受损等，导致重金属扩散、有毒和放射性物质泄漏扩散，引发大范围、长时间致命污染，其后果和影响可能超过洪水灾害本身；洪水可能造成电气泄漏，引发人员触电事故；洪水造成的油气泄漏会引发火灾，因消防通道淹没，可能阻隔或延迟消防器材和人员抵达现场，而使火势失控蔓延；洪水可能裹挟大量的泥沙砾石，形成泥石流和高含沙水流，既增加了破坏力，又沿途沉积，冲毁建筑物，填埋房屋、道路和耕地，导致泥石堆积、耕地沙化，使土地失去重建和耕种价值，洪水还可能导致边坡失稳，引发滑坡、崩塌灾害等。

第四节　历史典型洪水

我国洪水事件频发，且受洪水威胁的区域历来是人口资产最密集的地区，历史上每次重大洪涝灾害的发生，都造成严重损失，并对经济发展、社会安定和生态环境造成重大影响。

古时的许多文献中虽无具体统计数字，但从"溺死者无算""死亡枕藉""人畜漂没无算"等的定性描述中可见大洪水往往造成严重的生命财产损失，对社会发展构成重大冲击。

一、长江 1870 年洪水

1870 年（清同治九年）7 月间，长江上游发生了一场历史上罕见的特大洪水。嘉陵江中下游、长江干流重庆至宜昌河段，出现了数百年来最高洪水位，宜昌河段洪峰流量达 105000m³/s，约 1000 年一遇。合川、涪陵、丰都、忠县、万县、奉节、宜昌等沿江城市遭到灭顶之灾，洞庭湖区堤垸溃决，洪水泛滥，枝江、公安等州县水逾城垣数尺，庙宇、民舍漂没殆尽。

1. 雨情

造成 1870 年洪水的暴雨雨区主要分布在长江上游北岸，暴雨大致可分为两个过程：第一个过程为 7 月 13—17 日，暴雨区主要位于嘉陵江中下游；第二个过程为 7 月 18—19 日，暴雨区主要位于川东南及长江干流重庆至宜昌区间。整个雨区呈东北—西南向分布，暴雨中心区大致自西向东缓慢移动，7 月 13 日在涪江，14—16 日在嘉陵江中下游稳定少动，17—19 日暴雨移至川东和万县地区，并向北扩展到汉江流域及宜昌至汉口间，前后历时约 7 天左右。

据考证，洪水发生前，长江上游及中下游江湖处于较高水位状态。

2. 水情

长江干支流最高洪水位出现的时间在嘉陵江下游为 7 月 16 日，长江干流江津 7 月 17 日，万县 7 月 18 日，宜昌 7 月 20 日，汉口 8 月 3 日。从最高洪水位次第出现的时间可以看出，干支流洪水出现很不利的遭遇。这是造成 1870 年特大洪水的重要原因。

据洪水调查，嘉陵江干流武胜河段洪峰流量约为 38100m³/s，渠江凤滩为 24800m³/s，寸滩站估算最大洪峰流量为 100000m³/s，万县洪峰流量为 108000m³/s，宜昌为 105000m³/s，汉口为 66000m³/s。

根据万县（沱口）水位过程，推算出的宜昌流量过程线如图 1-9 所示，由此估算得宜昌最大 3 天、7 天、15 天、30 天洪量分别为 265 亿 m³、537 亿 m³、975 亿 m³ 和 1650 亿 m³。

3. 灾情

1870 年特大洪水灾情极为严重，主要受灾地区为四川、湖北、湖南三省。宜昌至汉口间的平原地区受灾范围约 3 万 km²。

（1）四川省。"六月间川东连日大雨，江水陡涨数十丈，南充、合川、江北厅、巴县、长寿、涪州、忠州、丰都、万县、奉节、云阳、巫山等州县城垣、衙署、营房、民田、庐舍多被冲淹，居民迁徙不及亦有溺死者"。嘉陵江下游灾情极重，合川城内水深四丈余，仅余缘山之神庙、书院与民舍数十间，水连八日，迟半月水始落，城内房舍

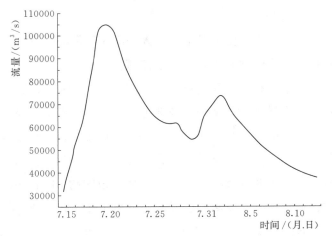

图 1-9 1870 年洪水宜昌流量过程线

倾塌大半，腥腐逼人，历两月之久稍可居人，满城精华洗劫一空，十余年未复元气。长江干流沿江城镇江津县城被淹；涪陵小东门城不没者一版；丰都全城尽没，水高于城数丈，官廨民宅半为波涛洗去；忠县舟行南门内；万县全城尽没仅余西北炮台一隅，官署民房倒塌漂没者七八千间；云阳江水冒城，东西部沦没；奉节城垣民舍淹没大半仅存城北一隅，临江一带城墙冲塌崩陷，人畜死者甚众；巫山城垣民舍淹没大半，仅存城北一隅。全省受灾二十余州县。

（2）湖北省。长江干流秭归江水暴溢坏民居无算；宜昌郡城内外概被淹没；枝江大水入城，城

蝶尽坏，漂没民舍殆尽；松滋庚午大水异常，江松（枝江、松滋）二邑江堤俱决，冈峦宛在水中，水浸城垣数尺，衙署庙宇民房倒塌殆尽，数百年未有之奇灾。洪水在松滋老城下 10km 处的庞家湾黄家铺溃口，遂冲成松滋河。由于川水、汉水同时并溢，且前期河湖水位较高，境内灾情较四川更甚。汉川宜城汉水溢，汉川上游襄堤南北俱溃。黄冈、鄂城、蕲州大水为灾；广济溃口二百余丈。此外石首、监利、嘉鱼、咸宁、蒲圻、江夏（今武昌）、汉阳、黄梅、钟祥、荆门、京山、潜江、天门、沔阳、汉川、黄陂、孝感、云梦、应城各州县均因堤防漫决，田亩淹没人民迁徙。全省三十余州县及武昌等广大地区遭到严重洪水灾害。

（3）湖南省。位于洞庭湖区的安乡、华容、龙阳（今汉寿）、湘阴等州县水高于堤，堤围尽溃，无一存者，田禾漂没庐舍漂流，历年灾情以此为最。湘潭、安化、巴陵（今岳阳）、永兴等州县亦皆大水为灾。临湘、沅江、武陵（今常德）、益阳等县受灾程度较安乡等县略轻。全省受灾二十余州县。

此外，江西、安徽省沿江城市灾情也较重。九江大水溃堤田禾均被淹没，流民甚众，新建、湖口、彭泽等县江水倒灌入湖，田禾被淹。安徽省无为、贵池、铜陵亦遭水灾。

二、长江 1954 年洪水

1954 年长江洪水为有实测记录以来最大流域性洪水。

1. 雨情

从 5 月上旬至 7 月下旬，太平洋副热带高压脊线一直停滞在北纬 20°～22°附近。7 月鄂霍次克海维持着一个阻塞高压，使江淮流域上空成为冷暖空气长时间交绥地区，造成连续持久的降雨过程。长江中下游整个梅雨期长达 60 多天。5—7 月 3 个月内共有 12 次降雨过程，其中 6 月中旬至 7 月中旬的 5 次暴雨，强度和范围都比较大，是全年汛期暴雨全盛阶段。

该年的季风雨带提前进入长江流域。4 月鄱阳湖水系出现大雨和暴雨，赣江上游月雨量达 500mm 以上。5 月雨区主要在长江以南，鄱阳湖水系和钱塘江上游雨量在 500mm 以上，安徽黄山站月雨量达 1037mm，300mm 以上雨区范围约 74 万 km²，相应面积总降水量约 3000 亿 m³。6 月主要雨区依然在长江以南，位置比 5 月稍北移，鄱阳湖、洞庭湖水系雨量在 500～700mm，湖北洪湖县螺山站月雨量 1047mm，300mm 以上雨区范围约 71 万 km²，总降水量 3200 亿 m³。7 月雨区北移，中心在长江干流以北及淮河流域，大别山区和淮河流域雨量 500～900mm，安徽金寨县吴店月雨量达 1265mm，长江南侧除沅江、澧水流域和皖南山区雨量在 500mm 以上外，一般在 500mm 以下，300mm 以上雨区范围达 91 万 km²，总降水量达 4280 亿 m³，为汛期各月中雨量最大的一个月。8 月副高位置西伸北抬，脊线在北纬 30°附近，长江中下游在副高控制下，梅雨结束。之后，主要雨区在四川盆地、汉水流域，月雨量在 200mm 以上，峨眉山区达 600mm。5—7 月 3 个月累计雨量在 1200mm 以上的高值区主要分布在洞庭湖水系、鄱阳湖水系和皖南山区、大别山区。其中黄山、大别山、九岭山区局部地区雨量达 1800mm 以上，最大点雨量黄山站达 2824mm。

2. 水情

6月初和7月初赣江等河多次发生洪水,赣江丁家埠站(外洲)最大洪峰流量分别达 12900m³/s(6月4日)和 13800m³/s(7月1日);沅江桃源站分别达到 19200m³/s(5月26日)、17800m³/s(6月27日)、17800m³/s(7月16日)和 23000m³/s(7月31日);湘江湘潭站也于6月初、6月中和6月底连续发生大水,其中6月30日洪峰流量达 18300m³/s,接近实测最大洪水;澧水三江口站6月25日洪峰流量达 14500m³/s,资水桃江站也于7月25日发生 11300m³/s 最大洪峰。汉江新城8月11日洪峰流量 16400m³/s,汉口以下至湖口以上区间支流最大入江流量达 13600m³/s(7月13日)。受上游干支流洪水和下游高水位顶托双重影响,汉口站7月18日水位达 29.73m,超过 1931年大水最高水位(28.28m)1.45m。在下游全线高水位情况下,6月25日—9月6日上游发生4次连续洪水,宜昌先后出现4次大于 50000m³/s 的洪峰流量,8月7日最大洪峰流量达 66800m³/s,枝城达 71900m³/s。由于7月下旬至8月上旬洪水超过荆江河段安全泄量,为保证荆江大堤安全,于7月22—27日、7月29日—8月1日,8月1—22日三次运用北闸向荆江分洪区分洪,合计分洪量 122.56亿 m³。

长江上游干流洪水,经荆江分洪和四口分流后,8月7日沙市最高水位达到 44.67m,石首最高水位 39.89m,8月8日监利最高水位 36.57m。洪水经过监利后,经向洪湖分洪并汇洞庭湖出流,洪峰于8月8日到达螺山,最高水位 33.17m,最大流量 78800m³/s。当洪峰经过汉口时,汉江于11日出现最大洪峰 16400m³/s(新城),受其影响汉口站于14日出现最大流量 76100m³/s,18日水位达到最高 29.73m。鄱阳湖水系洪峰出现在7月中旬,7月16日鄱阳湖湖口水位 21.68m,受鄱阳湖出流影响,下游安庆、大通等站最大洪峰比汉口提前约半个月,8月1日大通站最高洪水位 16.64m,相应最大流量 92600m³/s。

1954年长江流域主要支流和上游干流洪水重现期一般都不大,干流宜昌洪峰流量的重现期为 15~20年一遇。以年最大30天洪量为指标,1954年洪水在宜昌站洪量为 1390亿 m³,约为 80年一遇,城陵矶站约为 180年一遇,汉口(洪量 1730亿 m³)、湖口站约为 200年一遇。长江干流主要控制站流量过程线如图 1-10 所示。

3. 灾情

1954年洪水造成长江干堤和汉江下游堤防溃口 61处,扒口 13处,支堤、民堤溃口无数。湖南洞庭湖区 900多处圩垸,溃决 70%,淹没耕地 25.7万 hm²,受灾人口达 165万人,溃口分洪量达 245亿 m³,其余圩区也都渍涝成灾。江汉平原的洪湖地区、东荆河两岸及武汉市区周边湖泊一片汪洋,荆江分洪区及其备蓄区全部蓄洪运用,湖北全省溃口、分洪量达 602亿 m³,淹没耕地 87.5万 hm²,受灾人口达 538万人。江西鄱阳湖区五河尾闾及湖区周围圩垸大部分溃决,分洪量达 80亿 m³,淹没耕地 16.2万 hm²,受灾人口达 171万人。安徽省华阳河地区分洪、无为大堤溃决,决口分洪量达 87亿 m³,淹没耕地 34.3万 hm²,受灾人口达 290万人。流域堤防圩垸溃决、扒口共分洪 1023亿 m³,淹没耕地约 166.7万 hm²,受灾人口达 1800余万人。此外,广大农田暴雨积涝成灾,广大山地暴雨山洪为灾。长江中下游湖北、湖南、江西、安徽、江苏五省有 123个县市受灾,受淹

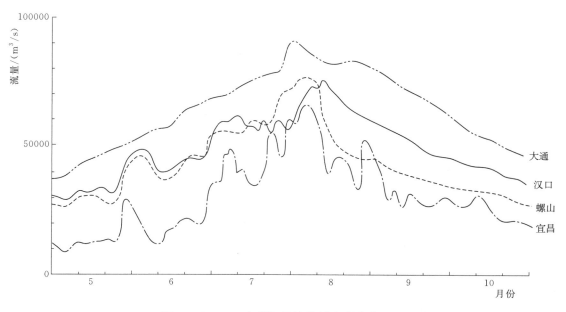

图 1-10　1954 年长江干流控制站流量过程线

农田面积 317 万 hm^2，受灾人口达 1888 余万人。京广铁路 100 天不能正常运行。灾后疾病流行，仅洞庭湖区死亡达 3 万余人。

三、黄河 1933 年洪水

1933 年 8 月上旬，黄河中游河口镇至陕县区间发生西南—东北向分布的大暴雨，陕县水文站出现自 1919 年建站以来的最大洪水。干流（龙门以上）洪水与泾河、北洛河、渭河、汾河等大支流洪水相遭遇，形成陕县峰高量大的洪水过程，最大流量 $22000m^3/s$，5 天洪量 51.8 亿 m^3。洪水挟带大量泥沙，最大 12 天沙量达 12.1 亿 t（陕县多年平均年输沙量 16 亿 t）。

1. 雨情

8 月 5—10 日，前后出现两次大面积暴雨，第 1 次在 8 月 6—7 日凌晨，雨区基本覆盖整个黄河中游地区，暴雨中心呈斑状分布。9 日出现第 2 次暴雨，主要雨区在渭河上游和泾河中上游一带。雨区范围自黄河上游的大夏河、庄浪河，向东经渭河、泾河、北洛河、清涧河、延水河、无定河至山西的三川河、汾河，雨区面积是黄河中游有实测资料以来之最。该场暴雨有 4 个暴雨中心：渭河上游的散渡河、葫芦河，泾河支流马连河的东西川，大理河、延水河、清涧河中游一带和三川河及汾河中游。

暴雨实测最大为清涧河清涧站，4 天降雨 255mm，无定河绥德站最大日雨量 71mm。由于当时站网稀疏，暴雨中心雨量难以观测到。

2. 水情

洪水在泾河、渭河及黄河干流河口镇至龙门区间均呈双峰过程。泾河、渭河及北干流龙门，于 8

月8日出现第1次洪峰,泾河张家山洪峰流量9200m³/s,渭河咸阳4780m³/s,干流龙门12900m³/s。9日,龙门站出现第2次洪峰13300m³/s,并与渭河洪水相遭遇,在陕县形成了22000m³/s的特大洪水。径河张家山和渭河咸阳于10日出现第2次洪峰,使陕县峰后退水部分流量加大。主要站洪峰、洪量见表1-7。

表1-7　　　　　　　　　　　1933年8月黄河中游主要站洪峰、洪量表

河名	站名	集水面积/km²	洪峰流量/(m³/s)	重现期或稀遇程度	洪量/亿 m³	
					5 天	12 天
径河	张家山	43216	9200	20 年	14.06	15.7
渭河	咸阳	46827	6260	10～15 年	7.85	13.29
北洛河	洑头	25154	2810	10～15 年	2.84	3.64
汾河	河津	38728	1700	5 年	2.91	4.53
黄河	龙门	497552	13300	一般洪水	23.6	51.43
黄河	陕县	687869	22000	1919 年以来最大	51.8	90.78

注 龙门站洪峰、洪量由陕县站洪水过程减张家山、咸阳、洑头、河津等站的过程后反演算至龙门站求得。

陕县1933年洪水是自1919年有观测资料迄今的最大洪水。在暴雨中心区内的各中小河流上,如散渡河甘谷、泾河支流环江、延河甘谷驿、清涧河延川、无定河绥德等,1933年洪水多为近50～100年以来最大洪水。各大支流为10～20年一遇洪水。

陕县5天洪量51.80亿 m³,12d洪量90.78亿 m³。主要来源于龙门以上的三川河、无定河、清涧河及延河等支流,和龙门以下的泾河、渭河、北洛河、汾河等支流的上游地区。

3. 灾情

该场洪水峰高量大,给黄河中下游造成严重灾害。中游暴雨区内洪水横流,人畜漂没,洪水在黄河下游决口50余处。下游北岸自封丘县的贯台一带决口,冲垮华洋民埝。在大车集至石头庄的20km间,几乎普遍漫溢,而香亭至石头庄一带为泛滥洪水主流区。北决之水自长垣、滑县、濮阳入山东境内范县、寿张、阳谷等县至陶城埠汇归正河。北堤以北,金堤以南淹没区长约150km,宽约6～30km不等,整个北金堤滞洪区俱成泽国。下游南岸兰封小新堤决口,水循黄河故道,东南流经曹、单两县的东南部,东至江苏砀山,北注大沙河,经丰、沛两县入昭阳湖。考城四明堂决口,经长垣、东明边境,东注曹县西北部,又经曹、单两县北部,菏泽、定陶、城武南部,又东北经金乡,东南经鱼台循旧运河入南阳湖。水面宽7～30km不等。长垣南岸小庞庄决口,口门宽近1500m,水从长垣经由东明、菏泽、郓县、巨野、嘉祥诸县境入南阳湖。

据统计,仅陕西、河南、河北、山东、江苏等省共计有65个县受灾,受灾人口364万人,死亡12700人,冲毁房屋169万间,淹没耕地85.3万 hm²,损失牲畜63600头,财产损失2.07亿元(银元)。

四、淮河1931年洪水

自1855年黄河北徙,淮河摆脱了黄河干扰以后的150余年间,淮河流域曾发生过4次全流域性

的重大水灾，即 1866 年、1921 年、1931 年和 1954 年，其中以 1931 年灾情最为严重。

1. 雨情

1931 年 6 月中、下旬至 7 月底，淮河流域不断出现持续长时间的大雨和暴雨，降雨过程大致可分成三个阶段。第一阶段，6 月 17—23 日，暴雨区主要在淮干上游；第二阶段，6 月 28 日—7 月 12 日，淮南及里下河一些地区连续降雨长达 10—15 天，大别山区、里下河地区雨量最大，并出现大强度的暴雨，雨量自淮南向淮北递减；第三阶段，7 月 18—25 日，在淮南山区和里下河地区再次出现大暴雨。

以上三个阶段，雨量主要集中在 7 月，流域降雨日数多达 15～25 天，流域内月降水量超过 300mm 的面积约为 13 万 km²，超过 500mm 的面积为 5.1 万 km²，超过 700mm 的面积为 1.3 万 km²。月降水量为同期常年雨量的 2 倍以上，最高的达 3.5 倍。

2. 水情

1931 年淮河干流洪水持续时间很长，自 6 月中旬开始起涨，7 月底、8 月初相继出现最高水位，至 10 月下旬、11 月初才先后退尽，历时长达 4 个月。干流正阳关 6 月底、7 月中、下旬出现 3 次洪峰，淮河干流自 7 月下旬至 8 月初先后出现最高水位，干流浮山站 8 月 2 日洪峰流量为 16100m³/s，中渡站 8 月 9 日洪峰流量为 16200m³/s。

当时，淮北大堤堤身矮小，且残缺不全，有的地段没有堤防。从 6 月下旬开始至 7 月 15 日，上自霍邱，下至五河，淮堤节节溃决，7 月 15 日前后，淮河干流出现第二次洪峰，蚌埠上下淮堤 100 多千米先后漫溢溃决，而造成皖北之沉沦大灾，主要决口位置如图 1-11 所示，淮河两岸汪洋一片。

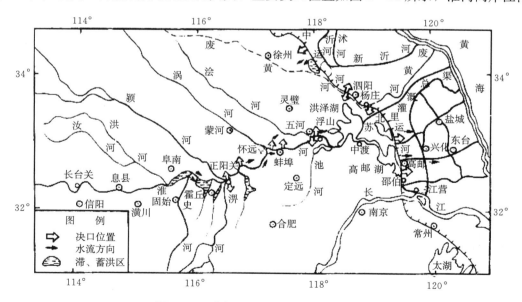

图 1-11 淮河流域堤防主要决口位置图

洪泽湖（蒋坝）自 1855 年黄河北徙以后至 1979 年，有 90 年最高水位记录，1931 年水位 16.25m（8 月 8 日），为历史最高值。

1931 年沂河部分洪水分泄入中运河，经杨庄流入里运河。里运河高邮站 6 月 29 日水位上涨，8 月 15 日出现最高洪水位 9.46m。该年长江、淮河并涨，里运河洪水高峰期时值农历七月上旬，恰逢天文大潮，潮水顶托，运河之水更难以下泄入江，8 月 25 日高邮站水位为 9.27m，11 天中水位仅下降 0.19m。8 月 25 日台风过境，里运河东西堤溃口 80 处，水位急剧下降，26 日水位为 8.27m，29 日水位为 7.29m。9 月 26 日与起涨水位持平，历时 90 天。

山区部分以淮河上游干流以及右岸支流史河、潣河洪水较大，如淮河上游南岸支流小潢河，石山口河段集水面积 306km²，洪峰流量达 3505m³/s；灌河上游鲇鱼山河段，集水面积 925km²，洪峰流量达 6500m³/s，均为近 100 年来最大洪水。淮河上游干流、汝河、潣河等河流也都发生了较大洪水，约为 20～30 年一遇。

3. 灾情

1931 年淮河流域灾情极为严重。据 1933 年工赈会报告，沿淮河大堤自河南信阳至安徽五河主要决口有 64 处，决口长度累计 17.2km，信阳、息县以下沿淮河一线水深达数米，淮北平原一片汪洋，洪水淹没面积约为 3.2 万 km²（洪泽湖以上），里运河东西两堤漫溢溃决 80 处，其中东堤 54 处，受淹面积约 2 万 km²，里下河地区尤甚，平均水深 1～2m，其中兴化县平均水深 2m 以上。

据统计，1931 年淮河流域受灾人口达 2000 余万人，死亡约 22 万余人，淹没农田 7700 余万亩。据当时《国民政府救济水灾委员会工赈报告》统计，经济损失约 7 亿多元（当时币制）。

五、海河 1939 年洪水

1939 年洪水是海河流域历史上著名的大洪水之一，以海河北系（永定河、北运河、潮白蓟运河）和大清河南支最为突出。潮白河苏庄站最大洪峰流量（还原）达 11000～14000m³/s，大清河系唐河中唐梅站调查洪峰流量 11700m³/s，均为 1801 年以来首位洪水。1939 年海滦河流域 7—8 两个月洪水总量约为 300 亿 m³，仅次于 1963 年。

1. 雨情

1939 年 7—8 月间海河流域雨量丰沛，雨日多达 30～40 天，主要有三次降雨过程。第一次降雨发生在 7 月 9—15 日，暴雨集中在 9—12 日，主要雨区沿太行山迎风坡及燕山西部呈南北向分布。北部暴雨中心在北运河上游及永定河官厅山峡一带，昌平 7 月 12 日雨量 113.7mm，9—12 日 4 天雨量 280.9mm；南部滏阳河上游、卫河上游也发生了大暴雨，石家庄 11 日记录到的最大雨量为 144.2mm，9—12 日 4 天雨量达 325.2mm。第二次在 7 月 23—29 日，雨区主要在潮白河、北运河、永定河、大清河诸河中下游一带，暴雨中心位于北运河和官厅山峡一带，暴雨强度较第一次大，昌平 7 月 25 日降雨 248mm，25—27 日 3 天雨量 365mm，24—28 日 5 天雨量 515.5mm，三家店 25 日降雨 234mm，25—29 日 5 天雨量 461.6mm。第三次在 8 月 11—13 日，该场暴雨的量级和笼罩范围均比前两次小，暴雨中心位于昌平、三家店、遵化、玉田一带，昌平 3 天降雨 140.8mm。除上述三次主要暴雨外，7 月 3—6 日、8 月 15—18 日和 8 月 22—24 日还有三次较大的暴雨过程。1939 年暴雨的特点是次数多、雨期长、强度大、范围广、暴雨中心位置比较稳定，昌平、三家店一带，始终处于几次暴雨的中心区域，昌平 7—8 月两个月总雨量达 1137.2mm，至今仍为北京西北部一带有资料以来的最高纪录。三家店 7—8 月两个月总雨量为 1081.4mm，潮白河上游背风山区的赤城为 560.0mm，位于滦河上游坝上草原区的内蒙古多伦亦达 467.3mm。海河南系卫河上游的彰德（安阳）为 759.0mm，滹沱河石家庄为 633.5mm。

2. 水情

海河流域五大水系自 7 月上旬开始普遍涨水，潮白河、永定河、大清河、滹沱河诸河在 7 月 10—26 日期间连续出现 3～4 次洪水。7 月中旬漳卫、子牙以及大清河南支出现最大洪峰。大清河北支、永定河、潮白河诸河洪水更大，潮白河 7 月 26 日 22 时苏庄闸被冲毁，洪水经箭杆河入蓟运河泛滥成灾；7 月 27 日北运河通县最大洪峰流量 1670m³/s，下游右堤溃决；7 月 25 日永定河卢沟桥最大洪峰流量 4390m³/s，冲倒卢沟桥石栏杆，洪水经小清河漫溢入大清河，永定河下游多处溃决，在武清县境漫过京山铁路，北运河、永定河两河洪水在铁路两侧一片汪洋。

7 月底大清河各支流洪水多处漫过京汉铁路，白洋淀东南的千里堤溃决，洪水进入文安洼，8 月 6 日白洋淀十方院最高水位 10.43m。

滹沱河黄壁庄 7 月 11 日出现最大洪峰，16 日滏阳河决于衡水，月底子牙河堤防失守。7 月 14 日漳河也出现最大洪水，冲毁京汉铁路桥，洪水大部分泛滥于滏阳河、南运河之间的广大地区，进入贾口洼。卫河上游河南省境内安阳、内黄、淇县等地也发生"河决，陆地行舟"。下游洪水多经南运河各减河入海。

7 月底 8 月初，大清河、子牙河、南运河以及永定河经小清河分洪的大量洪水，集中于天津市西南的东淀、文安洼和贾口洼，三洼积水连成一片，威迫天津市。8 月 4 日西河（大清河、子牙河汇合后称西河）决口，泛滥洪水在杨柳青附近漫过津浦铁路直驱天津市。市区西、南围堤外水位猛涨，8 月 19 日南围堤决口，20 日市内围堤不守，洪水进入市区，天津市百分之七八十的地区被淹，水深 1～2m，最深 2.4m。

1939 年洪水属流域性大洪水。海河五大水系以及滦河流域，普遍发生较大洪水，少数河段洪水量级很大，如白河尖岩村（集水面积 9072 km²）最大洪峰流量 11200m³/s，为 1890 年以来最大洪水，唐河中唐梅（集水面积 3480km²）最大洪峰流量 11700m³/s，为 1801 年以来最大洪水。大多数河段一般为 20～40 年一遇的洪水。

据估算，1939 年 7—8 月两个月洪水总量为 304 亿 m³，以大清河水量最大，占 30%，潮白河、蓟运河及北运河占 23%，子牙河占 22%，漳卫河占 15%，永定河占 10%。

3. 灾情

由于 1939 年洪水峰高量大，涨落次数频繁，致使各河中下游河道多处发生漫溢、决口，溃不成堤，下游主要河道决口达 79 处，扒口分洪 7 处，造成广大平原地区严重洪涝灾害，洪水淹没面积达 49400 km²，受灾农田 5200 万亩，受灾村庄 12700 个，被淹房屋 150 多万户，灾民近 900 万人，死伤人口 1.332 万人。

洪水使交通几乎全部断绝，冲毁京山、京汉、津浦、京包、京古（古北口）、同蒲、石太、新开

（新乡至开封）等 8 条铁路 160km，铁路桥梁 49 座；冲毁公路 565km、公路桥梁 137 座。

天津市被淹浸时间长达一个半月，受灾人口 80 万人，被淹 15.8 万户，房屋倒塌 1.4 万户。天津市遭受经济损失约 6 亿元（当时币制），山西、河北、山东、河南四省及天津市经济损失合计约 11.69 亿元（当时币制）。

六、海河 1963 年洪水

1963 年 8 月上旬，海河流域发生特大暴雨，暴雨主要集中在海河南系南运河、子牙河及大清河流域，暴雨中心獐獏村 7 天的降雨量达 2050mm，为我国大陆 7 天累积降雨量最高纪录，暴雨造成了海河流域特大洪水（以下简称"63·8"暴雨洪水）。子牙河、大清河、南运河三大水系洪水总量达 330 亿 m³，部分中小型水库垮坝，河流堤防相继漫溢决口，洪水泛滥于豫北、冀南及冀中广大平原，漫过京广铁路，严重威胁天津市及津浦铁路的安全。

1. 雨情

"63·8"暴雨洪水降雨从 8 月 2 日开始，至 8 日结束。8 月 2 日雨区主要在淮河流域上游地区，海河流域的西南部分地区雨量较小，日雨量一般在 100mm 左右。3 日暴雨区北上进入海河流域，主要分布在太行山南部的迎风山区，中心位于邯郸附近，日雨量达 466mm。4 日暴雨继续北移，降雨强度和雨区范围均显著增大，主要分布在滏阳河流域的迎风山区，日雨量超过 500mm 的雨区面积有 990km²，超过 200mm 的雨区面积达 11200km²，暴雨中心獐獏站日雨量达 865mm。5 日暴雨继续向北移动，中心移至獐獏以北的黄北坪，日雨量达 500mm。6 日暴雨继续北上，降雨强度减弱，雨区分布较分散，大于 200mm 的暴雨中心多达 11 个，其中最大中心正定，雨量为 290mm。7 日雨区继续向北扩展，主要分布在大清河流域，暴雨强度再度增大，日雨量大于 50mm 的面积达到 80800km²，暴雨中心司仓日雨量达 704mm，为本次暴雨过程的第二个高峰，降雨总水量达到 122.1 亿 m³，为本次暴雨日降雨总量的最大值。8 日暴雨中心继续北移至北京附近来广营，日雨量 429mm，滏阳河及大清河流域雨量显著减小，但南部卫河流域又出现一片新雨区，暴雨中心在安阳附近的小南海，日雨量 365mm，雨区面积显著减小，暴雨进入衰退阶段。9 日太行山区先后雨止，暴雨区东移，暴雨中心出现在平原东部静海一带，日雨量为 235mm。

"63·8"暴雨的分布大致与太行山平行，形成一条南北长 520km，东西宽 120km，雨量超过 400mm 的雨带。雨量的分布很不均匀，南北有两个雨量特大中心，均位于太行山麓浅山丘陵地带，南部中心在滏阳河上游邢台、临城以西山区，7 天（8 月 2—8 日）降雨量东川口为 1464mm，菩萨岭为 1562mm，獐獏为 2050mm；北部中心在大清河上游保定以西地区，7 天降雨量司仓为 1303mm，七峪为 1329mm。

2. 水情

海河"63·8"洪水主要发生在南系漳卫河、子牙河和大清河，北系洪水不大。

受 8 月初降雨影响，漳卫河首先涨水，各支流分别于 3、6、8 日出现 3 次洪峰，以 8 日最大。卫河在多处决口情况下，北善村水文站洪峰流量 1580m³/s，据推算漳河岳城水库入库洪峰流量

7040m³/s,经水库调蓄下泄 3500m³/s,漳河南堤扒口 5 处分洪,洪水侵入黑龙港。漳卫河称钩湾以上 8—9 月两个月共来水 82.86 亿 m³,其中 67% 的水量经过四女寺、捷地、马厂三条河流入海,经九宣闸下泄入天津的水量不足 1 亿 m³,大大减轻了南运河洪水对天津的威胁,但北岸决口有 12.96 亿 m³ 水量从黑龙港入贾口洼,加大了天津外围的水势。

子牙河支流滏阳河是"63·8"特大暴雨的中心地区,洪水峰高量大。8 月 2 日起,各河相继涨水,4 日水势猛涨,形成第一次洪峰,随后水位回落,至 6 日又出现第二次洪峰。东川口、马河、佐村三座中型水库漫顶冲毁,乱木水库扒口后刷深到底,造成河流改道,小型水库被冲垮坝的更多。京广铁路以东,滏阳河各支流堤防溃决数百处,除一些地势较高的城镇和高地以外,遍地行洪,永年洼、大陆泽、宁晋泊三洼连成一片,宁晋县城墙顶距水面仅 1m。洪水在邪家湾一带以宽十余公里的洪流顺滏阳河两岸向东北涌入衡水县千顷洼,石德铁路漫水段达 20km,根据漫水段流量资料推算,衡水 8 月 12 日最大流量达 14500m³/s,最高水位为 24.42m,高出附近堤顶 1m 多。滏阳河下游东岸洪水进入黑龙港地区,西岸洪水进入滹沱河泛区,与滹沱河洪水汇合。

滹沱河岗南水库以上推算的最大入库流量为 4390m³/s,黄壁庄水库推算的最大入库流量 12000m³/s,最大下泄流量 8900m³/s,洪水漫过京广铁路,于北堤无极、牛辛庄漫溢入大清河,以下又在深泽彭赵庄和安平的刘门口、杨各庄决口三处,约有水量 4.49 亿 m³ 入文安洼。

滹沱河洪水与滏阳河洪水汇合后,子牙河水位猛涨,献县附近于 8 月 12—13 日决口数处,决口洪水与滏阳河以东洪水汇合后,漫流宽度达 30km,以每天约 10km 的速度流向贾口洼。子牙河系 8—9 月两个月共来水 166.85 亿 m³(包括漳河溃决水量 12.96 亿 m³),水库、洼地蓄水占 11.2%,由南大排水道入海水量占 5.1%,大部分洪水进入文安洼、贾口洼、东淀。

8 月 7 日大清河南支各河几乎同时开始涨水,水库涨水更快,于 8 月 8 日前后出现最高库水位,大部分水库相继溢洪,其中界河上游刘家台水库(集水面积 174km²)于 8 日凌晨溃坝失事,在其下游 20km 处的东土门村附近,估算最大流量约 17000m³/s,尚有小型水库如陈候、魏村、塔坡等被冲毁。各水库以下到京广铁路一带地区的区间来水很大,加上刘家台等中小水库溃坝失事后的洪峰,造成了这一地区严重洪水,大部分河流一出山口即漫溢横流,致使京广铁路以西大部分平原地区成为一片泽国,保定市部分地区水深达 1~3m,洪水横越铁路以后,平地行洪,向东直泻白洋淀。白洋淀水位 9 日下午开始陡涨,14 日达最高。十方院最高水位为 11.58m,相应蓄水量 41.72 亿 m³。

大清河北支拒马河紫荆关站 8 月 8 日最大洪峰流量 4490m³/s,下游张坊站亦于 8 日出现 9920m³/s 的洪峰流量。易水与南拒马河汇合后的北河店站,也于 8 日出现 4770m³/s 的洪峰流量,北河店以下至白沟镇站之间两岸堤身单薄,沿途发生溃决漫溢。南北拒马河与白沟河汇流后的白沟镇站,于 8 月 5 日起涨,7 日开始向新盖房分洪道分洪,9 日出现最大洪峰流量 3540m³/s,白沟镇下泄水量直接进入东淀。

京广线以西各河已浑然一片,洪水通过京广铁路进入平原地区的洪峰流量,据估计 8 月 7 日 3 时子牙河最大流量为 40200m³/s,大清河 8 日 12 时最大流量为 31000m³/s,大清河洪峰出现时间比子牙河滞后 33h,两峰错开,估计两河洪水同时经过京广线最大流量为 43200m³/s,发生在 8 月

7日。

3. 灾情

"63·8"洪水主要发生在河北省境内,据邯郸、邢台、石家庄、保定、衡水、沧州、天津7个地区的统计数据,洪水淹没农田357.3万 hm^2,占7个地区耕地总面积的71%,其中13万 hm^2 左右的良田由于水冲沙压失去耕作条件,粮食减产25亿kg,棉花减产1.3亿kg。受灾人口2200余万人,房屋倒塌1265万间,约有1000万人失去住所,5030人死亡。水利工程遭受严重破坏,5座中型水库、330座小型水库被冲垮,堤防决口2396处,滏阳河全长350km全线漫溢,溃不成堤。铁路、公路破坏也很严重,京广、石太、石德、津浦铁路及支线铁路冲毁822处,累计长度116.4km,干支线中断行车总计372天,京广铁路27天不能通车。上述7个地区84%公路被冲毁,6700km公路被淹没。

海河流域受灾农田达486万 hm^2,成灾401万 hm^2,直接经济损失60亿元。

七、嫩江、松花江1998年洪水

1998年6—8月,嫩江流域发生多次大雨、暴雨,使嫩江及其右岸各河相继出现大洪水和特大洪水,嫩江干流齐齐哈尔、江桥、大赉等站发生了100~500年一遇的特大洪水,松花江干流下岱吉、哈尔滨发生了50年一遇的特大洪水。

1. 雨情

1998年6月,嫩江流域降雨136mm,比历年同期均值80mm偏多70%;松花江干流地区降雨100mm,与历年同期均值基本持平。7月,嫩江流域降雨213mm,比历年同期均值偏多44%;松花江干流地区降雨104mm,比历年同期均值偏少30%。8月,嫩江流域降雨208mm,比历年同期均值偏多104%;松花江干流地区降雨150mm,比历年同期偏多15%。

嫩江、松花江流域的主要降雨过程有5次。6月14—24日,主雨区位于嫩江流域上游,极值区位于右侧支流甘河、诺敏河一带,在该极值区中,有两个极值中心:一是甘河的甘河农场站,降雨量249mm;二是诺敏河上的得力其尔站,降雨249mm。7月5—10日,降雨主要分布在嫩江中下游,暴雨中心在雅鲁河上游,最大累计雨量为雅鲁河的哈拉苏站150mm。7月17—21日,降雨主要分布在嫩江的右侧各支流,左侧支流降雨很小,主雨区分布在洮儿河及霍林河。最大暴雨中心为霍林河的吐列毛都站220mm,其次为洮儿河的索伦站149mm、黑牛圈站(148mm)。7月22—30日,主雨区位于嫩江中下游右侧支流诺敏河、阿伦河、雅鲁河、绰尔河、洮儿河、霍林河以及左侧支流乌裕尔河,累计最大点雨量为雅鲁河上游的五公里站285mm。8月2—14日,松花江流域普降大到暴雨,局部大暴雨,主雨区位于嫩江中下游和松花江干流,累计最大点雨量为阿伦河的复兴水库站517mm。

2. 水情

6月14—24日,嫩江上游普降中到大雨,局部暴雨,降雨量100~200mm,嫩江右侧支流甘河柳家屯站6月26日20时出现洪峰,水位226.03m,相应洪峰流量2240 m^3/s,诺敏河古城子站6月26日18时出现洪峰,水位204.78m,相应洪峰流量1310 m^3/s,嫩江干流库漠屯站6月25日20时出现洪峰，水位 234.69m，列实测记录的第 3 位，相应洪峰流量 3340m³/s，阿彦浅站 6 月 27 日 2 时出现洪峰，水位 198.73m，列实测记录的第 3 位，相应洪峰流量 7040m³/s，约为 30 年一遇洪水，同盟站 6 月 27 日 14 时出现洪峰，水位 170.36m，相应洪峰流量 9270m³/s，为 1951 年建站以来第二位洪水，江桥站 7 月 3 日 16 时出现洪峰，水位 140.72m，相应洪峰流量 7430m³/s，列实测记录的第二位洪水。7 月 22—30 日，嫩江中下游普降中到大雨，局部暴雨，主雨区位于嫩江右侧支流诺敏河、雅鲁河、绰尔河，累计降雨量均约 200mm，阿伦河纳吉站 7 月 27 日 23 时出现洪峰，水位 98.72m，超历史实测最高水位 0.12m，相应洪峰流量 1590m³/s，雅鲁河扎兰屯姑 7 月 27 日 14 时出现洪峰，水位 318.78m，相应洪峰流量 2510m³/s，碾子山站 7 月 28 日 0 时出现洪峰，水位 217.29m，超历史实测最高水位 0.49m，相应洪峰流量 5100m³/s，绰尔河文得根站 7 月 26 日 14 时出现洪峰，水位 301.19m，超历史实测最高水位 0.07m，相应洪峰流量 5770m³/s，两家子站 7 月 27 日 6 时出现洪峰，水位 102.34m，超历史实测最高水位 0.44m，相应洪峰流量 6400m³/s，为近 200 年一遇的特大洪水。受干支流来水的影响，干流江桥站 7 月 30 日 10 时出现洪峰，水位 141.27m，列 1949 年以来实测记录的第一位，相应洪峰流量 9510m³/s，列实测记录的第二位，大赉站 8 月 2 日 20 时出现洪峰，水位 130.10m，相应洪峰流最 8080m³/s，列实测记录的第二位。8 月 2—14 日，嫩江流域出现大范围的强降雨，流域内大部分地区降雨 100mm 以上，同盟至江桥区间降雨量达 200～400mm，致使全流域发生特大洪水。嫩江支流甘河柳家屯东屯站 8 月 12 日 20 时出现洪峰，水位 226.62m，超保证水位 0.62m，相应洪峰流量 2640m³/s，古城子站 8 月 10 日 12 时出现洪峰，水位 206.87m，超历史实测最高水位 0.30m，相应洪峰流量 7740m³/s，为超 140 年一遇的特大洪水，稚鲁河扎兰屯站 8 月 9 日 23 时出现洪峰，水位 318.98m，相应洪峰流量 3310m³/s，碾子山站 8 月 10 日 3 时出现洪峰，水位 217.64m，超历史实测最高水位 0.84m，相应洪峰流量 6840m³/s，为超 200 年一遇的特大洪水，绰尔河两家子站 8 月 11 日 11 时出现洪峰，水位 101.45m，超警戒水位 1.45m，相应洪峰流量 3630m³/s，为 50 年一遇的特大洪水，洮儿河洮南站 8 月 10 日 8 时，最高水位 151.52m，超历史实测最高水位 0.56m，8 月 12 日 11 时最大洪峰流量 2350m³/s，为 50 年一遇的特大洪水。嫩江干流同盟站 8 月 12 日 6 时出现洪峰，水位 170.69m，超历史实测最高水位 0.26m，相应洪峰流量 1220m³/s，齐齐哈尔站 8 月 13 日 6 时出现洪峰，水位 149.30m，超历史实测最高水位 0.69m，相应洪峰流量 14800m³/s，为 130 年一遇的特大洪水，大赉站 8 月 15 日 3 时出现洪峰，水位 131.47m，超历史实测最高水位 1.27m，相应洪峰流量 16100m³/s，为 80 年一遇的特大洪水，在嫩江堤防多处溃决的情况下，齐齐哈尔、富拉尔基、江桥、大赉站的洪峰流量都超过了 1932 年调查洪水的洪峰流量。

嫩江第 3 次洪峰 8 月 16 日进入松花江干流，下岱吉站 8 月 18 日 22 时出现洪峰，水位 100.74m，超历史实测最高水位 0.53m，相应洪峰流量 16000m³/s，哈尔滨站 8 月 22 日 11 时出现洪峰，洪峰水位 120.89m，超历史最高水位 0.59m，最大洪峰流量 16600m³/s，以上两站均为 50 年一遇的特大洪水。通河站 8 月 25 日 9 时出现洪峰，水位 106.14m，超历史实测最高水位 0.54m，相应洪峰流量 15900m³/s，为 40 年一遇的大洪水。依兰站 8 月 26 日 20 时出现洪峰，水位 98.59m，超警戒水位 1.09m，相应洪峰流量 16100m³/s，为 20 年一遇的大洪水，佳木斯站 8 月 26 日 20 时出现洪峰，水位 80.34m，超警戒水位 1.34m，相应洪峰流量 16100m³/s，为 15 年一遇的较大洪水。

3. 灾情

1998 年松花江流域，特别是嫩江流域，降雨连续且强度大，雨区重复，发生了历史上罕见的特大洪水，由于水势凶猛，堤防标准低，使松花江流域江河堤防近千处溃决、漫溢，洪水泛滥到广阔的草场、农田。黑龙江、吉林两省的西部地区，内蒙古自治区的东部地区，遭受到严重的洪涝灾害。受灾县、市 88 个，人口 1733.1 万人，被洪水围困 143.9 万人，紧急转移人口 258.5 万人，进水城镇 70 个，积水城镇 73 个，倒塌房屋 91.8 万间，死亡 46 人，直接经济损失 480 亿元，其中，黑龙江省为 232 亿元，吉林省为 141 亿元，内蒙古自治区东部三盟一市为 107 亿元，

八、辽河 1951 年洪水

1951 年 8 月中旬，辽河流域发生特大暴雨，辽河干流铁岭站洪峰流量 14200m³/s，为调查和实测期内最大洪水。

1. 雨情

暴雨发生在 8 月 13—16 日，历时约 3 天，降雨集中在 14 日 1—13 时和 15 时 22 时至 16 日 10 时。暴雨区位于东、西辽河下游控制站三江口、郑家屯至铁岭区间，中心在辽宁省的西丰，据调查，最大 1 天、3 天降雨量分别为 350mm 和 440mm，开原站实测最大 24h 雨量 273.1mm，3 天雨量 350.7mm。8 月 14 日 100mm 以上降雨笼罩面积达 26000 km²，13—15 日 3 天雨量 150mm 以上笼罩面积 23300 km²，通江口至铁岭区间 8608 km² 面积上平均雨深 279mm。

2. 水情

1951 年洪水为辽河近 100 余年来最大洪水，支流清河开原站集水面积仅 4668km²，洪峰流量 12300m³/s，汇入辽河干流以后铁岭站洪峰流量达 14200m³/s，重现期约为 120 年一遇，东辽河洪水重现期较低，为 15 年一遇。

辽河干流铁岭段洪水主要来自清河，清河下游开原的洪峰流量占铁岭洪峰流量的 87%。东辽河洪水主要发生在二龙山水库以上地区。

3. 灾情

辽河、柳河、浑河相继出现大洪水，辽宁东北部、吉林省东南部以及辽河干流、浑河、太子河中下游广大地区遭受严重洪涝灾害。暴雨中心地区的清河、寇河暴发山洪，沿河两岸村庄、耕地被席卷一空，西丰县街市尽成泽国，开原新老城外一片汪洋。当时辽河大堤防洪标准很低，洪水一过铁岭就决堤。辽河干流及主要支流漫堤决口 419 处，辽河干流巨流河以上决口 42 处，巨流河以下辽河大堤全线溃决，洪水浩瀚无涯，辽河中下游的开原、铁岭、新民、辽中、辽阳、海城、台安、盘山等县市受灾最重，台安、盘山等地水深 2m 以上，大水持续数日不退。据当时辽东（包括吉林省东南部）、辽西两省不完全统计，有 31 个县市受灾，灾民 121 万人，死亡 3100 余人，无家可归者 12 万人，农田成灾面积 37.6 万 hm²，倒塌房屋 14.5 万间，冲毁铁路及公路大桥 75 座，沈山、长大铁路被迫中断 40 余天。

九、辽河 1985 年洪水

1985 年汛期，辽河中下游发生多次大雨和暴雨。由于降雨持续时间长，范围广，几次暴雨洪水重叠，洪水总量大，加之辽河下游套堤、河滩内高秆作物以及桥梁严重阻水，造成干流巨流河以下 287km 河段最高水位接近或超过历年最高纪录，高水位持续一个多月，造成堤防多处溃决，农田受灾面积占全省播种面积的 44%。

1. 雨情

1985 年 7 月中旬到 8 月下旬，辽河中下游连续降雨，降雨历时长、范围广、累积雨量大，主要雨区稳定少变。7 月末流域下垫面基本饱和，8 月初辽河开始涨水，造成辽河连续重叠洪水的是 8 月份降雨。

8 月辽河中下游地区发生大小降雨 7 次，其中主要有 4 次。8 月 2 日 8506 号台风于辽宁丹东一带登陆，使辽河东部地区普降大雨，主要雨区在清河、柴河、泛河、浑河、太诸河，1—4 日浑河、太子河平均雨量 120mm，最大雨量羊胡子沟 219mm，清河、柴河、泛河平均雨量 100mm，最大雨量张家楼子站 134mm；8 月 14 日 8508 号台风在朝鲜西海岸登陆，使辽河中下游地区再次普降大雨，主要雨区仍在清河、柴河、泛河、浑河、太诸河上游，12—14 日雨量平均在 100mm，最大雨量腰寨子站为 110mm；8 月 19 日 8509 号台风于辽宁大连登陆，造成辽河中下游全面大雨，主要雨区在辽河干流和浑河、太子河下游地区，雨量沿中上游递减，降雨范围广，强度大，18—21 日 100mm 以上雨量笼罩面积约达 3.2 万 km²、200mm 以上雨量约笼罩面积达 1 万 km²，最大雨量牛庄站达 405mm。8 月 23—25 日，辽河中下游又普遍降雨，主要雨区仍在清河、柴河、泛河和浑河、太子河中上游，雨量一般在 50mm 以上，最大雨量东陵站 96mm，此次雨量虽然不大，但因前期流域土壤已饱和，降雨几乎全部成为径流，造成了辽河第 4 次洪水。

2. 水情

1985 年汛期虽然东辽河及辽河中下游地区累积降雨量很大，但浑河和太子河由于有大伙房和参窝两座大型水库控制，下游洪水比较平稳，较大洪水主要出现在辽河干流。

8 月辽河干流出现 4 次连续重叠洪水。第一次洪水，辽河干流铁岭站 8 月 2 日开始起涨，8 日出现洪峰，最大流量 1710m³/s，同日巨流河站起涨，11 日洪峰流量 1620m³/s，下游朱家房子站 5 日起涨，15 日洪峰流量 1550m³/s，洪水上涨均较缓慢；第二次洪水，铁岭 16 日洪峰流量 1150m³/s，巨流河 21 日洪峰流量 1740m³/s，朱家房子 23 日洪峰流量 1740m³/s；第三次洪水，铁岭 20 日洪峰流量 1470m³/s，巨流河 23 日洪峰流量 1860m³/s，朱家房子站 24 日洪峰流量 1860m³/s；第四次洪水，铁岭 26 日洪峰流量 1750m³/s，巨流河 28 日洪峰流量 2020m³/s，朱家房子 29 日洪峰流量 1980m³/s。第二、三、四次洪峰下游比上游增大的现象，是铁岭至巨流河区间 6752 km² 的径流所造成的。

1985 年铁岭站洪水总量为 36.3 亿 m³，其中东、西辽河来水占 34.7%，水库放水占 21.5%，郑河、太河、清河、南河、柴河—铁岭大区间来水占 43.8%；巨流河站总量为 43.8 亿 m³，其中铁岭来水占 83.0%，铁岭—巨流河区间来水占 17%。巨流河到朱家房子段以及下游河段受两岸大堤约束，柳河来水不大，此外没有其他支流加入，下游站比上游站洪水总量略有减少。

铁岭站 1951 年洪峰流量 14200m³/s，1953 年又发生 11800m³/s 的洪水，而 1985 年仅为 1750m³/s，就峰值而论属常遇洪水，然而该年洪水持续时间很长，洪水总量很大，超过 1951 年和 1953 年。

3. 灾情

1985 年辽河洪水造成严重洪涝灾害，损失巨大。由于河道高水位持续，堤防长时间为洪水浸泡，以致多处发生溃口，8 月 22 日 6 时，辽阳县唐马寨太子河右岸防洪大堤率先溃决，30 多个村庄，20 多万亩农田被洪水淹没，8 月 22 日中午，昌图县三江口镇东辽河大堤决口，沿河村庄、农田被淹，8 月 24 日盘锦县境内小柳河堤段决口，淹没农田 30 万亩，10 多万人被洪水围困，迫使辽河油田关闭了各种站 34 座，293 眼油井停采，每日减产原油 4000 多吨。

全省交通、输电线路遭到严重破坏。长大、沈丹、凤上铁路多次中断行车，最长一次达 5 天，冲毁公路 1830km，桥涵 1900 多座，高、低压输电线路 16000km。

水利工程水毁严重。全省冲毁大型河道堤防 250km，中小型河道堤防超过 2600km，太子河、鸭绿江等 7 条河流决口 1900m，冲毁大、中小型拦河坝 239 座，水库溢洪道 81 座。

据统计，全省农田受灾面积 2430 万亩，占总播种面积的 44%，其中绝收的农田面积 639 万亩，倒塌房屋 68.3 万间，转移人口 68 万多人，直接经济损失约 47 亿元。

十、太湖 1991 年洪水

1991 年太湖洪涝灾害，农田受灾面积仅次于 1954 年，由于苏州、无锡、常州地区大量乡镇企业被淹，工业损失严重。

1. 雨情

5 月 19 日开始进入梅雨期，至 7 月 13 日结束，梅雨期长达 56d，面平均雨量达 790mm，湖西地区宝埝河东昌街站 56d 雨量达 1119.6mm，为近 40 余年来梅雨期最长、雨量最大的一年。梅雨期间有两次集中降雨过程，第 1 次 6 月 11—19 日，暴雨中心位于湖西丹阳、金坛一线，中心雨量小河闸 314mm，金坛 310mm；第 2 次暴雨 6 月 30 日至 7 月 14 日，暴雨中心仍在金坛、无锡一线附近，中心雨量金坛 554.0mm。

2. 水情

5 月初太湖水位达警戒水位 3.5m，6 月 12 日至 7 月 16 日，35 天之内流域总降雨量达 165.5 亿 m³，径流量 125.2 亿 m³，入太湖水量 49.5 亿 m³，泄量仅 18.2 亿 m³，31.3 亿 m³ 的滞蓄水量，致使太湖水位猛涨，7 月 2—6 日每日上涨 10cm，14 日太湖最高平均水位 4.79m，超过历史最高纪录 1954 年 0.14m，超过 1954 年最高水位持续时间达 14 天，超过警戒水位时间达 80 天。

为缓解太湖汛情，6 月 26 日太浦闸开闸泄洪，泄量 100～150m³/s，7 月 18 日泄量增大到 200m³/s，19 日 250m³/s，21 日 300m³/s，26 日增加到 400m³/s。7 月 4 日东太湖的杨湾港、瓜径港、新开河、柳青港、西塘港、牛腰泾、三船路和大浦口等 8 个口门全部打开，5 日炸开大鲇鱼口门坝，东太湖全线排洪，上海市同时打开红旗塘堵坝，5 日将太浦河下游钱盛荡等 8 个堵坝炸除，打通太浦河至黄浦江泄水道，经清障后共宣泄太湖洪水 12.8 亿 m³。7 月 10 日又将沙墩港东土坝清除，11 日炸开沙墩港石坝，之后又拓浚望虞河漕湖至鹅真荡等狭窄段，望虞河最大泄量达到 97.1m³/s。7 月 16 日以后水位以每天平均 3～4cm 速度回落。

3. 灾情

据统计，太湖流域农田受灾面积 76.9 万 hm²，成灾 44.7 万 hm²，损失粮食 1.28 亿 kg，减产粮食 8.13 亿 kg，受灾人口 1182 万人，死亡 127 人，倒塌房屋 10.7 万间，直接经济损失 110 亿元。其中江苏省受灾最重，苏州、无锡、常州 3 市大量民房仓库受淹，2549 个工矿企业停产，17370 家乡镇企业被淹，江苏省太湖地区总计直接损失 97.4 亿元，其中农业损失（包括农村居民损失）45.8 亿元，占 47%，城镇企事业及乡镇企业损失 51.6 亿元，占 53%，超过农业损失。浙江省太湖地区受灾农田面积 24.7 万 hm²，成灾面积 9.1 万 hm²，工农业直接经济损失 11.14 亿元。上海市区住宅进水 34 万户次，1 万余家工厂、商店、仓库进水，市郊 6 万 hm² 农田受淹，成灾 0.2 万 hm²。

十一、太湖 1999 年洪水

1999 年太湖流域自 6 月 7 日入梅，历时 43 天，流域面平均梅雨总量 670mm，是常年的 3 倍，致使流域发生了 20 世纪的特大洪水。太湖最高水位达到 5.08m，超过 1991 年历史最高水位 0.29m。

1. 雨情

1999 年太湖梅雨期主要有 3 次降雨过程。6 月 7—10 日发生了第一场降雨，流域面平均雨量达 175mm，6 月 15—17 日第二场降雨，面平均雨量为 62mm，6 月 23 日至 7 月 2 日的第三场降雨为造成流域性洪灾的主要原因，面平均雨量高达 368mm，降雨南自浙西青山水库经临平、崇蔼、嘉兴、嘉善、金山、南汇一线，北自长兴穿太湖经光福、枫桥、昆山、浏河口一线，覆盖流域 40% 以上的区域，雨量均超过 400mm。流域降雨空间分布南部大于北部，浙西区、湖区、杭嘉区和浦东、浦西区明显大于湖西区和武澄锡区，降雨最大处位于太湖上游浙江长兴的访贤至江苏宜兴的大浦口一带，总量达 1000mm 以上。流域面平均连续最大 7 天，15 天、30 天、45 天、60 天、90 天雨量均为实测暴雨最大值，接近或超过 100 年一遇。

2. 水情

7—10 日第一场强降雨过程，太湖水位 10 日突破警戒水位（3.50m），11 日上涨到 3.64m，期间最大日涨幅达 0.23m，雨势减缓后，太湖水位稳定在 3.64m 左右。15—17 日的第二场降雨雨量不大，太湖水位涨幅较小，6 月 19—22 日水位稳定在 3.79m，23 日 8 时水位缓落至 3.77m。6 月 23 日至 7 月 2 日的第三场强降雨导致太湖水位猛涨，6 月 30 日 15 时达 4.65m，与 1954 年最高水位持平；7 月 1 日 8 时达 4.79m，与 1991 年太湖历史最高水位持平，2 日雨停后，水位继续上涨，7 月 8 日 10 时达到最高水位 5.08m，超过 1991 年的最高历史水位 0.29m，5.00m 以上水位一直维持到 12 日，直到 8 月 20 日太湖水位方降至 4.20m，已是梅雨期结束的一个月之后。

流域下游受前两场降雨影响，6月19日前后河网普遍超过警戒水位。受第三场降雨影响，7月1—3日下游地区河网达到最高水位，杭嘉湖、苏州南部和上海西部等地区河网水位普遍超过历史最高值；流域上游平原河网水位受太湖高水位顶托也长时间居高不下。

1999年暴雨洪水在水位变化上显示了涨幅大、退水慢的特点，表现出流域下垫面的显著变化——圩外可调蓄水面减少、圩区排涝动力加大、水田面积减少、城镇建成面积增加、地区排涝河道淤积等对流域防洪造成的隐患。流域成灾暴雨的雨日天数已由20世纪50—60年代的60～90天缩短到30～45天。

3. 灾情

太湖流域1999年的洪灾损失达131亿元，其中浙江省灾情最为严重，达103亿元。

十二、珠江1915年洪水

1915年7月上旬，珠江流域东、西、北江同时发生大洪水或特大洪水，导致珠江发生流域性特大洪水。西江、北江洪水约200年一遇，与此同时，东江也发生了大洪水。由于三江洪水同时遭遇，使珠江三角洲遭受空前严重水灾，受淹农田648万亩，受灾人口379万人，广州市被淹7天之久。这场洪水范围很大，除珠江流域外，相邻的韩江、闽江、赣江和湘江等流域也同时发生大洪水或特大洪水。

1. 雨情

1915年6月下旬至7月上旬，我国南部地区发生大面积的大雨和暴雨，雨区范围包括广东、广西两省以及福建、江西、湖南、云南等省部分地区，范围约50余万 km^2，暴雨中心位于南岭山区和武夷山区。主要有两次集中大暴雨过程，6月下旬暴雨中心在南岭北侧，造成了洞庭湖水系较大洪水，影响珠江流域的主要是7月上旬暴雨，梧州、广州站7月1—10日雨量分别为333.8mm、253.1mm，占7月雨量的90%以上。

2. 水情

西江上游左江、郁江以及北江自6月26日起开始缓慢起涨，7月1日以后洪水迅速上涨，郁江南宁、北江三水于7月12日出现最高水位，由于降雨持续时间较长，洪水涨落缓慢，如南宁、梧州、三水站，6月26日开始起涨，约历15天之后才出现最高水位，西江干流梧州站6月26日开始起涨，水位8.45m（珠江基面），7月10日达最高水位27.07m，15天内水位上涨18.62m，7月11日后，水位开始消退，11—14日洪水消落较快，3天水位下降3.13m，15日后由于郁江南宁洪峰到达梧州，水位下降明显减缓，15—20日5天水位仅下降1.22m。洪水过程历时长达30余天。

1915年7月上旬，西江水系各支流普遍发生较大洪水，红水河迁江洪峰流量21200 m^3/s，柳江柳州22000 m^3/s，郁江南宁13500 m^3/s，桂江昭平14700 m^3/s，均约为20～30年一遇的洪水。西江干流梧州站洪峰流量54500 m^3/s，为200余年以来最大。

1915年北江横石站洪峰流量21000 m^3/s，亦为200余年以来最大洪水。

东江洪水较小，在博罗单氏宗祠处调查到1915年最高洪水位为13.25m，属一般洪水。

3. 灾情

1915 年 7 月，珠江流域云南、广西、广东、湖南、江西、福建等六省（自治区）均遭洪涝灾害，其中珠江各水系下游及三角洲地区除少数堤围外，几乎所有的堤围悉数崩溃，洪水灾害尤为严重，西江洪水于肇庆左岸冲破景福围注入北江，北江石角围、永丰围相续溃决，西、北两江洪水直泻广州，广州市随即被淹，佛山镇全镇数十万难民露宿岗顶，绝食待救。广东、广西各 30 余县受灾，房屋倒塌数十万间，上百万灾民流离失所。

十三、沙兰镇 2005 年山洪

2005 年 6 月 10 日下午 2 时 10 分，黑龙江省宁安市沙兰镇突降暴雨，瞬间形成巨大山洪，洪水灌进沙兰镇中心小学，整个操场一片汪洋，当时 300 多名师生在校上课，造成了重大伤亡。

沙兰河贯穿沙兰镇，沙兰河是牡丹江左岸一小支流，发源于和盛村西北岭老虎沟西 2km 处。沙兰镇以上属于低山丘陵区，为山区性河流；沙兰镇以下河道宽阔，属于平原性河流。沙兰河沙兰镇以上河长 25.8km，流域集水面积 115km²。地形西北高，东南低，最高点位于老虎沟西 2km 处，高程为 805m；最低点为沙兰镇，地面高程 300m。沙兰河上游的和盛水库为小（1）型水库，库容为580 万 m³，水库集水面积为 45km²。

流域内有沙兰镇和 5 个自然村屯。和盛水库至沙兰镇区间，流域面积为 70km²，形状呈狭长形，长约 14km，宽约 5km。

1. 雨情

暴雨主要集中在和盛水库至沙兰镇区间范围内，据调查，和盛水库雨量 32mm，和盛村雨量150mm，王家村雨量 200mm，鸡蛋石沟村雨量为 189mm，西沟村降雨量 186.5mm，沙兰镇降雨量30mm，估算流域平均降雨量为 123.2mm，为约 200 年一遇的强降雨，据测算的洪峰流量为862m³/s。

2. 灾情

山洪共造成 105 人死亡，绝大多数是学生，沙兰镇有 7 个村不同程度地受灾，其中 3 个村灾情较重，进水民房 200 户，其中重灾 150 户，1800 人受灾。

十四、北京 1890 年洪涝

1890 年 7 月，海河流域发生流域性洪水，约有 110 个县受灾。北京降雨频繁，月总降雨量825mm，为 1841 年有雨量记录以来的最大值，永定河多处决口，北京发生百余年来最严重的一次水灾。

1. 雨情

7 月间，海河流域"大雨滂沛，连绵不息，二十余日之久"。在北京，据北郊雨量站记载有雨日16 天，其中大暴雨（日雨量≥100mm）日数 4 天，最大 1 天降雨量 330.5mm，3 天降雨量491.9mm，7 天累计降雨量 514.5mm，15 天累计降雨量 780.6mm，均为有记录以来的最大值。大雨、暴雨过程有 3 次：7—8 日 2 天雨量 480.9mm，其中 7 日 1 天雨量 330.5mm；15—19 日 5 天雨量 426mm；24—27 日 4 天雨量 89.5mm。第 1 次降雨量虽大，但由于前期一直干旱，影响尚不十分严重，第 2 次暴雨导致极为严重的洪涝灾害，第 3 次降雨使灾害进一步加剧。

2. 水情

永定河水势很大，堤防多处决口。据《清代海河、滦河洪涝档案史料》，自 7 月 7 日起，"河水逐渐增长"，14 日以后，"直、晋山水建瓴而下，河水陡涨至二丈三尺八寸，浩瀚奔腾，异常汹涌"，7 月 19—21 日大雨，"房山县山水涨发，冲入浑河"，"卢沟桥上水深尺许，永定河南三工决口数十丈，奔涛骇浪，滚滚南趋……西南一望尽成泽国，倒灌入南西门（即右安门），城门壅闭者数日。并冲决南苑墙数十丈，穿苑东流，遂入东安、武清两县以注天津"。

3. 灾情

北京灾情极为严重，"前三门外水无归宿……家家存水，墙倒屋塌，道路因以阻滞，人民无所栖止，肩挑贸易觅食维艰……水顺城门而出，深则埋轮，浅亦及于马腹，岌岌可危……外城之永定、左安、右安各门，雨水灌注不能启闭，行旅断绝，一切食物不能进城"。广安门、右安门外一带，平地水深丈许，一片汪洋，居民露宿屋顶树巅，呼号求救，"南西门、永定门外数十村庄被水淹……非用舟船无从拯救，一时造办不及"。北京附近州县大兴、宛平、永清、东安、武清、宝坻等处受灾最重，良乡、涿州一带水深数尺，天津、安州全境被淹。

十五、济南 2007 年洪涝

2007 年 7 月 18 日 15 时至 19 日 2 时，受北方冷空气和强盛的西南暖湿气流的共同影响，山东省济南市自北向南发生了一场强降雨过程，市区 1h 最大降雨量 151mm，为 1951 年有气象记录以来的最大值。暴雨造成济南市城区洪涝灾害严重，多人死亡。

1. 雨情

在 3h 内，市区（21 个自动雨量站）平均降雨量达到 134mm，1h 最大降雨量达到 151.0mm，约为 200 年一遇，2h 最大雨量达 167.5mm，3h 最大雨量达 180。全市平均降雨 82.3mm，其中市区 142.2mm，历城 116.7mm，长清 71.4mm，章丘 68.2mm，平阴 22.9mm，济阳 71.7mm，商河 83.1mm，最大降雨点位于市政府处，达到 182.7mm，全市超过 100mm 的降雨点多达 40 个。暴雨主要集中在城区，由城区向外递减。

济南市东、南、西三面环山，北面为黄河，城市建设绵延至南部山区，城市道路基本成南北向和东西向。"7·18"特大暴雨降雨强度大，雨水不能及时汇入河道，在南北路上行洪，水深流急。另外，市内有一条铁路横跨城市东西方向，每逢暴雨时下穿式铁路桥必然积水，阻碍南北交通。以铁路线为界，北部地区高程较小，变化平缓，大部分地区为低洼易涝区，而市区内唯一的排洪河道小清河位于城市北部，比降平缓，在 0.1‰～0.125‰ 之间，排水不畅，洪水期间水位高于两岸沿线城区地面，容易发生倒灌。

2. 水情

小清河为市内唯一的排洪河道，据黄台水文站观测，16 时 39 分，水位从 19.52m 开始起涨，18 时 41 分黄台站超预警水位，达 21.68m，19 时 18 分，达 22.61m，在水屯路处开始出现漫溢，20 时 24 分，洪峰水位 23.27m，实测洪峰流量 202m³/s，22 时 06 分，达最高水位 23.58m，相应流量 177m³/s，22 时 22 分，水位开始回落，20 日 22 时，水位回落至 20.30m，23 日 6 时，水位回落至 19.74m，趋于稳定。

3. 灾情

据统计，"7·18"特大洪水受灾群众约 33.3 万人，其中，37 人死亡，171 人受伤，倒塌损坏房屋 1805 间，多为年久失修的棚房，市区损毁车辆 802 辆，毁坏市区道路 1.4 万 m²，冲失井盖 500 多套，造成 26 条线路停电，城市公交一度处于瘫痪状态，有 140 多家工商企业进水受淹，造成济南市直接经济损失约 13.2 亿元。

十六、北京 2012 年洪涝

2012 年 7 月 21 日，北京城遭遇特大暴雨洪涝，导致北京主城区发生严重内涝、交通线路瘫痪，房山地区山洪暴发，经济损失惨重。

1. 雨情

受东移南下的冷空气和西南气流的共同影响，从 7 月 21 日 9 时至 7 月 22 日 4 时的 19h 内，北京市普降大暴雨，局地出现特大暴雨。通过水文和气象两部门共 346 个雨量站点的降雨资料，采用算术平均方法计算得出：全市平均降雨量为 170mm，城区平均降雨量为 215mm，是 1963 年以来最大降雨，太行山脉区域平均降雨量为 301mm，燕山山脉区域平均降雨量为 158mm，平原区平均降雨量为 200mm。降雨量在 200mm 以上区域覆盖面积为 6000km²。暴雨中心位于房山区河北镇，降雨量达 460mm。降雨集中时间为 21 日 10 时至 22 日 3 时。房山区 15 个站的日雨量有 13 个雨量站值刷新了历史最大值记录；城区和顺义均有近半数雨量站的降雨量值刷新了历史最大值记录。本次暴雨特征如下：

（1）降雨总量大。全市平均降雨量 170mm，城区平均降雨量 215mm。房山、城近郊区、平谷和顺义平均雨量均在 200mm 以上，降雨量在 100mm 以上的面积占北京市总面积的 86% 以上。

（2）强降雨历时长。强降雨一直持续近 16h。

（3）局部雨强大。全市最大点房山区河北镇为 460mm，接近 500 年一遇，城区最大点石景山模式口 328mm，达到 100 年一遇；1h 降雨超 70mm 的站数多达 19 个。

2. 水情

受降雨影响，北京境内各河道均有较大程度的涨水。大石河漫水河水文站的洪峰流量为 1110m³/s，为 1963 年以来的最大值，仅次于 1956 年（1860m³/s）和 1963 年（1280m³/s），列第三位，其洪峰流量为 10 年一遇；拒马河张坊站的洪峰流量为 2570m³/s，为 1963 年以来的最大值，仅次于 1956 年（4200m³/s）和 1963 年（9920m³/s），列第三位，为 10 年一遇；潮白河苏庄站自 2000

年断流以来首次恢复流量，最大流量为 92m³/s；永定河三家店自 2000 年以来首次提闸泄水，最大下泄流量为 155m³/s，下泄总量为 117 万 m³。

城区河道中通惠河乐家花园站最高水位 34.30m，洪峰流量 440m³/s；凉水河大红门站最高水位 35.10m，洪峰流量 513m³/s；清河沈家坟闸最高水位 28.60m，洪峰流量 629m³/s；坝河楼梓庄站最高水位 20.92m，洪峰流量 478m³/s。根据各河实测降雨洪水过程反映出城区的洪水特点如下：

（1）雨洪对应，本次降雨为双峰雨，相应的流量过程也为双峰。

（2）洪峰起涨迅速，各河从洪水起涨到峰值约为 7h，洪峰最大时刻出现在 7 月 21 日 21 时左右，而降雨最大时刻出现在 19～20 时，表明城区降雨径流汇流时间短。

（3）洪水总历时短，洪水起涨时刻约在 7 月 21 日 14 时，到 7 月 22 日 8 时，洪峰过程基本结束，总历时 16h，而降雨历时 12h，说明城区河湖调蓄能力低下。

城区四条主要排水河道洪峰均为 50 年一遇。城区下游北运河通县站、凉水河张家湾站均发生以来实测的最大洪水，洪峰流量分别为 1650m³/s、790m³/s，重现期均为 50 年一遇。

3. 灾情

"7·21"暴雨洪涝造成北京城市交通瘫痪，体现在如下几个方面：

（1）城市道路大量中断。城区 95 处道路因积水断路，莲花桥下积水齐胸，二环路复兴门桥双方向发生积水断路；二环路东直门桥区，南北双向主路因为积水无法通行，南向北方向车辆发生较长排队等候现象；三环路安华桥、十里河桥、方庄桥、北太平庄桥、玉泉营桥、丽泽桥、六里桥等发生积水，导致主路断路。四环路岳各庄桥、五路桥等发生积水断路。

（2）航班大面积延误。近 8 万乘客滞留在首都机场。截至 21 日 18 时 30 分，受强降雨影响，首都机场国内进出港航班取消 229 班，延误 246 班，国际进出港取消 14 班、延误 26 班。由于机场快轨故障，出租车奇缺，大量旅客滞留在首都机场。

（3）地铁机场线部分停运。地铁 6 号线金台路工地发生路面塌陷。19 时 40 分，北京地铁机场线一列车在三元桥站因暴雨发生故障，东直门站至 T3 航站楼之间路段列车停运。

（4）部分旅客列车晚点。受强降雨影响，造成北京铁路局管内京原线、丰沙线、S2 线、京承线、京通线部分旅客列车晚点。从北京西开往涞源的 Y595 次列车在十渡附近停驶 10 多个小时。

暴雨洪涝还造成房山、通州、门头沟、怀柔等郊区县交通中断，部分地区发生山洪泥石流。据统计，全市经济损失近百亿元，造成 77 人遇难。

参 考 文 献

［1］ 翟盘茂，王萃萃，李威. 极端降水事件变化的观测研究 ［J］. 气候变化研究进展，2007，3（3）：144-148.

［2］ 任国玉，封国林，严中伟. 中国极端气候变化观测研究回顾与展望 ［J］. 气候与环境研究，2010，15（4）：337-353.

［3］ 王志福，钱永甫. 中国极端降水事件的频数和强度特征 ［J］. 水科学进展，2009，20（1）：1-9.

［4］ 中华人民共和国国家质量监督检验检疫总局，中国国家标准化管理委员会. GB/T 22482—2008 水文情报预报规

范 ［S］. 北京：中国标准化出版社，2009.

［5］ 中华人民共和国水利部. SL 435—2008 海堤工程设计规范 ［S］. 北京：中国水利水电出版社，2009.

［6］ 中华人民共和国住房和城乡建设部，中华人民共和国国家质量监督检验检疫总局. GB 50014—2006 室外排水设计规范，2014 ［S］. 2006.

［7］ Ellen E. Wohl，著. 内陆洪水灾害 ［M］. 何晓燕，黄金池，等译. 北京：中国水利水电出版社，2008.

［8］ Abhas K Jha，Robin Bloch，Jessica Lamond，等著. 城市洪水风险综合管理 ［M］. 王虹，译. 北京：中国水利水电出版社，2014.

［9］ Slobodan P. Simonovic，著. 气候变化背景下的洪水风险管理 ［M］. 朱瑶，张诚，译. 北京：清华大学出版社，2017.

［10］ 魏一鸣. 洪水灾害风险管理理论 ［M］. 北京：科学出版社，2002.

［11］ 王宝华，付强. 国内外洪水灾害经济损失评估方法综述 ［J］. 灾害学，2007，22 (3)，95-99.

［12］ 王艳艳. 不同尺度的洪涝灾害损失评估模式述评 ［J］. 水利发展研究，2002，12 (2)：66-69.

［13］ 李春华，李宁，李建，等. 洪水灾害间接经济损失评估研究进展 ［J］. 自然灾害学报，2012 (2)，19-26

［14］ 水利部水利水电规划总院. 全国防洪规划 ［R］. 2002.

［15］ 水利部松辽水利委员会. 松花江流域防洪规划 ［R］. 2006.

［16］ 水利部松辽水利委员会. 辽河流域防洪规划 ［R］. 2006.

［17］ 水利部海河水利委员会. 海河流域防洪规划 ［R］. 2006.

［18］ 水利部黄河水利委员会. 黄河流域防洪规划 ［R］. 2008.

［19］ 水利部淮河水利委员会. 淮河流域防洪规划 ［R］. 2006.

［20］ 水利部太湖流域管理局. 太湖流域防洪规划 ［R］. 2007.

［21］ 水利部长江水利委员会. 长江流域防洪规划 ［R］. 2006.

［22］ 水利部珠江水利委员会. 珠江流域防洪规划 ［R］. 2006.

［23］ 国家防汛抗旱总指挥部，中华人民共和国水利部. 中国水旱灾害公报 2016 ［M］. 北京：中国地图出版社，2017.

［24］ 洪庆余中国江河防洪丛书，总论卷、长江卷、黄河卷、淮河卷、海河卷、松花江卷、辽河卷、珠江卷 ［M］. 北京：中国水利水电出版社，1995.

［25］ 徐乾清，戴定忠. 中国防洪减灾对策研究 ［M］. 北京：中国水利水电出版社，2002.

［26］ 富曾慈，胡一三，李代鑫. 中国水利百科全书·防洪分册 ［M］. 北京：中国水利水电出版社，2004.

［27］ 承政，乐嘉祥. 中国大洪水——灾害性洪水述要 ［M］. 北京：中国书店，1996.

［28］ 国家防汛抗旱总指挥部办公室，水利部南京水文水资源研究所. 中国水旱灾害 ［M］. 北京：中国水利水电出版社，1997.

［29］ 骆承政. 中国历史大洪水调查资料汇编 ［M］. 北京：中国书店，2006.

［30］ 王同生. '99洪水对进一步治理太湖的探讨 ［J］. 水科学进展，2001，12 (1)：87-94.

［31］ 吴泰来，太湖流域1999年特大洪水和对防洪规划的思考 ［J］. 湖泊科学，2000，12 (1)：6-11.

［32］ 张明泉. 济南"2007·7·18"暴雨洪水分析 ［J］. 中国水利，2009，17：40-41，44.

［33］ 杨威. 济南"7·18"暴雨洪涝灾害及其启示 ［J］. 中国防汛抗旱，2007 (6)：23-24，36.

［34］ 程晓陶. 让沙兰悲剧不再重演——2005年沙兰水灾事件的调查与反思 ［J］. 中国应急救援，2007 (5)：12-15.

［35］ 姜付仁，姜斌. 北京"7·21"特大暴雨影响及其对策分析 ［J］. 中国水利，2012 (15)：19-22.

第二章 防洪减灾实践与理论方法

人类开发利用洪水不时泛滥、水土资源优良的洪泛区土地，是为了获取比其他区域土地更多的利益。在与洪水共处的过程中，人们认识到采取防洪措施可进一步提升洪泛区土地的利用价值。

起初，防洪属于洪泛区土地所有者的个人行为，随后发现由政府（古代则是部落）组织集体行动防洪减灾，不仅可提高防洪措施的效率，而且可以施行个人所不能企及的大规模防洪行动，例如制定防洪减灾规划、开展洪水预测预报、建设堤防体系、修筑高坝大库、开挖分洪道、设施蓄滞洪区、组织应急响应等，因此使得应对洪水成为政府的职责，防洪减灾措施成为主要的公共产品之一。

政府动用稀缺的公共资源生产防洪减灾措施等公共物品，与通过市场机制生产私人物品一样，需回答三个问题：生产什么、为谁生产和如何生产，以满足社会需求、维护社会公平和保证公共资源利用效率。

千百年来，世界各国政府根据自然环境和社会经济实际，制定政策、策略和规划，开展了长期的防洪减灾实践，但上述三个问题始终困扰着政府决策者，直到 20 世纪 40 年代以来，政策科学和风险分析理论逐步形成并不断完善后，才得到了相对科学合理的解答。

第一节 中国防洪减灾策略与实践

自共工"壅防百川"，鲧"障洪水"，大禹"因势利导、疏浚排洪"，到现在的高坝大库，防洪治水活动贯穿中国历史的始终。唐宋以前，我国的政治经济中心在黄河流域，而黄河又具有善淤、善徙、善决的特点，因此洪水问题和防洪策略及其实践活动主要集中在黄河流域。元代定都北京，社会经济中心逐步转移，海河水系，特别是永定河的洪水问题变得突出，宋代，特别是明清以后，国家经济中心逐步向江淮及以南地区转移，"国家财富，仰给江南"，长江洪水对国民经济的冲击加剧，淮河以南流域的洪水与防洪问题得到更多的重视。

大禹治水实践的成功，"疏导洪水"作为主导防洪策略一直延续了 2000 多年，西汉王景（公元70 年前后）筑堤治黄后，虽然间或有各类防洪方略的讨论和争议，但黄河安澜 800 年的巨大成功，使得"以堤为主"的防洪策略一直贯彻至今，21 世纪前后的几次大洪水暴露出的工程防洪策略的问题，以及国际社会防洪实践和防洪理念的发展，促使我国防洪策略开始由"控制洪水"向"洪水综合管理"调整。

一、疏导洪水

古人在与洪水相处的过程中，首先认识到土能挡水，于是传说中最早的防洪策略是共工氏率领其部族"壅防百川，堕高堙卑"的筑堤堰土围抵挡洪水，保护田舍，后世政府部门的"工部"即源于此，共工氏被尊崇为中国防洪的先驱。

相传在尧、舜、禹的时代（约公元前 22 世纪），黄河持续不断地发生大洪水，"浩浩滔天，下民其咨"，堤堰无力抵御，导致田舍荡然无存，面对洪水，各部落会盟推举鲧主持治水。"鲧障洪水""鲧作城"，仍沿用共工的策略，筑城（即土围子）为屏障保护田舍，因黄河善淤善徙，土围子无以为继，洪水依旧泛滥肆虐，鲧因此被废黜。

鲧失败后，各部落公推其子禹主持治水，禹汲取前人教训，改弦更张，采取因势利导、顺应水沙特性，疏浚大小河川排涝行洪，稳定流路，疏导洪水的策略，收到了"水由地中行，……，然后人得平土而居之"的效果。

禹的成功，使这种疏导洪水策略常为后人所遵循，一些人甚至无视已经变化的实际情况和对洪水运动规律的新认识，将恢复传说中的"禹河故道"作为治理黄河的标准，即所谓"以经义治河"，如西汉末年在黄河淤高面临改道时重开屯氏河的建议，北宋开分水河分水治黄的主张，在防洪实践中往往行不通。

后世的防洪策略中虽然增添了许多新的内容，但疏导洪水始终是其重要组成部分。

二、筑堤防洪

筑堤（围、城）防洪的实践始于禹之前，即使以疏导防洪策略为主的时期，在人口聚集地区也会辅之以堤围保护田舍。随着人口向黄河下游迁移并不断繁衍，土地开发范围逐步扩张，为改变大禹时期形成的下游地区黄河多支分流入海（分播为九），洪水毫无约束，自然泛流的状况，满足开疆拓土的需要，沿河堤防在下游各支渐次形成，约公元前 9 世纪，位于黄河下游的齐国将九支并为一支，"填阏八流以自广"，并在南岸筑堤防洪，黄水北泛，北岸的赵国随之筑北堤自保，使洪水壅高，上游的魏国继而修筑沿岸堤防，与下游首尾相连，自此黄河下游连续堤防基本形成，以堤为主的防洪策略由此肇始。

初时的筑堤基于单纯的挡水思路，对黄河泥沙与洪水的关系基本没有认识。堤防体系形成的初期，水行低槽，流路相对通畅，堤防通常可以防御常遇洪水，随着泥沙的淤积，河床逐步抬高，而形成堤防增卑培薄与泥沙淤积抬高之间竞赛的局面，当河床淤积到一定程度，巩固堤防的能力便难抵泥沙淤积和洪水的双重压力，堤防溃决和洪水灾害随之变得日趋频繁，最终防不胜防，黄河改道，水行低处，再次沿程筑堤，这在黄河几乎成为周而复始的轮回。

在王莽时期黄河改道后，东汉王景主持治河（约公元 69—70 年），审时度势，择地势较低，离海较近的行洪路线，筑堤束水，并"十里立一水门，使更相回注"，同时兼治汴水，取得了黄河安澜800 年的巨大成功，奠定了筑堤防洪策略在黄河及其他河流的主导地位，并一直延续至今。实际上，由于堤防的修建增加了河道的行洪和槽蓄能力，因而也具有疏导和蓄滞洪水策略的成分。

在明代万恭（1572—1574）认识到"水专则急，分则缓；河急则通，缓则淤。"提出"以人治河，不若以河治河也"思路后，明代潘季驯开始了修缕堤束水攻沙，筑遥堤挡水防洪（"缕堤约束河流，取其冲刷也；遥堤约拦水势，取其易守也"）的双重堤防防洪体系建设实践，至清代靳辅、陈璜成为堤防防洪策略实践的集大成者：遥堤防洪、缕堤冲沙、格堤缓洪淤滩、月堤巩固险段、减水坝（溢流堰）分杀水势（图 2-1）、蓄清刷浑，时至今日，堤防体系皆无出其右。现代小浪底水库的调水调沙，维持和增加黄河主槽泄洪能力的做法，实际上是"蓄清刷浑"实践的继承和延续，而民间延主槽修建的生产堤，则具有与缕堤类似的功效，只不过不及缕堤规范有效。

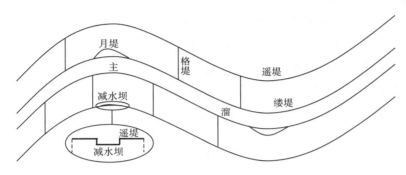

图 2-1　黄河堤防体系示意图

三、规避洪水

每当黄河糜烂、堤防决溢频仍之日，便是规避洪水策略重提之时，首倡规避洪水策略的当属西汉贾让（即"贾让三策"，约公元前 6 年）。贾让认为，古时河有河的通道，人有人的住处，各不干涉，无所谓水灾，但战国时期，人们贪图黄河两岸肥沃的土地，圈地围垦，逐步蚕食行洪通道，壅水碍洪，导致洪水泛滥，淹没田舍，水灾是人为造成的，据此贾让提出了治河的上、中、下三策。

上策是将当时受堤防约束的黄河改道西行，在黄河和西面的太行山麓之间广阔的地带"左右游波，宽缓而不迫"地入海，将该地带的百姓迁移出来，规避洪水，搬迁费用约为黄河几年的岁修费，可以接受，称此为黄河水患的根治策略；中策是在黄河以西、太行山麓以东的适当地带新修一道大堤，导黄水在其间入海，既可少搬迁人口，又可为黄河安排较为宽阔的行洪通道，他认为这虽称不上是圣人的做法，但仍不失为"富国安民，兴利除害，可支百岁"的治河良策；而坚守目前狭小混乱的黄河堤防，"劳费无已，数逢其害，"是不可取的下策。此后的王景治河重新规划了黄河的入海通道，近于贾让的中策，不过放弃土地的面积和河道的规模远不及贾让的设想。

宋代黄河频繁为患期间，宋神宗提出"以道治水"，规避洪水的策略，认为"河之为患久矣，……。如能顺水所向，迁徙城邑以避之，复有何患？虽神禹复生，不过如此。"

此后针对侵占黄河滩地、长江沿岸湖区和海河淀淀等阻碍行洪、减少天然蓄洪能力，"非水犯人，人自犯之"等行为，宋代苏轼、清代赵仁基等有识之士也提出了让出被侵占的滩地水域的策略建议。清代乾隆帝针对侵占黄河滩区和海河洼淀等行为严令：不许再筑私埝围垦，"如有仍沿积习危害河防者，唯该枢等是问"。"违者治罪"。

1998 年大水后，"平垸行洪、退田还湖、移民建镇"的实践，以及"让人远离洪水，给洪水以空间"的提法，亦是贾让上策的持续。

对于以贾让为代表所倡导的规避洪水的策略，有人认为"古今言治河者，皆莫出贾让三策"（明代邱俊《大学衍义补》）。"虽使大禹复出于此时，亦未有不徙民而放河北流者"（清代夏骃"贾让治河论二"）。有人认为贾让的上策和中策都不可取（明代刘天和《问水集》），因为大规模徙民不可行。"有言之甚可听而行之必不能者，贾让之论治河是也"（清代，靳辅，《治河方略》）。

虽然有人不赞成贾让的一些具体做法，但对贾让治河三策开篇的第一句"古者立国居民，疆理土地，必遗川泽之分，度水势所不及……，使秋水多，得有所休息，左右游波，宽缓而不迫"的顺应洪水特性、适度开发土地的理念和原则，无论古今，则多持赞同意见。然而，何为"适度"，长期以来，争论不断，却并无定论，直至公共产品经济学和洪水风险分析等理论方法成熟后，才有了相对科学的判别手段。

四、控制洪水

20 世纪 50 年代以后，我国开始进入工业化时期，改造自然的能力空前提高，通过各类工程控制洪水，甚至消除洪水威胁曾一度成为防洪的主导策略。

在控制洪水策略的指导下，我国各大流域自 20 世纪 50 年代起，开展了历经约半个世纪的通过大规模防洪工程体系建设控制洪水的实践活动，到 21 世纪初，我国主要江河流域防洪工程体系基本建成，但实践表明，试图通过工程控制洪水，不仅在经济上不可行，还会造成许多生态与环境问题。

在寄希望于修建工程控制洪水的同时，各地对河道、湖泊、洼淀和湿地的侵占也进入全盛时期，不仅严重削弱了流域的行洪、蓄洪能力，也造成了作为防洪工程体系组成部分的蓄滞洪区因人口众多运用困难，甚至无法运用的被动局面。

虽然未能完全控制洪水，但工程建设无疑有效地提高了主要江河，尤其是其中下游地区约束洪水的能力，到 21 世纪初，各大流域通过水库、堤防、分洪道和蓄滞洪区等工程措施的联合运用，多可防御 20 世纪发生的最大洪水，中下游地区堤防决溢的事件稀少，为防洪工程保护区的社会经济发展提供了稳定的环境。

工程在发挥保护作用的同时，也暴露出其可能使洪水灾害后果放大的副作用，1975 年 8 月淮河流域板桥、石漫滩两座大型水库溃决是最为典型的事例：因水库溃决造成的死亡人数超过了1950 年至今（除 1975 年外）其他年份淮河流域因洪死亡人数的总和，溃坝造成的经济损失亦极为严重。1963 年 8 月海河流域洪水期间，一系列中小型水库溃坝同样也导致了死亡人数和经济损失的增加。

进入 21 世纪后，控制洪水的策略基本被放弃，防洪策略开始向洪水风险综合管理转变。

五、洪水风险综合管理

1990 年，联合国启动了国际减灾十年活动，国外的防洪理念和防洪策略逐步引入中国，我国一些学者和水利界人士在反思历史及现代防洪实践得失和借鉴国外防洪理念的基础上提出了洪水风险只能减轻不能消除以及洪水灾害具有"自然"与"社会"双重属性的概念，采取工程措施和非工程措施相结合的防洪策略成为学术界与政界的共识。

1998 年长江、松花江大洪水后，虽然在防洪实践上仍以新的洪水位为基准加高加固堤防，并抓紧修建上游控制性水库为主，但也在一定程度上开始推行"平垸行洪、退田还湖、移民建镇"等规避洪水、加大河道行洪能力、恢复河湖蓄洪空间的纠正人的盲目开发行为的措施，大水暴露出的工程防洪能力不可能无限提高，人类无序侵占河湖、开发蓄滞洪区，以及缺乏社会分担洪水风险机制等问题，引发了中国政府和决策层对前 50 年防洪思路的反思。经过 5 年的讨论、分析和研究，2003 年，水利部正式提出推行洪水风险综合管理的防洪策略。该策略包括三个主要内容：建设标准适度的防洪工程体系，科学调控洪水风险；规范防洪区内人类的开发建设和防洪行为，合理规避洪水风险；推行洪水保险，建立全社会分担洪水风险机制。

为支撑新的防洪策略的实施，国家和水利部组织开展了一系列前期工作，主要包括《中国洪水管理战略研究》（2005 年，财政部、水利部，亚洲发展银行项目），在分析中国洪水、洪水风险、社会经济和政策制度特征的基础上，提出了中国洪水风险管理的总体框架、规划方法和行动计划；《流域洪水预警预报及洪水风险管理关键技术研究》（2010 年，科技部"十一五"支撑计划），以流域为单元系统梳理了洪水风险分析评价方法和技术手段；《太湖流域洪水风险管理的情景分析技术研究》（2010 年，中英科技合作项目），在分析太湖流域未来洪水风险变化情景的基础上，提出了应对未来挑战的政府和社会抉择；《防洪安全战略研究》（2012 年，水利部重大项目），在洪水风险分析的基础上，提出了应对重大、极端洪水事件的对策和措施建议；《全国重点地区洪水风险图编制》项目（2013—2015 年，财政部、水利部财政专项），编制了包括重点防洪保护区、国家蓄滞洪区、重点和重要城市、主要洪泛区和部分重点中小河流的洪水风险图，覆盖了全国约 50% 的防洪区面积，初步奠定了推行洪水风险管理策略的洪水风险信息基础；等等。

由于缺乏法律支撑，目前洪水风险管理策略仍处于研究和零星试点阶段。

第二节 国外防洪减灾策略及实践

纵观世界各国防洪史，其防洪策略及治水实践都循着几乎相同的发展脉络：起初，受洪水威胁的土地主自发修建堤围保护田舍，当洪水造成的人员伤亡和经济损失日益增长，成为社会公共问题后，政府随即介入，采取集体行动应对洪水。沿河筑堤约束洪水成为政府的首选策略，美国曾一度认为仅靠堤防即可解决洪水问题，被称为"唯堤策略"（A Levees - only Construction Policy）。随着土木工程技术的发展，各国又多经历了建设由堤防、水库、蓄滞洪区、分洪道等工程措施组成的工程体系"控制洪水"的策略及其实践，认识到人类盲目开发洪泛区行为是导致洪水灾害日趋严重的主要因素，以及通过分担洪水风险可加速灾后恢复和维护社会公平，自 20 世纪 60 年代起，世界各国相继推行防洪减灾非工程措施，并形成了工程措施与非工程相结合的防洪策略，20 世纪 90 年代以后，随着洪水风险管理理论的成熟，洪水风险综合管理的防洪策略成为国际社会的共同选择。

一、美国的防洪策略及实践

美国联邦政府正式介入防洪事业仅有 170 年的历史。在此之前，土地所有者或一些社区沿河流两岸建有一些零星的堤防保护耕地或城市。

1861 年以美国陆军工程师团工程师 Humphreys 为首的密西西比河考察团发表了题为"密西西比河物理及水力报告（Report Upon the Physics and Hydraulics of the Mississippi River）"的考察报告，认为堤防就可解决密西西比河洪水问题，于是密西西比河委员会以此为依据，在南北战争以后（1879 年）开始推行堤防防洪策略，史称"唯堤政策"（A Levees-only Construction Policy）。1912 年和 1913 年密西西比河洪水宣告堤防万能的防洪策略失败，随之产生了以堤防、水库、蓄滞洪区、分洪道、河道整治、水土保持等工程措施相结合以"控制洪水"为目标的工程防洪策略。

1927 年密西西比河发生了有记载以来的最大洪水，导致美国防洪法修订和密西西比河及三角洲防洪工程建设项目启动，以防御类似 1927 年型的洪水。这与中国一旦出现更大洪水，即以此洪水为对象建设防洪工程的思路基本一致。

虽然进行了大规模的防洪工程建设，但洪水灾害损失却有增无减，面对这一困境，20 世纪 40 年代，美国以吉尔伯特·怀特（Gilbert F. White）为代表的有识之士提出了协调人与洪水关系（《Human Adjustment to Flood》，Gilbert F. White，1942）的思想，标志着考虑社会、经济、环境等约束因素，管理洪水而非控制洪水，减轻而非消除洪水影响的防洪观念形成。

距"唯堤政策"提出约 100 年后，美国非工程防洪措施的主体"全国洪水保险计划"于 1968 年开始推行，工程措施与非工程措施并举的防洪策略形成。全国洪水保险计划不仅是一个风险分担的措施，更重要的，该计划是一个洪水风险区土地和人类行为管理政策，它通过法律和经济的手段强制获取利益者承担风险费用，限制洪水风险区不合理开发，防止开发者将洪水风险转嫁到他人身上，体现了公共政策的效率与公平原则。

与历史上发生大洪水后的反应不同，1993 年美国创纪录大洪水发生后，没有出现工程建设的热潮，而是修订了国家洪泛区管理综合规划，将"制定更全面、更协调的措施，保护并管理人与自然构成的系统，以确保长期的经济与生态环境的可持续发展"作为洪水管理的任务。更注重防洪工程特别是堤防的质量，而非刻意追求可防御这次洪水的更高的防洪标准，同时有意不修复某些被洪水破坏的堤防，为洪水保留更多的滞蓄、回旋的空间，这又与我国"98'洪水"后所采取的平垸行洪、退田还湖措施相似。

二、欧洲国家和欧盟的防洪策略及实践

欧盟成立前，欧洲各国分别根据各自的洪水及社会经济特征制定防洪策略，开展防洪实践，1993年欧盟成立后，开始推行洪水风险综合管理策略，2007年欧盟颁布《洪水风险评估与管理指令》（欧洲议会和欧盟理事会2007/60/EC指令），要求成员国在洪水风险评估和洪水风险图编制的基础上，以流域为单元，兼顾上下游和左右岸关系，考虑未来气候变化，制定协调一致的洪水风险管理规划，采取综合措施，实施"最佳洪水风险管理实践"，有效减轻洪水对人类生命、健康和生活、环境、文化遗产、经济活动和基础设施的危害。

（一）法国

法国的防洪工程建设主要由当地居民（地主）或地方政府自行负责，法国国家政府基本不介入，这与洪水发生、洪泛区开发利益具有地域性的特点相适应。对于具有地域性的社会问题，由当地政府或组织制定公共政策，投入资源来解决或缓解通常是有效率和公平的。这也是为什么当美国联邦政府决定由国家投资建设密西西比河防洪工程时，与该流域无关的其他一些州的议员质疑全体纳税人提供费用保护部分人合理性的原因所在，美国洪水保险计划的推行在很大程度上也是基于这一考虑。

法国国家级的防洪策略主要体现在非工程措施方面。法国自1935年开始制定洪水风险区规划（PSS），从20世纪80年代起实施自然灾害风险公布制度（PER），明确限制在洪水（或灾害）风险区的开发，并规定了采取防洪措施的原则。PSS要求凡在洪泛区修堤、兴建土木工程，不得影响洪泛区的滞洪效果，不得将洪水风险转嫁给他人，并严格控制城市向洪水风险区扩张。

PSS和PER都通过洪水或灾害风险区划策略进行土地利用管理。在PSS中将洪水风险区分为A、B两区，A区为深水急流区，为洪水的行洪通道，类似于我国的滩区或行洪区，B区为洪泛区。在A区禁止兴建所有工程和建筑物，在B区，建筑物的修建和 $10hm^2$ 以上的种植需申报批准。PER将国土分为三个风险区向全民公布，在地图上分别用红、蓝、白三种颜色标识，红区为高风险区，蓝区为一般风险区，白区为低风险区（对洪水而言为100年一遇洪水以外的区域），其土地利用管理规定与PSS一致。

虽然没有法律上的责任，但法国政府一直对能有效减轻灾害损失和影响的洪水预报给予高度重视。法国的洪水预报系统由1200个测站和530个预报分中心构成，现代化程度很高，负责对全国共计1600km长的河道进行洪水预报，此外，为应对极端事件，法国还对境内所有水库大坝逐个建立了失事应急预案系统。

由于1981年、1982年连续发生大水灾，国家财政无力用原来的方式向灾民提供灾害救济，因而在1982年7月通过的法律中，明确制定了自然灾害保险制度，属于半强制性的自愿保险，未参加保险者将得不到此前强度的灾害救济。

（二）英国

英国根据1930年颁布的流域法的规定，建立了流域董事会，国家正式介入防洪事业。1947年流

域董事会授权与城市规划部门合作，控制洪水风险区的开发，防洪非工程措施得到重视。

英国的工程防洪体系由堤防、河道整治、水库和挡潮闸构成。在英国没有单一防洪目标的水库，他们认为为防洪修建水库造价过高，合适的坝址少，以淹没土地、移民的手段换取保护另一片价值略高的土地意义不大，且上游筑坝对远距离的下游防洪效益不明显。近来，英国政府规定防洪工程的益本比需超过 5∶1 才能得到政府财政支持，新的防洪工程建设日渐稀少。

英国对非工程措施显得更为重视。英国的非工程防洪措施主要包括 4 个方面：设立洪水损失补偿基金和灾害救济基金；开展洪水保险；进行洪水风险分区，限制、规范洪泛区的土地开发利用和建立洪水预报和警报系统。

英国 1998 年大洪水后，作为实施非工程防洪措施的信息基础，英国洪水风险图的编制与公示工作得到迅速发展，2000 年公布了"指示性洪水风险图"，2004 年公布了用于规划的洪水风险区划图，2008 年公布了"地表水易淹区淹没范围图"，经过不断改进与扩展，2013 年公布了覆盖范围更为广泛、信息更为精细的河道海岸洪水风险图、地表水洪水风险图和水库洪水风险图等，为洪水保险、国土规划与开发建设管理、洪水风险管理规划、洪水应急管理和公众洪水风险意识提高等提供信息支撑。

英国是洪水保险普及率最高和洪水保险运作最为成功的国家。位于洪水风险区内约 98% 的居民和 95% 的企业购买了洪水保险，洪水保险采取完全市场化的运作模式，保险公司根据洪水风险图，按照承保标的的风险程度确定保费，负责相关服务及推荐针对性的减灾措施，并通过再保险手段避免巨灾可能带来的无力赔付的风险。

配合欧盟《洪水风险评估与管理指令》，2010 年英国政府颁布了《规划政策声明 25：发展与洪水风险》，并在 2012 年颁布的《国家规划政策框架》作了进一步改进与完善，《框架》要求发展规划应考虑洪水风险和气候变化，开展洪水风险评估，避免洪水高风险区不合理开发，确需开发的，应确保洪水风险零增加。

（三）荷兰

荷兰地处莱茵河和马斯河下游三角洲，地势低洼，低于海平面的国土面积约占 40%，易受高潮和河道洪水侵袭。特殊的地理条件，决定了其防洪工程的重要性。好在莱茵河流域降水均匀，丰枯水位变幅不大，北海最高潮位为 3.5m，为其修建高标准堤防提供了便利条件。现在荷兰的防洪标准为城市 10000 年一遇、河道 1250 年一遇，海堤 4000～10000 年一遇，但实际上，堤防，尤其是河堤远不如我国干流堤防高大。

1993 年和 1995 年的洪水使荷兰人认识到再高标准的防洪工程仍面临失事的风险，促使其对以往的防洪策略开始反思，给河流以空间和开辟蓄滞洪区的设想即是在此背景下提出的。

（四）欧盟

1993 年欧盟成立后，针对成员国共同面临的洪水问题，开始着手制定防洪策略，减轻洪水对人类生命、健康和生活、环境、文化遗产、经济活动和基础设施的危害。

2000 年欧盟颁布指令（2000/60/EC 指令）建立了水政策领域的共同行动框架，其中要求针对各流域制定流域管理计划，缓解洪水的影响。2001 年欧盟理事会决定（2001/792/EC 决议）建立共同机制，保证在重大紧急事故发生时（包括洪水）加强彼此间的合作，动员成员国提供支援和救助措施，并提高备灾与抗灾能力。2002 年，根据欧盟理事会条例（No. 2012/2002）设立了欧盟互助基金，保证在重大灾害发生时，迅速提供经济援助，以使灾民、自然带、区域和国家尽快恢复正常状态。

在上述政策的基础上，2007 年欧盟颁布《洪水风险评估与管理指令》，标志着欧盟正式推行洪水风险综合管理策略。该《指令》要求各成员国：

（1）2011 年前完成洪水风险初评估，工作内容包括：分析历史洪水，尤其是历史大洪水淹没特征（洪水淹没范围和演进路径）及其对人类健康、环境、文化遗产和经济活动所造成的负面影响，评估类似洪水事件在未来发生的可能性，以及可能造成的主要后果，并在适当比例尺的地图上勾画目前或未来可能发生潜在重大洪水风险的区域。

（2）2013 年前完成洪水危险图和洪水风险图编制，工作内容包括：编制不同发生概率洪水的淹没范围，以及水深、流速（或流量）等洪水特征指标分布的洪水危险图，在此基础上，绘制反映可能的影响人口、资产、经济活动、重要设施等社会经济信息的洪水风险图，并将其公之于众。

（3）基于洪水危险图和洪水风险图，针对具有潜在洪水风险的区域，以流域为单元，在 2015 年前编制完成洪水风险管理规划，工作内容包括：在可持续发展原则指导下，设定适宜的洪水风险管理目标，考虑成本效益，强化洪水风险区土地管理，重视洪水预报和前期预警，避免洪水风险转移，针对灾前准备、灾中响应和灾后恢复的风险管理全过程，全面运用洪水风险评价方法，规划设计适当、主动的减灾措施和行动。

（4）洪水危险图、洪水风险图和洪水管理风险规划每 6 年更新一次。

（5）各成员国遵照《指令》，颁布施行必要的法律、条例与管理规定。

如上述的英国防洪策略与实践，目前欧洲各成员国已完成洪水危险图及洪水风险图编制的审核，并陆续根据本国和跨境流域的洪水风险特性，编制并实施洪水风险管理规划。

三、日本

日本有 1700 余年的防洪历史，并较早（1896 年）颁布了《河川法》，以此为依据，先后于明治、大正、昭和初期制定了三次治水计划，由于资金和战争等原因，这几次计划都未得到实质性的落实。20 世纪 40—50 年代，日本水灾严重，损失约占国民收入的 4%，其中有两个年份（1947 年和 1953 年）达 10% 以上。随着日本经济的复苏，为缓解严重的洪水灾害态势，保障社会经济稳定发展，1960 年颁布施行了《治山治水紧急措置法》和《治水特别会计法》，制定了《治水事业十年规划》，并按 5 年周期制定《治水计划》，根据变化的情况适时修订《河川法》，防洪减灾实践有了切实的法律、资金和规划保障，从而使日本的治水事业进入稳定顺利的发展时期，水灾对国民经济的影响持续减弱。

日本的防洪策略总体上以工程措施和应急避洪转移相结合为主，这与其洪水风险区人口密度高、资产密集有关。进入 20 世纪 90 年代，城市洪涝问题突出，城市防洪除涝得到更多的重视。与此同时，结合堤面土地利用（道路、建筑物建设）的只漫不溃的城市周边超级堤防建设开始兴起。20 世纪 90 年代以来，综合治水、洪水管理、风险规避、泛滥容许、治水与自然和谐等新的理念、策略和相关措施陆续提出，在不断修订的《河川法》条款中得到体现，并逐步应用于防洪减灾具体实践。

第三节 防洪减灾与政府行为

人类开发洪泛区，必然会面对不时出现的洪水威胁，起初是各自设防，修建简单的堤围保护田舍，随后发现组织邻里，采取集体行动，不仅可以扩大防洪规模、采取更多类型的防洪措施，而且具有事半功倍的效果，于是逐步有了部落（社区）或部落（社区）联合体、地方政府，直至国家政府，甚至跨国政府和国际社会介入，制定公共政策，动员公共资源，采取共同行动开展防洪减灾事业的行为。这一由政府主导防洪减灾事业的进程，世界各国概莫能外。

一、效用改进与防洪减灾

人类生活在地球上，会有安全、物质和精神等方面的需求，人的需求得到的满足称为效用。效用最优的概念由意大利经济学家帕累托（1906）首先提出，故又称为帕累托最优，意指没有任何一个人能在至少不使另一个人处境不变得更差的基础上让自己的处境变得更好的状态。就整个社会而言，对资源配置的帕累托最优是指至少无损于他人效用而提高某人效用的资源重新配置是不可能的。十分明显，帕累托最优是一种理想状态，由于各种各样的原因，这种状态只能逐步逼近，而不能完全达成。

帕累托最优的概念是评价资源配置状况和公共政策效果的基准指标。由于现实世界中并不存在帕累托最优状态，因此存在采取一些措施，使一些人的效用增加，又无损其他人的效用的可能，称为效用改进。在更多的情况下，资源配置的措施，往往会使一些人的处境变好，而使另一些人的境况变糟，使得效用是否改进掺入了价值判断的成分而变得困难。若获利者在对受损者提供补偿的同时仍然使自己的处境变得更好，则也是一种效用改进。更进一步，若某些措施虽然损害了一些人的利益，但使社会净福利增加并符合社会公认的价值观，也是一种不严格的社会效用改进。在公共政策，包括洪水管理政策决策时，或多或少都将面临效用和价值两方面的判断。

自人类进入农业社会，开发洪泛区，比之土地相对贫瘠和交通不便的山区，显然增加了产出，改进了社会福利。被开发的洪泛区不时遭受的洪水淹没，必然会造成损失，为进一步改进土地利用的效用，减轻洪水影响的各种措施和其组合随之被采用，包括疏通河道、修筑堤围、兴建水库、开挖分洪道、设置蓄滞洪区、建设沟洫等工程措施和土地利用管理、建筑物规范、洪水保险、灾后恢复等非工程措施。无论何种措施或措施的组合，必须满足社会效用改进、总体上增加社会福利、逐步逼近效用最优的要求，这是防洪减灾所要达成的根本目标。

效用的改进是判断防洪减灾措施合理性的基本判据之一。

二、防洪减灾中的政府职能

防洪减灾措施通常需要政府通过制定有关政策来实施，这是由其公共性所决定的。

与可通过市场机制（即"看不见的手"）合理配置资源、生产社会所需的消费品不同，防洪减灾措施所具有的共同消费和非排他性消费的公共产品性质，使得通过市场机制对其进行资源配置成为缺乏效率的手段，难以有效地实现效用的改进，即所谓市场失灵。例如建设堤防，若按市场机制运作，一片土地或某类资产或某一企业的所有者只会在其辖区内建设堤防保护其财产，出于成本效益的考虑，这些堤防不可能有很高的标准，于是会出现这样一种情景，大量的低矮土围子遍布洪泛区，这显然是无效率的，因为只要沿河修一道堤防，就可以较低的投入和更高的标准保护所有财产，出于自利的本能和自我效用的判断，理性的个人不可能主动修建这一堤防，既保护自己，又服务于他人。同时，一些行为所表现出的"外部性"（指对他人产生有利或不利的影响，而无需他人对此支付报酬也不对他人补偿的行为）也使市场机制缺乏效率。同样是上面的例子，任何一个堤围的建设，都将不同程度地抬高水位，增加周边其他有堤围或堤围保护的洪水风险，上游堤围的建设也将增加下游资产的风险，极端的情况是，新增堤围所获取的效益不能抵消其转移到其他区域的风险，于是社会总效用为负。这与污染排放所引起的"外部性"是一个道理。

由于上述原因，政府介入，管理、协调和配置公共资源，采取集体行动，进行公共产品的生产，改进社会效用，似乎是顺理成章的事，这也是各国政府长期从事（我国在 4000 多年前就开始了防洪的集体行动）和正在从事的工作。在正常情况下，这种集体行动会产生如图 2-2 所示的效果。

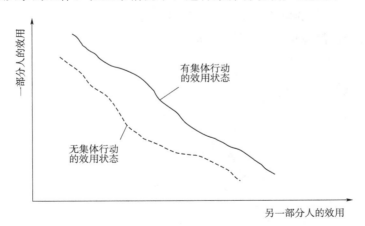

图 2-2　政府采取集体行动改进效用概念图

但恰恰是那些使市场无效率的问题也是让政府决策者棘手的问题。由于共同消费性和排他性，理性的个人不会因享用公共产品所获得的利益自动付费，而是成为"搭便车者"（意指不付费而享用服务，获取利益）。对于进入受防洪工程保护区域的人而言，他的进入和得到保护，既不会降低堤防保护标准，也不会影响他人得到同等程度的保护，而将其排除在外，既不能提高防洪标准，也不会使其他人得到更多的保护，反而剥夺了他获取保护利益的机会，使社会总财富减少。

然而，世界上并没有无需投入的产品，当政府为公共产品的生产和再生产而调查可能的使用者所获得的利益时，按是否收费，将得到两种回答。若收费，理性的个人或不披露其获得的利益，或将其所获得的利益打折扣；若不收费，则会鼓励他们夸大所获得的利益。显而易见，若由国家出资修建防洪工程，地方和被保护区的人们总是认为他们的防洪标准太低，提高防洪标准会获益巨大；但假若由受益者投入的话，显然将会是另一种情况。这种态度在由受益地区向防洪中承担牺牲的地区提供补偿时，在收取防洪工程保护费时表现得非常明显。公众在对待公共产品上不愿披露真实意愿或提供有偏差的效益、效用信息（这与私人消费品通过市场供需关系反映出的价格信息完全不同），给政府决策者带来了信息难题：不知道公共产品的效益，不知道真实需求，政府决策者和计划者就不能确定如何配置稀缺的公共资源，生产多少公共产品是适宜的。

　　若公共产品是免费或廉价使用时，会鼓励人们对它的使用，当使用人数多到一定程度后，增加一个人，或会减少先前使用者的效益，或使资源配置不合理，在经济学上这种现象被称为"拥挤"，例如免费公路的拥挤，免费公园的拥挤，补贴性自来水的浪费，具体到受洪水威胁的洪泛区，则表现为人口过度集中或土地过度开发，因为政府在用全民的税收为他们的冒险提供无偿的保护，既侵蚀了效率，又产生了社会不公平。

　　政府在公共产品生产上取代市场选择，扮演配置稀缺的公共资源为公众"安排"消费多少公共产品的角色时，往往不如"看不见的手"在市场上表现得那么出色。当政府政策不能达到预期的改进效用和公平性时，便出现了"政府失灵"。

　　政府失灵的原因除上述信息难题外，还包括公共决策的代表性不够（并不是人人都在政府政策制定时有选择权，但有选择权的可能并不具备代表性，在民主政体下是如此，在集权政体下更是如此），急功近利，决策者价值观和偏好局限等方面。

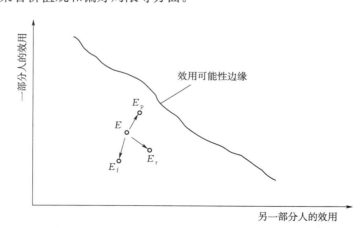

图 2 - 3　政府采取集体行动的三种可能结果

　　政府失灵问题的存在，使得通过公共政策配置资源，采取集体行动可能出现如图 2 - 3 所示的三种结果：第一种情形（E_p）改进了所有人的效用，是公共政策所企求的；第二种情形（E_r），也是最常见的情形，为再分配型，改善了一部分人的景况，而使另一部分人受损，原则上是需要对受损者给予补偿的；第三种情形（E_f），出现严重的政府失灵，几乎使所有人处境变糟，则是公共政策力图避免的。

正因为如此，20 世纪 40 年代以后发展起来的风险分析理论试图辅助政府决策者实现公共产品生产，包括防洪减灾措施所需公共资源配置的效率。

第四节　洪水风险分析

一、概述

洪水风险分析试图从效率的角度为决策者提供公共资源合理配置、防洪措施建设的定量数据，辅助决策者解决前述公共政策制定时的信息难题。

随机的洪水事件作用于人类社会及其生存环境可能产生的不利后果，称为洪水风险。为定量描述洪水风险特征，需分析洪水与人类社会及其生存环境相互作用的机理，估算风险程度，由于洪水事件的随机性和不确定性特征，洪水风险通常以统计指标表征，例如期望值、标准差、极值等。

当洪水风险程度高到危及社会经济正常发展或生命安全时，为降低洪水风险程度，或是受洪水威胁区域的居民自发地、或是政府有计划地采取防洪减灾措施。任何措施的采取，无论是工程的还是非工程的、民间行为还是政府行为，都将干扰现有系统，不同程度地改变原有洪水风险态势和利益集团的利害关系，并伴随着投资风险、工程风险、环境风险、风险转移、公平性等问题的出现。

第二次世界大战以后，世界各国的经济渐次进入高速发展时期，社会经济活动以及人与自然的关系日趋复杂，人类对自然的影响和自然对人类社会的反作用日渐增强，各种问题相互交织、影响、互为因果，对任一公共问题的决策和应对都将干预极其复杂的社会和自然系统，应对措施若不适当，可能事与愿违、得不偿失，引发更大的问题。面对决策者的困境，阐明公共问题的性质和特征、提供决策所需的信息、依据和方法，分析解决公共问题所采取的政策措施的各种影响，可有效辅助决策的政策科学逐步形成，主要涵盖风险分析、问题分析、技术分析和政策分析等内容。风险分析与其他学科的关系如图 2-4 所示。

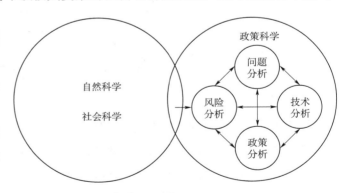

图 2-4　风险分析与其他学科的关系

政策科学的作用一是严格确认哪些是或可能是某些社会成员和利益集团所不希望的社会影响，二是详细阐明可能的社会问题的类型、影响及其涉及的利益集团，三是深入了解问题的因果关系，四是确定并评价解决问题的各种策略，五是预测解决这些问题可能带来的后果。

风险分析旨在为决策者提供造成社会问题的风险事件的成因、特征、概率、后果以及为解决社会问题所采取的有关措施的影响等信息。洪水风险分析的主要内容如下：

（1）洪水分析：洪水成因、洪水特性（淹没范围、水深、淹没历时、流速等）分析。

（2）洪泛区承灾体（人口、资产、社会经济活动）调查及价值评估。

（3）承灾体脆弱性分析。

（4）灾害分析：洪水灾害直接损失、间接损失、社会影响评估。

（5）风险评价：从全局的角度评价洪水风险（期望损失、期望损失占 GDP 的比例、社会影响程度等指标）是否可以接受。

（6）防洪减灾措施方案设计及其费用和影响分析：针对洪水风险要素（洪水、承灾体、脆弱性等）特性提出减轻洪水风险对策与措施备选方案，估算各方案的费用及其可能的影响。

（7）风险再评价与效益分析：预测备选方案实施后的洪水风险变化情况，估算相应的减灾效益，确定效益费用比。

（8）决策：通过对各方案或组合方案的评价、分析与比较，选择合理可行的措施或决定不采取任何措施。

基于洪水风险分析的防洪减灾决策过程如图 2-5 所示。

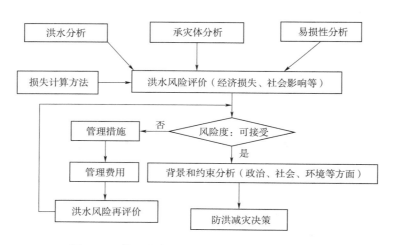

图 2-5　基于洪水风险分析的防洪减灾决策过程

洪水风险分析的目的旨在为决策者评价问题、进行防洪减灾决策提供定量化的信息，由于现代社会经济活动高度复杂，存在大量难以定量化的不确定因素，风险分析只是决策过程中可相对客观度量的部分，在实际决策时，决策者不仅要考虑相对确定的因素，同时还需综合分析政治、社会以及其他因素的影响，因此分析者和决策者都需认识到，风险分析仅是辅助决策的工具，而不能替代决策。

二、洪水风险

风险通常与自然和社会事件的随机性、不确定性、不可控性、不可知性相关联。但自然和社会的这些特性不一定形成风险，从人类的视角看，只有当其对人类及其生存环境造成不利后果时才被称为风险事件。在有人类生活的地方，超过河道宣泄能力的洪水或超过当地蓄水能力的降雨的发生，通常伴随着生命财产的损失，风险特性相对明显，即使在没有人类生产和生活活动的地方，若洪水的发生对人类生存环境造成了不利影响，也是洪水风险特性的一种表现。

洪水风险是指洪水事件对社会经济（人、资产、社会经济活动等）和人类生存环境可能造成的负面后果或损失。

洪水是一随机水文事件，其影响程度与其量级及时空分布相关，威胁某一区域的洪水量级通常以洪水发生的可能性或概率（水文上称为洪水发生频率或重现期）表征，发生频率越低或重现期越长的洪水量级越大。

位于洪水威胁下的人口、资产、社会经济活动和人类生存环境统称为承灾体。

对于特定的洪水，承灾体的损失与可能受淹的承灾体的数量、承灾体洪水的淹没程度（水深、流速、淹没历时、突发性）及承灾体抗御洪水的能力的强弱相关，而可能的损失（风险）则与洪水发生频率及与之相应的损失相关。

承灾体的洪水淹没程度称为暴露性，承灾体抗御洪水能力的强弱称为脆弱性。例如，洪水发生时，同样的承灾体，位于低洼地带的暴露性更高；而在相同暴露性的状态下，混凝土建筑物比砖瓦建筑物脆弱性低，老人、儿童、妇女比成年男性的脆弱性高，等等。

洪水风险由洪水事件发生的可能性（即洪水发生概率）、承灾体的暴露性和承灾体的脆弱性三要素构成，缺一不可（图2-6）。

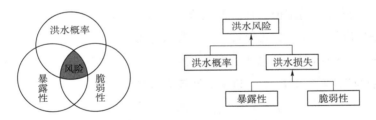

图2-6　洪水风险及其相关要素概念图

可见，洪水风险为洪水事件发生概率和与之相应的洪水损失的函数，而洪水损失为暴露性和脆弱性的函数，即

$$洪水风险 = f(洪水概率,洪水损失) = f(洪水概率,暴露性,脆弱性)$$

因此防洪减灾不外乎采取三类方法，即降低致灾洪水发生的可能性、减少承灾体的暴露性和提高承灾体的抗淹性能（降低脆弱性）。

减少致灾洪水发生的可能性主要通过调控洪水、改变孕灾环境和洪水运动方式实现，例如上游水土保持，修建堤防、水库、分洪道、排水管网，设置蓄滞洪区等；减少承灾体的暴露性主要通过土地管理和建设管理实现，例如洪水区划，规定建筑物基础达到特定高程（如100年一遇洪水位）；降低承灾体的脆弱性主要通过推行建筑物防水（耐水）设计建设规范和应急管理等措施实现，例如规范洪水可能淹没区内建筑物的建筑材料和结构设计，建设洪水预报预警避难系统，推行洪水保险，增强援助、救济、自救、救生、防疫能力，提高灾后恢复重建能力等。

三、洪水风险分析

与其他可能造成不利后果或损失事件相同，洪水风险分析主要包括三个相互联系的部分：风险辨识、风险估算和风险评价。本书第一章已详述了风险辨识的内容，以下主要讨论风险估算和风险评价方法。

（一）洪水风险估算

洪水风险估算主要指计算洪水期望损失，分为洪水发生概率或频率分析、暴露性（不同频率洪水下承灾体淹没数量和淹没程度）分析、不同淹没程度下承灾体损失率分析和期望损失计算等内容。

1. 洪水频率分析

洪水频率分析是在洪水风险事件（河道洪水、暴雨内涝、风暴潮等）辨识的基础上，依据实测水文资料和历史洪水调查资料，分析计算某一洪水特征指标值（如洪峰流量）出现的累积频率，分析结果通常以洪水特征指标值与其出现的累积频率的函数关系表现。

（1）防洪标准与超标准洪水。

防洪标准是指防洪工程可使受保护地区免于一定量级洪水淹没的能力。例如，一工程具备 100 年一遇防洪标准，即指该工程可防御年发生频率为 1% 的洪水。这是一个统计概念，某一地区具备 100 年一遇防洪标准并不表明该地区 100 年之内仅遭受一次洪水灾害，而是指每一年遭受灾害的可能性为 1%。

在进行风险洪水分析时，期望损失计算的起算洪水频率通常取为防洪标准所对应的频率。

（2）一段时期超标准洪水发生的可能性——时段发生频率。

既然防洪工程有一定的标准，则意味着存在发生超标准洪水事件的可能。某一时期内发生超过工程防洪标准 X_{fcs} 的可能性，即时段发生频率的计算方法如下：

$$R_t = 1 - [1 - P(X \geqslant X_{fcs})]^n \qquad (2-1)$$

式中，$P(X \geqslant X_{fcs})$ 指任意一年超标准洪水发生的可能性。例如，当防洪标准为 100 年一遇时，$P(X \geqslant X_{fcs}) = 0.01$。

洪水时段发生频率与洪水发生频率之间的关系如图 2-7 所示。

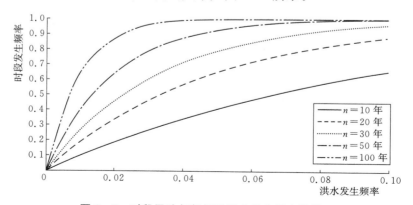

图 2-7　时段风险与超标准洪水发生概率的关系

时段概率指标可为防洪保护区的开发与建设以及防洪工程发挥防御目标洪水效益的可能性提供有益的信息。例如许多建筑物的使用寿命为 50 年，若保护该区域的防洪工程标准为 100 年一遇，则在 50 年时段内遭受超标准洪水灾害的可能性为 0.4。

对于有 100 年一遇标准的防洪工程保护的区域而言，从概率上讲，在 100 年期间内遭受 100 年一遇以上洪水威胁的可能性为 0.63。

防洪工程的正常运行期根据其建筑材料、基础情况、施工质量的不同多在 50～100 年的范围内，从统计上讲，若某一工程按防 100 年一遇洪水设计，在上述寿命期内发挥抗御 100 年一遇洪水效益的可能性为 0.4～0.63，若按 1000 年一遇设防，则工程在其寿命期内遭遇该量级洪水的可能性为 0.05～0.1。

2. 暴露性分析

暴露性分析是指确定各频率洪水淹没情景下承灾体（人口、资产、经济活动等）的受淹程度，主要指标为承灾体淹没水深，次要指标包括承灾体淹没历时和作用于承灾体的流速。

（1）洪水淹没分析。

洪水淹没分析指采用水文学和水力学方法（有时需结合历史洪水调查）分析计算各频率洪水淹没范围、淹没水深分布、洪水流速和淹没历时等洪水特征指标。洪水淹没分析的具体方法和技术详见第三章。

（2）承灾体暴露性分析。

承灾体暴露性分析包括确定洪水可能淹没范围内（由洪水淹没分析得到）的承灾体数量及其空间分布，预测洪水可能淹没范围内未来各水平年承灾体数量及空间分布变化情况，进行承灾体空间分布与洪水淹没特征指标（水深、流速、淹没历时）空间分布的叠加分析得到承灾体淹没程度分析。承灾体暴露性分析的具体方法和技术详见第三章。

3. 洪水风险估算

（1）洪水损失估算。

超过人类调控能力洪水的发生，可能造成人员伤亡、房屋或建筑物损坏、粮食减产或绝收、社会经济活动停滞或中断，而造成社会影响和经济损失。相对而言，洪水造成人员伤亡的估算，因相关影响因素（包括可能受淹人口自身的抗洪和自救能力及行为方式、居住条件、预报预警手段和时效、应急避洪转移行动及救生能力、食物及医疗卫生保障能力等）的高度不确定性，会有很大的误差，而洪水淹没资产或导致经济活动中断所造成的经济损失的估算则具有较高的确定性和可靠性。因此，本书所称的洪水损失估算和洪水风险估算的承灾体仅限于资产和经济活动。

承灾体的损失程度与其抗洪耐淹性能，即脆弱性相关，该性能可通过承灾体在不同淹没程度下的损失率定量地反映，假定同一类型的承灾体的淹没程度与损失率的关系相同，则其直接经济损失计算方法如下：

$$D = V d_r(h,v,t) \tag{2-2}$$

式中：V 为资产价值；$d_r(h,v,t)$ 为淹没水深为 h、流速为 v、淹没历时为 t 时的资产损失率。

洪水特征指标与资产损失率的关系可通过实际洪水损失调查统计数据、洪水保险理赔数据、资产淹没破坏（损失）试验数据等分析得到。洪水损失评估的具体方法和技术详见本书第三章。

（2）洪水风险估算。

由于洪水发生的随机特性，预估未来特定年份或某一特定时期的洪水损失是不可能的，因此，洪水风险通常以期望损失定量地反映，洪水损失期望值的计算式如下：

$$EFD = \int_0^1 D(p)\mathrm{d}p \ (i = 1,\ 2,\ 3,\ \cdots,\ n) \tag{2-3}$$

式中：p 为洪水发生频率；$D(p)$ 为洪水损失与洪水发生频率的函数关系。

洪水损失与洪水发生频率的函数关系不能直接得到，实际计算时多采取以下步骤：①建立洪水特征指标（如河道洪水的洪峰流量）与其发生频率之间的关系；②假设泛滥洪水的淹没水深与洪峰流量呈一一对应的关系（可通过洪水淹没分析求得），则可建立水深与频率之间的关系；③同样，若淹没水深与承灾体的洪水损失一一对应，则可建立水深与损失之间的关系，从而建立起洪水损失与洪水发生频率之间的函数关系；④将损失-频率函数积分求年期望损失 EFD。该过程如图 2-8 所示。

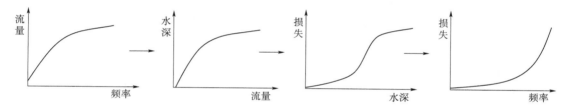

图 2-8　洪水损失与频率函数关系概念图

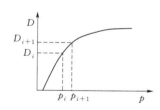

图 2-9　期望损失计算方法示意图

由于不能穷尽所有频率的洪水，在进行损失评估时，洪水频率选择的方法有两种：一是通过随机发生器产生一洪水发生频率的代表样本；二是设定一系列典型洪水频率，通常为 100%、50%、20%、10%、5%、2%、1%、0.5%、0.2%、0.1% 等，即重现期为 1 年、2 年、5 年、10 年、20 年、50 年、100 年、200 年、500 年、1000 年一遇洪水等。通过随机发生的频率样本估算洪水期望损失的计算量较大，实际评估时多采取第二种方法（图 2-9）。

$$
\begin{aligned}
EFD &= \int_0^1 D(p)\mathrm{d}p \\
&= \sum_{i=1}^{n} \big[D(p)_i + D(p)_{i+1} \big](p_i - p_{i+1})/2 \\
&= \sum_{i=1}^{n} \big[D(h)_i + D(h)_{i+1} \big](p_i - p_{i+1})/2 \\
&= \sum_{i=1}^{n} \big[Edr(h)_i + Edr(h)_{i+1} \big](p_i - p_{i+1})/2 \\
&\quad (i = 1,\ 2,\ 3,\ \cdots,\ n)
\end{aligned}
\tag{2-4}
$$

式中：p_i 为典型洪水频率；$D(p)_i$ 为与频率 p_i 对应的洪水损失-频率关系；$D(h)_i$ 为与频率 p_i 对应的洪水损失-水深关系；E 为受淹资产的价值；$dr(h)_i$ 为与频率 p_i 对应的淹没水深下受淹资产的损失率。

除水深外，洪水淹没历时、流速等也会影响洪水损失。另外，有无洪水预警报以及洪水预警报的提前量（即居民采取避洪和临时保护转移财产的有效时间）对洪水损失值也有影响。对于建筑物而言，目前多采用水深（在一定程度上也反映了淹没历时的影响，通常水深越大、淹没历时越长），当对淹没历时反应比较敏感的资产（例如农作物）进行评估时，需考虑淹没历时的影响。

（二）洪水风险估算的不确定性

由于洪水在其形成过程中受气候、降雨强度及其时空分布、下垫面条件、防洪工程、防洪调度和人类活动等因素的影响，度量洪水特征的指标，如流量-频率关系、水位-频率关系、灾害损失-频率关系等都具有一定程度的不确定性。除此以外，经过数十年的防洪建设，我国各江河流域的主要洪水风险区基本上都受不同标准堤防的保护，确定超标准洪水的淹没范围时，因堤防溃决位置、宽度、深度和扩展过程难以确切把握，使得淹没特征存在相当程度的不确定性等。

上述不确定性，导致洪水风险分析存在一定程度的不确定性，认识并尽可能定量分析相关不确定性，可为防洪减灾决策提供更为全面的信息，从而提高决策的科学合理性。

1. 洪水分析的不确定性

（1）流量-频率关系的不确定性。

水文上通常通过对流量实测系列（样本）的分析，将其与某些描述随机事件的理论概率分布比较，而得出反映水文现象的频率曲线。例如，在国内外水文计算中运用较广的皮尔逊Ⅲ型（P-Ⅲ）曲线。

由于理论概率分布与实际水文现象发生的频率在不同区域都有或多或少的偏差，通过历史资料拟合得出的流量-频率关系有其固有的不确定性。此外，因人类活动导致的下垫面的变化以及工程建设和调度会进一步改变原有的流量-频率关系，更加大了其不确定性。

（2）水位-流量关系的不确定性。

物理上，导致水位-流量关系不确定性的因素包括河床形态、含沙量、不恒定流效应、糙率的变化、泥沙输移、冲刷或淤积、变动回水、洪水期或洪水后河道形状的改变等，有时因测量误差或水流测量方法等原因也会引致水位-流量关系的不确定性。例如，据长江水利委员会葛守西等对长江螺山水文站水位-流量资料的分析，流量在 $60000\text{m}^3/\text{s}$ 时，水位变幅可超过 3m，其他站或其他河流也存在不同程度的变幅。

这一不确定性会导致以水位-流量关系为边界条件的河道洪水分析计算结果的不确定性。

（3）洪水淹没分析的不确定性。

在进行洪水淹没分析时，通常采用设计洪水和典型洪水分析洪水淹没特性，但实际洪水总是与设计洪水或典型洪水有或大或小的差异，而使洪水泛滥淹没特性的确定存在不确定性。

常用的洪水淹没分析方法包括历史洪水统计分析方法、地貌学方法、水文和水力学方法等，由于资料的误差、下垫面的变化、工程的影响、边界条件和地形地物的概化以及计算参数的选取的误差等因素的影响，无论采取何种方法，对洪水淹没分析的结果都存在不同程度的不确定性。

分析溃堤洪水淹没特性时，溃口位置并不确定，通常需根据经验、险工险段情况、堤防质量及堤基情况等判断确定，但无论对各种风险因素考虑得多么全面，总是与实际情况有不同程度的偏差，而影响泛滥特性分析的可靠性。溃口位置确定后，溃口如何扩展及扩展到多大尺度也是一个难以把握的问题，有时是假定一横向扩宽和纵向刷深速度以及最终口门宽度与深度，有时是根据堤防抗冲刷能力和溃口处水流的冲刷能力，通过计算确定溃口扩展过程，这些方法都有人为的概化或假设，而造成溃口流量计算结果的不确定性。

除此之外，在堤防溃决过程中，河道洪水过程的计算、溃口流量的计算等也存在一些假设和误差，同样有不确定性。

对于某一受堤防保护的河段，若发生某一可能导致堤防失事的设计洪水或典型洪水，经专家判断或一些有效的分析方法，基本上可以确定一组（N 个）可能溃口的位置（L_1，L_2，$\cdots$，L_N），并可以估算出在每一位置溃口后的淹没范围（A_1，A_2，$\cdots$，A_N），当各处溃口的可能性相同且一处溃决后其余各处不再溃决，则平均淹没范围为

$$\overline{A} = (A_1 + A_2 + \cdots + A_N)/N \qquad (2-5)$$

当各处溃口可能性不同，分别为 P_1，P_2，$\cdots$，P_N（$P_1 + P_2 + \cdots + P_N = 1$）且一处溃决后其余各处不再溃决，则平均淹没范围为

$$\overline{A} = A_1 P_1 + A_2 P_2 + \cdots + A_N P_N \qquad (2-6)$$

淹没范围的不确定性可用下式近似估计：

$$S_A = \sqrt{\frac{\sum_{i=1}^{N}(A_i - \overline{A})^2}{N-1}} \qquad (2-7)$$

当洪水大到一定量级以后，河道堤防可能出现一个以上的溃口，此时则需分析各种溃口组合的泛滥情况，然后根据上述方法估算其平均淹没范围和不确定性。

2. 洪水损失估算的不确定性

影响洪水损失评估的不确定因素包括承灾体统计数据的误差、承灾体空间分布（平面位置和高程）的误差、承灾体价值估计的误差、历史洪水损失调查统计数据的误差、未将其他致灾或减灾因素（例如流速、淹没历时、含沙量、建筑物结构、洪水预警报、财产转移等）纳入考虑等。

（1）资料的不确定性。

承灾体价值评估是洪水损失估算的主要参数之一，由于我国受洪水威胁的承灾体数量、空间分布、使用年限等统计资料不完整，精细度差（多以乡镇为统计单元），对承灾体价值的评估通常存在一定程度的不确定性，这一不确定性或误差可通过专家判断法估计：将研究区域的建筑物特性、建筑物类型、建筑年限等信息提供给有关专家，据此判断建筑物价值的可能的变化幅度，这一变幅除以 4，则为估计误差的方差近似值。

作为承灾体主要类型之一的建筑物内部财产，由于种类繁多且具有可移动性，评估其可能受淹的价值，比之建筑物有更大的不确定性。

承灾体所在位置的高程多根据地形图确定，当等高线间距为1m、2m、5m、10m时，以此确定的资产所在位置的高程误差（或相应的水位误差）分别为±0.59m、±1.18m、±2.94m和±5.88m。此外，建筑物或构筑物因是人为建设的，其地板高程多与天然地面高程有差别，且这一差别不尽相同，更增加了高程估算的不确定性。

（2）洪水淹没分析的不确定性导致的损失估算不确定性。

除上述因资料误差、承灾体价值估计误差等因素造成的损失估算的不确定性之外，由于上述洪水淹没分析结果的不确定性，也更增大了洪水损失估算的不确定性。

设对于 N 个可能溃决位置的淹没情况，对应的洪水损失为 D_1，D_2，…，D_N，若各种情况发生的可能性接近，则平均淹没损失为

$$\bar{D} = (D_1 + D_2 + \cdots + D_N)/N \qquad (2-8)$$

当各位置溃决的可能性不同，分别为 P_1，P_2，…，P_N，则平均淹没损失为

$$\bar{D} = D_1 P_1 + D_2 P_2 + \cdots + D_N P_N \qquad (2-9)$$

淹没损失的不确定性可用下式近似估计：

$$S_D = \sqrt{\frac{\sum_{i=1}^{N}(D_i - \bar{D})^2}{N-1}} \qquad (2-10)$$

（3）水深—损失关系的不完备性及其估计误差。

在实际洪水损失估算中，多考虑水深一项致灾因子，即建立水深—损失关系估算洪水损失。由于洪水流速、淹没历时、含沙量等致灾因素都将不同程度地影响洪水损失结果，使得单用水深估算损失存在一定的误差。

除致灾因子外，影响损失估算的因素还包括资产本身的脆弱性，例如承灾体的耐水性能、基础条件、老化、内部财产的布置、洪水预警报、应急响应（调度、抢险、转移、防护）措施等。

上述因素造成的洪水损失估算误差可采用敏感性分析估算。例如在损失估算模型中加入淹没历时的影响计算损失，并与单用水深因素估计的损失比较，分析淹没历时对损失估算的贡献；同样，也可在损失估算模型中考虑流速、内部财产布置或应急搬迁等因素的敏感性，据此评估损失估算结果的不确定性区间。

（三）洪水风险评价

洪水风险评价所要回答的中心问题是：怎样的洪水风险程度是可以接受的或怎样才算安全？受现阶段的社会经济条件和技术水平的约束，洪水风险只能减轻而不可能消除，处于洪水风险区的社会经济不可避免地要在承受一定程度风险的前提下谋求发展。当风险区的风险高到难以实现可持续发展，而减轻风险的措施得不偿失，回避风险便成为最好的选择。

1. 价值观与风险评价

不同的利益集团，不同的政府决策层、不同价值观持有者对洪水风险有不同的评价。因此，在回答何为可承受的风险度时，需综合分析技术、经济、政治、人文、环境等各方面的因素。

（1）经济上的考虑。

如前所述，应对洪水、减轻洪水风险的措施属于公共物品的范畴，即任何人消费该物品不会影响到其他人的消费数量和质量，因此公共物品具有共同消费和非排他性。对于由市场机制运作的排他性消费品，市场保证了将有限的物品或稀缺的资源分配给那些估价最高的消费者，但对于非排他性物品，则不可能给使用者按市场机制制定价格，由此导致"市场失灵"。既然公共物品没有自发的定价机制，政府采取一些手段（例如收税或收费）对其强制定价是必需的。

使市场失灵的公共物品也使政府对其强制性定价面临困境或无效率。对于公共物品的效用，理性的消费者根据其是否承担费用而有两种态度：当需要付费时，他们会低估公共物品的价值；当由政府投资时，受益者会夸大公共物品的效益，以期成为搭便车者。这种情况在防洪减灾措施建设或推行过程中普遍存在。

由于减轻洪水风险的投入主要来源于公共资源，处于洪水风险区的居民自然希望政府防洪投入越多，自身风险程度越低，在风险区开发与发展程度越高越好；作为担负防洪减灾主要责任的水管理部门，则是在争取更多的财政投入基础上，平衡各风险区的利益，力求在整体上尽可能减轻洪水风险；由于公共资源是相对缺乏的竞争性资源，为维持国民经济合理稳定地发展，不得不在各使用公共资源的领域进行配置或"分派"。

对于防洪减灾措施，考虑风险因素的费用—效益分析（又称为"风险—效益分析"）是测算其经济效果的有效方法。从经济上考虑，可行的防洪措施在其服务期内，收益的现值应不小于费用的现值，当每单位投入（费用）的增加与由此增加的收益相等（边际成本等于边际效益）时，防洪措施的净收益最大。此时投入是经济的或有效率的。

从全局上讲，投入公共资源，减轻洪水风险与国民经济发展之间有三种不同的"情景"。

情景1：防洪投入不足，洪水风险程度高，应用于防洪的公共资源过多地被用于其他领域，经济发展过程会出现较大的波动：在洪水低发期，经济增长较快，在洪水频发期，或遇大发生时，经济发展将受到较严重的影响，还有可能出现社会动荡，这种情况在我国历史上时有发生。

情景2：若投入过度，防洪能力很高，经济发展非常平稳，但由于防洪建设过多地占用的其他领域的公共资源，整体经济发展速度受到影响。

情景3：用于防洪与用于其他领域的公共资源分配经济有效：用于防洪的每单位资源与用于其他公共事业的每单位资源所产生的效益相等，即防洪工程的建设与国民经济发展相适应、相协调，虽然伴随着大洪水的发生，经济发展受到一定的影响，但从社会经济发展的总进程看，更为合理。这3种情景可示意地用图2-10表示。

可见，不同的防洪减灾投入或不同的洪水风险程度对应着不同的国民经济发展模式，以保障国民经济发展为衡量标准，可接受的合理的风险度应是上述第3种情景。而第3种情景大致对应于防

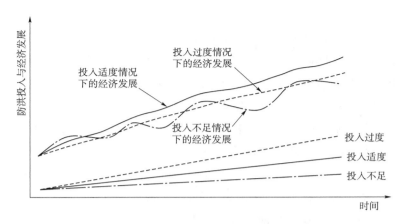

图 2–10　防洪投入与社会经济发展关系示意图

洪投入的边际成本等于其边际收益的情况。

（2）生命价值和公平性原则。

造成人员伤亡是洪水的灾害性后果之一。联合国救灾总署（1976 年）宣称自然灾害管理政策的最高目标是保护生命安全，美国地震工作组（美国科技政策处，1978 年）指出"地震减灾计划的第一目标是拯救生命"[26]，我国的防洪减灾工作也以"不死人"作为主要目标之一。

生命价值的评价一直是困扰防洪减灾决策的难题。从伦理的角度讲，生命的价值无论怎样强调都不过分。虽然难以定量地度量生命的价值，但可以通过比较拯救生命的投入衡量生命风险的大小或投入的优先度：对于减少因各种原因造成的非正常死亡的策略而言，单位投入拯救生命最多的应优先考虑。例如，据《自然灾害风险评价与减灾政策》（Willliam J. Petak 等，1982）一书中分析预测，若要在基本免除美国 2000 年时因各种灾害造成的 1790 人的期望死亡人数，需在 1980 年后投入76 亿～178 亿美元，人均费用为 409 万～960 万美元，与此比较，控制 4 种癌症的计划，每拯救一人的费用，则在 2217 美元（子宫颈癌）至 4.6 万美元（直肠癌）之间。以此衡量，对于生命而言，某些疾病的风险显然大于自然灾害的风险。

在现阶段，由于居住条件、经济实力、应急转移措施、紧急救援手段、社会救济体系等不断完善，全国年均因洪涝灾害死亡人数已降至千人以下（出现历史上一次大灾之后，死亡人数动辄数以万计、十万计的情况已不可能），远少于某些疾病、交通事故、卫生条件差、营养不良等所造成的死亡人数。减少因洪死亡人数的费用往往远大于减少上述其他原因死亡的费用，这在一定程度上表明了处于洪水灾害威胁下生命的风险相对较低。当然，这并不表明减少伤亡不是减灾的目标，实际上这一直并仍将是减灾的主要目标之一，但过高地估计处于灾害威胁下生命的风险度或过低地估计减少生命损失的费用都是不恰当的。

世界各国（包括我国）的防洪减灾实践表明，防洪工程措施并非减少因洪人员伤亡的合理选择，一般而言，防洪工程有时可能会给受工程保护的人造成安全的错觉（例如，我国的防洪保护区目前基本上没有避洪转移方案），可能使他们在超过工程保护能力的洪水发生时猝不及防，仓皇失措，生命安全面临更大的威胁。有时，因防洪工程的存在，反而导致更为严重的生命损失，例如淮河流域"75·8"洪水因多座水库溃坝而造成的死亡人数比1950年以来有因洪死亡统计数据的其他所有年份洪水死亡人数的总和还要多。实际上，减少因洪人员伤亡并不依赖于昂贵的防洪工程，经济和居住条件的改善是因洪死亡人数减少的主要因素，而洪水风险意识的提高、预报预警手段的健全、避洪转移方案的建立，以及卫生防疫和社会救援体系的完善等，则是进一步减少人员伤亡的有效途径。

防洪减灾行动往往伴随着公平性问题，社会公平是人类普适的价值观，维护社会公平是政府的基本职责，因此，在进行洪水风险评价和风险区安全度确定的过程中，必须遵循公平性原则。在政府未介入防洪建设，各区域自发保护的情况下，区域间存在不同的洪水风险程度是否公平的问题并不突出。一旦防洪减灾成为政府行为，而国家的防洪投入取之于纳税人的时候，任何纳税人都有要求公平保护的权利。有限公共资源的合理配置要求在任一区域的单位投入应得到相同的收益，以全局上和经济合理性衡量，重要区域或城市需安排更多的资源，以达到较高的安全度，有时还会有意维持防洪保护标准的差异或有选择地牺牲一些相对不重要的地区（例如设置蓄滞洪区、建设防洪水库提高下游防洪标准而淹没库区部分土地）以提高重要地区的安全度，由此造成风险的转移，可见，经济上可接受或合理的风险度有时是与公平性原则相矛盾的。此外，一区域或国家的所有土地并非都处于洪水威胁之中，即使处于洪水威胁中的土地，不同的地带受洪水的威胁程度也不相同，利用全国或整个区域的公共资源为处于洪水威胁的区域提供保护或救助，或为洪水高危险区提供更多的投入时，对于位于洪水威胁区之外的纳税人，包括洪水低危险区的纳税人，也是不公平的。

（3）生态环境。

在改造自然，减轻风险或谋求发展的同时避免对自然生态环境的破坏，维持生物多样性，保证可持续发展已成为社会共识。防洪工程的建设通常会对生态环境造成负面影响，进行洪水风险评价时，必须将生态环境的影响纳入考虑。美国自1970年开始的"环境十年"活动和《国家环境政策法》规定了环境质量标准，明确要求对治水事业和对洪泛区生态产生影响的联邦工程等进行环境影响评价，并对可替代工程的非工程措施开展研究；1997年日本《河川法》的宗旨中加入了环境改善和保护的内容；我国有关法律同样明确规定，在进行工程建设论证过程中纳入环境评价的内容——生态环境影响评价或生态环境价值评价已成为洪水风险评价的主要内容之一。

2. 风险评价的优先次序

洪水风险评价的目的是为防洪减灾决策提供目前和未来的风险程度是否可接受，以及采取防洪减灾行动可能达到的安全度等信息。由于风险评价涉及经济、社会、环境、政治等极其复杂的因素，还由于公共资源的稀缺性，确定评价的优先次序是必不可少的。优先次序是一个相对的概念，首先，对某一国家或区域是优先的问题在其他国家或区域不一定优先；其次，优先考虑的因素并不排斥兼顾其他因素。

持不同的价值观，对优先次序的考虑不同。

若以死亡人数的多少作为首要衡量标准，则防洪减灾决策或投入的目标应放在能尽可能减少人员伤亡的方面。

认为生态环境价值更重要者，则建议采取对环境影响最小的策略，例如坚决反对修坝筑堤，目前有些发达国家或地区已决定或正在考虑不再修建新的大坝，即使其对减低洪水风险，提高安全度效果明显。

出于政治上的考虑，则认为在政治上重要的地区应有更高的安全度或更低的风险。例如目前永定河洪水对北京市的威胁已接近于零，在相当程度上是从政治上考虑的。现阶段，考虑洪水的政治影响因素已相对弱化，在洪水风险评价时，政治因素已退居相对次要的位置。

如前所述，洪水灾害造成的人员伤亡已大幅度减少，也远少于其他一些原因造成的人员伤亡，同时单纯为减少因洪水造成的死亡人数所需的费用巨大，以死亡人数作为洪水风险评价的首要标准是不适当的。

从目前我国的实际情况看，洪水灾害所造成的影响主要体现在经济方面，防洪的初衷也是为了提高洪水风险区土地利用的效率。

基于以上分析，在洪水风险评价时，应以经济效益作为首要评价指标，同时兼顾生命和环境价值。

3. 风险评价指标

评价国家、流域、区域或特定经济单元的防洪减灾能力或洪水风险程度，除直接抗御洪水、保障安全的能力外，还应包括防护对象的抗灾性能、灾害损失特性和防洪减灾措施的减灾效益等方面。评价洪水风险度或安全度的主要指标如下。

（1）洪水宏观损失率。

洪水（包括河道洪水、内涝、风暴潮等所有类型的与水相关的自然灾害事件）宏观损失率（FMP）是反映洪水风险对国民经济的影响程度或国民经济对洪水风险承受能力的指标。定义为国家或区域洪水年期望损失（EFD）与相应受洪水威胁区域内国民生产总值（GDP_f）之比为

$$FMP = \frac{EFD}{GDP_f} \tag{2-11}$$

作为近似，可用国家或区域的 GDP 替代 GDP_f 对反映洪水宏观损失率。根据近年的统计数据，以 GDP 衡量，我国的 FMP 约为 0.5%，日本和美国的这一比例在 0.2% 以下，欧洲的洪水宏观损失率则更低。

由于河道洪水和内涝灾害特性有所不同，减轻河道洪水灾害和内涝灾害的措施也有很大的差异，区分洪灾损失率和涝灾损失率，对于把握不同类型洪水的风险是必要的。

河道洪水宏观损失率（FMP_{rf}）定义为河道洪水年期望损失（EFD_{rf}）与河道洪水可能威胁区内的国民生产总值（GDP_{rf}）之比为

$$FMP_{rf} = \frac{EFD_{rf}}{GDP_{rf}} \tag{2-12}$$

内涝宏观损失率（FMP_{sf}）定义为渍涝的年期望损失（EFD_{sf}）与内涝可能威胁区内的国民生产总值（GDP_{sf}）之比为

$$FMP_{sf} = \frac{EFD_{sf}}{GDP_{sf}} \qquad (2-13)$$

（2）洪水风险转移率。

洪水风险的转移多与防洪工程措施相伴。对现有防洪工程体系或其洪水调度方式的改变，例如提高某一区域的防洪标准、调整防洪调度方式等，通常伴随着洪水风险的转移：防洪水库的建设减轻了其下游的洪水风险，同时将造成上游更多的淹没，使部分风险转移到上游；兴建堤防保护某一区域，可能使洪水更多地输送到其下游或影响到对岸；将已开发区域设置为蓄滞洪区则是主动转移风险。风险的转移从全局防洪经济效益考虑有时是合理的——使整体风险降低；有时可能是不合理的——使整体风险反而加大。

洪水风险转移率指建设新的防洪工程或改变防洪工程调度方式后被保护区减少的洪水风险与其他地区因此而增加的洪水风险之比。设被保护区原有洪水风险（以洪水的年期望损失）为 EFD_{po}，采取相关措施后新的洪水风险为 EFD_{pn}，受风险转移影响地区原有洪水风险为 EFD_{ao}，新的风险为 EFD_{an}，则洪水风险转移率为

$$FRT = \frac{EFD_{an} - EAD_{ao}}{EAD_{po} - EAD_{pn}} \qquad (2-14)$$

当 FRT 大于1时，防洪体系或其调度方式的改变是不合理的，当 FRT 小于1时，是否合理还需考虑改变所需的投入，若投入的年费用与可能增加的风险之和大于可能减少的风险，从经济上衡量也是不合理的。此外现有防洪工程体系或其调度方式的改变还可能伴随着移民、公平性的社会问题，并干扰或破坏原有生态环境，也需在进行改变防洪现状决策时纳入考虑之中。

（3）防洪减灾效益。

防洪减灾效益指防洪减灾措施（或措施的组合）减少的洪水年期望损失与措施投入的年费用及其可能转移的洪水风险之比。设措施采取前后的年期望损失的减少值为 EFD_d，投入的年费用为 ARC，措施转移的风险为 EFD_t（即受风险转移影响区域洪水年期望损失的增加值），则防洪减灾措施效益 BLR 为

$$BLR = \frac{EFD_d}{ARC + EFD_t} \qquad (2-15)$$

若 BLR 大于1，以经济效益衡量，采取的防洪减灾措施是可行的，当然，由于公共资源的稀缺性，BLR 理应不小于各公共领域公共资源投入的平均效益。该指标不仅可用于评价现有防洪措施的防洪减灾效益，还可用于评价规划工程的防洪减灾效益。

（4）风险转移补偿率。

风险转移补偿率是衡量防洪减灾社会公平性的指标。出于全局经济效益的考虑，动用公共资源为经济相对发达或受威胁人口土地更多的地区提供更高标准的防洪保护，维持甚至加大受同一来源洪水威胁区域间的防洪保护标准的差异，往往是合理的选择。保护标准差异的存在必然伴随着风险的转移，政府行为导致的社会不公平与政府维护社会公平的基本职能相悖，理应采取政策措施加以纠正，使因风险转移而承担额外风险的地区得到足够的补偿（图2-11），例如财政支付转移，直接

补偿（类似现行蓄滞洪区运用补偿模式），收取高标准地区的工程保护费补偿给承担风险转移的地区，减免部分税务等。

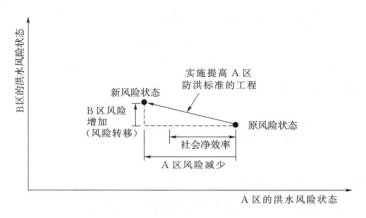

图 2-11 风险转移与风险补偿示意图

风险转移补偿率（FTC）指因风险转移受益区直接或通过政府间接向被动承担额外风险的区域提供的补偿值（FRC）与转移的风险值（FRT）之比为

$$FTC = \frac{FRC}{FRT} \tag{2-16}$$

若 FRC 不小于 1，则是公平的；反之，则会造成社会不公。

（5）因洪死亡率。

因洪死亡率（FDR）定义为年均因洪死亡人数（FD）与受洪水威胁人口（FP）之比，是衡量洪水灾害的社会影响主要指标。

$$FDR = FD/FP \tag{2-17}$$

据统计，我国目前年均因洪死亡人数在 1000 人以下，其中以山洪造成的死亡为主，全国受洪水威胁人口约占总人口的 67%，以此估算的因洪死亡率约为 1.3/百万，远低于交通事故死亡率（约 80/百万），也低于火灾事故死亡率（约 3/百万）。

美国和日本的因洪死亡率分别约为 1.2/百万和 0.8/百万，低于我国的因洪死亡率。

4. 洪水风险评价

洪水风险评价旨在基于洪水风险评估和风险评价指标，评判受洪水威胁区域目前和未来的洪水风险是否可以接受。

如前所述，风险是否可接受除可通过洪水风险经济社会指标定量衡量外，还在相当程度上受公众和决策者的价值观影响。

从经济上衡量，若当前或未来的防洪减灾效益指标值大于公共资源投入的全社会平均效益指标值，则洪水风险（在经济上以年期望损失度量）是不可接受的，反之是可接受的。同理，若公共资源单位投入减少的因洪死亡人数多于全社会平均减少的死亡人数，则洪水造成的社会风险是不可接受的，反之则是可以接受的，即受洪水威胁的生命是相对安全的。

由于洪水造成的人员伤亡属于自然灾害范畴，而保障受自然灾害威胁的生命安全更多的是政府的责任（与交通事故等威胁生命安全不同，造成死伤的原因有相当大成分的人为因素，如交通违规、驾驶失误等，交通参与者的生命安全更多地需自负其责），因此洪水对生命构成的风险是否可接受的判断十分困难，除上述经济因素需考虑外，与经济发展水平相当或经济更发达国家因洪死亡率的横向比较，也可作为衡量方法之一。例如我国的因洪死亡率大致与美国处于同一水平，在一定程度上说明我国受洪水威胁的生命是相对安全的。

第五节　防洪减灾政策与措施

由于自然及气候条件一直处于变化之中，社会经济也处于不断发展和调整过程之中，而这种发展和调整又会进一步加剧自然及气候条件和其他孕灾环境的变化，还由于人类对自然、气候及社会经济发展变化规律和人类改造自然所造成影响的认知不完备，甚至错误，任何防洪减灾措施和行为都不可能达到效率最优和社会公平最佳的状态，总是具有改进的空间，尤其是当大的洪水灾害发生，暴露出现行防洪减灾政策措施不足甚至不当，以及此前未认识到或认识不足的洪水、洪水风险特征时，改进或调整防洪减灾政策措施的需求会变得更为迫切。

如前所述，纵观各国防洪减灾实践的历史，防洪减灾政策措施的调整，甚至重大改变几乎都是在大洪水发生后出现的，大洪水的发生既是政府通过防洪减灾政策措施调整或改变推进效率最优化、改进社会公平的契机，也是政府决策面临的重大挑战：是改变还是维持现状？若要改变现状，是延续现有政策，优化相关措施，还是对现行政策做出方向性改变、推行新的策略？无疑，任何决策都将对未来洪水风险态势和社会经济发展产生深远影响。

就目前的认知水平，公共选择理论和洪水风险分析方法是辅助防洪减灾政策和措施决策的有效手段。

一、防洪减灾政策的选择

如前所述，防洪减灾属于公共事业，通过政府制定公共政策、配置公共资源来实施，其目的是增加社会福利和促进社会公平。但政府在配置公共资源时并不总是对的，在有些情况下会出现失灵或失误。探询政府生产什么公共产品，为谁分配政府计划的成本和利益，以及如何生产公共产品的政府决策研究，称为公共选择理论。

政府防洪减灾政策的选择过程大致如下。

（一）触发

触发防洪减灾政策转折、更新或完善的直接原因是洪水事件。

造成严重经济损失或人员伤亡洪水灾害的发生，通常会使一些人、一些利益集团或决策者认为与其期望的状态不一致或产生不满，而萌发改变现状的需求。

（二）提案

洪水过后，甚至在洪水发展过程中，目睹田庐淹没，生灵溺毙，流离失所，满目疮痍的灾害景象，各阶层人士，根据各自的观察、理解和分析，会从不同层次和角度提出各种治水观点和革新、完善现行政策的建议和方案，当在决策层也表现出政策调整的意图时，提案则更为踊跃。

我国历史上最为典型的几次治水方略讨论和政策提案集中期都出现在洪水事件对社会经济发展构成严重威胁的时期，包括汉朝黄河改道前后、北宋黄河决口频繁期、宋朝太湖围垦期、明朝黄河夺淮漫流期、清朝洞庭湖围垦期和 1998 年洪水后。

1998 年洪水所引发的治水策略和政策大讨论突出地反映出这一现象。有认为森林植被破坏过度，造成泥沙俱下，汇流加快，引起同等降雨条件下水位抬高、流量增加，因而力主恢复上游森林植被，解决洪水问题者；有认为人类无节制地与水争地，湿地、湖泊萎缩消失，使洪水失去回旋、滞蓄空间，洪水自然要与人为秧，而倡议平垸退田，给洪水以空间，与洪水共存者；有认为人类活动与自然力的共同作用，使江湖关系改变，而造成洪水态势相应改变，而建议认识新的江湖关系，以采取针对性措施者；有认为堤防隐患多、基础条件差，使得防汛局势紧张，而主张加固堤防或宽筑堤、低作堰者；有从流域整体出发，以流域安全度、舒适度作为衡量指标，通过以流域为单元的国土整治，而实现流域可持续发展者；有认识到控制洪水策略局限性而提出向洪水风险管理策略转变者。

这些方案，有的是互补的，如"蓄与泄"，"预报、警报与避洪、调度"，"工程措施与非工程措施"；有的是相互冲突或对立的，如"堵"与"疏"，"修复故堤"与"退田还湖"，"根治洪水"与"洪水风险管理"等。

从大的方面归纳，治水的主要方略大致可分为以下几类：

第一类：各自为政，分散自守型。通常是洪泛区开发之初的防洪模式。

第二类：居高而处，因势利导，以疏为主型。该治水方略始于大禹，是在第一类方略基础上的革新性转折。在人口稀少，沿河有供洪水回旋的足够场所时，此策略在相当程度上是可行的。但后人有不顾社会经济背景，将其奉为治水标准，"以经义治河"，甚至提出"让人类远离洪水"，则不可取。

第三类：控制洪水型。人口和经济增长，期求有一个安定的生活和生产环境，工程技术的不断发展，在相当长一段时期内使人类认为通过工程控制洪水和消除洪水灾害会逐步变为可能，20 世纪中叶，这一策略在国内外发展到极致。

第四类：放任自然，避水而居型。在国力衰弱，洪水防不胜防时期，这种策略就会被提出，但终与社会发展大势不符，而成为一种不得已而为之的权宜之计。

第五类：承认洪水风险的存在，适度保护，合理开发洪水风险区，协调人与水、防洪与发展关系，防洪、用洪相结合的洪水风险综合管理型。这种治水思想萌芽于 20 世纪 40 年代，目前已为世界各国所普遍认同。

上述分类指的是一国在一定的社会经济自然背景下，在某一时期占主导地位的治水策略，若细究起来，可能存在几种策略并存的情况。

（三）决策

防洪减灾政策提案，经由各种渠道，或多或少地会送达决策者或决策集团，有些直接就是由决策层提出的，在一定的条件下会被列入决策日程之中。

类似防洪减灾等公共事业的决策过程与国家的政治体制有关。中国历史上来的比较简单，当统治者认为有必要并接受某一治水思想或治水方略时，则委派该思想的始作俑者或认同者具体实施即可。我国计划经济时期的决策过程也相对直接、简便：由中央讨论或领导人决定政策，计划部门执行即可。

自 20 世纪 80 年代开始，我国公共决策的代议制（人民代表大会）成分逐步增加，多数规则更多地纳入决策程序之中，并逐步成为决策的主流。

公共决策中采用多数规则基于这样一种判断，即认为一项政策为多数人，更确切地说是多数"代表"所赞成或选择，通常会改进社会效用并相对公平。

但实际情况并非总是如此。多数规则所产生的政府决策通常会使多数人的处境变得更好，但不保证达到使所有人都能获益的状态（帕累托改进）。在许多情况下这种决策方式会使少数人受损，尤其是在出现使富者更富贫者更穷，而对受损者又无补偿时，则会造成社会不公平程度增加，被称为"多数人的暴政"。更有甚者，若发生决策失误，则可能出现几乎使所有人的处境都变糟的结果。

洪水过后，群情激动，舆论鼎沸，各种提案纷至沓来，这些提案多是某些人或某些集团根据各自的观察、分析、理解和判断形成的，或多或少都带有局限性或偏差，更多的是针对表面现象和应付问题，而较少探求问题的成因，缺乏对洪水灾害现象和问题与社会发展关系、社会经济自然环境约束以及提案引发的次生影响的深入分析。

从实际情况看，决策者和立法代表在决策时更乐于与公众高涨的热情，希望消除洪水威胁的愿望保持同步，而采取一些显而易见、直截了当的政策。当"控制洪水"的思想成为治水的指导原则时，这种决策现象表现得更为明显。各流域，无论大小，几乎无一例外地是针对某一历史最大洪水，采取"上蓄，下排，两岸分滞"的防洪方针。需要考虑的问题明了而单纯：蓄多少，排多少、滞多少以及工程布置，都以消化该对象洪水为目标。即使暂且不论效率和公平，这种决策思路也屡屡面临挑战：由于工程的修建改变了洪水过程和形态，相当于，甚至小于设计标准洪水的发生，也往往会突破设计水位，而要求增加新的工程或扩大原工程规模，以保证实现既定方针。

洪水问题的长期性、随机性特点还与决策者相对短暂的任职期及大量的日常紧迫事务和力图追求的政绩目标相互冲突。在相对平静期，防洪减灾政策提案很难排上决策议程，一旦洪水不期而至，决策者更倾向于采取应急式和突击式的决策行为，试图一举解决问题，立即显出成绩。于是，就出现了一种与洪水周期几乎同步的周而复始的现象：大水过后短期（基本不超过任职期）大幅度增加投资，更多的水库，更高的堤防，更通畅的河道和分洪道……继之而来的是较长时间的投入低迷期，乃至防洪工程正常维护管理经费都难以为继，随着时间的推移，戒备日渐松懈，工程老化萎缩，隐患日积月累，标准逐步降低……突如其来的洪水冲击，险象仍旧环生，再次引发全国紧张，上下关注和新一波的投资和建设高潮……所谓亡羊补牢有余，未雨绸缪不足。图 2-12 示意地表现了这种起伏式的防洪决策模式。

这种现象强烈要求作为政策研究和辅助决策的专家及机构，在灾前担负起准备深思熟虑健全的治水政策提案和塑造社会正确的治水观念的责任，并在灾后群情高涨期引导舆论，协助和支持决策者（层）制定深谋远虑的防洪减灾政策。同时也要求决策者不为情绪所左右，严格按照公共决策程序，充分论证、广泛听证、谋定而后动。实际上，一些最需要在政策层面开展深入研究，反复咨询的具有深远影响的重大防洪决策，时常在灾后匆匆出台，而使这些公共政策在改进效率和推进社会公平方面留下诸多遗憾。

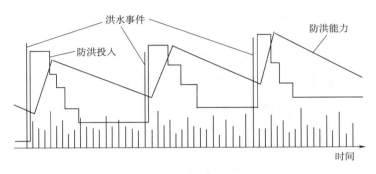

图 2－12 防洪投入、防洪能力随洪水事件波动的概念图

自有记载以来，人类与洪水抗争已有 4000 多年的历史。可以断定，我国的洪水问题还将长期对生命和社会经济发展形成冲击，困扰决策者。摆脱大起大伏应急式的治水决策误区，建立以改进效用，促进社会公平为目的的，尽可能避免政府失灵的决策机制，是实现科学决策的基本保障。

（四）政府的选择

面对洪水问题，政府可能的政策选择大致有三种：①沿用现行政策，维持现状；②坚持既定的防洪减灾策略，将工作的重点放在优化、完善和调整现有系统上，包括为完善现有政策体系而制定具体的法规、规章制度，以及系统管理、系统优化、技术开发、技术推广政策和计划，这种选择在每次大的洪水发生后都有体现；③对现行防洪减灾策略作重大的方向性调整，制定新的防洪减灾主导政策。

对于现行防洪减灾政策的任何方向性调整，首先要回答两个问题：为什么要调整？为什么现在调整？

由于社会经济发展和人类活动导致洪水灾害特征变化以及对洪水问题认识的不断深入，维持现状的选择总是暂时的。通常，特别是大的洪水发生后，各级政府总是会针对洪水中暴露出的问题，在现有防洪方针和防洪减灾政策的总框架下，制定一些完善现行防洪减灾体系、减轻洪水影响的政策和计划。

当现行防洪减灾政策体系和指导思想与变化了的形势不再适应或有重大缺项时，便产生了对防洪减灾政策作方向性调整的需求。纵观历史，这种情况并不多。有时调整的主导思想是正确的，例如禹将堵的策略改为疏，王景形成完整的黄河防洪体系，美国政府取代土地主成为防洪减灾主体和由控制洪水为主转向全面的洪水管理等；有时则可能是不成功的，例如企图根治洪水的策略。

以 1998 年大洪水为例，中央政府一改过去以控制一场具体洪水安排工程的做法，出台了兴修水利、灾后重建的"32 字方针"，在将防洪工程以提高标准为主转而以提高质量和可靠性的加固为主的同时，启动了"平垸行洪，退田还湖，移民建镇"政策，开始了从最高决策层明确地将防洪减灾政策由河道扩展至洪泛区的初步尝试，而成为防洪减灾策略步入重大调整阶段的标志。

此后，国家水行政主管部门在深入研究和吸纳各方意见的基础上，参考国际上成功的防洪减灾实践，于 2003 年正式提出由控制洪水向洪水管理转变的防洪减灾政策思路，启动了系统化的政策方向性调整，2010 年水灾后，国务院发文要求建立"洪水风险管理制度"，进一步确立了防洪减灾政策调整的方向。

（五）防洪减灾措施与可能的政策选择

江河湖泊附近和低洼地带周期性的洪水泛滥是一种自然的陆地水文现象。洪水既是塑造洪泛平原的主要动因，也是形成洪泛区生态和维持生物多样性的主导因素。人类为获取利益而开发洪泛区的同时，必然会面临洪水泛滥对生命和财产造成损失、对社会经济发展造成负面影响的威胁。

面对洪水问题，人类有多种选择。在生产力低下的时期，水进人退，水退人进是一种顺应洪水的被动选择，为营造稳定的生存与发展环境，随着生产力水平的提高，人类渐次采取了筑围、疏河、建堤等减少致灾洪水发生频率的措施。经过千百年的发展和完善，到现在，最终形成了以水库、堤防、分洪道、蓄滞洪区组成的蓄泄兼筹的工程防洪体系。

这种以防为主的工程或工程体系，保障了受洪水威胁区域人类文明的延续和发展，以前是，将来仍会是有效应对洪水问题的主要政策选择之一。

但是，工程防洪的能力是有限度的，将受到经济可行性和工程安全性的制约。工程还会引发一些次生问题：减少了洪水提供土地养分和回补地下水的机会；割裂了洪水与依赖于洪水的洪泛区自然生态系统的联系，使许多生物物种消失；削弱了河流景观功能；工程的失事，将增加洪水的破坏力，可能使损失放大等。有些次生问题，例如工程对生态系统的影响，还会随着时间的推移日趋严重化。对这些问题的认识，是调整工程防洪政策的基础。

在意识到工程不可能完全消除洪水风险之后，人们开始将防洪减灾的视野由河湖向洪泛区延伸，以减轻工程尚不能防御的那些洪水的影响，例如基于洪水风险区划的土地开发利用规范、洪水保险制度、应急响应措施等。

有时，政府还会制定移民和征地等政策，获取一些洪水高风险区的土地，减少洪水对生命财产的威胁，同时维持或发挥洪水生态、资源等功能和为洪水提供更多的滞蓄与回旋的空间；或者不一味追求提高防洪标准，而通过建设超宽堤防（保证漫而不溃）或在堤上设置溢流堰和引洪（引水）闸，有控制地将洪水导入农田，既不至于造成大的损失，又可利用洪水，历史上称为引洪淤灌，现在进一步被引申，称为泛滥容许型的一种兼顾洪水资源利用的政策。

政策的表现形式是法律、规范、制度或计划等，可能的防洪减灾政策类型包括调控、规避、分担风险的政策，见表 2-1。

表 2-1	可能的防洪减灾政策
防 洪 政 策 分 类	具 体 政 策
调控风险	防洪工程建设、防洪规划、建设规范
风险规避	土地管理、移民、征地、应急转移、建筑物抬高
风险分担	洪水保险、救济、补偿、减免税

二、制定防洪减灾政策的制约因素

洪水问题在特定的时间，特定的地点和特定的条件下影响着特定的人，为缓解洪水影响的防洪减灾政策，同样会干扰日趋复杂的社会、经济、自然生态系统，其制定和推行将受到法律、政治、行政、社会、经济、环境、价值观以及习俗、文化、道德规范等因素的约束。

（一）法律约束

防洪减灾政策制定的首要法律约束是立法机构的立法权限。在我国，全国人民代表大会和省级人民代表大会具备制定国家和省级防洪减灾法律的立法权，在上述法律约束下，中央政府和省级政府具备制定国家和地方法规的立法权，行业部门和省级以下政府只享有国家和省级立法机构所授予的在现行法律、法规框架下制定配套规章的权力。

除立法权限以外，防洪减灾政策的制定还受到现行法律的约束。我国与防洪有关的法律，包括《防洪法》所界定的防洪减灾地理区域为河道、湖泊和蓄滞洪区，对于广大洪泛区，受现行法律的制约或由于缺乏相应的立法，推行协调人与洪水的关系、规范兼顾洪水风险的开发方式政策的条件还不具备。相对而言，由于长期形成的以控制洪水为主导策略的"防洪"方针，针对以工程防洪的法律体系比较健全，立法权限比较清晰，制定与区域防护策略相关的防洪政策在目前更为得心应手。

（二）社会和政治约束

1. 人口

协调人与洪水、发展与减灾的关系是防洪减灾的主要内容之一。经过几千年的发展与繁衍，迫于人的生存压力，我国的洪水风险区，甚至行洪滩地几乎被开发殆尽。人口问题成为制定防洪减灾政策的主要社会约束。

200 多年前，马尔萨斯在《论人口原理》（1798）中描绘了一幅足以使人悲观的未来情景：开始，人口稀少，土地富裕，增加的人口可开发新的土地，而且新的生产技术和发明将提高人均生活水平，这是一个人类发展的黄金时代。一旦所有可以有利可图开发的土地被全部占用，黄金时代即告一段落，新增加的人口只能在已开发的土地上谋生，土地成为稀缺的资源。若任由人类自然繁衍，人口将以几何级数（1，2，4，8，16，32，…，）的趋势增长，每隔一代人（约 25 年）翻一番，最后人口将多到无立足之地。但因为土地总量固定不变，劳动投入在固定土地上的不断增加，最多使粮食按算术级数（1，2，3，4，5，…，）增长。由此马尔萨斯得出结论：

"随着人口的加倍再加倍，正像地球的体积减半再减半一样——直到最后缩减到这种程度，粮食和基本生活资料下降到生存所必需的水平以下。

"由于自然界提供的土地数量是固定的，收益递减规律发生作用，粮食生产不能按几何级数与人口保持同步。"

马尔萨斯认为上述的人口增长是不能长久的，开始他认为瘟疫、饥荒、灾害和战争将使人口保持在维持基本生存的水平，而后，则寄希望于抑制生育的措施。

马尔萨斯所勾勒的这种令人不寒而栗的图景，在20世纪70年代的中国似乎已部分地变为真实。即使是现在，在我国的一些地区，人们还在越来越贫瘠的土地上为最基本的生存而辛勤劳作。

马尔萨斯的理论在今天看来失于简单化，社会经济发展的历史表明，一方面，在社会发展的一定时期，由于生产技术的进步，产量可能会超过人口增长，当然若人口仍按几何级数增长，最终还将会供不应求；另一方面，因技术进步带来社会财富和生活水平迅速提高的同时，一些国家的人口增长率开始下降，甚至出现负增长。由此发展形成现代的人口观。

现代人口理论描述了如下的人口迁移过程。第一阶段，基本是农业社会时期，高出生率和高死亡率使人口增长相对缓慢。在中国这一阶段大致维持到清朝初期（17世纪），在从秦统一中国后的2000多年的时期内，总人口由几千万增长到1亿左右。第二阶段，早期发展时期，医学的进步使死亡率下降，而出生率不变，人口急剧增长。这一阶段在中国由清朝持续到20世纪80年代，人口由1亿多快速增长到10亿左右。特别是在20世纪50—80年代的40年间，人口大约增加了6亿；第三阶段，晚期发展时期，低婴儿死亡率、城市化和教育的普及使许多家庭愿意少要孩子，降低了出生率，人口增长依然较快，但势头开始减缓。这一时期在中国采取了严格的计划生育政策后大约持续到2020年，总人口约达到14亿。第四阶段，成熟时期，夫妇成功地实行了节育措施，双方都愿意走出家庭，参加工作，家庭期望的（以及实际的）子女数在两个左右，甚至更少，从而净人口增长率接近于零或负增长。与此对照，马尔萨斯的悲观推断在上述第一阶段和第二阶段大致是可信的，而丰衣足食的第三阶段和第四阶段则与马尔萨斯的预言背道而驰：人口增长速度下降，直至稳定。马尔萨斯的预言的真理性成分至少警醒了中国的决策者，使控制人口增长成为一项基本国策。

由于20世纪80年代后严格的计划生育政策以及快速城市化进程，中国目前的人口迁移状况处于第三阶段的后期，并开始步入第四阶段。

城市的发展是影响人口迁移进程的重要因素，不仅使大量的农业人口脱离了对土地的依存，推进了新技术和新的耕种模式（机械化的规模经营）的运用，有效地提高了粮食产量，而且改变了人的生育观念，促进了人口迁移向第四阶段过渡。

尽管我国人口已趋于稳定，因人口增长而与洪水争地的压力会逐步缓解，但必须清醒地认识到，巨大的人口基数以及大量人口向城市区域单向流动，仍将长期制约着防洪减灾政策的制定。

贾让的治黄上策之所以在当时未被采纳，历史上多次"退田还湖""不与水争地"措施几乎无一例外的无功而返，随后是更大范围的"与水争地"，以及1998年洪水后所采取的"平垸行洪，退田还湖，移民建镇"方针效果不理想，都与人口这一最基本的社会约束有关。

2. 价值观

随着市场机制的引入和对个人价值取向的认可，多元化的社会意识形态正在逐步形成。有些价值观，例如任何人、任何集团，特别是政府的行为不应对任何群体，特别是弱势群体造成损害，即使这些行为是为了某种"崇高"的社会目标的实现，也应对受损者给予补偿；以及个人拥有和使用其财产的权利应得到他人的尊重和政府的保护；任何人都有选择和采取无损于他人行动的权利等，是社会所公认的，尽管在现实中可能并未完全遵从。而另一些价值观，例如"牺牲局部，保全大局"；防洪是以保全生命还是以经济效益为主；国家是否应对经济发达的重要地区提供更高标准的防洪保障，而容忍贫富差距扩大；灾害事件的伤亡者价值是否比非灾害事件（例如贫困、卫生条件缺乏等）伤亡者更高；一集团为保护自身利益而将风险转移他人是否应由该集团负担补偿；获取风险利益者是否应承担风险损失；全体纳税人是否应共同承担洪水风险区防护费用；有远见的事先采取合理防洪减灾的地区因受灾较少而比盲目开发受灾较重的地区得到更少的政府财政支持，这种现象是否公平，等等，似是而非，到目前还存在着争议，尚无定论。毋庸置疑，诸如此类的社会价值观和决策者（包括可影响决策的个人和集团）的价值取向，将在很大程度上制约和左右着防洪减灾政策的选择。这种价值约束在三峡工程论证过程中已经表现得相当明显：对于生命的价值、生态的价值、库区居民对生活方式选择的权利、区域公平性以及政治、经济、军事等问题的不同认识，导致了有相当大差异甚至截然不同的结论。深入剖析各种价值观的本质，并在价值观的冲突中寻求协调和平衡，是防洪减灾的任务之一。

纵观历史，人类几乎从未在洪水灾害面前退缩过。战胜洪水不仅是一种愿望，一种信念，一种社会共识，还被不间断地付诸实践。即使经历了毁灭性灾害的地区，也将其归咎为偶然并认为通过努力可以避免未来的灾害，而一如既往地在原地生活下去。洪水过后，公众、社会和决策者的普遍反应都是争取外援，重建家园，再修工程，舆论更是极力渲染这种不屈服于自然的精神。对灾区未来持乐观态度和恢复维持原有生活方式几乎是受灾者的共性，很少有人考虑以往的生活和发展模式有什么不合理之处，而思索如何使社会行为与自然环境和洪水特性相适应相协调的人更是风毛麟角。

3. 公众和决策者行为

当防洪减灾的对象延伸到人的行为、影响到社会系统时，其效果变得尤其难以预测。有研究认为，12~24h 提前量的洪水警报可以使居民的损失减少 1/5~1/3，益本比为 3.1~7.5，但这一结论建立在居民及时有效响应的基础上，没有前期的对当地公众行为的研究、组织、宣传和演习等大量的准备工作，上述效果是难以达成的。当防洪减灾措施触及被管理者利益、生活方式和传统习俗时，更需要谨慎。社会系统对一些管理措施的响应往往出乎"好心"或"一厢情愿"的管理者的预料之外。美国 1968 年生效的洪水保险计划，在 1973 年强制性条款生效前，社会对其反应极为冷淡，我国洪水高风险区（淮河行洪区、黄河滩区、'98 大水后"平垸行洪、退田还湖"区域等）的移民又陆续返回原地等问题，一再表明防洪减灾政策应适应特定的社会条件并需及时针对社会系统的反应做出调整。

对于洪水灾害，决策者更偏好于采取应急式的和标志式的"零打碎敲"的政策，很少关注于防患于未然，筹划综合规范的防洪减灾政策体系。而在灾害发生，群情激动，事到临头之时，决策者的行为往往表现出同样的情绪化，而匆忙认可并出台一些论证不够充分，构思不甚严密的政策。决策者或政府官员常受保持其地位或升迁的利益所左右，更愿意与公众的热情保持同步，而鲜于考虑塑造社会观念，更趋于急功近利，而难有应对洪水问题的深谋远虑的举措。这种政治约束，使得非长期坚持方能见效的防洪减灾策略在纳入政府政策时举步维艰。

（三）行政约束

所有的防洪减灾政策措施都是在一定的行政体制下实施的，都将受到各级政府相关部门的特性、构成、素质、权限等因素的约束。几十年来，我国的水行政主管部门所形成的是一整套基于工程的防洪理念，防洪方针不外是"上蓄、下排、两岸分滞"，以构造水库、堤防、分洪道、蓄滞洪区组成的防洪工程体系为己任。国家的相关法规和投入机制也促进了"控制洪水"的格局的形成："非工程"的防洪减灾措施难以获得稳定的、充足的资金保障。由于这一历史原因，各级水行政主管部门具备洪水综合管理技能的人员匮乏，防洪减灾的理论和实践基础薄弱，形成了防洪减灾的行政上的"瓶颈"。

水行政主管部门的管理权限也限制了综合防洪减灾机制的形成，在 20 世纪 80 年代已有人提出我国防洪减灾应由河道向洪水风险区延伸，受管理权限"条块分割"的制约，至今，洪水风险区的防洪减灾政策仍在探讨阶段。

（四）经济约束

效率是公共政策选择必须遵循的基本原则，正是因为市场机制在社会经济的某些领域的无效率或失灵而产生了公共政策。确定防洪工程措施的效率相对而言是容易的，尽管由于洪水的随机性和不确定性影响，有时会有相当大的出入，尽管受利益的驱动，一些工程的经济分析有所偏差。但对于非工程措施，因需要干预极为复杂的社会系统，社会系统的反应又往往难以预测，使得其效率的确定带有更大的不确定性。限制洪水风险区的开发、退田还湖、洪水保险等政策在经济上是否合理可行，到目前相关的经济分析方法尚不成熟，难以准确量化。

防洪减灾的经济约束还源于公共资源的稀缺性。由于公共资源的稀缺，各公共事业领域自然要竞相证明（通常是夸大）其不可或缺的重要性和有多么可观的社会效益和经济效益。原则上，若某一公共领域单位投入的经济回报大于其他领域，或拯救同等数量生命的所需少于其他领域，则公共资源应更多地流向该领域。有效的公共资源配置是这样一种状态，即所有公共事业领域的边际收益（经济的和拯救生命的）相等。随着国家公共资源配置政策的规范化和对各公共事业领域制定公共政策时经济论证要求的提高，单纯地以防御某一量级洪水确定投入和安排工程的思路会逐步显得依据不充分，缺乏说服力。如何在防洪减灾政策制定过程中引入现代公共部门经济学理论，是防洪减灾政策制定面临的挑战之一。

在国力衰弱、经济实力不足时期，即使是洪水给灾区民众造成极为深重的灾难，政府可能也无暇顾及，例如在历史上各朝代的末期，无力治河，则只好"放任自然，随其所之"。也有不顾国力，一往无前者，如元代的贾鲁治河，后来有人认为，这种无视政治经济约束的治河举措，使国力愈弱，百姓愈穷，加速了元朝的衰亡。即使在国力强盛期，不考虑经济约束的治水思想，也会造成公共资源配置失衡、公共资源的浪费和效率低下。

（五）认知和信息约束

除前述造成政府失灵的信息问题外，洪水的随机性和不确定性特点，以及极为复杂的自然环境和下垫面条件的影响，使得人类在目前，甚至在将来相当长一段时期内都无法完全把握其发生规律，也无法确切地预测和计算出其运动过程。洪水在相当程度上的不可知性，使得确定性的工程防洪思维模式面临着相当的风险。在以工程应对常遇洪水时，问题尚不突出，而试图防御超常洪水，例如20世纪最大洪水、历史最大洪水，甚至PMP（最大可能降雨）或PMF（最大可能洪水）时，则近乎于在和洪水赌博。因为，首先工程是有寿命的，或50年或100年或更长时间，以巨大的投入去应对在工程寿命期未必出现的洪水，是赌博的表现形式之一；其次，即或在工程寿命期发生了准备防御量级的洪水，由于洪水特性的差异，下垫面条件的改变，工程总会有隐患、调度不当等原因，能否防得住也存在疑问。

因为存在大量的不确定性因素，洪水与洪水风险区内资产的相互作用机理，损失和防洪效益的估算，洪水价值的评价等与洪水相关的经济问题也因此存在着认知困难，而一直困扰着决策者和决策辅助人员：没有洪水经济分析的支撑，防洪减灾决策就难以确定可达到改进社会效用目标的合理的公共资源配置方式。为解决这一基础问题，基于风险和统计学概念的辅助决策的成本—效益分析在20世纪得以发展和完善，故又称为风险—效益分析。这种方法是将风险和效益以概率和统计值：期望值、最大似然值、偏差等表征，既承认了目前人类对洪水经济问题认知的不尽完善，同时也证明了企图以确定性的思维模式探究洪水经济问题的不可行。

制定防洪减灾政策还不可避免地需要了解公众和决策者面对洪水、洪水风险、洪水灾害的行为和心理，但是大量对洪水社会学和心理学的认知只是定性的和支离的描述，甚至在许多方面定性也十分困难和牵强。不同的人，不同的利益集团对灾害的认识和反应可能迥然不同，而呈现出错综复杂的洪水社会现象。洪水社会学和洪水心理学是防洪减灾中认知最少的一个领域，也是一个尚待努力探究的人的世界。一些貌似合理的防洪减灾政策在实践中问题层出，事与愿违，究其原因，往往可归结为没能正确认识社会（包括公众和各级决策者）的应对行为和可能的响应机理。

造成认知问题的原因，除对与洪水相关的自然、经济、社会、生态环境现象的成因、规律、机理尚未完全把握外，还来自于信息的不完备：水文系列不完整、观测期尚短且受不断变化的自然环境条件的影响；观测到的雨情、水情只是零散的点信息，而可能出现以点代面、以偏概全的偏差；灾情信息更是掺杂了人的主观因素，可靠性和可信度存在很大疑问；经济信息零散而不系统，有些必须的甚至无处获取；除人口外，至于人的社会行为、心理等无法定量描述的社会信息几乎属于空白；最近才受关注的洪水生态、洪水环境问题，其相关信息尚处于初步积累阶段，等等。

诸如此类的认知不足和信息缺陷，要求乃至迫使防洪减灾政策选择采取一种柔性的、渐进的和因势调整的模式。

（六）生态和环境约束

洪水是塑造洪泛平原、山谷阶地景观和洪泛区生态与环境的决定性自然力和动因之一。自然的洪泛区景观和生态系统早在人类出现以前就已形成，各类物种适应着洪泛洪消的短期随机、长期有规律的节奏，而处于一种动态平衡状态。从更宏观和更长时间跨度的视角看，人类也是在一段时期内参与洪泛区景观塑造的物种和力量之一，而且是外界侵入物种和力量。与其他依赖于自然资源生存的物种不同，人类不仅有适应自然的本能，还有改造自然的能力，因后者日新月异，与时俱增，以至于人类一度自我膨胀到以为可以不需要适应而试图主宰自然。"人定胜天""根治洪水"是这种理念的具体体现。

在经历了企图以人的意志摆布洪水的无数挫折之后，人类已认识到不可能不依赖于自然生态环境系统而独存，或至少不会比与自然和谐共存处境更好。既然在利用洪泛区资源谋求人类社会发展的同时还要依赖和保护为人类提供利益的洪泛区生态环境系统，则防洪减灾政策，特别是通常会导致生态系统破坏或萎缩的工程性防洪政策，必然要考虑生态环境约束。

在以往，即使是现在的概念中，如果不是完全，也是更多地强调洪水危害人类的一面，更有甚者和情绪化者，将其形容为"洪魔""猛兽"，洪水的利益多被忽视。纵然是猛兽，也是生物（态）多样化的"一样"，是生态系统中的"一系"。狼是猛兽，在传统的思维中，唯有灭之而后快，结果可能正相反，会灭之而遗患。生态学家讲述了一个真实的故事：在一个自然生态系统中（黄石公园）有狼和鹿两个主要物种，狼吃鹿，鹿食草。狼多了，会使鹿减少，鹿少了，狼会因缺乏食物而减少，这种制约关系使该生态系统长期处于波动型的动态平衡状态。一日，有好心的好事者出于对狼这种"害兽"的痛恨和对鹿这种"益兽"的爱护，决定消灭狼，给鹿一个安全的生活环境。显然，鹿们一度过上了无忧无虑无威胁的美好时光，然而好景不长，鹿的数量急剧增长，很快就超过了草地的承载能力，草地急剧萎缩沙化，鹿们更是拼命地啃食。最终的结果是狼没了，草没了，鹿也消亡了。类似事例不胜枚举，以至于人类有时不得不狠下心来杀掉过多的"益兽"或"弱势兽"或再次引入它们的天敌。

洪水也是如此，的确，他会危及人的生命和财产安全，但同时也有滋养土地，增加其生产力，回补地下水，抚育湿地资源和生物多样化，维持河流正常功能的效益。洪水没了或洪水不再泛滥了，与其相伴的利益多少也会减少或消失。认识到洪水利害伴生的特点，近来一些试图发挥洪水利益（"利洪"，姚汉源先生语）的概念和管理政策，例如湿地修复，泛滥允许，给洪水以空间、多自然河川、洪水资源化，蓄洪于地下等逐渐得到认可并用于防洪减灾实践。

三、防洪减灾措施

根据洪水风险的定义，防洪减灾措施包括调控洪水的措施，规避洪水的措施和减轻公众及社会面对洪水风险脆弱性的措施。这些措施按改变洪水运动特性和调整人类行为，又分为工程措施和非工程措施两大类，调控洪水的措施多属于工程措施，其余则为非工程措施。

（一）工程措施

调控洪水，改变陆地洪水生成条件和改变洪水运动特性的措施不外乎蓄和排两种形式，对于河道洪水，可采取的措施主要包括水土保持、河道整治和修筑堤防、修建水库、开挖分洪道、设置蓄滞洪区等；对于当地降雨造成的内涝积水，主要的工程措施有水土保持、提高地表渗透能力（多用于城市区域)、雨洪蓄滞池和排水渠道管网和抽排设施等。人工影响天气试图使降雨均匀化或引导雨云在人们希望的区域形成降雨,同样也改变了洪水生成条件,属于工程措施的范畴,但因目前该措施尚处于探索阶段,利害无常,故存而不论。

1. 水土保持

水土保持工程的作用是滞留、就地消化降水,减少或坦化进入河道或内涝积水区域的水量或流量。常用的水土保持措施包括增加植被覆盖率、坡面阶梯化、山区沟壑治理、土壤改良、雨水就地消化、增加地表渗水率等。

森林植被通过林(草)冠截流、枯枝落叶层持水、林地土壤渗蓄水和林草蒸发散等形式滞留和消耗降水。根据目前的研究成果和实际洪水分析,增加植被覆盖率对于中等强度以下的降水具有较明显地减少洪峰流量的作用,随着降雨强度的增加,其消减洪峰流量的作用递减。原因是高强度降雨的初始部分将使植被蓄水能力达到饱和,而对形成洪峰的降雨部分逐渐失去蓄水作用。当前期降水丰沛,使土壤蓄水达到饱和后,继而发生强降雨,植被覆盖率高有时还可能增加洪峰流量,因为高植被覆盖率的基流大于低植被覆盖率的基流。

无论降水强度如何,植被缓和和减少进入河道的泥沙作用明显。泥沙淤积河床将使同等流量下的水位抬高,可见,植被减沙可以降低河道洪水水位,同样具有防洪功能。

因我国人多地少,粮食需求压力大,坡地大量开垦,导致水土流失严重。坡地阶梯化和山区沟壑治理可有效地减轻水土流失。对于干旱与半干旱地区,受降雨量少,水资源短缺制约,一方面增加植被覆盖率相对困难,另一方面植被的增加会增加蒸发量而减少有效水资源量,坡地阶梯化和沟壑治理是更为可行的涵养水土资源的措施。李仪祉先生早在20世纪20年代初针对通过植树保持黄河上游水土的观点,指出其非治水的希望,而建议"植畔柳、开沟洫、建谷坊、修道路。"沿梯地(田)之三畔植矮柳可过水滤沙,田间开沟洫可蓄水沉沙,沟壑建谷坊(淤地坝)可淤沙成田,修坚固路面之道路可免除泥路成冲刷沟。

就地消化保持雨水更适用于减轻城市内涝积水,包括建设下凹式绿地,增加城市地面渗透能力,利用房顶、场院、地下蓄水池等滞留雨水等。

城市新的开发区是雨洪就地消化设施规划的重点。许多国家和地区对新开发的区域有开发后当地产流不得高于开发前的规定。

2. 堤防

堤防是最古老、最主要,通常也是最简易有效的防洪工程,可分为河(江)堤、圩堤和海堤(塘)。河(圩)堤建设材料以土为多,海堤则主要是混凝土和浆砌石结构,在城市和重要防护地区也有混凝土和浆砌石河堤,常称为防洪墙。

江河堤防具有保护开发区和增加河道泄洪能力的双重功效,且简单易建,而在世界各国被广泛采用,一些国家,例如美国,曾一度认为仅靠堤防便可解决洪水问题,大多数受洪水威胁的国家,都将堤防作为最主要的防洪工程措施。

基于对洪水的特征认识,有些地方将堤防建成非连续的(如四川山区的缺口堤),或在堤防的某些部位建设溢流堰（滚水坝），有意地为洪水保留蓄滞回旋的空间，或将超额洪水导入事先设定的蓄滞洪区或相对不重要的地区。在多沙的游荡型河道，也有修建组合式堤防的，如黄河的遥堤、屡堤和格堤体系，兼具了束水冲沙、淤滩固堤和防洪保安的多重功效。

最初，古人基于"水来土掩"的朴素认识，修建的堤防并无规划，甚至发生以邻为壑的筑堤现象，时至今日，这种情况仍不可避免。"左岸强则右岸伤，右岸强则左岸伤，上游强则下游伤。"可见堤防建设是有外部性的，有时堤防修建转移的风险可能比其减轻当地的风险还要大，这种情况在上游欠发达地区建堤而将更多的洪水转移到下游发达地区时更容易发生，在我国目前强调上游中小河流治理时对此问题应有充分的认识并开展深入的分析，这也表明综合合理的堤防建设规划的重要性。

堤防的兴建与否，主要与堤防所要保护区域的现状经济和未来经济发展趋势相关。堤防规模或防洪标准的确定应基于对其防洪效益和成本的分析，成本中，除考虑堤防本身的建设成本外，还应考虑其生态环境成本和风险转移量。

与所有建筑物一样，堤防具有正常的服务期（寿命），对土堤而言，其寿命多定为 50 年，超过这一期限，则需对其进行全面的加固整修。由于自然力（风削雨蚀等）和人类活动及动植物的侵害，随着时间的推移，堤防质量会逐步降低，高度会不断下降，而导致防洪标准的衰减，因此经常性地养护、维修以维持既定的堤防标准是必不可少的。

堤防的高度与其可靠性成反比、与其失事后的破坏性成正比，针对这一问题，日本从 20 世纪 90 年代开始在城市河段建设超宽堤防，顶宽为堤高的 30 倍以上，其上可进行常规的开发利用，如修道路、建房屋等，因其可保证漫而不溃，漫溢洪水量小，只发生小范围较浅的淹没，避免了因超标准洪水发生，提防溃决造成的严重洪水灾害的情况。类似的，我国黄河下游也在建设超宽堤防以期避免黄河大堤溃决。

3. 水库

水库的防洪作用是削峰，即通过临时滞蓄超过下游河道宣泄能力的超额洪水达到调控洪水的目的（图 2-13）。因其可控性强，并可根据实际洪水情况进行实时调度，而成为主要的防洪措施之一。当流域内有多座防洪水库时（实际情况通常如此），水库群的联合防洪调度，往往可以达到更好的防洪效果。

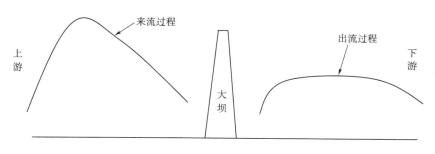

图 2-13 水库防洪效果概念图

水库是最能体现人类控制洪水意愿的工程措施。20世纪工程技术的进步使得建设高坝大库成为可能后，一些国家，包括我国在内，曾一度寄希望于堤库结合，以蓄为主根治洪水，现在认识到这是不可能的。

水库只能防御一定量级的洪水，对超过其设计蓄洪能力的洪水，则与无此水库无异，此外水库的防洪能力受上游来水过程的影响，对于双峰或多峰型的超过下游河道宣泄能力的设计标准以内的来水，其防洪效果会折减。

水库结构物不可避免地会因为服役时间、施工质量、基础等因素而出现老化或存在缺陷，在蓄水、涌浪或地震等外力的作用下，可能发生险情，甚至溃决，当发生险情时，为大坝安全，水库应急泄洪流量往往会超过下游保护区的防洪标准，而造成人为的洪水灾害，溃坝后果则更为严重，例如，"75·8"洪水板桥、石漫滩等水库的溃决所造成的生命损失远高于20世纪50年代后所有其他年份淮河流域因洪死亡人数的总和。

除安全外，防洪水库的修建还受到社会、经济、生态等方面因素的制约，其中以移民、上下游公平、库区土地淹没、防洪效益与投入、生物通道隔绝等问题最为突出。

水库和大坝因泥沙淤积、材料老化等都有一定的正常服役期（寿命），大多在100年左右，有些水库的防御对象洪水达到几百年一遇，甚至1000年。当防御目标洪水为100年一遇时，在水库服役期（100年）内发挥防御该洪水作用的可能性为0.63；当防御目标洪水为1000年一遇时，这一可能性减少到不足0.1。可见，建设防洪水库防御极为稀遇的洪水是不合理的。

水库削减洪峰的效果随下游保护对象的距离的增加而衰减，因此当保护对象据坝址超过一定距离，则不宜采取水库作为防洪措施。

4. 蓄滞洪区

与水库相同，沿河道设置的蓄滞洪区也是临时滞蓄超过保护对象所在河道宣泄能力的超额洪水部分，以达到降低水位、保护重要地区、减轻洪水灾害的目的，在此意义上，蓄滞洪区也可称为平原水库，古人名为"水隈"。

对于蓄滞洪区的作用，2000多年前就有了比较明确的认识，西汉时的治（黄）河议论中便有辟空地为水隈的建议，王景治河所采用的"十里立一水门，令更相洄注"，估计也是将黄河洪水通过水门分入临时蓄滞洪的场所，以分杀水势，保证大堤安全。

就保护对象而言，因蓄滞洪区可以临其而设，而比建设水库更为灵活，特别是在距离上游水库较远的中下游平原地区，其效果更为明显。

蓄滞洪区大多设置在江河中下游经常被洪水淹没的低洼地，分洪应用后，水深有限，长江流域蓄滞洪区蓄水较深，最深处约7～8m；海河流域蓄滞洪区蓄水较浅，多为2～3m，因此其占地面积较大，我国的国家级蓄滞洪区蓄洪总量约1000亿m³，占地面积达3万多km²，接近日本的平原面积。蓄滞洪区的水土资源条件大都十分优越，如此广阔的土地仅当河道洪水超过保护对象的防洪标准时临时使用（蓄洪时间长的约2～3个月，短的不过一旬），特别是那些使用频率低于20年一遇，甚至低于50年或100年一遇的，平时不加利用是一种浪费，尤其在面临着巨大人口和粮食压力时，开发利用是必然的。于是，我国的许多蓄滞洪区设置，防洪标准提高（与所处河道堤防标准大致相同）后，经不断的垦殖开发，多已成为农业区，人口随之繁衍增长，村落，甚至城镇也在其中形成，蓄滞洪区平均人口密度达到 500 人/km² 以上，与相邻普通保护区的人口密度并无差别，而使其运用困难。

除消减河道洪峰和洪量外，蓄滞洪区也是治理内涝和城市积水的有效措施，在面临河道洪水和内涝积水双重压力或因城市扩张排涝能力难以提高时，设置蓄滞洪区（池）的效果尤为显著。

蓄滞洪区分洪方式主要有三种：闸门、扒口和溢流堰。国内多采用前两种，有些国家，例如日本，则以溢流堰为主。闸门的优点在于可控性强，但实际调度决策时，因融入了许多人为因素，存在调度失误的风险；与之对应，溢流堰的分洪方式是洪水位超过溢流堰顶时自然分洪，基本无需人为调度，便于管理，但分洪效果可能不如闸门；扒口分洪节省了修建闸门或溢流堰的费用，但其分洪控制效果差，特别在遭遇多峰型洪水时更是如此，此外，这种分洪方式区内积水时间较长，不利于恢复重建。

5. 分洪道

根据防洪保护对象的防御目标洪水，人工开挖可通过原河道设计泄洪能力与防洪目标洪水之间的差额流量的分洪道，在某些流域，例如我国历史上曾因黄河改道造成原水系紊乱、河道尾闾严重淤塞甚至淤废，中下游河道泄洪能力远低于上游来洪流量的海河和淮河流域，是十分有效的措施。

分洪道的分洪形式主要有三种：直接分干流或支流洪水入海或入其他河道，分河道洪水入该河道下游和分支流洪水入干流下游。

分洪道具有不改变原河道自然特性，施工简便，同时可兼顾易涝地区排涝需求、减轻内涝灾害等优点。

原则上，分洪道的设置不应以防御稀遇洪水为其分洪能力的标准，主要原因有二：①占地太多，经济上可能不可行；②长时间无洪水维持，必然发生淤积，过水能力与时俱减，或维持设计标准的维护投入巨大，或在设计洪水发生时不能分泄设计的流量。

对于有河流流经的预计未来将不断扩张的城市，自城市上游开挖流经新开发区的分洪道，因同时具有防洪、排涝、景观等的功效，往往是可行的选择（图 2-14）。

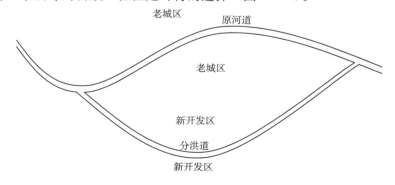

图 2-14　城市分洪道

6. 其他工程措施

（1）扩大行洪断面。

开挖扩大河道断面可提高河道行洪能力，从而提高开挖段的防洪标准，当河道局部存在卡口段时，扩大该处的过水断面，可能使较大范围内的防洪局面改善。该措施造价较低，占地较少，在一定程度上替代了堤防的作用，尤其适用于对景观要求较高的城市河段。过水断面的扩大往往造成小水时河道淤积，而需要疏浚。解决办法是根据水力分析将河道开挖成复式断面，正常流量限制在窄断面内，以保持冲淤平衡。有些城市为进一步增加河道过水能力，将河床固化，例如铺设水泥或混凝土板，则会对河流生态造成负面影响。

（2）河道疏浚。

疏浚通常是为维持河道上下游行洪能力的平衡，该措施在河道尾闾、入海口或淤积性河流（段）采用较多。对于洪水发生频率较低的北方流域，河口处通常会淤积形成拦门沙而降低洪水入海能力，疏浚有时是维持防洪标准的唯一措施。疏浚河流尾闾，能形成溯源冲刷的态势，历史上这一措施在黄河曾有过应用。在淤积性河流（段），疏浚结合淤（堤）背固堤，吹填洼地或庄台，具有一举两得的效果，目前黄河高规格堤防（50～100m 宽）的建设多采用这一方法。

（3）裁弯取直。

冲积或洪积平原的蜿蜒型河道，随着河曲的发育，会形成接近环状的弯道（图 2-15），使河道流程增加，行洪能力降低。当曲流颈接近到一定程度，可能被水流自然切穿，称为自然裁弯取直。通常为提高河道行洪能力，当弯道发育到一定程度时，采取人为的裁弯取直工程。裁弯取直措施在我国许多河流都有实际运用，其中以长江的荆江河段最为典型。

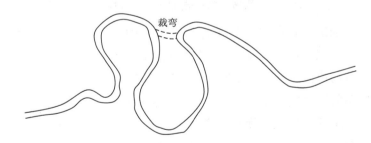

图 2-15 蜿蜒型河河曲发育与裁弯示意图

裁弯后，新生成的河道比降明显加大，流速增加，使得同水位下较裁弯前的过流能力提高，从而提高了该段的防洪标准。河道比降的增加，势必引致河床的调整，一般表现为上段冲刷，下段淤积。可见，裁弯工程一方面提高了裁弯处和上游一定距离河道的防洪标准，但可能造成下游局部河道的淤积，而降低其防洪标准。

7. 工程措施的辅助技术

为更有效地发挥防洪工程措施的作用，需要诸多技术的支撑，包括雨情、水情、工情信息的采集、监测、处理和传输，洪水预报、防洪调度、调度效果分析评价等支持防洪决策的软件或模型、防汛会商系统等。

以工程措施和非工程措施的定义衡量，上述技术既不直接改变洪水运动特性，也不直接减轻洪水的影响，其作用是为工程措施的合理有效运用提供技术支持，因此，本书将其称为工程措施的辅助技术。

全面可靠的信息、准确的洪水预报、基于预测和预报的洪水运动、泛滥情况的事前模拟分析和影响评价，可有效提高工程措施规划建设、实时调度以及防洪应急响应合理性和科学性。

8. 工程体系

上述工程措施各有其优缺点和适用条件。一般而言，流域或区域的防洪工程体系需要蓄泄兼顾，在对洪水特性、洪水灾害特性和社会经济发展分析与预测的基础上，合理选取多种措施，组合形成一个互补和协调的整体，从而达到同样的投入优于单一工程措施的减灾和保障社会经济发展的效果。

组合措施优于单一措施的原因在于任何一种工程措施都服从边际成本递增和边际效益递减的规律。虽然组合措施同样服从这一规律，但因各类措施的初期投入比后继投入的效率更高，因此将同样的投入分配到不同的措施比单一措施更有效。图 2-16 示意地表现了这一概念。

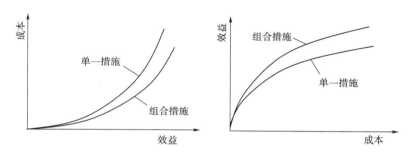

图 2-16　组合措施与单一措施的成本-效益关系概念图

流域或区域的典型工程措施组合为：上游水土保持和全流域（区域）的分散式雨洪就地消化措施，上游山区水库（考虑到流域水生态健康，以控制其上游年均径流量不大于 40% 为宜），中下游堤防和蓄滞洪区，在中下游河道泄洪能力不足时，开挖适当的分洪道。

工程措施和工程体系的建设应遵循效率原则，即效益必须大于成本（经济可行）。因服从效益递减和成本递增规律，任何工程措施或其优化组合都不可能在经济可行的前提下消除洪水风险。工程措施不能消除的风险部分称为残留风险，非工程措施则是应对残留风险的有效手段。此外，在有些区域，因经济、生态、景观等因素的制约，或为了便于利用洪水资源，不能修建防洪工程，非工程措施则成为防洪减灾的唯一选择。

（二）非工程措施

在无工程保护的区域或超过工程措施控制能力的洪水发生时，通常会淹没部分有资产或有人居住的土地，造成财产损失甚至人员伤亡，影响淹没区和与淹没区有关联地区的社会经济活动。对于工程措施所不能消除的洪水灾害及其影响，可通过对承灾体（人或资产）和承灾体的脆弱性（抗灾性能）的管理消除或减轻。工程措施改变的是洪水特性，非工程措施调整的是洪水风险区社会经济发展方式和人的行为，包括与洪水风险特性相适应的土地利用规划、建设规划、产业发展规划、土地的洪水风险区划、洪水影响评价、建筑物防水、预报预警、应急响应、洪水保险、救济、灾后援助、巨灾储备等。与工程措施一样，任何非工程措施的选取都建立在对洪水风险及其影响深入认识的基础之上。

与工程措施相比，非工程措施以其几乎不干扰生态环境和水的自然特性、易于随着变化的自然和社会经济情况因势调整等特点，而日益受到更多的重视，在一些国家甚至倾向于首先考虑非工程措施应对洪水问题。

1. 洪水风险图及其公示

确定合理的防洪减灾措施的前提是准确地把握洪水风险特征。洪水风险是致灾因子、承灾体和承灾体易损性等要素共同作用的结果，因此洪水风险特征可通过构成洪水风险的单一要素部分的，或各要素组合综合的体现：各种量级（通常以洪水发生频率和重现期表示）洪水的淹没范围、淹没水深分布、洪水流速分布、洪水淹没历时和洪水前锋到达时间等表征了洪水风险中的致灾因子特征；洪水淹没范围内及不同水深、流速等级内的人口、资产、耕地面积等表现了承灾体的特征；人口结构、资产类型和作物种类反映了易损性特征；洪水可能造成的损失和期望损失则综合体现了洪水风险特征。

同样，洪水风险程度也可以分级或综合的表征：例如规定 20 年一遇洪水淹没区、20～100 年一遇淹没区和 100 年一遇以上洪水淹没区分别为高、中、低危险区，淹没水深小于 0.5m、0.5～1.5m 和大于 1.5m 的区域分别为高、中、低危险区，或将水深与流速的乘积作为表征洪水危险程度的指标等；洪水威胁区内的老人、儿童、残疾人的数量，不耐淹资产或作物的数量，可能造成严重次生灾害的承灾体（例如有毒、有害、放射性物质的）的数量等可作为表现承灾体风险程度的指标；将单位面积可能的洪水损失或期望损失分级则反映了综合的洪水风险程度。

由于洪水自然特征、承灾体和不同脆弱性承灾体具有空间属性，因此有针对性地反映相关信息的地图，即洪水风险图是表现上述各种洪水风险特征最为有效、直观和易于理解的形式，为世界各国所广泛采用。随着地理信息技术和网络技术的发展，洪水风险图展示的信息不仅更为高效、全面、快捷和丰富，而且使用者还可以在已有的信息基础上进行加工、处理和分析，以得到所需要的信息。

针对不同的使用者，洪水风险图所展现的洪水风险特征信息应有所区别：为国家级决策者和政策制定者所用的风险图通常只需表现洪水可能影响的范围和该范围内的人口、资产、城市和重要基础设施分布等宏观信息；为土地利用、城乡建设、基础设施建设等规划人员所用的风险图需要表现不同量级洪水的淹没范围、水深分布信息，以便其把握不同区域的洪水危险性等级；对于应急指挥人员，洪水风险图需较为精细地表现水深和流速分布情况、洪水前锋的达到时间、居民地及其中人口数、安置地分布、转移道路等；对于洪水风险区内现有的或潜在的投资者、开发者或保险企业，需提供洪水淹没的可能性、不同量级洪水的淹没水深等信息，以引导或协助其采取适宜的自保措施、选择合理的开发场所、确定适当的保险费率；对于洪水风险区内的公众或临时进入风险区内的人员（例如旅游者）则应直观表现洪水淹没水深、避洪转移等信息。有些洪水风险图的使用者有严格的限制，例如水库溃坝洪水风险图，往往仅为负责的行政官员和政府防汛指挥机构所掌握。

虽然洪水风险特征的表现方式有一定的针对性，由于洪水风险是客观存在，且位于洪水风险区和与洪水风险区有关联的政府部门、企事业单位和社会公众都有可能受到洪水风险的影响，需要采取适当的行为加以应对，因此，只要不涉及保密和不至于引起误解，洪水风险图应向全社会公布，这是提高全社会洪水风险意识最有效的途径，也是利益相关者达成共识，从而采取合理有效的减灾措施，尤其是非工程措施的基础。

　　洪水风险公示是政府行为，无疑需要相关法规的支持。

　　2. 承灾体管理

　　承灾体管理是指在洪水风险分析的基础上，对洪泛区内人的开发建设和避洪行为规范或引导，相应的管理措施包括规避、适应和控制风险转移等方面。

　　（1）规避风险。

　　"凡立国都，非于大山之下，必于广川之上。高毋近旱而水足用，下毋近水而沟防省"（《管子·乘马》），战国时期我国便有了通过合理的城市选址，避开洪水威胁，节省防洪投入的规划思想，西汉贾让认为迁移百姓，留出黄河"左右游波，宽缓而不迫"的行洪通道，规避洪水，是根本消除黄河水患，治理黄河的"上策"，近来这种规避洪水风险的措施被称为"给洪水以空间"。

　　规避洪水风险的措施包括划定禁止开发区、限制某些类型的开发建设、政府获取土地将其作为滞洪或生态用地、永久性移民和临时性避洪转移等。除临时性避洪转移外，其他措施的采取都必须建立在对社会经济、生态环境综合权衡的基础之上。

　　虽然政府发布的洪水风险信息（例如洪水风险图）可以提醒开发者在利用土地时考虑可能面临的风险，在一定程度上促进与洪水风险特征相适应的土地利用模式的形成或采取适当的措施减少或规避风险，但对于大多数开发者而言，并不掌握评价土地开发的洪水风险的相关知识。无论是因为无知、侥幸、短视，还是其他原因，往往会出现许多不合理的、得不偿失的、危及防洪大局和他人利益的洪水风险区开发利用行为，例如侵占河道，开发滩地，围垦湖泊湿地，在洪水高风险区进行项目建设，特别是在山洪高风险区建设住宅、学校、医院等公共设施等。对此，则需要政府制定强制性的政策，规范土地的开发利用行为。

　　基于洪水风险分析的洪水风险区划政策措施是政府规范洪水风险区土地开发利用，规避洪水风险的主要手段之一。

　　各国通行的区划政策是将洪水风险区划分为三个区域：禁止开发区、限制开发区和可开发区，多以洪水风险区划图的形式发布。法国的洪水风险区划图将以上三个区域分别以红、蓝、白三种颜色标识，瑞士则以红、黄、蓝三种颜色标示，美国分区法令中的行洪区、100年一遇洪泛区则分别对应禁止开发区与限制开发区。

　　在禁止开发区内通常禁止的是永久性建筑物的建设，而对于区划政策颁布前既存的建筑物则要求其在达到使用年限后自然废弃，区内已有的耕地仍可以继续经营；在限制开发区，某些类型的建设必须满足一定的条件，例如学校、医院、生命线工程（水、电、气管线、重要的交通枢纽和交通干线等）和可能产生次生灾害物质（有毒、有害、放射）的生产或仓储设施需采取自保措施达到国家规定的防洪标准。

由于对洪水风险特征认识不足，受眼前利益驱使，盲目的、得不偿失的、危及防洪大局的和可能造成严重生命损失的洪水高风险区土地利用活动在我国相当普遍，其中以开发山洪高风险区和河滩地的危害最为严重，山洪死亡人数居高不下与此关系密切。根据洪水风险程度及其可能产生的影响，以法规的形式对洪水风险区土地进行区划，明确禁止或限制开发建设的类型，是减少未来洪灾死亡人数、维护全局防洪安全的治本措施。

在洪泛区生存与发展既然不可避免，且无论采取何种措施也不能完全消除洪水的发生，应急避洪则成为在这些区域生存的人们的一种必然选择。

实际上，早期进入洪水风险区的开发者最先采取的即是"水涨人退，水消人进"的临时规避洪水的措施。即使在具备建设各类防洪工程措施能力的今天，对于一些不适于建设工程措施且已开发的地区，应急避洪往往是减轻洪水损失、减少人员伤亡的唯一选择，而对于具有很高防洪标准的区域，应急避洪则是应对超标准洪水减轻损失的最终手段。

应急避洪分为两种方式：就地垂向避洪和异地转移避洪。在洪水不期而至时，就地垂向避洪应是首选或唯一的选择；在有事先预警且时间充足时，则可根据洪水情况，选择适宜的避洪方式。

应急避洪可以是自发的或有组织的，无论哪种情况，向可能受洪水威胁，需要采取应急避洪行动者提供有关洪水特征、避洪方式、避洪时机、避洪路线、避洪装备等信息和知识，并提前发布应急避洪警报是政府的职责。

在对可能泛滥的洪水进行分析的基础上，编制避洪转移图，并通过各种媒介（网络、印刷品、电视等）将其发布，是政府指导公众合理避洪转移的有效手段，并在世界上许多国家得到了实际应用，效果显著。由于公众的知识水平和理解能力参差不齐，因此，广泛的宣传和解释，并根据可能的洪水情况开展演习是避洪转移图发挥效益的前提。

（2）适应风险。

相比而言，受洪水威胁区域所具有的优越的水土资源条件正是适宜于社会经济发展的场所，洪水风险区的利用是我国社会经济发展的必然选择，人类需要避免的是那些得不偿失的洪水风险区土地利用行为。因此，在通过工程措施适度保护适宜于开发的洪水风险区的同时，采取适应洪水风险的措施，管理、规范和引导洪水风险区内的土地开发利用和建设行为，则可进一步增加土地的经济、生态和环境效益，减轻洪水灾害的损失和影响。适应洪水风险的洪泛区开发建设行为或模式主要通过合理的土地利用、开发建设和产业布局规划实现。

（3）控制风险转移。

洪水风险转移问题在我国十分突出，"小水高水位""中等降雨大洪水"即是这一问题的具体表现。在江河干流中下游堤防按规划建设达标之后，各流域都面临着上游和支流沿岸土地是否需要保护或进一步提高防洪标准的问题，而上游和支流保护面积的扩大或堤防标准的提高必然会使更多的洪水归槽，将风险转移到对岸和下游。有时，这种保护的效益比其转移给其他地区的风险要高，保护可能是合理的，有时，则可能得不偿失。当对岸或下游发现超过其防洪能力的洪水的发生日趋频繁，则会要求进一步提高标准。这种竞相保护、竞相提高自我防洪标准的结果，可能导致整体防洪体系失衡，效益降低。因此，在风险分析的基础上，设定流域内各区域保护范围和防洪标准的上限，或规定建设或开发行为可以转移风险的上限，是必要的。

针对洪泛区土地开发利用可能产生的风险转移问题，一些国家也制定了强制性的政策加以规范，例如法国规定洪泛区的土地利用，不得影响原有的滞洪功能，不得将洪水风险转移到它处，美国则对任何形式的洪泛区土地利用设定了抬高河道水位的上限，所有土地利用对洪水位的累计影响不得超出这一上限，有些州根据本地的洪水风险特征，将这一上限值定得比联邦政府更为严格，甚至要求风险"零转移"。

对于城市开发建设过程中，改变开发建设区域的降雨产汇流条件而将更多的降雨径流外排，增加排水系统负担或加重其他区域内涝风险的行为，许多国家和地区规定开发建设后外排径流不得增加，以避免人为造成的内涝风险转移。

3. 承灾体脆弱性管理

承灾体脆弱性管理涉及提高承灾体抗灾性能和灾后恢复能力两个方面，有关措施包括提升资产耐水抗淹性能、提高自救和救生能力、建立洪水风险分担机制等。

（1）提升资产耐水抗淹性能。

根据洪水特性（淹没水深、流速、淹没历时、腐蚀性等），针对建筑物（包括防洪工程）选择耐淹、抗冲、防渗、耐腐蚀的材料或结构，制作防水开关、电器、仪器和设备或在洪水期间采取临时密封措施，改良作物品种增强其耐淹能力等，可有效提升洪泛区资产的耐水抗淹性能，减轻洪水损失。

建筑物耐淹抗冲性能的提升，不仅可减轻建筑物本身的洪水损失，还可避免因建筑物破坏所造成的建筑物内部财产损失和人员伤亡，是承灾体脆弱性管理最为重要的方面。实际上，我国因洪死亡人数的减少与建筑物材料和结构的改善有直接的关系。

（2）提高自救和救生能力。

掌握防洪自救知识和技能，在洪水来临时或被洪水围困时，及时采取正确的自救和互救行为，可有效保全生命、避免伤亡。可能受洪水威胁的个人、家庭和团体，往往缺乏对洪水特性及其危险性的认识，因此，公示洪水风险，开展宣传教育，普及防洪自救及互救知识和技能，是政府的基本职责。

面临洪水，尤其是极端洪水事件，个人的抗御能力通常十分有限，政府和社会团体有组织的救生行动，对于减少人员伤亡更为有效。成功的救生行动取决于指挥调度、搜救队伍、救生装备、医疗抢救等综合能力，因此，灾前的组织、准备与演练至关重要。

（3）洪水风险分担。

洪水风险分担的主要作用是加速灾后恢复，灾区恢复生产、重新创造社会财富所需的时间越短，灾民家庭越快进入正常生活状态，则灾害造成的经济损失和社会影响越小。

洪水保险是最有效和最公平的分担风险的方式。与普通保险一样，洪水保险通过吸纳位于洪水灾害威胁区的个人和各种经济实体参加保险，共同承担洪水风险，使对于受灾者而言很大的损失分摊到整个洪水风险区，而将每个人承担的风险平均化，以避免受灾者遭受毁灭性的灾害，减轻洪水灾害可能引起的社会问题，推动灾区尽快恢复和重建。

除具有加速灾后恢复的作用外，洪水保险针对洪泛区内不同区域的洪水风险程度差别化地确定保险费率，有助于规避洪水高风险区，引导合理的开发活动，因此还兼有减轻洪水灾害未来的潜在损失的功效。

风险补偿也是洪水风险分担的表现形式之一。一地区为获得更高的洪泛区土地利用效益而采取扩大保护面积或提高防洪标准的措施，可能增加其他地区的洪水风险，使他人受损，有时，不合理的风险转移不仅会产生不公平，甚至减少社会总福利，即保护所获得的利益可能不抵风险转移所造成的损失。为维护社会公平和改进效率，政府可针对风险转移行为制定政策，要求获益者向因其行为蒙受损失者（分担风险转移地区）给予相应的补偿，如此，洪水风险区的开发者便会综合权衡其开发和保护行为的经济可行性，从而将洪水风险区的开发与保护维持在相对合理的程度。有些风险转移是因为政府行为造成的，为强制性的洪水风险分担形式，例如国家和地方政府为全局防洪利益沿江河设置的常规蓄滞洪区和非常蓄洪区，洪水时会临时启用蓄滞洪水，而造成其中的居民者受损，为此，国家制定了《蓄滞洪区运用补偿暂行办法》，按照损失情况给予土地使用者相应的补偿，维护了受损者的利益，保证了蓄滞洪区应用后的及时恢复重建。

此外，巨灾债券、政府的灾害救济、灾害援助（转移支付）、灾区减免税、灾区低息或无息贷款，以及民间捐助等也属于洪水风险分担的范畴。

第六节　防洪减灾规划方法

如果防洪减灾的目标是指将洪水风险减小到可接受的程度，什么是可接受的？如果不可接受，如何确定最适合的防洪减灾措施？这两个问题是防洪减灾决策过程中必须要回答的。

就前者而言，似乎由那些受洪水影响的人，即利益相关者决定什么是可接受的最为合理。实际上，在现代决策中，利益相关者参与抉择是保证防洪减灾对策和措施有效性和可行性的前提之一。但如前所述，由于防洪减灾措施的公共产品属性，直接的利益相关者的自发行为并不能保证达成最佳的防洪减灾对策和措施，因此，在防洪减灾中，政府，包括国家和地方政府，应起主导作用。

政府在可接受风险的判断以及防洪减灾适宜措施确定的主导作用主要体现在防洪减灾规划及其影响评估过程中。

一、结构化的防洪减灾规划方法

采用基于洪水风险分析的结构化（系统和规范化）规划和评价方法是确定适当的防洪减灾措施和行动的行之有效的手段，其标准程序和主要内容如下（图2-17）。

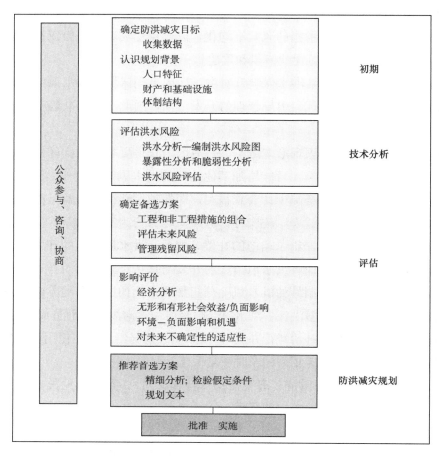

图 2 - 17 结构化的防洪减灾规划和评价基本程序

（一）确定防洪减灾目标

防洪减灾目标的确定始于对洪水问题及其后果的清晰阐述。防洪减灾规划的启动往往肇始于导致严重后果的大洪水的发生：大量的人员伤亡，严重的经济损失或社会经济活动长时间停滞中断等，从而引发政府和社会公众产生改进现有防洪减灾体系的需求。在确定防洪减灾规划之初，这种需求应在问题成因分析的基础上，形成明确和具体的减灾规划必要性的陈述，例如：洪水造成的人员伤亡数量是不可接受的；洪水造成的经济损失是不可接受的；洪水严重影响了社会经济活动的正常运行（例如城市内涝）等等。据此，引出针对性的防洪减灾目标：减少人员伤亡；在经济可行的前提下减轻洪水损失；或保障社会经济活动不致中断等。

清晰地定义防洪减灾目标，并将规划和评价始终围绕这些目标开展对实现最佳的结果至关重要。

（二）认识规划背景

防洪减灾规划的背景指受影响区域内土地利用和活动的特征、人口和其分布的特征（城市/农村、儿童/老人、穷人/富人）、公共基础设施和资产的特征、通行和撤退路线的特征、关键的服务设施，例如通信和供水、污水处理、气、电力设施的位置特征，和反映受影响区域的承灾体及其易损性等方面的特征。规划背景还包括政府行政部门的体制和与该区域和地区相关的其他规划，例如土地利用规划、环境管理规划、水土保持规划和流域规划等。

（三）评估现有洪水风险

就洪水危险性特点和空间分布、面临洪水威胁的生命和财产及其易损性等特征开展分析。洪水危险性分析需进行水文和水力学模型研究，据此绘制洪水风险图，危险区内的居民地、资产和基础设施应反映在图中，包括主要的通行和疏散路线以及防洪工程。易损性以人口类型（例如儿童和老弱残疾人口）建筑物和设施类型、洪水预警的有效性、洪水预警提前量、社区的洪水风险意识、自保自救措施和应急准备情况、现行洪水应急响应措施的效率、地势较高地带的可达性和灾后恢复能力等反映。洪水风险评估以洪水期望损失、极端洪水损失、受洪水威胁的人口及其分布、洪水可能造成的生命期望损失（通常以生命损失的多年平均值近似反映）和极端洪水生命损失等指标体现。

（四）确定防洪减灾方案

基于洪水风险评估，围绕防洪减灾目标，在现有政策和公共资源约束下，设计应对洪水风险的防洪减灾备选方案。可供采用的具体措施有很多，其中一些措施具有综合的减灾效果，表 2-2 为常用的防洪减灾措施分类方式。

表 2-2　　　　　　　　　　　　防 洪 减 灾 措 施

调 控 洪 水	管 理 承 灾 体	降 低 易 损 性
防洪水库	土地利用区划	建筑规范
蓄滞洪区	土地征用	应急响应
堤防	发展规划	提高风险意识
分洪道		社区备灾
河道整治		灾后恢复
	抬高地基	洪水保险

通常，各类措施的合理组合和优势互补更有效率、更能体现社会公平和更具有可持续性。措施的某种特定组合（工程和非工程的）即为一个备选的防洪减灾方案。应当就多个可能达成防洪减灾目标的备选方案进行关联性、影响和利益比较，分析其利弊，包括分析确定采取每一备选方案后的残余风险以及未来风险变化态势。未来风险需要考虑与未来发展相关的额外风险和通过防洪减灾方案可能降低的风险。因为在经济可行和社会、环境影响可以接受的前提下，完全消除风险是不可能的，所以规划还必须考虑如何管理残余风险。

（五）影响评价

防洪减灾方案的论证应当包括经济、社会、环境影响及利益的评估。虽然，仅仅以经济指标判断方案的优劣是不够充分的，然而，实现经济效益往往是必需的。因此需要对方案进行效益-成本分析，保证效益至少大于成本，且大于所有行业公共资源投入益本比的平均值。有些方案的社会效益与经济效益是伴生的，如使当地的财产价值增加，或者产值增长和生活安全水平提高。其他一些社会效益是无形的，只能定性描述，如，减少了公共健康的风险，消除了焦虑和精神损伤等。虽然不可能完全消除方案对环境的负面影响，但在规划过程中应当考虑采取补救措施，最大限度地减少方案中的某些措施，特别是工程措施的实施，对环境的负面影响，比较不同方案导致的环境影响也是方案选择的重要内容之一。防洪减灾规划方案和措施的环境影响评价也为在方案中考虑诸如恢复湿地和改善水质等措施，从而提高环境质量提供了契机，在影响评价阶段任何关于改善环境的可能性都应该被高度重视。备选方案的可操作性和灵活性也需要考虑和加以比较，例如分析备选方案面对不确定性，特别是对那些与未来社会发展和水文条件变化相关的不确定性将如何响应，以及应对未来不同于既定情景的适应性和可塑性等。为了保证评价的一致性，应制定技术导则，以指导方案的比较和评价，并为方案审批机构评审和比较不同的防洪减灾规划或建议提供支持。

（六）推荐首选方案

从评价中遴选出防洪减灾的首选方案，并加以完善、细化，编制防洪减灾规划。方案的完善和细化主要包括详细分析组成首选方案的有关措施和检验在评价比选过程中采用的假定条件。应确定实施费用最小的工程措施，该费用不仅要考虑基本建设投入，还要考虑维护和洪水后的修复费用。社会效益和环境效益与成本的检查和审核应当比在比较评估阶段更为深入和量化以减少相关的不确定性。有时，还有必要对以往分析时采纳的假定条件，特别是那些关于环境或社会效益方面的假定条件进行分析检验，同时还应检验首选方案面对未来不确定性的可操作性、灵活性和可塑性。在完成首选的防洪减灾方案的进一步分析检验以后，防洪减灾规划应当以便于审批机构审查的格式编制。

（七）利益相关者的参与

在适当级别的政府机构领导和协调下以政府有关部门为主体开展结构化的防洪减灾规划和评价的同时，为了公平和确保可能的影响因素充分纳入考虑，应当在规划过程中给予所有的利益相关者参与的机会。利益相关者是那些与未来的结果有利害关系的人和团体，特别是那些生产和业务生活会直接因防洪减灾规划实施而受到影响的法人、自然人和组织机构等，例如：

- 位于洪泛区的居民。
- 在洪泛区拥有财产者。
- 与洪水洪泛区有业务往来的工商企业，即使他们位于洪泛区之外。
- 受影响地区公共设施的所有者。
- 相关的流域水利委员会。
- 有管理职责的政府机构（通常包括那些负责土地利用规划和开发，水资源供应和污水处理的政府机构，也可以依据职责扩展到其他诸如公共健康、农业、环境、交通、水土保持、电力和电信、旅游业等政府机构）。
- 其他在受影响地区有特殊利益的个人或非政府组织（如湖泊或湿地环境保持的倡议者、拥护者）。

公众参与通常通过在规划和评估之初组建的"防洪减灾规划委员会"来达成，委员会成员中包括上述利益相关集团的代表。该委员会负责组织和监督整个过程，并且最终由其编制"防洪减灾规划"报上级政府审批。管理委员会应委托可代表该委员会的单位承担必要的技术研究工作。

二、成本效益评估

对洪水风险进行全面评估，是科学决策、合理规划，有效减轻洪水风险的前提。

适宜的防洪减灾措施方案（或一系列方案的组合）的选择通常需基于对方案的效果、成本与效益的综合分析。

原则上，任何防洪减灾措施的采取都将或多或少地减轻洪水风险（增加效益），但也需要相应的投入（成本），并服从边际效益递减或边际成本递增的规律，当投入增加到某一临界值时，成本效益持平，此后继续增加投入将得不偿失，可见，在经济可行的前提下，洪水风险不可能减少为零。

效率，即减灾效益大于减灾投入的成本是防洪减灾措施规划必须遵循的基本原则，因此，对每一项措施或措施组合进行经济可行性评估，是防洪减灾规划的关键环节，将确定未来投资目标以及投资优先次序。

（一）成本效益分析

成本效益分析（CBA）是防洪减灾措施经济可行性的标准分析工具。CBA 的目的在于评估项目寿命期（包括开发、建设及维护的全过程）的所有投资的货币值以及所有效益的货币值，从而判断效益是否大于成本。这是决策者在决定包括防洪减灾措施在内的公共产品是否值得实施和确定建设规模时最常采用的评估方法，尽管这种方法存在一些缺陷，但仍是辅助决策的有效工具。

相对而言，防洪减灾措施的成本更容易识别评价，包括考虑措施寿命期的维护及改造、升级的成本，通常包括以下部分：①技术分析费及可能措施的评价费；②设计费；③建设或实施费用；④土地征购和移民安置费用；⑤维护费用，包括建立维护系统、制定维护章程等；⑥辅助设施的成本，例如，预警系统发挥作用所需的气象水文预报系统，干流大坝建设使支流被迫采取相应的措施等；⑦项目周边地区的修复费用；⑧交通及贸易中断的成本；⑨设备更换或升级的成本；⑩工程措施造成的风险转移和生态损失等。

防洪减灾措施会产生很多方面的效益，而不仅仅是减少损失。例如，堤防建设可提高被保护地区土地的利用价值，而堤防本身可同时用作交通道路等，还可以增加安全性，降低保险费，降低建筑规范要求并刺激投资。分洪道可改善周边环境，从而促进地产、商业和旅游业的发展，亦可以提供休闲场所，提高生活质量，减少城市热岛效应等。防洪减灾措施可能产生的效益包括：①减少生命损失；②减少实物损失；③减少因业务中断产生的商业损失；④减少应急管理费用，如避难转移及清理垃圾所需的费用；⑤增加受保护地区未来发展潜力，吸引投资；⑦减少健康问题，如医疗费用和误工时间；⑧提高生活质量，减少压力；⑨维护生物多样性、保护生态系统及减少二氧化碳，缓解城市热岛效应从而降低能源消耗；⑩增加娱乐设施、旅游产出等。

以上所列并未囊括所有的成本及效益。确定与具体措施相关的各种成本和效益是评估过程的重要环节。对效益的衡量通常不如对成本衡量那样准确，原因有两个：一是需度量未来的期望损失（风险），由于洪水预测具有不确定性，因此期望损失将会与实际损失有一定程度的偏差；二是由于措施实施区域的社会经济发展与措施的相互作用及其后果难以预料，致使更广泛的效益无法具体化。

例如，对新的受保护区域而言，由于经济不景气，未完成相关基础设施建设，或其周边地区突然加快发展步伐，可能使该区域的经济发展潜力不能变为现实等。由于洪水风险管理措施，特别是工程措施的使用年限较长，期间许多假设条件可能发生改变。且针对每一场洪水，措施所产生的直接效益与间接效益的比重亦不相同。有迹象表明，洪水规模越大，破坏性越强，造成的间接损失的比例也会越高。如果期望效益分布广泛、难以量化或具有不确定性，则需进行敏感性分析以确定有关因素对措施效益的影响程度，并据此决定取舍。

为充分发挥 CBA 的作用，需以货币形式表现成本及效益。一些分析方法还将环境及社会价值（包括生命价值）转换为经济价值，探索将其融入传统 CBA 的途径。

（二）评价技术

CBA 常用于评估防洪减灾具体措施的经济可行性，下列 CBA 评价技术是等效的：

- 净现值（NPV）法。
- 效益成本比（BC）法。
- 内部收益率（IRR）法。

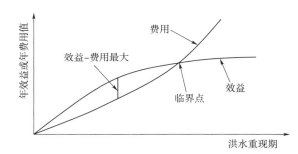

图 2-18　减灾措施年效益与年费用关系示意图

净现值（NPV）指项目寿命期内年效益现值与年成本（含维护管理投资）现值之间的差额。如果 NPV 为正，说明项目是可行的。NPV 常用于防洪工程措施的评价，因为这类方案通常在产生效益前投入大部分成本。在多种方案中进行比较时，通常会选择 NPV 最大的方案。防洪减灾效益与防洪减灾措施费用之间的关系如图 2-18 所示。

效益成本比（BCR）以另一种方法表示折现后的现金流。相比于计算成本和效益之间的差，BCR计算的是折现后效益与成本之比。BCR 值为 1 时相当于 NPV 值为 0（盈亏平衡点）。一些政府和机构设置最小 BCR 值，用以评判项目是否值得投资。

内部收益率（IRR）法用于确定项目最大的折现率/利率（即 NPV 为 0），也可视为项目的投资收益率。如果内部收益率超过政府资本回报率，则项目可行。由于确定最大的投资回报率很复杂，IRR 法并不是方案比较的最好方法。

CBA 可用于评价防洪减灾措施是否经济可行，或哪一个防洪减灾规划方案具有最大的经济效益。CBA 也可以排除一些备选方案。CBA 是最有效的与"维持现状"或"无防洪减灾规划方案"相比的方法。

对"维持现状"方案的评估，可确定在不采取防洪减灾措施的情况下洪水造成的负面影响。结合评价环境及社会效益的 MCA 或其他分析工具，CBA 为应采取哪一种防洪减灾方案及其实施时间提供了清晰的指导，并进一步为有关机构推动规划、融资及实施提供了保证。

（三）社会公平

维护社会公平是政府的基本职能，也是政府进行公共资源配置时必须遵循的原则。传统 CBA 并不考虑成本及效益分配的影响，它既没有考虑谁为防洪减灾措施付费，也没有考虑谁从中受益，通常情况下，防洪减灾措施的费用来自于纳税人的税赋，这将引起社会财富再分配的问题，居住在没有洪水风险地区的人可能认为这种做法并不公平。此外，CBA 的基础是经济成本及效益，在使用这种方法时会人为地偏向发达地区（富者），因为发达地区的资产更多，为其提供的防洪保护效益成本比更高。使得较之欠发达地区（贫者），发达地区的防洪能力会强很多，从而导致富者愈富、贫者愈贫的结果。同样，在条件价值研究中，平均而言，富者愿意为减少风险的措施付更多的钱，这是因为他们有钱可付。有些方法在评价生命价值时，也将高收入者排在低收入或无业者之前。

CBA 中也存在成本及效益密度的问题，散布的资产往往效益成本比较低，城市与农村的贫困人口的资产价值低，且分布稀疏，如果严格按照 CBA 方法，这些资产很少能满足防洪减灾措施投入的标准，有时甚至会人为地增加这些区域的风险或临时牺牲这些区域，如提高发达地区的防洪标准而使更多的洪水风险转移到欠发达地区，大洪水时将洪水临时分入人口较少的农村地区或欠发达地区以保护人口高度密集的城市或发达地区，从经济角度衡量，这种做法可能是合理的，但其不公平性是显而易见的。

在追求效率或效益最大化同时，政府往往通过补偿、援助、救济和转移支付等手段在一定程度上维护社会公平。由于非工程措施多无社会公平性问题，且基本不会对自然的生态与环境造成影响或干扰，近来在许多国家的防洪减灾规划（或更确切地称为"洪水风险管理规划"）中占有更大的份额，有时甚至成为主导或首选方案。

（四）敏感性分析

在效益成本分析过程中，需要做很多假设，例如贴现率、项目期望成本、洪水发生概率等。这些假设多基于历史和现状情况设定，通常会受到某些政治、社会、经济和自然（气候环境变化）等因素的影响，具有不确定性。敏感性分析旨在检测 CBA 对这些假设的变化或不确定性或项目超支时的稳定性。

敏感性分析对于工程防洪措施的规划尤为重要，因其投入巨大，且一旦建成将长期存在，具有不可逆性。

三、以流域为单元的综合防洪减灾规划

与行政管理体制和管理权限匹配，防洪减灾规划的空间尺度通常会在不同级别行政区划范围开展，包括省级、县级、城区级等，而在行政区域范围内有时也会以河流为对象分解更小尺度的防洪减灾规划，综合防洪减灾需将不同尺度的防洪减灾行动一体化，以此衡量，流域无疑是综合协调各级防洪减灾行动的最佳自然尺度。

在行政区划尺度或流域的某一局部孤立地开展防洪减灾规划及行动，通常会对流域内与之有水流联系的相邻地区的防洪除涝态势产生负面影响并引发区间的冲突，而这种冲突往往会反作用于

本地区，导致其减灾行动不能达到预期的规划目标，这样的例子不胜枚举。例如，河道某一岸的行政区制定规划采取单方行动提高其防洪标准，自然会减轻该岸一侧的洪水风险，但同时会增加对岸一侧资产及居民所面临的洪水风险；河道上游或下游地区自行提高其境内河段的防洪标准，自然会减轻该河段两岸区域的洪水风险，但同时也有可能增加相邻地区资产及居民所面临的洪水风险；沿排涝河渠的某一城市擅自增加其排水能力，自然会减轻其内涝风险，但同时会占用更多的河渠排涝能力，抬高河渠水位，相应增加沿河渠其他地区的排涝难度和内涝风险等。受诸如此类减灾行动不利影响的地区，有时会制定规划采取针对性的防洪减灾行动，化解影响，甚至将防洪标准提得比对方更高，这种竞争性的行为无疑会耗损各方的减灾效果，极端情况下会得不偿失。即使受影响方因某些因素制约，不采取对抗性行为，某些地区以邻为壑的行动，从流域整体上衡量，也是不合理的，并非达到最佳减灾效果的方式。有些减灾行为，如修建防洪水库，不仅会增加上游地区的洪水风险，同时还可能对下游地区的供水、水生态、湿地、地下水等与水相关的系统产生不良影响。除防洪行为外，上游地区的土地利用活动也可能加剧下游地区的洪水危险性及洪水风险，如滥伐林木或发展农牧业等，可能会改变径流及土壤侵蚀特性。上游不断开发，河道的泥沙沉积，河流附近的城市扩张和土地利用，都会导致对保护标准进行不断调整需求，以维持河流两岸趋于的保护等级不致减低。可见，这种零散的防洪减灾规划和减灾行动，会导致风险转移，甚至增加整体洪水风险，通常是不合理的。因此，在规划层面上要使这些与自然、水文及空间相关的不良影响最小化，防洪减灾规划必须在流域尺度展开。

我国的流域面积通常很大，水系复杂，人口众多，洪涝并存且相互影响，综合的防洪减灾规划面临巨大的挑战。由于复杂的地形地貌、气候水文、土地利用、洪水内涝、社会经济状况以及防洪减灾及水资源利用基础设施等特性，在流域开展有效的防洪减灾规划变得更为艰巨，因此基于洪水风险管理理论，采用结构化方法，以流域为单元开展综合防洪减灾规划在现今及未来显得更为重要。

四、与更广泛的资源环境管理相结合

防洪减灾不仅需要应对可能威胁到生命财产安全的洪水，还需要管理影响到洪水形成的下垫面，即源头和过程管理，需要管理洪泛区的土地开发利用行为，因此防洪减灾与土地资源管理密不可分。洪水本身虽然可能造成灾害，但同时也是水资源的组成部分，并具有为土壤输送养分，补充地下水，维持健康的水生态环境，保有或恢复湿地等功能。当然，防洪减灾与资源利用和管理的其他方面，包括农业、林业、渔业、水土保持、发电、航运以及流域区域资源开发等，都有密切的关系。可见防洪减灾规划必须统筹兼顾资源环境管理，并在资源环境的约束下进行。

（一）资源管理

防洪减灾规划涉及流域上游产流区的水土保持减少产流量和坦化汇流过程的措施，如植被修复、耕作模式改进、梯田化、就地消化雨洪等，还涉及适应洪水风险特征的洪泛区土地开发利用管理措施，如洪水风险区划（划分禁止开发区、限制开发区）、产业布局调整、建设方式改进（抬高地基、建设透水地面）、蓄洪能力维持和提升（保持或扩大水面和湿地面积、设置永久或临时蓄滞洪区、开挖地下蓄水空间、建设下凹式绿地）、永久性移民等，这些措施与国土利用、城乡建设土地利用、林地及耕地利用、市政建设、基础设施建设、环境改善、生态修复等密切相关，防洪减灾规划的制定必须综合统筹考虑各种土地资源利用的需求，并与之合理协调，发挥土地资源的综合效益。

由于经济发展，水需求快速增长，我国水资源短缺问题日益严重，加之全球气候变化，降水时空分布不均加剧，干旱日趋频繁，为满足供水需求，充分利用洪水的资源属性，开展洪水资源化利用，成为目前缓解严重的干旱缺水状况的重要措施。

洪水是转瞬即逝的自然现象，通常发生时间较短，而农业用水和城市供水需求则是持续性、不间断的，因此，有必要采用各种蓄水方式调节不稳定来水与供水需求之间的矛盾。

目前可用的洪水资源化手段主要包括水库汛限水位动态控制、蓄滞洪区主动引洪或滞留正常分洪洪水、适度引洪入田间回补地下水、城市雨洪利用等，制定防洪减灾规划必须考虑洪水资源化利用的需求，并与洪水资源利用的相关政策和规划相协调。

（二）环境管理

环境污染及水质恶化是我国经济发展过程的附带结果，某些防洪减灾措施的实施可以发挥改善环境、修复生态和净化水质的作用，同样，一些改善环境、修复生态的措施也具有减轻洪涝灾害的功效，两者的结合可有效提高公共投入的效益。

在防洪减灾与环境管理目标并行不悖的情况下，重要的是要在规划及设计未来防洪减灾措施时考虑环境目标，并在防洪减灾方案的比较与评价时进行环境评价。如上文所述，环境影响评价不仅要考虑如何使不良影响最小化还应该充分利用洪水改善环境的固有功能。

在许多发达国家，恢复洪泛平原蓄水功能及给洪水更多空间已成为防洪减灾策略的重要组成部分，并在防洪减灾规划（国外逐步改称为"洪水风险综合管理规划"）及具体实践中得到体现。通过与自然水环境和沿岸环境更加和谐的方式，更多地利用洪泛平原自然滞蓄洪水的功能，服务于减轻洪水风险、生态修复和环境改善的多重目的。

虽然侧重于减轻洪水风险，但考虑洪泛区土地利用的多目标性，并充分发挥洪水的生态和环境效益已成为现代防洪减灾规划的基本内容。

洪泛区土地是具有多种效益和多种用途的稀缺资源。洪泛区土地利用的根本目标是实现其最大效益，因此，防洪减灾的目的不是单纯地减少洪水风险，而是推进洪泛区形成与洪水风险特性相适应的利用模式，使其利用效益与成本（包括风险）比最大化。

效益与成本比最大化可能意味着要承担更大的成本和/或更高的风险，但是，只要获得的利益大于付出的成本，则是合理的。对于中国这样一个人口众多、土地资源稀缺的国家，为了实现发展这一全局目标，尤其需要坚持这一原则。因此，防洪减灾不是限制发展，也不是单纯地降低或消除风险，而是在可持续发展的大前提下，通过各种措施管理洪水风险，包括适度承受洪水风险，使伴随着发展的效益成本比最大化。

防洪减灾寻求的是可持续发展。可持续发展的三要素是经济效益、社会公平（公正）和环境的可持续性，因此，防洪减灾的任务是促进社会经济发展，尽可能减少洪水造成的经济损失、人员伤亡、痛苦和贫穷，改进社会公平，保护生态环境价值。

参 考 文 献

［1］ 武汉水利电力学院，水利水电科学研究院．中国水利史稿［M］．北京：水利电力出版社，1985.

［2］ 赵春明，周魁一．中国治水方略的回顾与前瞻［M］．北京：中国水利水电出版社，2005.

［3］ 李仪祉，原著．黄河水利委员会选辑．李仪祉水利论著选集［M］．北京：水利电力出版社，1988.

［4］ 李仪祉．黄河治本的探讨［C］//李仪祉水利论著选集．北京：水利电力出版社，1988.

［5］ 李健生．中国江河防洪丛书：总论卷［M］．北京：中国水利水电出版社，1999.

［6］ 徐干清．中国防洪减灾对策研究［M］．北京：中国水利水电出版社，2002.

［7］ James M. Wright, The Nation's Responses to Flood Disasters: A Historical Account, Association of State Floodplain Managers, 2000.

［8］ Jos van Alphen, Eelco vanBeek, and Marco Tall, Floods, From Defence to management, Third International Symposium on Flood defence, Taylor & Francis Group, 2006.

［9］ Institute for Catastrophic Loss Reduction, managing Flood Risk, Reliability and Vulnerability, Fourth International Symposium on Flood defence, Toronto, Ontario, Canada, 2008.

［10］ World Meteorological Organization, Integrated Flood management - Concept Paper, The Associated Programme on Flood management, 2004.

［11］ 向立云．我国洪水管理的几个方向性问题［J］．水利发展研究，2003，3（12）：4-8.

［12］ 向立云．中外防洪策略比较研究［J］．水利发展研究，2003，3（5）：12-18.

［13］ 姜付仁，向立云，刘树坤．美国防洪政策演变［J］．自然灾害学报，2000，9（3）：38-45.

［14］ 向立云．两湖'98洪水调查后的思考［J］．中国水利水电科学研究院学报，1999（2）：80-85.

［15］ 向立云．洪水灾害特性变化分析［J］．水利发展研究，2002，2（12）：44-47.

［16］ 向立云．浅谈洪水管理与人水和谐共处构想［J］．中国水利水电市场，2003（10）：9-12.

［17］ 向立云．洪水管理的约束分析［J］．水利发展研究，2004，4（6）：22-26.

［18］ 向立云．洪水风险评价指标体系研究［J］．水利发展研究，2004，4（8）：25-29.

［19］ 向立云．洪水保险的理论和政策问题［J］．水利发展研究，2005，5（2）：29-33.

［20］ 向立云．洪水管理的基本原理［J］．水利发展研究，2007，7（7）：19-23.

［21］ 向立云．国外洪水管理若干进展［J］．中国防汛抗旱，2009（5）：18-20.

［22］ 周魁一．人·自然·灾害：洪水灾害和减灾社会化的历史启示［J］．人民珠江，2000，21（3）：6-9.

［23］ Gilbert F. White, Human Adjustment to Floods, 1945.

［24］ 米国河川研究会．洪水とアメリカ—ミシシピ川の泛滥原管理，山海堂，1994.

［25］ 张万宗．国外的洪水与防治［M］．郑州：黄河水利出版社，2001.

［26］ Selina Begum, Marcel J. F. Stive, Jim W. Hall, 编．欧洲洪水风险管理［M］．叶阳，邓伟，付强，等译．郑州：黄河出版社，2011.

［27］ ［日］Rivers in Japan, River Bureau, Ministry of Construction, Japan, DAIOH Co., Ltd., Japan, 1995.

［28］ 建设省河川局．河川ハンドブック（1997）［M］．株式会社方文社．1997.8.25.

［29］ 建设省河川局水政课．法制度の历史［J］．河川，1998年6月号，P.51-56.

［30］ 建设省河川局河川计划课．治水长期计划の历史［J］．河川，1998年6月号，P.57-63.

［31］ 建设省河川局治水课．河川行政の历史［J］．河川，1998年6月号，P.64-70.

［32］ ［美］保罗·萨缪尔森，威廉·诺斯豪斯，著．微观经济学（第十六版）［M］．萧琛，等译．北京：华夏出版社，2002.

［33］ ［美］鲍德威·威迪逊，著．公共部门经济学［M］．邓力平，译．北京：中国人民大学出版社，2000.

［34］ ［美］A. M. Sharp, C. A. Register, P. W. Grimes, 著. 社会问题经济学［M］. 郭庆旺, 应惟伟, 译. 北京：中国人民大学出版社, 2000.

［35］ ［美］汤姆·泰坦伯格, 著. 环境与自然资源经济学：第 5 版［M］. 严旭阳, 等译. 北京：经济科学出版社, 2003.

［36］ 胡鞍钢, 王绍光, 编. 政府与市场［M］. 北京：中国计划出版社, 2000.

［37］ ［美］William J. Petak Artrur A. Atkisson, 著. 自然灾害风险评价与减灾政策［M］. 向立云, 程晓陶, 译. 北京：地震出版社, 1993.

［38］ ［印］Abhas K Jha, ［英］Robin Bloch, Jessica Lamond, 等著. 城市洪水风险综合管理［M］. 王虹, 等译. 北京：中国水利水电出版社, 2014.

［39］ ［加］Slobodan P. Simonovic, 著. 气候变化背景下的洪水风险管理［M］. 朱瑶, 张诚, 译. 北京：清华大学出版社, 2017.

［40］ ［美］Ellen E. Wohl, 著. 内陆洪水灾害［M］. 何晓燕, 黄金池, 译. 北京：中国水利水电出版社, 2008.

［41］ 澳大利亚 GHD 公司, 中国水利水电科学研究院. 中国洪水管理战略研究［M］. 郑州：黄河水利出版社, 2006.

［42］ 洪庆余, 罗钟毓. 长江防洪与 '98 大洪水［M］. 北京：中国水利水电出版社, 1999.

第三章 防洪减灾技术

辅助防洪减灾措施规划、建设和运行的方法、技术和工具包括雨水情监测、洪水预报、洪水分析计算、洪水影响分析与损失评估、防洪工程优化调度、洪水风险图、防汛指挥系统等。随着人类对与洪水相关的自然现象及其规律以及洪水致灾机理认识的深入，监测技术、计算方法、计算机技术、人工智能技术、决策支持技术等的发展，有关防洪减灾技术也在不断进步，从而为防洪减灾工作提供更为全面、精细、高效的支撑。

第一节 监测与预报

一、气象观测

气象观测的内容主要有大气气体成分浓度、气溶胶、温度、湿度、压力、风、大气湍流、蒸发、云、降水、辐射、大气能见度、大气电场、大气电导率以及雷电、虹、晕等。气象观测包括地面气象观测、高空气象观测、大气遥感探测和气象卫星探测等，有时统称为大气探测。由各种手段组成的气象观测系统，能观测从地面到高层，从局地到全球的大气状态及其变化。气象信息是支撑洪水预报的重要前提基础。

（一）自动气象站

自动气象站是由电子设备或计算机控制的自动进行气象观测和资料收集传输的气象站，通常有以下两种形式：

（1）有线遥测自动气象站。仪器的感应部分与接收处理部分相隔几十米到几公里，其间用有线通信电路传输。由气象传感器、接口电路、微机系统、通信接口等组成。传感器将气象信息转换成电信号由接口电路输出，微机系统处理接口电路及观测员通过键盘输入的信号，并将处理结果输出显示、打印、存盘，也可通过接口送到信息网络服务系统。

（2）无线遥测气象站，又称无人气象站，包括测量系统、程序控制和编码发射系统、电源三部分。气象要素转换成电信号的方式常见的有机械编码式和低频调制式两种，前者多使用机械位移的感应元件，使指针在码盘上位移而发出不同的电码；后者多使用电参量输出感应元件，使它产生一个低频变化的信号，然后将此信号载于射频上发射。无人气象站可在1000km之外的控制中心指令或接收它拍发的电报，也可利用卫星收集和转发它拍发的资料。该站通常安置在沙漠、高山、海洋（漂浮式或固定式）等人烟稀少的地区，用于填补地面气象观测网的空白处。

（二）高空气象观测

用于测量近地面到 30km 甚至更高的自由大气的物理、化学特性。测量项目主要有气温、气压、湿度、风向和风速。

1. 气象气球

用橡胶或塑料制成的球皮，充以氢气、氮气等比空气轻的气体，能携带仪器升空进行高空气象观测的观测平台。气球的大小和制作材料由它们的用途来确定，主要有以下几种：测风气球、探空气球、系留气球、定高气球等。

2. 无线电探空仪

测定自由大气各高度的气象要素，并将气象情报用无线电讯号发送到地面的遥测仪器。由于仪器是在上升（或下降）过程中测量的，空中气象要素随高度有较大的空间变率，要求探空仪感应元件应具有较高的灵敏度、准确度、感应快、量程大，仪器整体体积小、重量轻、牢固可靠，能经受风云雨雪和减少高空强辐射的影响。依据测量内容的不同，探空仪分为如下两类：常规探空仪及其派生的多种特殊探空仪，如臭氧探空仪、火箭探空仪等。

（三）高空风观测

测量近地面直至 30km 高空的风向风速。通常将飞升气球作为随气流移动的质点，用地面设备（经纬仪或雷达）跟踪气球的飞升轨迹，读取其时间间隔的仰角、方位角、斜距，确定其空间位置的坐标值，可求出气球所经过高度上的平均风向风速。根据地面测风设备分为如下几种：经纬仪测风、无线电经纬仪测风、雷达测风。

（四）气象飞机探测

气象飞机探测为科学研究或为完成某项特殊任务，用飞机携载气象仪器进行的专门探测。使用飞机的种类要根据任务性质来选择。必要时需添加特殊装备。例如远程大中型飞机适用探测台风、强风暴等天气；进入雷暴区要用装甲机，小型飞机和直升机适用于中小尺度系统和云雾物理探测，民航机可兼作航线气象观测，探测飞机高度以下的大气状况需携带下投探空仪，探测云、雨、风、湍流需装设机载雷达，了解云中雷电现象、含水量、云滴谱、升降气流时，均需分别配备相应的仪器。

（五）气象火箭探测

用火箭携带仪器对中高层大气进行探测。探测高度主要在 30km 以上，80km 以下自由气球所达不到的高度。探测项目包括温度、密度、气压、风向和风速等气象要素。当火箭达到顶端时，抛射出探空仪，利用丝绸或尼龙制成的降落伞使仪器阻尼下落，可探测 20～70km 高度的气象要素，如果火箭上升到顶端，放出金属化尼龙充气气球或尼龙条带或其他轻质材料，用精密雷达跟踪，可探测 30～100km 上空的风和密度，再推算出温度、气压等气象要素。

（六）气象测站网

大气是一个整体，要掌握大气变化的规律，就必须了解从地面到高空大气中尽可能多的情况。

纬度、海陆、地形地势、地面覆盖的不同，各个地方各有自己的天气、气候特色，为了整体和当地的需要，监视天气、气候变化的气象台站遍布全球。

由气象观测所取得的数以亿计的气象数据，要为当前及今后全世界所公用，必须有代表性、准确性和比较性，因此从观测场址的选择、仪器的安装布置、仪器的性能型号、观测的手续、方法、观测的时间和时限、观测数值的精确程度，到计算、记录、统计、编发报的方法，国际上都有统一的规定。同时，为了及时的应用，大量信息又必须通过各种传送手段，迅速地集中到一定的机构，经过编排、加工，生产出可供各方面使用的气象产品有组织地向外传送出去。

（七）气象信息网络

遍布全球的气象台站和各种探测设施，组成监视天气变化的观测网，持续不断地捕捉地球大气中的各种气象信息。这些网点获取的信息通过有线、无线电报电传，迅速集中到各国的气象中心或通信中心，有时是经过几次中转后达到。从各个中心里又以有线或无线的电报、电传、广播发送出去，供各地气象台站、业务单位使用。气象台站、天气中心和各种业务单位把这些信息制作成各种成品，向世界范围或向本国、本地区范围，以及向某特定地区、特定部门和局地的各个用户，用各种通信手段传送出去，供使用或进行气象服务。

全球各处通过各种探测手段取得的气象情报，其中一部分供国际公用，分别集中到世界各地86个气象通信中心，然后分区广播出去。全球共分8个广播区，每区有8～11个中心。这些中心部分是各国的首都，我国的北京就是其中的一个。各地的气象台可以根据需要选收任一中心的广播，把收到的气象电报填绘在天气图上。除上述的无线广播网以外，现在又建立起国际有线电传网络。华盛顿、莫斯科、墨尔本为三个世界中心；布拉克内尔、巴黎、奥芬巴赫、布拉格、内罗毕、开罗、新德里、巴西利亚、东京、北京为区域通信枢纽。由中心和各枢纽又连接许多国家、地方的气象中心、气象台、气象业务单位，组成了电传气象情报网。通过这个网的数据信道和传真信道传输了大量的正规和非正规的各种气象资料、天气实况图和预报图。这种电传网络载荷量大，收发方便，传送迅速及时，而且还传送大量无线广播所不能传送的内容。

二、气象预报

天气预报（测）或气象预报（测）是使用现代科学技术对未来某一地点地球大气层的状态进行预测，是根据对卫星云图和天气图的分析，结合有关气象资料、地形和季节特点，应用天气学、动力气象学、统计学的原理和方法，结合当地经验等综合研究后作出的。由于大气过程的混乱以及当前科学尚未达到全面深刻认识大气过程的水平，因此天气预报有一定的误差。天气预报就时效的长短通常分为三种：短期天气预报（2～3天）、中期天气预报（4～9天）和长期天气预报（10～15天以上）。

天气变化和人们的生产活动、社会活动、军事活动以至日常生活，都有十分密切的关系。准确的天气预报，能帮助人们充分利用有利的天气，避免和预防不利的天气，减免不必要的损失。

（一）天气预报的发展

17 世纪，科学家开始使用科学仪器（比如气压表）来测量天气状态，并使用这些数据来制作天气预报。但很长时间里只能使用当地的气象数据来制作天气预报，1837 年电报被发明后开始使用大面积的气象数据来制作天气预报。20 世纪气象学发展迅速，人类对大气过程的了解也越来越全面深入。现代天气预报的发展，大体上可分为单站预报、天气图预报和数值天气预报三个阶段。

1. 单站预报

17 世纪以前人们通过观测天象、物象的变化，用简洁生动的语言编成天气谚语，据以预测当地未来的天气。17 世纪以后，温度表和气压表等气象观测仪器相继出现，地面气象站陆续建立，这时则主要根据单站气压、气温、风、云等要素的变化来预报天气。这是天气预报的初始阶段。

2. 天气图预报

1851 年，英国首先通过电报及时将各地气象站同时间的观测资料传至该国的气象中心，绘制成地面天气图，并根据天气图上高压和低压系统的移动，制作天气预报。随后，欧美等许多地区也相继发展了天气图预报。20 世纪 20 年代开始，气团学说和极锋理论先后被应用在天气预报中。30 年代，无线电探空仪的发明、高空天气图的出现、长波理论在天气预报上的广泛应用，使天气演变的分析，从二维发展到了三维。40 年代后期，天气雷达的运用，为降水以及台风、暴雨、强风暴等灾害性天气的预报提供了有效的工具。

3. 数值天气预报

自 20 世纪 50 年代使用电子计算机以来，动力气象学、数学物理方法、统计学方法等，广泛应用于天气预报。用高速电子计算机求解简化的大气流体力学和热力学方程组，可及时制作出天气预报。尤其是自 60 年代发射气象卫星以来，利用卫星的探测资料，弥补了海洋、沙漠、极地和高原等地区因气象站稀少而资料不足的缺陷，使天气预报的水平有显著的提高。

随着卫星技术、通信技术和计算机技术的进步，天气预报正向自动化方向发展。从气象观测、发报、通信、资料收集和分发、填绘天气图、按模式进行计算，直到作出数值天气预报和输出预报结果等，均由电子计算机所控制。工作人员可按荧光屏上显示所需的各种天气图表进行预报。

（二）形势预报

形势预报即预报未来某时段内各种天气系统的生消、移动和强度的变化。它是气象要素预报的基础。形势预报的方法可分为两大类：一类是数值预报法，即直接积分大气方程组或其简化方程组，按所得结果对未来的气压场、温度场和风场作出预报；另一类是天气图法。天气图法包括如下几种方法。

1. 经验外推法

经验外推法又称趋势法，是根据天气图上各种天气系统过去的移动路径和强度变化趋势，推测它们未来的位置和强度。这种方法，在天气系统的移动和强度无突然变化或无天气系统的新生、消亡时，效果较好；而当其发生突然变化或有天气系统的新生、消亡时，预报往往不符合实际。

2. 相似形势法

相似形势法又称模式法，是从大量历史的天气图中，找出一些相似的天气形势，归纳成一定的模式。如当前的天气形势与某种模式的前期情况相似，则可参照该模式的后期演变情况进行预报。由于相似总是相对的，完全相同是不可能的，因此，用此法也往往出现误差。

3. 统计资料法

统计资料法又称相关法，是用历史资料，对历史上不同季节出现的各种天气系统的发生、发展和移动进行统计，得出它们的平均移速，寻找预报指标（如气旋生成、台风转向的指标等）进行预报。对历史上未出现过的或移动很快及很慢的情况，则此法不能应用。

4. 物理分析法

物理分析法首先分析天气系统的生消、移动和强度变化的物理因素，在此基础上制作天气预报，此法通常效果比较好。但当对反映这些物理因素的运动方程所进行的简化和假定不合理时，就常常造成预报误差，甚至远远偏离实际情况。

上述四种方法各有优缺点，使用时需相互补充，取长补短，综合考虑。

（三）要素预报

要素预报即预报气温、风、云、降水和天气现象等在未来某时段的变化，主要有以下几种方法。

1. 经验预报法

经验预报法是在天气图形势预报的基础上，根据天气系统的未来位置和强度，对未来的天气分布作出预测。例如低压移来并得到加强时，可预报未来将有阴雨天气或较大的降水。这种方法的准确性，在很大程度上取决于预报员的经验，又由于天气系统和天气现象并非一一对应，故预报效果不够稳定。

2. 统计预报法

统计预报法是分析天气的历史资料，寻求大气状态的变化同前期气象因子的相关性，用回归方程和概率原理，筛选预报因子，建立预报方程。将近期气象要素代入方程，即得所需的预报值。这种方法的效果主要取决于因子的正确选择。

3. 动力-统计预报法

动力-统计预报法是将数值预报方法算出的未来气象参数作为预报因子，用回归方程求得一组预报公式，作出要素预报。随着数值模式的改进，此法的准确率可能稳定提高。

（四）预报的一般步骤

现代天气预报有收集数据、数据同化、数值天气预报、输出处理、展示5个组成部分。

1. 收集数据

最传统的数据是在地面或海面上通过专业人员、爱好者、自动气象站或者浮标收集的气压、气温、风速、风向、湿度等数据。世界气象组织协调这些数据采集的时间，并制定标准。这些测量分每小时一次（METAR）或者每六小时一次（SYNOP）。使用气象气球气象学家还可以收集上空的气温、湿度、风值。气象气球可以一直上升到对流层顶。气象卫星的数据越来越重要。气象卫星可以采集全世界的数据，其可见光照片可以帮助气象学家监视云的发展，其红外线数据可以用来收集地面和云顶的温度。通过监视云的发展可以收集云的边缘的风速和风向。由于气象卫星监测数据受精确度和分辨率的制约，因此地面数据依然非常重要。气象雷达可以提供降水地区和强度的信息。多普勒雷达还可以确定风速和风向。

2. 数据同化

在数据同化的过程中被采集的数据与用来做预报的数字模型结合在一起来产生气象分析。其结果是目前大气状态的最好估计，它是一个三维的温度、湿度、气压和风速、风向的表示。

3. 数值天气预报

数值天气预报使用计算机模拟大气。以数据同化的结果作为其出发点，按照物理学和流体力学方法计算大气随时间的变化。由于流体力学的方程组非常复杂，因此只有使用超级计算机才能够进行数值天气预报。

4. 输出处理

模型计算的原始输出一般要经过加工处理后才能成为天气预报，包括使用统计学的原理来消除已知的模型中的偏差，或者参考其他模型计算结果，并结合专家判断和当地经验进行调整。

5. 展示

对于最终用户来说，天气预报的展示是整个过程中最重要的。其核心是根据用户需要确定展示内容，采用易懂的方式予以表达。

三、洪水预报

洪水预报是根据洪水形成的客观规律，利用现时已经掌握的气象、水文等资料，采用技术手段或经验方法预报河道、湖泊、海岸洪水未来一定时期内将要出现的流量、水位过程。通常所称的洪水预报为河道洪水预报，分为降雨径流法和河段洪水演进法两类。

（1）降雨径流预报法。依据当前监测的流域降雨和径流资料，按径流形成原理制作产汇流计算方案，由暴雨预报流域出口断面的洪水过程。现在随着计算机的普及和信息传输技术的现代化，许多大流域，将降雨-流域-出流作为一个整体系统，建立流域水文模型，计算出流洪水过程。

（2）河段洪水演进法。根据河段上断面的入流过程预报下游断面的洪水，常用的算法为河道流量演算法和相应水位法。

降雨径流法的预见期，一般不超过流域汇流时间，预报精度虽不及后者，但多能满足实用的精度，故应用比较广泛。河段洪水演进法，其预见期大致相当于洪水在该河段的传播时间，比较短，但精度通常更高，大江大河常常采用。两类方法的预见期一般不长，多为短期预报，但预报精度较高，是当前应用的主要方法。为提高预报精度，在实际预报过程中，利用随时反馈的预报误差信息，对预报值进行实时校正，称为实时洪水预报。

（一）暴雨产流分析

产流是流域水文循环的重要过程。水文循环的主要组分有：降水（水汽输送）、蒸散发、储藏水和径流。径流又可分为：地面径流、壤中流和地下径流，通常所称的产流即指这三种类型径流的发生与形成过程。

雨水降落到地面，一部分损失掉，剩下能形成地面、地下径流的那部分降雨称为净雨。因此，净雨和它形成的径流在数量上是相等的，但两者的过程完全不同，前者是径流的来源，后者是净雨的汇流结果；前者在降雨停止时就停止了，后者却要延续很长的时间。降雨扣除损失成为净雨的过程称作产流过程。降雨的损失可分为如下几种：

（1）植物截留，为植物枝叶截留的雨水，雨停以后，它就很快被蒸发了。

（2）填洼，植物截留后降到地面的雨水，除去地面下渗，剩余的部分（称为"超渗雨"）将沿坡面流动，只有把沿程的洼陷填满之后，才能流到河网中去。填充洼地的这部分水量称为填洼，填洼的水量一部分下渗，一部分以水面蒸发的形式被蒸发。

（3）雨期蒸发，包括雨期的地面蒸发和截留蒸发。

（4）初渗，指补充土壤缺水量的那部分下渗。田间持水量与当时的土壤实际含水量之差，称为土壤缺水量。显然，下渗的这部分雨水将为土壤所持留，雨后被蒸发和散发掉，而不能成为地下径流，所以也是损失，而且是最主要的损失，其值可超过 100mm 之多。

在坡面上，径流发生机制一般可概括为：超渗产流、饱和产流（蓄满产流）和壤中流（大孔隙

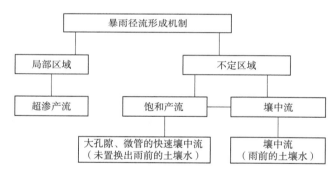

图 3-1　暴雨径流形成机制

快速流和基质流），如图 3-1 所示。超渗产流指降水强度大于地面（土壤）的入渗率而发生的水流现象。这种产流的影响因素很多，既与地面条件有关，也与降水特性相联系。饱和产流是土壤含水量因入渗降水而达到饱和，土壤水流出量同土壤水储蓄变量达到平衡而发生的。通常是地面下存在不透水层或弱透水率的隔水土层（相对不透水层），这种产流主要取决于降水特性和土层储水能力。壤中流是在土壤的大小孔隙中发生的水分运动，有饱和壤中流和非饱和壤中流两种形式，它主要取决于土壤特性。

Tanaka（1988）对日本东京西郊的一个森林小流域的研究发现：在坡上部产流以超渗产流为主，中部以饱和壤中流为主，坡脚以回归流为主；陡坡上没有明显地面径流，流域最大饱和度仅为 1%～4%；90% 的径流来源于地下水，地面径流不及 10%；该区的地下水流不能仅解释为达西定律的基质流，主要是管流。smetlem（1991）对澳大利亚一个有良好土壤结构的牧场实地进行了地面径流和壤中流的观测与预测的研究，并用理查德方程进行预测和检验壤中流收集是否正确，提出了假说：地面径流只有当降雨量超过大孔隙中前期有效含水量的缺额才能发生。后来，Leaney（1993）研究了同一牧场雨水、土壤水和不同层次的壤中流中的氢和氯离子的含量，结果发现：壤中流中氢和氯离子的含量与雨水接近，表明壤中流主要来源于雨水，而不是土壤水；并认为大孔隙中的水流是入渗

和壤中流的主要机制。对于径流来源的确定，还有其他学者做过类似的研究（vanDeGriend，1983；McCartney，1998；David，1999）。George（1993）研究了澳大利亚西南地区一个丘陵小流域的溪流特征，结果是：夏季主要是超渗流、集水排泄和饱和流，而冬季是回归流、饱和流和壤中流。Tsuy-oshiMiyazaki（1993）认为：在多数情况下，超渗产流是一种重要机制，若坡度小于30°，它对入渗率的影响是可以忽略的，回归流也是表面径流的一种原因，地表结壳对表面径流有重要影响。在退化土地上，对于低有机质含量（<0.5%）和小入渗率（<5mm/h）的土壤，降雨产流以超渗产流为主；而高有机质含量（>2%）和大入渗率（>8mm/h）的土壤，产流以饱和产流为主（Martinez-Mena，1998）。Croke等（1999）用大型模拟降雨装置研究了澳大利亚东南部一成林桉树林流域的产流过程，认为其主要产流机制是超渗产流。Evans等（1999）实地观测了英国一泥炭地小流域的产流特征，研究指出，饱和产流是该区的主要产流机制，壤中流主要是超渗透流。

上述研究结果都说明了产流机制是特定内外条件结合的结果，不同的环境地点和条件，其产流机制不同。自20世纪50年代以来，国内对降雨产流机制曾作过不少研究，发现超过一定雨强的降雨量与产流率有一定的关系；通过模拟降雨试验表明，产流起始时间长短因不同土地利用类型而不同，且最终与其土壤的稳渗率呈正相关，土表结壳的形成使黄土入渗率减少一半，因而是产流的重要影响因子。王玉宽等（1991）利用人工模拟降雨试验，研究了黄土高原坡面降雨起始产流时间和入渗率与降雨强度的关系，以及入渗率随时间的变化规律。得到了不同坡度条件下，黄绵土裸地降雨产流过程的回归方程，并利用该方程推算了陕北纸坊沟小流域坡面的一次暴雨产流过程和产流量，所得产流量与标准小区观测值的相对误差平均为6%。

1. 产流计算

先对实测的降雨、径流和蒸发资料等分别做初步的整理分析，以便更好地揭示它们之间的定量关系及规律。多数情况下，与本次降雨所对应的径流过程不仅包括本次降雨形成的地面、地下径流，而且还包括前期降雨的地下径流；另外，本次洪水尚未退完又遇降雨时，还会有后期洪水混入，在计算一次降雨洪水时，应把这些非本次降雨产生的径流都划分出去，称为洪水场次划分。所得到的总径流还需进一步划分为地面径流和地下径流，以便分别计算其产汇流。

流域蒸散发将直接影响流域土壤蓄水量的大小，从而又影响径流量的大小。流域蒸散发一般由实测的水面蒸发资料估算。实验表明，在一定气象条件下，流域日蒸散发量 E_t 基本上与土壤蓄水量 W_t 成正比，即

$$E_t = \frac{W_t}{W_m} E_{m,t} \tag{3-1}$$

式中：E_t 为第 t 日的流域蒸散发量，mm；W_t 为第 t 日开始时的流域土壤蓄水量，mm；W_m 为流域蓄水容量，mm，等于流域平均最大缺水量，由实测雨洪资料估算，或用优选法确定；$E_{m,t}$ 为第 t 日的流域日蒸散发能力，mm，即土壤充分湿润（$W=W_m$）时的流域日蒸散发量，mm，该值决定于第 t 日的气象条件，实验表明与当日的水面蒸发器实测的蒸发量 $E_{m,t}$ 有密切关系，可由下式计算：

$$E_{m,t} = K_{w,t} E_{w,t} \tag{3-2}$$

式中：$E_{w,t}$ 为第 t 日的水面蒸发器蒸发量，mm，一般取 E601 型或 60cm 套盆式水面蒸发器的观测值；$K_{w,t}$ 为 $E_{w,t}$ 折算成流域蒸散发能力的系数，对于一定的蒸发器和一定的流域，随季节有一定的变化，可参考附近地区的数值或通过优选求得。

代入式（3-1）得

$$E_t = \frac{W_t}{W_m} K_{w,t} E_{w,t} \tag{3-3}$$

实际产流计算中，便可依该式由实测水面蒸发资料计算各日的流域蒸散发量。

降雨开始时流域是干旱还是湿润，对此次降雨产生的径流量影响极大，流域的干湿程度常用流域蓄水量 W 或其定量指标——前期影响雨量 P_a 表示。

流域蓄水量指流域中降雨能够影响的土层内土壤含蓄的吸着水、薄膜水和悬着毛管水量，不包括重力水，是土壤能够保持而不在重力作用下流走的水分。它将在雨后由于流域蒸散发而消耗，不形成径流，但它对产流却有着重要影响。降雨一定时，雨前流域蓄水量大，损失小，则净雨多，径流大；反之，则净雨少，径流也小。

流域中某一地点，在天然状态下，影响土层的蓄水量 W' 将有两种极限情况：一是长期无雨，土壤十分干燥，蓄水量降至最小值，但并不为零，为了计算方便，假定这种情况的蓄水量为零；二是充分湿润时，蓄水量（不包括重力水）达最大值，其值将等于田间持水量与最小蓄水量之差，是该点土壤蓄水的上限，称作该点的蓄水容量 W'_m。该点的实际蓄水量 W' 将在 $0 \sim W'_m$ 之间变化。

流域上各点的蓄水容量 W'_m 是不同的，可从 0 变化到点最大蓄水容量 W'_{mm}，其平均值以 W_m 表示，称流域蓄水容量。显然，当流域蓄水量 $W = 0$ 时，一次降雨可能产生的最大损失量就是把它蓄满，所以，也称为最大损失（过去，常称为最大初损）。人们常常利用这一概念来确定 W_m。其做法是：从长期记录中选择久旱无雨，流域极为干旱时（W 接近 0），又遇大雨，雨后能使流域影响土层蓄满的降雨径流资料来推求 W_m，其计算式为

$$W_m = p - R - E \tag{3-4}$$

式中：W_m 为流域蓄水容量，mm；p 为流域平均降雨量，mm；R—P 产生的总径流深，mm；E 为雨期蒸发量，mm，如降雨历时短，可以忽略不计。

一个流域的蓄水容量是反映该流域蓄水能力的基本特征，比较稳定。我国大部分地区的经验表明，W_m 一般约为 $80 \sim 120$mm。

实际上，实测的流域土壤含水量资料几乎没有，而是通过间接计算来推求前期流域蓄水量 W。根据流域影响土层的水量平衡方程可得

$$W_{t+1} = W_t + R_t - R_{p,t} - E_t = W_t + P_t - R_{p,t} - \frac{W_t}{W_m} K_{w,t} E_{w,t} \tag{3-5}$$

式中：W_t、W_{t+1} 分别为第 t 天和第 $t+1$ 天开始时的流域蓄水量，mm；P_t 为第 t 天的降雨量，mm；$R_{p,t}$ 为产生的总径流深，mm，或由实测径流资料计算，或由降雨径流关系推求。

按照上述步骤计算流域蓄水量，概念明确，精度较高，但计算工作量大。有时为简便起见，常

用前期影响雨量 P_a 作为衡量流域干湿程度的指标，以反映流域蓄水量的大小。

将影响径流深 R 的因素，如降雨量 P、流域蓄水量 W 或前期影响雨量 P_a、降雨历时 T 或降雨强度 i 等，可根据以往的资料，建立它们与 R 之间的关系图。这些相关图反映了这些流域的产流规律，因此，反过来，当已知 P，W 等因素时，就可由该图计算和预报出相应的产流量。这种图按作法的不同可分为两类：一是依据 R 与影响因素间的统计规律直接点绘的相关图，它没有固定的数学模型，称为经验的降雨径流相关图；二是根据蓄满产流数学模型建立的总径流深 R 的相关图及相应的地面地下净雨计算方法，称为蓄满产流模型法。

2. 降雨径流经验相关图法

由于各流域的条件不同，相关图中考虑的影响因素亦有很大差别。其中径流系数法最为简便，仅考虑降雨量与径流量间的关系。再是进一步考虑雨前土壤含水量影响的三变量相关图，在湿润地区应用较多。比较复杂的还有四变量、五变量等相关图，常常在产流因素复杂的地区使用。

（1）径流系数法。

径流系数 a 是指降雨转化为径流的比例系数，对于某次暴雨洪水，求得流域平均雨量 P 和相应的地面径流深 R_s 后，则该次暴雨的 $a = R_s / P$。分析多场暴雨洪水的 a，即可大致定出不同等级暴雨的 a 值。对于一个流域，暴雨越大，a 越大。显然，a 值应小于 1，因为降雨中总有一部分损失，不能形成径流。预报时，根据暴雨的大小选择相应的 a 值，即可求得预报的净雨。

（2）$P \sim P_a \sim R_s$ 三变量相关图法。

以次降雨量 P 为纵坐标，以相应的地面径流深 R_s 为横坐标，有一场洪水，便可按对应的 P，R_s 在图上绘一个点，并把它的 P_a 值注在点旁，然后按点群分布的总趋势，遵循下列规律，照顾大多数点，绘出以 P_a 为参数的等值线，这就是该流域以 P_a 为参数的降雨地面径流相关图。相关图作好后，应从总体上进行评定，看它的精度是否达到了预报的要求。如果达到了，则该图即可用于以后的净雨预报；否则，应检查原因，采取措施，使之达到要求的精度。

根据降雨过程及降雨开始时的 P_a，便可在图上查出要计算的净雨过程。若降雨开始时的 P_a 不在某一条等值线上，则用内插法查算。

（3）多变量降雨径流相关图。

在干旱、半干旱地区，降雨强度也是影响产流的重要因素，此时应在以 P_a 为参数的降雨径流相关图基础上，再增加由降雨历时、降雨发生月份等有关参数，制成包含更多变量的相关图。

3. 蓄满产流模型法

赵人俊等经过长期对湿润地区暴雨径流关系的研究，提出了蓄满产流模型以建立 $P \sim W \sim R$ 关系，计算总净雨过程，以及确定稳渗率 f_c 划分地面、地下净雨。

（1）蓄满产流模型的基本概念和计算原理。

蓄满产流是指这样特定的产流模式，即降雨使含气层（地表至潜水面间的土层）土壤达到田间持水量之前不产流，这时称为未蓄满，此前的降雨全部用以补充土层的缺水量，不产生净雨；蓄满（土层水分达田间持水量）后开始产流，以后的降雨（除去雨期蒸发）全部变为净雨，其中下渗至潜水层的部分成为地下径流，超渗的部分成为地面径流。而且，因只有蓄满的地方才产流，故产流期的下渗为稳渗率 f，按这种模式产流的现象称为蓄满产流。在逻辑上与之对应的是不蓄满产流，即土层未达田间持水量之前，因降雨强度超过入渗强度而产流，它不以蓄满与否作为产流的控制条件，称这种产流方式为超渗产流。

蓄满产流以满足含气层缺水量为产流的控制条件。就流域中的某点而言，蓄满前的降雨不产流，净雨量为零；蓄满后才产流，产流量（总净雨量）可以很简单地用下面的水量平衡方程计算：

$$R' = (P - E) - (W'_m - W') \tag{3-6}$$

式中：$P - E$ 为某点的降雨量和雨期蒸散发量，mm；R' 为该点有效降雨（$P - E$）产生的总净雨深，mm；W'_m 为该点的蓄水容量，mm；W' 为该点降雨开始时的实际蓄水量，mm。

上式是针对流域某一点的净雨计算方程。对于整个流域，因各点蓄满有早有晚，产流也有先有后，故作流域产流计算时，还要考虑降雨开始时的流域蓄水分布情况（近似用流域蓄水容量分布曲线表示），求得各点缺水量在流域上的分布，和解得流域的净雨深 R。

（2）流域蓄水容量曲线及降雨总径流相关图。

流域各点（微面积）都有自己的蓄水容量 W'_m，如果将全流域各点的 W'_m 自小至大排列，计算出等于、小于某一 W'_m 的面积 F_R，并以流域面积 F 的相对值 F_R/F 表示，则可绘出 $W'_m - F_R/F$ 曲线，即流域蓄水容量分布曲线，简称流域蓄水容量曲线。多数地区的经验表明，蓄水容量曲线的线型采用 b 次抛物线比较合适（也有采用幂函数形式的），即

$$\frac{F_R}{F} = 1 - \left(1 - \frac{W'_m}{W'_{mm}}\right)^b \tag{3-7}$$

根据流域蓄水容量 W_m 的定义，由上式可得

$$W_m = \frac{1}{F}\int_0^{W_{mm}} W'_m \, \mathrm{d}F_R = \int_0^{W_{mm}} W'_m \, \mathrm{d}\left(\frac{F_R}{F}\right) = \frac{W'_{mm}}{1+b} \tag{3-8}$$

而流域蓄水量 W 为

$$W = \int_0^a \left(1 - \frac{W'_m}{W'_{mm}}\right)^b \, \mathrm{d}W'_m \tag{3-9}$$

积分后，得与 W 相应的纵坐标 a 为

$$a = W'_{mm}\left[1 - \left(1 - \frac{W}{W_m}\right)^{1/(1+b)}\right] \tag{3-10}$$

有了蓄水容量曲线，配合点蓄满产流方程便可求得流域的降雨总径流相关图。由以上分析可以看出，影响相关图的参数有 W_m、b 和水面蒸发折算为流域蒸散发能力的系数 $K_{w,t}$，前两个是显而易见的，后者则是隐含在 W 中对 R 间接起作用。

（3）应用降雨总径流相关图预报总净雨过程。

以上建立的降雨径流相关图反映湿润地区产流的定量规律，即可以由实测暴雨预报净雨过程，其作法与应用经验降雨径流相关图求净雨类似。

（4）稳定下渗率 f_c 的计算及地面、地下净雨划分。

地面、地下径流的汇流特性不同，汇流计算要求把总净雨划分为地面净雨过程和地下净雨过程。根据蓄满产流的概念，只需求得稳渗率 f_c，便可将总净雨划分为地面、地下两部分。

稳渗率 f_c 的计算。按照蓄满产流的概念，仅在蓄满的面积上才产生净雨，其中超渗的部分形成地面径流 R_s，稳渗的部分形成地下径流 R_g，这些都能由实测径流过程线分割求得。因此，可根据水量平衡原理，由实测的 P、R_s、R_g 反求 f_c。

对各场洪水计算 f_c，综合分析后便可确定流域的 f_c 值。实际工作中，会遇到各场洪水的 f_c 变化较大，这主要是流域降雨不均匀和各地降雨过程不一致所造成的，若能考虑这一点，则可使流域的 f_c 比较稳定。

地面、地下净雨的划分。f_c 确定之后，可按下述方法划分地面、地下净雨：

1）判定哪些属超渗雨时段，哪些属非超渗雨时段。

2）对于非超渗雨时段，总净雨全为地下净雨，故

$$\left. \begin{array}{ll} \text{地下净雨} & R_{g,i} = R_i \\ \text{地面净雨} & R_{s,i} = 0 \end{array} \right\} \qquad (3-11)$$

3）对于超渗雨时段，产流面积上的下渗按 f_c 进行，故

$$\left. \begin{array}{ll} \text{地下净雨} & R_{g,i} = \dfrac{F_{R,i}}{F} \Delta t_i f_c = \dfrac{R_i}{R_i - E_i \Delta t_i f_c} \\ \text{地面净雨} & R_{s,i} = R_i - R_{g,i} \end{array} \right\} \qquad (3-12)$$

对于干旱、半干旱地区，土壤缺水量常常很大，且降雨强度往往也比较大，土层来不及蓄满就开始超渗产流。其洪水过程表现为陡涨陡落，降雨停止，洪水也很快随之结束。降雨形成净雨以超渗产流为主，应按超渗产流原理预报净雨。方法是将下渗损失过程简化为初损、后损两个阶段，降雨开始到出现超渗产流，这一段称作初损阶段，历时记为 t_0，这一阶段的降雨全部损失，用 I_0 表示，称为初损。产流以后的降雨期为后损阶段，损失能力比初损阶段有所下降，并趋向稳定，该阶段的损失用超渗历时 t_s 内的平均下渗能力来计算。依水量平衡原理，一场降雨所形成的净雨深可用下式计算：

$$R_s = P - I_0 - \bar{f} t_s - P' \qquad (3-13)$$

式中：P 为一次降雨深，mm；R_s 为 P 形成的地面净雨深，等于地面径流深，mm；I_0 为初损，mm；包括初期下渗，植物截留、填洼等；t_s 为后损阶段的超渗历时，h；$\bar{f}$ 为 t_s 内的平均下渗能力，mm/h，称平均后损率；P' 为后损阶段非超渗历时 t' 内的雨量，mm。

各场暴雨的 I_0 及 $\bar{f}$ 并不相同，应通过实测暴雨洪水资料分析它们的变化规律，然后再依预报的具体情况，结合分析的这些规律，确定相应的 I_0 及 $\bar{f}$，进一步由降雨过程推算净雨过程。

初损 I_0 主要受以下因素影响：首先是前期流域蓄水量 W_0（或前期影响雨量 P_a），雨前 W_0 大，流域湿润，I_0 小；反之，流域干燥，I_0 大。再是降雨初期的平均雨强 i_0，i_0 大容易超渗，I_0 小；反之，I_0 大。还有季节变化的影响，月份 M 不同，土地利用情况和植被情况都不同，都会引起 I_0 的不同。因

此，要根据流域的具体情况，选择适当的因素，建立它们与 I_0 的关系。利用此关系，对于一次具体的降雨，W_0、M 为已知，因此可直接查出该次降雨的初损值 I_0。

平均后损率的计算式为

$$\bar{f} = \frac{P - R_s - I_0 - P'}{t_s} \tag{3-14}$$

对于实测暴雨洪水，P、R_s、I_0 为已知，P'、t_s、$\bar{f}$ 均与降雨过程有关，可按试算法求定。影响后损率 f 的因素主要有：前期流域蓄水量 W_0（或 P_a）、超渗历时 t_s、超渗期的雨量 P_{ts} 等。W_0 大，代表降雨开始时流域湿润，下渗已接近稳渗，故后期下渗能力较小；反之，则大。后期降雨历时愈长，入渗水量增多，下渗能力下降，$\bar{f}$ 降低；反之，t_s 短，$\bar{f}$ 会比较高。超渗期雨量 P_{ts} 越大，对于一定的 t_s，则反映雨强大，地面积水多，从而导致 $\bar{f}$ 增大；反之，$\bar{f}$ 减小。因此可在分析每场洪水的 $\bar{f}$、W_0、t、P_{ts} 等因素的基础上，建立反映 $\bar{f}$ 变化规律的关系。对某一具体的暴雨求 $\bar{f}$ 时，W_0、I_0 降雨过程为已知，通过试算即可确定 $\bar{f}$。

有了初损 I_0 和平均后损率 $\bar{f}$ 的关系图之后，便可对已知的降雨过程采用初损后损法预报地面净雨过程。

（二）水文预报模型

流域水文预报模型是 20 世纪 50 年代发展起来的一种新技术，是一种概念性模型，它以水文现象的物理概念为基础，对流域上发生的水文过程进行模拟。迄今为止，已有很多较著名的模型被提出并得到广泛应用，如美国的斯坦福（STANFORD）模型、日本的水箱（TANK）模型以及中国的新安江模型（XAJ）、大伙房模型（DHF）等。

流域水文预报模型包括两个基本部分：水量平衡部分。这一部分主要处理降雨损失，即产流，它决定着径流总量的大小；和流域调蓄部分。这部分决定着径流的时程分配，即汇流部分，它包括坡面调蓄和河网调蓄，合起来称为流域调蓄。

流域水文预报模型的差别，主要反映在模型处理产汇流问题的方式上。例如，斯坦福模型用超渗产流的概念处理产流问题；新安江模型用蓄满产流的概念处理产流问题；萨克拉门托模型用综合蓄满产流和超渗产流的概念处理产流问题等。产流方式相同的模型也有很大差别，比如，标准新安江模型为二水源，改进新安江模型为三水源。

大多数模型的使用都有适用条件，只有在类似于模型研制条件的地区应用，模型在结构上才能反映流域径流形成的特征，以保证模型的预报精度与一致性。例如，新安江模型，不论是最初的二水源，还是改进的三水源模型，在计算时段总径流量 R 时，均采用蓄满产流模型计算，因此只适用于湿润和半湿润地区；在干旱和半干旱地区，由于这些地区的降雨时空分布不均，流域下垫面条件复杂，局部产流现象普遍等特点，其应用效果则不很理想。许多模型想设计成为通用的，如斯坦福模型，要求能适用于各种水文条件，但据实际验证，在湿润地区可用，在干旱地区则不能用，因此改进为萨克拉门托模型，虽情况有所改善，但是否能完全适应各种干旱条件，也还未有充分的验证。

影响洪水预报的流域自然条件和特征可概括为表 3 - 1 所列的几个方面。

表 3 - 1　　　　　　　　　　　　影响洪水预报的流域自然条件和特征

流域类型	十分湿润地区、湿润地区、半湿润地区、半干旱地区、干旱地区	土地利用	较多、很少
		植被覆盖	良好、较差
流域面积	大型、中等、小型	河道比降	很陡、较缓
流域形状	扇形、狭长形		
暴雨中心	单一、多个	蒸发资料	有、无
下垫面条件随时空变化	均匀、不均匀	历时资料	较多、缺乏
水系结构	复杂、简单	资料的连续性	连续、不连续

流域水文预报模型是概念性模型，它所包含的许多参数都有明确的物理意义，都在不同侧面反映流域的水文特性，因此，同一模型对于不同的流域，选用的参数有所不同。目前，确定模型参数，一般先根据实测资料或经验给定一个初值范围，然后用数学寻优法进行参数率定。常用的优化方法有线性规划法、非线性规划法、遗传算法等。不论采用哪种优化方法率定模型参数，初值范围的选取都很重要。合理的初值选取一方面会提高率定的效率，一方面将会降低因采用传统的最优化方法产生局部最优问题的概率。参数初值的变化范围，有一定的区域性规律。

湿润地区主要的产流方式是蓄满产流，或称超蓄产流；半干旱地区、干旱地区的产流方式则以超渗产流为主；半湿润地区的产流方式应当是蓄满产流或两种产流方式结合使用。

对于集水面积为数千平方千米的大型流域，应当考虑单元划分；中等面积的流域可以划分单元，也可以不划分单元；而对于几平方千米的小流域则没有必要划分单元。

流域形状影响汇流的模拟计算，狭长形流域的汇流时间较长，扇形流域的汇流时间较短。

一场暴雨的暴雨中心有多个时，应当按暴雨中心位置划分单元。

水系结构复杂的流域，应当考虑划分单元。

土地的利用情况，反映人类活动的影响程度，也是影响模拟计算的一个重要因素。

植被覆盖较多的地区，土壤下渗能力较大，不易超渗，一般为蓄满产流，而且壤中流不可忽略。

河道比降对于汇流计算与河道演算的影响比较大。河道比降大的流域，坡面流较多，汇流时间短。常见的河道演算方法为马斯京根法与特征河长法，其简化条件与扩散波相同，在计算时，附加比降的作用不能忽略。

检验模型和率定参数都需要有较多的历史资料。历史资料缺乏和资料连续性较差的流域，宜采用结构简单、参数较少的模型。

流域水文预报模型的建模过程是对流域径流形成机制的认识逐步深化的过程，也是对数学方法模拟径流形成的反复实践的过程。这一过程通常包括以下几个主要步骤：①分析流域径流形成机制，提出模型中应包含的各分量，并研究如何考虑它们的时空分布，从而确定模型的总体结构；②建立各分量的数学函数式，并建立各分量间定量关系的数学表达式，由此便可确定模型中应有哪些参数；

③确定参数的优选方法；④绘制计算框图；⑤编制模型运算的计算机程序；⑥用多个流域的实测水文、气象资料对模型进行检验，并对模型的总体结果和各分量微结果进行调整，以便最后研制成一个机制上合理、精度高且运算简便的实用模型。

模型的总体结构框图如图 3-2 所示。

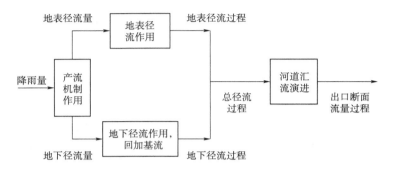

图 3-2　水文预报模型总体框架图

常用的水文预报模型包括以下模型。

1. 产流模型

产流模型主要处理降雨损失，它决定着径流总量的大小。如上所述，产流方式有蓄满产流和超渗产流，模型在产流问题处理上，一般采用两种方式中的一种（如新安江模型采用蓄满产流方式处理产流问题），或综合使用两种方式（如美国的萨克拉门托模型）。

2. 汇流模型

汇流决定着径流的时程分配，反映流域的调蓄作用。流域调蓄包括坡面调蓄和河网调蓄。

（1）单位线。

在给定的流域上，单位时段内时空分布均匀的一次降雨产生的单位净雨量，在流域出口断面所形成的地面（直接）径流过程线，称为单位线。单位线符合三条假定：

- 单位时段内净雨量不同，但所形成的地面径流过程线的总历时（即底宽）不变。
- 单位时段内 N 倍单位净雨量所形成的出流过程的流量值是单位线的 N 倍。
- 各单位时段净雨量所产生的出流过程不相干扰，出口断面的流量等于各单位时段净雨量所形成的流量之和。

控制单位线形状的指标有单位线洪峰流量、洪峰滞时及单位线总历时，常称单位线三要素。

从实测水文资料分析单位线，宜选择一次在时空分布较均匀的短时段降雨所形成的单峰较大的洪水进行分析。

每次洪水可分析出一条单位线，流域单位线是多次洪水分别求出的单位线的综合平均值。

单位线应用流域面积的大小，按流域自然地理特征和降雨特征以及要求而定，一般不宜过大，在湿润地区应用面积可以大一些，但降雨特征应基本符合单位线的假定。

（2）模式单位线。

模式单位线是根据历史经验，总结出本流域的若干种汇流状态模式，在已知的汇流状态模式下，对被选择的历史洪水进行识别归类，然后对各类的历史洪水，推求出对它们拟合最好的单位线。

相对于经验单位线，模式单位线能够很好地反映流域降雨空间状态、强度、下垫面状况等条件的差异，因而在很大程度上提高了单位线的代表性。

应用模式单位线进行流域洪水预报时，需要对实际降雨过程进行动态识别以选择其对应的模式单位线。为了保证与分析模式单位线的思想统一，应逐时段用累积降雨的特征选用单位线，而且随着时段增加降雨特征发生变化时，需选用新单位线从第一时段起重新计算预报过程，直至雨停，保证暴雨全过程选用的是一条单位线。

（3）新安江汇流模型。

新安江汇流模型对各种水源按不同方式进行汇流计算。

地面径流的汇流采用经验单位线，并假定每个单元流域上的无因次单位线都相同。要使各个单元流域的无因次单位线都相同，首先要求地形条件一致，其次要求流域面积相近。因此，在划分单元流域时，应尽可能使各单元面积接近。

地下径流（三水源模型还包括壤中流）的汇流采用线性水库，所用公式为

$$QRG(j) = QRG(j-1)KKG + RG(j)(1-KKG)U \qquad (3-15)$$

河网汇流采用分段马斯京根法演算，马斯京根法的基本公式为

$$Q_2 = C_0 I_2 + C_1 I_1 + C_2 Q_1$$
$$C_0 = (0.5\Delta t - Kx)/(K - Kx + 0.5\Delta t)$$
$$C_1 = (Kx + 0.5\Delta t)/(K - Kx + 0.5\Delta t)$$
$$C_2 = (K - Kx - 0.5\Delta t)/(K - Kx + 0.5\Delta t) \qquad (3-16)$$
$$C_0 + C_1 + C_2 = 1.0$$

式（3-15）、式（3-16）中：$QRG(j)$ 为当前时刻地下径流出流量，m^3/s；$QRG(j-1)$ 为上一时刻地下径流出流量，m^3/s；$RG(j)$ 为当前时刻地下径流深，mm；KKG 为地下水退水系数；U 为折算系数；I_1 为上一时刻河段入流，m^3/s；I_2 为当前时刻河段入流 m^3/s；Q_1 为上一时刻河段出流，m^3/s；Q_2 为当前时刻河段出流，m^3/s；Δt 为计算时段间隔，h；K、x 为马斯京根法两演算参数。

对于一个河段，只要选定演算时段 Δt 并确定参数 K（河槽蓄量与下站流量关系曲线的坡度-平移参数）、x（流量比重因素-坦化参数）值后，可以求出 C_0、C_1、C_2。代入就能根据上站流量过程及下站起始流量计算出下站的流量过程。

（4）大伙房汇流模型。

大伙房汇流模型是8参数变强度、变汇流速度的经验单位线汇流计算模型，即在产流分水源计算后，应用数学化的经验单位线，分别求地下与表层流过程，叠加求出流域总出流过程。其单位线线型公式为

$$\frac{\partial W}{\partial t} = \frac{K_3}{nT_M} e^{-AA\left(\frac{\pi \times t}{n \times T_M}\right)DD} \left[\sin\left(\frac{\pi t}{nT_M}\right)\right]^{CC} \tag{3-17}$$

等式左边是汇流曲线，为 T_m 与 t 的函数，T_m 为汇流曲线底宽，是时段净雨（径流）y_a 与前期影响净雨（已产生的径流）Y_T 的函数，假定

$$T_M = L_B(y_a + Y_T)^{-K0}$$
$$y_{a(t+1)} = K(y_{at} + y_{Tt}) \tag{3-18}$$

式（3-17）和式（3-18）中：K_0 为指数系数；K 为前期净雨影响程度衰减系数，反映已产生的径流在河槽中的消退速度；n 为地下径流与地面壤中流汇流曲线底宽的比例系数；K_3 为汇流曲线的比例系数；AA、DD、CC 为反映汇流曲线形状的参数；L_B 为特征河长。

（三）水力学预报模型

洪水水力学预报模型的理论基础是 $N-S$ 水动力学方程组。实际预报中，为提高时效性，在满足精度的前提下，往往根据洪水运动特征及洪水预报区域特点，可将其简化为一维或二维方程求解。

1. 计算方法

水动力学方程无解析解，故需采用数值模拟方法求其近似解，常用的数值算法如下：

（1）有限差分法。

有限差分法有多种，其基本方法是把求解域划分为矩形网格，将圣维南方程组中的连续变量按网格进行离散化，以差商近似代替导数，故将求解偏微分方程组转化为求解代数方程组。

（2）有限单元法。

此法的基本思路是：将一个连续的流场任意分为相应形状的许多微小单元，在单元内选择适当的点作为插值点，把圣维南方程中的变量写成由节点上的变量与导数表示的插值函数，借助于变分原理或加权残值法，将方程组化为孤立单元的有限元方程，最后将局部单元方程汇集成总体的代数方程组求解。

（3）有限分析法。

有限分析法的步骤为：把求解域划分为许多小的区域，在子区域内求得解析解，然后把局部的解析解总和起来形成一代数方程组，对代数方程组求解得到有限分析解。

2. 预报模型

基于一维和二维水动力学方程可构建水力学预报模型，一维模型用于预报河道洪水过程，二维模型用于预报河道及风暴潮泛滥洪水过程。模型的入流条件通常为通过流域降雨产汇流模型得到的某一控制断面的流量过程，或水库、闸坝的泄流过程。

（1）一维模型。

1）基本方程。描述河道一维水流运动的圣维南方程组为

$$\left. \begin{array}{l} B\dfrac{\partial z}{\partial t} + \dfrac{\partial Q}{\partial x} = q \\[2mm] \dfrac{\partial Q}{\partial t} + \dfrac{\partial}{\partial x}\left(\dfrac{\partial Q^2}{A}\right) + gA\dfrac{\partial z}{\partial x} + gA\dfrac{|Q|Q}{K^2} = qV_x \end{array} \right\} \tag{3-19}$$

式中：q 为旁侧入流，m^2/s；Q、A、B、Z 分别为河道断面流量、过水面积、河宽和水位；v_x 为旁侧

入流流速在水流方向上的分量，m/s，一般可以近似为 0；K 为流量模数，反映河道的实际过流能力；α 为动量校正系数，是反映河道断面流速分布均匀性的系数。

2）差分方程。圣维南方程组尚无解析解，需采用数值解法。数值解法有有限单元法、有限差分法和有限分析法等，实际计算中多采用有限差分法。在有限差分法中，最为常用的是 Preissmann 格式（图 3-3）。

$$\left.\begin{array}{l} f\mid_M = \dfrac{(f_{i+1}^j + f_i^j)}{2} \\[2mm] \left.\dfrac{\partial f}{\partial x}\right|_M = \theta\left(\dfrac{f_{i+1}^{j+1} - f_i^{j+1}}{\Delta x}\right) + (1-\theta)\left(\dfrac{f_{i+1}^j - f_i^j}{\Delta x}\right) \\[2mm] \left.\dfrac{\partial f}{\partial t}\right|_M = \dfrac{f_{i+1}^{j+1} + f_i^{j+1} - f_{i+1}^j - f_i^j}{2\Delta t} \end{array}\right\} \quad (3-20)$$

图 3-3 Preissmann 差分格式示意图

其中，e 为权重系数，考虑到增加计算的数值稳定性，取 $e=1.0$。对上述方程进行离散可得

$$\left.\begin{array}{l} -Q_i^{j+1} + Q_{i+1}^{j+1} + C_i Z_i^{j+1} + C_i Z_{i+1}^{j+1} = D_i \\[2mm] E_i Q_i^{j+1} + G_i Q_{i+1}^{j+1} - F_i Z_i^{j+1} + F_i Z_{i+1}^{j+1} = \Phi_i \end{array}\right\} \quad (3-21)$$

其中

$$C_i = \frac{\Delta x_i}{2\Delta t} B_{i+\frac{1}{2}}$$

$$D_i = \Delta x_i q_i + C_i(Z_i^j + Z_{i+1}^j)$$

$$E_i = \frac{\Delta x_i}{2\Delta t} - (\alpha u)_i^j + \frac{g}{2}\left(\frac{A\mid Q\mid}{K^2}\right)_i^j \Delta x_i$$

$$E_i = \frac{\Delta x_i}{2\Delta t} + (\alpha u)_{i+1}^j + \frac{g}{2}\left(\frac{A\mid Q\mid}{K^2}\right)_{i+1}^j \Delta x_i$$

$$F_i = g A_{i+\frac{1}{2}}^j$$

$$\Phi_i = \frac{\Delta x_i}{2\Delta t}(Q_i^j + Q_{i+1}^j)$$

为了书写方便起见，忽略式中表示时间的上标 $j+1$ 后，得到任一河段连续方程及动量方程的差分方程如下：

$$\left.\begin{array}{l} -Q_i + Q_{i+1} + C_i Z_i + C_i Z_{i+1} = D_i \\[2mm] E_i Q_i + G_i Q_{i+1} - F_i Z_i + F_i Z_{i+1} = \Phi_i \end{array}\right\} \quad (3-22)$$

3）求解方法。对方程的求解，可区分为外河道和内河道两种情况。当河道的一端有可直接利用的边界条件时，称之为外河道；当河道的两端都没有可直接利用的边界条件时，称之为内河道。

a. 外河道计算。如图 3-4 所示的外河道，首断面号 L_1，末断面号 L_2，假定首断面处的边界条件已知，该河道共有 $L_2 - L_1$ 个差分河段。

图 3-4 外河道分段示意图

可写出如下差分方程组：

$$\left.\begin{array}{r}-Q_{L_1}+Q_{L_1+1}+C_{L_1}Z_{L_1}+C_{L_1}Z_{L_1+1}=D_{L_1}\\E_{L_1}Q_{L_1}+G_{L_1}Q_{L_1+1}-F_{L_1}Z_{L_1}+F_{L_1}Z_{L_1+1}=\Phi_{L_1}\\\cdots\\-Q_i+Q_{i+1}+C_iZ_i+C_iZ_{i+1}=D_i\\E_iQ_i+G_iQ_{i+1}-F_iZ_i+F_iZ_{i+1}=\Phi_i\\\cdots\\-Q_{L_2-1}+Q_{L_2}+C_{L_2-1}Z_{L_2-1}+C_{L_2-1}Z_{L_2}=D_{L_2-1}\\E_{L_2-1}Q_{L_2-1}+G_{L_2-1}Q_{L_2}-F_{L_2-1}Z_{L_2-1}+F_{L_2-1}Z_{L_2}=\Phi_{L_2-1}\end{array}\right\}\qquad(3-23)$$

上式共有 $2(L_2-L_1)$ 个差分方程，包含 $2(L_2-L_1)+2$ 个未知量，考虑到首断面和末断面的边界条件有两个方程，这样可使代数方程组封闭，求得唯一解。对于首断面水位已知的边界条件，可设如下的追赶方程：

$$\begin{cases}Q_i=S_{i+1}-T_{i+1}Q_{i+1}\\Z_{i+1}=P_{i+1}-V_{i+1}Q_{i+1}\end{cases}(i=L_1,L_1+1,\cdots,L_2-1)\qquad(3-24)$$

因为

$$Z_{L_1}=Z_{L_1}(t)=P_{L_1}-V_{L_1}Q_{L_1}$$

所以

$$P_{L_1}=Z_{L_1}(t),V_{L_1}=0$$

代入 Z_i 表达式得

$$-Q_i+C_i(P_i-V_iQ_i)+Q_{i+1}+C_iZ_{i+1}=D_i\qquad(3-25)$$

$$E_iQ_i-F_i(P_i-V_iQ_i)+G_iQ_{i+1}+F_iZ_{i+1}=\Phi_i\qquad(3-26)$$

以 Q_{i+1} 为自由变量得

$$Q_i=S_{i+1}-T_{i+1}Q_{i+1}\qquad(3-27)$$

$$Z_{i+1}=P_{i+1}-V_{i+1}Q_{i+1}\qquad(3-28)$$

$$\left.\begin{array}{l}S_{i+1}=\dfrac{C_iY_2-F_iY_1}{F_iY_3+C_iY_4}\\[3mm]T_{i+1}=\dfrac{C_iG_i-F_i}{F_iY_3+C_iY_4}\\[3mm]P_{i+1}=\dfrac{Y_1+Y_3S_{i+1}}{C_i}\\[3mm]V_{i+1}=\dfrac{Y_3T_{i+1}+1}{C_i}\end{array}\right\}\qquad(3-29)$$

$$Y_1=D_i-C_iP_i\qquad(3-30)$$

$$Y_2=\Phi_i+F_iP_i\qquad(3-31)$$

$$Y_3=1+C_iV_i\qquad(3-32)$$

$$Y_4 = E_i + F_i V_i \tag{3-33}$$

由递推关系可得

$$Z_{L2} = P_{L2} - V_{L2} Q_{L2} \tag{3-34}$$

或者

$$Q_{L2} = \frac{P_{L2}}{V_{L2}} - \frac{1}{V_{L2}} \tag{3-35}$$

当下边界水位 Z_{L2} 求出后，回代可求出 Q_i、Z_i。

对于首断面流量已知的边界条件，可假设如下追赶关系：

$$\begin{cases} Z_i = S_{i+1} - T_{i+1} Z_{i+1} \\ Q_{i+1} = P_{i+1} - V_{i+1} Z_{i+1} \end{cases} (i = L_1, L_1 + 1, \cdots, L_2 - 1) \tag{3-36}$$

因为

$$Q_{L1} = Q_{L1}(t)$$

所以

$$P_{L1} = Q_{L1}(t), V_{L1} = 0$$

将 Q_i 表达式代入得

$$-(P_i - V_i Z_i) + C_i Z_i + Q_{i+1} + C_i Z_{i+1} = D_i \tag{3-37}$$

$$E_i(P_i - V_i Z_i) - F_i Z_i + G_i Q_{i+1} + F_i Z_{i+1} = \Phi_i \tag{3-38}$$

解得追赶系数表达式为

$$\left. \begin{array}{l} S_{i+1} = \dfrac{C_i Y_3 - Y_4}{Y_1 G_i + Y_2} \\[2mm] T_{i+1} = \dfrac{G_i C_i - F_i}{Y_1 G_i + Y_2} \\[2mm] P_{i+1} = Y_3 - Y_1 S_{i+1} \\[2mm] V_{i+1} = C_i - Y_1 T_{i+1} \end{array} \right\} \tag{3-39}$$

$$Y_1 = V_i + C_i \tag{3-40}$$

$$Y_2 = F_i + E_i V_i \tag{3-41}$$

$$Y_3 = D_i + P_i \tag{3-42}$$

$$Y_4 = \Phi_i - E_i P_i \tag{3-43}$$

可见由上述递推关系最后得

$$Q_{L2} = P_{L2} - V_{L2} Z_{L2} \tag{3-44}$$

当下边界水位 Z_{L2} 求出后，可依次回代求得 Z_i、Q_i。

对于首断面边界条件是水位流量关系 $Q = f(Z)$，线性化处理成

$$Q_{L_1} = P_{L_1} - V_{L_1} Z_{L_1} \tag{3-45}$$

即可与流量边界一样处理。

$$dQ_{L_1} = f'(Z_{L_1})dZ_{L_1} \tag{3-46}$$

$$Q_{L_1} - f(Z_{L_1}^0) = f'(Z_{L_1}^0)(Z_{L_1} - Z_{L_1}^0) \tag{3-47}$$

$$P_{L_1} = f(Z_{L_1}^0) - f'(Z_{L_1}^0)Z_{L_1}^0 \tag{3-48}$$

$$V_{L_1} = -f'(Z_{L_1}^0) \tag{3-49}$$

综上可见，无论什么边界条件，由递推关系都可以得到末断面流量表示成末断面水位的线性表达式：

$$Q_{L_2} = P_{L_2} - V_{L_2}Z_{L_2} \tag{3-50}$$

b. 内河道计算。如图 3-5 所示的内河道，首节点 Nb，末节点 Ne，首断面号 L_1，末断面 L_2，该河道共有 $L_2 - L_1$ 个差分河段。

图 3-5 内河道分段示意图

可写出差分方程组如下：

$$\begin{cases} -Q_i + Q_{i+1} + C_i Z_i + C_i Z_{i+1} = D_i \\ E_i Q_i + G_i Q_{i+1} - F_i Z_i + F_i Z_{i+1} = \Phi_i \end{cases} \quad (i = L_1, L_{1+1}, \cdots, L_{2-1}) \tag{3-51}$$

以首节点水位和末节点水位为自由变量，采用三系数追赶法消去中间断面的水位和流量，最后可得到首、末断面的流量表示为首、末节点水位的线性函数。具体求解过程如下：

由方程组最后两个方程式消去 QL_2 后得

$$Q_{L_2-1} = \alpha_{L_2-1} + \beta_{L_2-1} Z_{L_2-1} + \xi_{L_2-1} Z_{L_2} \tag{3-52}$$

其中

$$\alpha_{L_2-1} = \frac{\Phi_{L_2-1} - G_{L_2-1} D_{L_2-1}}{G_{L_2-1} + E_{L_2-1}}$$

$$\beta_{L_2-1} = \frac{C_{L_2-1} G_{L_2-1} + F_{L_2-1}}{C_{L_2-1} + E_{L_2-1}}$$

$$\gamma_{L_2-1} = \frac{C_{L_2-1} G_{L_2-1} - F_{L_2-1}}{G_{L_2-1} + E_{L_2-1}}$$

再将上面的表达式代入到方程组中倒数第二个河段的差分方程中，消去 Z_{L_2-1} 后得

$$Q_{L_2-2} = \alpha_{L_2-2} + \beta_{L_2-2} Z_{L_2-2} + \xi_{L_2-2} Z_{(J)} \tag{3-53}$$

其中

$$\alpha_{L_2-2} = \frac{Y_1(\Phi_{L_2-2} - G_{L_2-2}\alpha_{L_2-1}) - Y_2(D_{L_2-2} - \alpha_{L_2-1})}{Y_2 + Y_1 E_{L_2-2}}$$

$$\beta_{L_2-2} = \frac{Y_2 C_{L_2-1} + Y_1 F_{L_2-2}}{Y_2 + Y_1 E_{L_2-2}}$$

$$\xi_{L_2-2} = \frac{\xi_{L_2-1}(Y_2 - Y_1 G_{L_2-2})}{Y_2 + Y_1 E_{L_2-2}}$$

$$Y_1 = C_{L_2-2} + \beta_{L_2-1}$$

$$Y_2 = G_{L_2-2}\beta_{L_2-1} + F_{L_2-2}$$

依次由后向前把本断面流量表达成本断面水位和末节点水位的线性函数，递推公式如下：

$$Q_i = \alpha_i + \beta_i Z_i + \xi_i Z_{(J)} \tag{3-54}$$

式中系数由下列递推公式求得

$$\alpha_i = \frac{Y_1(\Phi_i - G_i \alpha_{i+1}) - Y_2(D_i - \alpha_{i+1})}{Y_2 + Y_1 E_i} \tag{3-55}$$

$$\beta_i = \frac{Y_2 C_i + Y_1 F_i}{Y_2 + Y_1 E_i} \tag{3-56}$$

$$\xi_i = \frac{\xi_{i+1}(Y_2 - Y_1 G_i)}{Y_2 + Y_1 E_i} \tag{3-57}$$

$$Y_1 = C_i + \beta_{i+1} \tag{3-58}$$

$$Y_2 = G_i \beta_{i+1} + F_i \tag{3-59}$$

同理，从第一河段开始，设法把断面流量表达成本断面水位和首节点水位的线性函数：

$$Q_i = \theta_i + \eta_i Z_i + \gamma_i Z_{(I)} \tag{3-60}$$

其中系数由下面的递推公式求得

$$\theta_i = \frac{Y_2(D_{i-1} + \theta_{i-1}) - Y_1(\Phi_{i-1} - E_{i-1}\theta_{i-1})}{Y_2 - G_{i-1}Y_1} \tag{3-61}$$

$$\eta_i = \frac{F_{i-1}Y_1 - C_{i-1}Y_2}{Y_2 - G_{i-1}Y_1} \tag{3-62}$$

$$\gamma_i = \frac{\gamma_{i-1}(Y_2 + E_{i-1}Y_1)}{Y_2 - G_{i-1}Y_1} \tag{3-63}$$

$$Y_1 = C_{i-1} - \eta_{i-1} \tag{3-64}$$

$$Y_2 = E_{i-1}\eta_{i-1} - F_{i-1} \tag{3-65}$$

对于 $i = L_{1+1}$ 有

$$\theta_{L_1+1} = \frac{E_{L_1} D_{L_1} + \Phi_{L_1}}{E_{L_1} + G_{L_1}} \tag{3-66}$$

$$\eta_{L_1+1} = -\frac{C_{L_1} E_{L_1} + F_{L_1}}{E_{L_1} + G_{L_1}} \tag{3-67}$$

$$\gamma_{L_1+1} = \frac{F_{L_1} - C_{L_1} E_{L_1}}{E_{L_1} + G_{L_1}} \tag{3-68}$$

由上述递推公式得

$$\begin{cases} Q_{L_1} = \alpha_{L_1} + \beta_{L_1} Z_{(Nb)} + \xi_{L_1} Z_{(Ne)} \\ Q_{L_2} = \theta_{L_2} + \eta_{L_2} Z_{(Ne)} + \gamma_{L_2} Z_{(Nb)} \end{cases} \tag{3-69}$$

式中：Z_{Nb} 为首节点水位；Z_{Ne} 为末节点水位，即首、末断面流量表达为首、末节点水位的线性组合。在计算递推式时需要保存六个追赶系数。一旦首、末节点水位求得后，对同一断面的流量有

$$\begin{cases} Q_i = \alpha_i + \beta_i Z_i + \xi_i Z_{(Ne)} \\ Q_i = \theta_i + \eta_i Z_i + \gamma_i Z_{(Nb)} \end{cases} \tag{3-70}$$

联立求解得

$$Z_i = -\frac{\theta_i - \alpha_i + \gamma_i Z_{(Nb)} - \xi_i Z_{(Ne)}}{n_i - \beta_i} \tag{3-71}$$

求得 Z_i 后，代入即可得 Q_i。

4）概化处理。

a. 行洪滩地概化。数值模拟河道水流，计算中需要应用河道断面的水力要素，这些是由大断面资料概化整理得到的。对一般的河道大断面，都存在行洪滩地，必须对行洪滩地作必要的概化，处理成动量校正系数 α，才能使计算符合实际。

当河道只有一个主槽时，$\alpha = 1.0$，当河道有若干个主槽和滩地时，在主槽和滩地摩阻比降相等的假定下，可得

$$\alpha = \frac{A}{K^2} \sum_{i=1}^{m} \left(\frac{K_i^2}{A_i} \right) \tag{3-72}$$

式中：m 为主槽和滩地的分块个数；A_i、K_i 为第 i 分块的过水面积与流量模数；A、K 为断面总的过水面积与流量模数。

所以 α 是断面位置及水位的函数，α 值也像河道断面资料（河宽、过水面积）一样，可以先整理成 $\alpha = \alpha(x, z)$ 作为基本原始资料。

b. 平原河网概化。平原流域河网密度较大，大河有限，而小河无数。若把大河小沟统统考虑势必使得河网十分庞大，以致难以模拟。实际上，过细的考虑也是不必要的。所以，必须抓住主要因素——骨干河道。以骨干河道为基础，进行河网的概化，以概化的河网模拟流域河网。河网概化的基本原则是概化河网的水力特性与实际河网等效，即按等效原理对河道断面要素进行概化模拟。

a）串联河道。若一条概化河道是由 L 个不同断面的河段串联而成的，则概化河道的水位落差应等于原河道各段的落差之和，即

$$\Delta Z_m = \sum_{i=1}^{L} \Delta Z_i \tag{3-73}$$

式中：ΔZ_m 为概化河道的水位总落差，m；ΔZ_i 为原河道中第 i 河段的水位落差，m；L 为原串联河道的河段数。

设概化河道的过流能力与原河道相等，有

$$Q_1 = Q_2 = \cdots = Q_L = Q \tag{3-74}$$

流量由谢才公式计算有

$$Q = \frac{A}{n} R^{\frac{2}{3}} I^{\frac{1}{2}} = K \sqrt{\frac{\Delta Z}{\Delta S}} \tag{3-75}$$

式中：A 为河道的过水断面积，m^2；n 为河道糙率系数；R 河道水力半径，m；I 为河道比降；ΔZ 为河道两端水位落差，m；ΔS 为河道长度，m；K 为河道的流量模数。

将式（3-73）和式（3-74）代入得

$$\frac{Q^2 \Delta S}{K_m^2} = \sum_{i=1}^{L} \frac{Q^2 \Delta S_i}{K_i^2} \qquad (3-76)$$

即

$$\frac{1}{K_m^2} = \sum_{i=1}^{L} \frac{\Delta S_i}{\Delta S} \frac{1}{K_i^2} \qquad (3-77)$$

由此可计算概化河道的流量模数 K_m。考虑概化河道的调蓄能力与原河道相等，可得概化河道的断面宽为以河段长度为权重的加权平均值，即

$$B_m = \sum_{i=1}^{L} \frac{\Delta S_i}{\Delta S} B_i \qquad (3-78)$$

$$S_m = \sum_{i=1}^{L} \frac{\Delta S_i}{\Delta S} Sl_i \qquad (3-79)$$

因此，概化河道的面积可由下式计算：

$$A_m = (n K_m B_m^{\frac{2}{3}})^{\frac{3}{5}} \qquad (3-80)$$

式中：A_m、B_m、S_m 分别为概化河道的断面积，m^2、断面宽，m 及河槽边坡。由此，可用概化河道模拟原河道。

b）并联河道。若概化河道由 L 条河道并联而成，则概化河道的过流能力必须等于原 L 条河道的过流能力之和，且令概化河道的水位落差与原各条河道的水位落差相等，即

$$Q_m = \sum_{i=1}^{L} Q_i \qquad (3-81)$$

$$\Delta Z_m = \Delta Z_1 = \cdots = \Delta Z_L \qquad (3-82)$$

代入得到

$$K_m \sqrt{\frac{\Delta Z_m}{\Delta S_m}} = \sum_{i=1}^{L} K_i \sqrt{\frac{\Delta Z_i}{\Delta S_i}} \qquad (3-83)$$

同时考虑有

$$\frac{K_m}{\sqrt{\Delta S_m}} = \sum_{i=1}^{L} \frac{K_i}{\sqrt{\Delta S_i}} \qquad (3-84)$$

考虑到概化河道的调蓄能力与原河道相等，则

$$B_m = \sum_{i=1}^{L} B_i \qquad (3-85)$$

$$\Delta S_m = \sum_{i=1}^{L} \frac{B_i}{B_m} \Delta S_i \qquad (3-86)$$

$$Sl_m = \sum_{i=1}^{L} Sl_i \qquad (3-87)$$

131

因此，由参数 A_m、B_m、S_m 表示的概化河道可以模拟原并联河道。

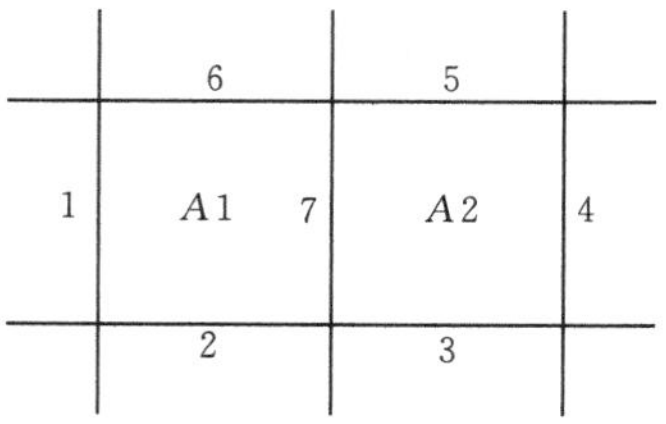

图 3-6　附加滩地宽度分区示意图

c）附加滩地宽度。在平原河网概化中，主要考虑骨干河道及较大湖泊，而河道的滩地及小河、小沟、小塘等难以完全考虑，这些因素对河道的输水能力影响不大，但其调蓄能力不可忽略；否则，概化河网的蓄水容积与实际不符。为此引进附加滩地宽度的概念（图 3-6），以反映这些容积的调蓄作用。

为了将降雨所产生的水量分配到计算的各河道以及考虑流域的调蓄，引进陆域宽度的概念。$A1$、$A2$ 各为四周河道所围面积，L_1、L_2、…、L_7 分别为各河段长度，降落在 $A1$ 上的净雨最终必须汇集到包围它的四周河道中。假定汇集沿河长呈均匀分配，因此有：

$$B_1 = \frac{A1}{L_1 + L_2 + L_6 + L_7} \tag{3-88}$$

B_1 为单位河长的集水面积，m，称为陆域宽度。同理，在 $A2$ 面积上也可求得单位河长的集水面积 B_2：

$$B_2 = \frac{A2}{L_3 + L_4 + L_5 + L_7} \tag{3-89}$$

所以，河段 7 其单位河长的集水面积为 $W_7 = B_1 + B_2$，称 W_7 为河段 7 的陆域宽度。

用 B_1 表示河道的附加滩地宽度，并认为与陆域宽度 W 有如下关系：

$$B_1 = (\alpha + \beta z)W \tag{3-90}$$

式中：z 为水位；α、β 为容积修正系数，其确定原则是概化河网容积曲线与实际容积曲线相一致来确定。

引进附加滩地宽度的概念后，基本方程修正为 Abbott 采用的方程：

$$\left. \begin{aligned} &(B + B_t)\frac{\partial Z}{\partial t} + \frac{\partial Q}{\partial x} = q \\ &\frac{\partial Q}{\partial t} + \frac{\partial}{\partial x}\left(\frac{Q^2}{A}\right) + gA\frac{\partial Z}{\partial x} + gA\frac{|Q|Q}{K^2} = 0 \end{aligned} \right\} \tag{3-91}$$

（2）二维水流模型。

描述二维水流运动的基本方程是浅水波方程：

$$\left. \begin{aligned} &\frac{\partial Z}{\partial t} + \frac{\partial U}{\partial x} + \frac{\partial V}{\partial y} = 0 \\ &\frac{\partial U}{\partial t} + u\frac{\partial U}{\partial x} + v\frac{\partial U}{\partial y} + gh\frac{\partial Z}{\partial x} + gU\frac{\sqrt{u^2 + v^2}}{c^2 h} - c_w|\bar{W}|W_x - fV = v\bar{V}^2 U \\ &\frac{\partial V}{\partial t} + u\frac{\partial V}{\partial x} + v\frac{\partial V}{\partial y} + gh\frac{\partial Z}{\partial y} + gV\frac{\sqrt{u^2 + v^2}}{c^2 h} - c_w|\bar{W}|W_y + fU = v\bar{V}^2 V \end{aligned} \right\} \tag{3-92}$$

式中：x、y、t 分别为平面坐标和时间，Z、U、V 分别为水位和 x、y 方向的流速，$H = Z - Z_d$ 为水深，Z_d 为河床高程；$U = uh$ 和 $V = vh$ 分别为沿 x 和 y 方向的单宽流量；c_w 为风应力系数；w 为风速的大小；f 为柯氏力系数；g 为重力加速度。

初始条件:

$$\begin{cases} U(x,y,t_0) = U_0(x,y) \\ V(x,y,t_0) = V_0(x,y) \\ Z(x,y,t_0) = Z_0(x,y) \end{cases} \tag{3-93}$$

边界条件:

开边界:

$$\left. \begin{array}{l} Z_b = Z_{b(t)} \\ \dfrac{\partial \overline{V}}{\partial n} = 0 \end{array} \right\} \tag{3-94}$$

陆地边界:

$$\overrightarrow{V} \cdot \overrightarrow{n} = 0 \tag{3-95}$$

(3)连系水流模型。

有时水力学洪水预报运动模型由零维、一维、二维模型组成,各模型必须耦合才能求解,模型的耦合是通过连系来实现的。连系就是各种基本元素的连接关系,主要是指洪水计算区域内控制水流运动的堰、闸、分洪或溃口口门等。连系的过流流量可以用水力学的方法来模拟。根据连系是否考虑局部水头损失与沿程水头损失,可分为堰型连系与河道型连系。

1)河道型连系。对于河道型连系,概化为棱柱形河道。其过流能力由谢才公式有

$$Q = cA\sqrt{RI} = cA\sqrt{R\frac{\Delta Z}{\Delta S}} \tag{3-96}$$

用初值线性化得

$$Q^{n+1} = \left[cA\sqrt{\frac{R}{\Delta S(Z_a - Z_b)}} \right](Z_a^{n+1} - Z_b^{n+1}) = \alpha(Z_a^{n+1} - Z_b^{n+1}) \tag{3-97}$$

2)堰型连系。堰型连系概化为宽顶堰。宽顶堰上的水流可分为自由出流、淹没出流两种流态,不同流态采用相应的计算公式。

当出流为自由出流时:

$$Q = mB\sqrt{2g}H^{\frac{3}{2}} \tag{3-98}$$

当出流为淹没出流时:

$$Q = \varphi_m B h_s \sqrt{2g(Z_a - Z_b)} \tag{3-99}$$

式中:B 为堰宽;Z_d 为堰顶高程;Z_a 为堰上水位;Z_b 为堰下水位;$H_0 = Z_a - Z_b$,$hs = Z_b - Z_d$;m 为自由出流流量系数,一般取 $0.325 \sim 0.385$;φ_m 为淹没出流流量系数。

对自由出流流态,公式离散可得

$$Q = \alpha_f Z_a + \beta_f \tag{3-100}$$

对淹没出流流态,公式离散后得

$$Q = \alpha_s (Z_a - Z_b) \tag{3-101}$$

式中与 Z_a、Z_b 有关的系数，一般常采用时段初水位来计算，有时为了提高计算精度，可采用迭代法计算。

（4）区间入流模型。

计算域内区间入流模型，主要是计算模拟水动力模拟模型的旁侧入流情况。只有旁侧入流条件已知，水动力模拟模型才适定可解。区间入流一般无实测资料，对这些无资料地区的降雨产流计算可根据区域情况采用适宜的水文模型，但这部分径流如何汇入相应河道，其模拟得正确与否，对模型精度起着相当重要的作用。根据当地的具体情况，可分别按如下的方式进行处理。

1）平原河网的区间入流模型。平原河网的区间入流模拟可以采用陆域宽度的概念，根据降雨资料，采用合适的水文模型（如新安江模型）计算产流的净雨 r，由净雨 r 和陆域宽度计算旁侧入流：

$$q = W \frac{\mathrm{d}r}{\mathrm{d}t} \tag{3-102}$$

其中：W 为陆域宽度，m；$\frac{\mathrm{d}r}{\mathrm{d}t}$ 为单位时间的净雨量，m/s。

2）干流河道的区间入流模拟。干流河道的区间入流，一般是以支流的形式存在的，这些小支流都没有实测的资料。对这些无资料地区的降雨产流计算可根据区域情况采用合适的水文模型模拟，根据入流点的具体情况，可分别按如下的方式进行处理。

入流点位于调蓄单元的区域：这些地区径流流出是通过闸、口门等形式流入到相应的干流中。这一类区域处理较简单，只需将径流直接加进相应单元中即可，方程中的 Q 就包括了这些径流，然后利用出口闸、口门等水利设施的连系计算出其相应的流量过程。

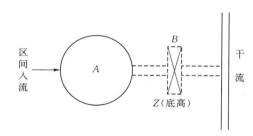

图 3-7　入流点位于河道干流区域
模拟示意图

入流点位于河道干流的区域：这部分无资料地区的径流特点是，径流不能完全流入到相应的干流中去，有大部分水量先储蓄在这些区域内，待干流退水时才有可能流出，而且这些水流流入到干流中的情况是非常复杂的，它们通过涵洞、小沟等形式与干流相通。这些涵洞、小沟等不可能有详细的资料，采用下面的处理来模拟。如图 3-7 所示，设想这部分水流流入到面积为 A 的假想水库中，该水库与干流有一堰相连接，该堰的宽度为 B、底高为 Z，这样引进了三个参数 A、B、Z。计算堰的出流过程来模拟这部分径流汇入干流的过程。

通过上述处理，可将无资料的区间径流统一概化成一种形式，将无资料区间径流直接加到相应调蓄单元内，利用连系与干流相连接。

第二节　洪水分析计算

洪水分析计算的主要内容包括边界条件确定和洪水运动过程分析。在开展洪水风险图制作、防洪影响评价、河道综合整治规划等业务时，边界条件一般是采用设计洪水过程条件，所以在进行洪水运动过程分析前，首先要进行设计洪水计算的工作。洪水运动过程分析依据实际应用目的和资料的完备程度，常用的分析方法有水文方法、水动力方法或两者相结合的方法。水文方法包括第一节所述的流域产汇流计算方法、马斯京根河道洪水演算方法等，也包括水量平衡方法。本节以设计洪水计算与水动力学洪水分析为主，介绍相关方法、模型和技术。

一、设计洪水计算

（一）设计洪水

设计洪水是指为防洪等工程设计而拟定的、符合指定防洪设计标准的、当地可能出现的洪水，即防洪规划和防洪工程预计设防的最大洪水。设计洪水的内容包括设计洪峰、不同时段的设计洪量、设计洪水过程线、设计洪水的地区组成和分期设计洪水等。

我国目前是选定某一合适的频率（洪水出现的机会）作为设计洪水的标准。水利水电工程的洪水标准按防洪对象的性质划分为两大类：水工建筑物设计的洪水标准（简称为"设计标准"，即工程本身的防洪标准）和防护对象的防洪标准（即下游地区的防洪标准，简称"防洪标准"）。设计标准取决于建筑物的等级，而建筑物等级是由工程规模决定的。对设计永久性水工建筑物的洪水标准又分为两种情况：一是正常运用情况的标准，称为设计标准，这种标准的洪水称为设计洪水，不超过这种标准的洪水来临时，水利枢纽一切工作维持正常状态；二是非常运用情况的标准，称为校核标准，这种标准的洪水称校为核供水，这种洪水来临时，水利枢纽的某些正常工作可以暂时被破坏，但主要建筑物必须确保安全。校核洪水大于设计洪水，例如某工程属二等建筑物，枢纽中永久建筑物属 2 级，因此，设计标准的频率为 $P=1\%$，即 100 年一遇；校核标准为 $P=0.1\%$，即 1000 年一遇，为此，要计算出 100 年一遇和 1000 年一遇的洪水，以供水工建筑物设计时应用。

设计洪水标准以设计频率表示，为便于理解，常用重现期或多少年一遇洪水表达。例如设计频率 $P=1\%$ 的洪水，重现期 $T=100$ 年，称其为 100 年一遇洪水。频率与重现期的关系如下式：

$$T = \frac{1}{P} \tag{3-103}$$

式中：T 为重现期，年；P 为频率，以小数或百分数计。

由于水文现象为随机事件，并无固定的周期性，所谓 100 年一遇的洪水，是指大于或等于这样的洪水在长时期内平均 100 年可能发生 1 次，而不能认为每隔 100 年必然遇上 1 次。

（二）设计洪水计算

1. 概述

设计洪水一般是由三个控制性要素来描述：设计洪峰流量，是设计洪水过程线中的最大流量 Q_m；设计洪水总量，是设计洪水过程线所包含的径流总量 W；洪水历时，是设计洪水过程线的底宽 T。三个要素综合起来可用设计洪水过程线来反映。因此，推求设计洪水，就是求出设计洪水过程线。

推求设计洪水时依据的实测流量资料情况不同，计算途径基本上分为两类：

（1）由流量资料推求设计洪水，当设计断面的流量资料充分时，可采用该法推求。

（2）由暴雨资料推求设计洪水，当设计断面的实测流量资料不足时，或需要用可能最大暴雨推求可能最大洪水时，则用该法推求。

暴雨洪水等水文要素，其出现都具有一定的随机性，可以看做是一种近似服从某种统计规律的随机事件。根据这一认识，设计洪水计算，是将洪水作为随机变量，采用频率计算法，推求某一频率的设计洪水。

水文频率计算，是根据实测的某一水文系列（例如一系列实测的历年最大洪峰流量，称为"样本"），计算系列中各随机变量值的经验频率，由此求得与经验频率点配合最好的以频率函数表达的频率曲线，称为理论频率曲线，然后按照要求的设计频率，即可在该线上查得设计值。

用下面的经验频率公式计算某变量值的经验频率：

$$P = \frac{m}{n+1} \times 100\% \tag{3-104}$$

式中：P 为随机变量的经验频率，%；m 为随机变量值从大至小的排列序号；n 为称样本容量，即样本系列的总项数。

水文上把由频率函数表示的且能与经验频率点群配合良好的频率曲线称为理论频率曲线，它近似反映总体的频率分布。因此，常用它对未来的水文情况进行预测。根据我国水文计算的大量经验，理论频率曲线一般都采用皮尔逊Ⅲ型（简称"皮Ⅲ型"）分布，其中有均值、变差系数、偏差系数三个统计参数，按照与经验频率点群配合最佳的原则选定理论频率曲线。

皮Ⅲ型分布函数为：

$$P = \frac{\beta^i}{\Gamma(\alpha)} \int_{x_P}^{\infty} (x-a_0)^{a-1} e\{-\beta(x-a_0)\} dx \tag{3-105}$$

式中：$\alpha = \dfrac{4}{C_s^2}$；$\beta = \dfrac{2}{\overline{x} C_v C_s}$；$a_0 = \overline{x}\left(1 + \dfrac{2C_v}{C_s}\right)$；$x$ 为随机变量值；P 为 x 的累积频率，简称频率；$\overline{x}$ 为均值；C_v 为变差系数；C_s 为偏差系数。

为了确定一条与经验频率点据适配理论频率曲线，需初步估算出频率函数中的统计参数，对于皮Ⅲ型曲线来说，则是由样本系列估算均值、变差系数、偏差系数。

均值，也称算术平均数，代表样本系列的平均情况。估算公式为

$$\overline{x} = \frac{1}{n} \sum_{i=1}^{n} x_i \tag{3-106}$$

变差系数反映系列变量值对于均值的相对离散程度。C_v 大，说明系列变量分布相对于均值比较离散；反之，说明分布比较集中。由样本系列估算的公式为

$$C_v = \frac{1}{\overline{x}} \sqrt{\frac{\sum_{i=1}^{n} (x_i - \overline{x})^2}{n-1}} \tag{3-107}$$

C_v 只能反映系列的离散程度，不能反映系列在均值两旁是否对称和不对称的程度。为表达系列相对于均值的对称程度，水文上采用偏差系数 C_s 来描述，其估算公式为

$$C_s = \frac{\sum\limits_{i=1}^{n} (x_i - x)^3}{(n-3)(\bar{x}C_v)^3} = \frac{\sum\limits_{i=1}^{n} (K_i - 1)^3}{(n-3)C_v^3} \tag{3-108}$$

当 $C_s = 0$ 时，随机变量大于均值与小于均值的出现机会均等，均值对应的频率为 50%，称为正态分布；$C_s > 0$ 时，表示大于均值的变量出现的机会比小于均值的变量出现的机会少，称为正偏分布，水文分布多属于此；$C_s < 0$ 时，分布情况正好与 $C_s > 0$ 的情况相反，称为负偏分布。由于水文样本系列一般仅有几十年，采用上式估算 C_s 误差很大。因此，一般都不用上式估算，而是在配线时根据 C_s/C_v 的经验值初估。

适线法也称配线法，是以经验频率点据为基准，给它选配一条拟合最好的理论频率曲线，以此代表水文系列的总体分布。把实测资料按由大至小的顺序排列，计算各项的经验频率，并与相应的变量一起点绘于频率格纸上，C_s 按经验初选，由选定的线型和估算的 $\bar{x}$、C_v、C_s 得各 P 值的 K_p，再算得各 P 值对应的 x_p，依此在绘有经验频率点的频率格纸上绘一条理论频率曲线，如果与经验点配合良好，则该理论频率曲线就是要确定的理论频率曲线。否则，应对初估参数适当修正，直至配合最好为止。修改参数时，应首先考虑改变 C_s，其次考虑修改 C_v，必要时也可适当调整 $\bar{x}$。

已知设计频率 P，可在确定的理论频率曲线上直接读取与 P 对应的变量值 x_p，此即推求的设计值。配线法得到的成果仍具有抽样误差，而这种误差目前还难以精确估算，因此对于工程上最终采用的频率曲线及其相应的统计参数，不仅要求从水文统计方面分析，而且还要密切结合水文现象的物理成因及地区分布规律进行综合分析。

2. 由流量资料推求设计洪水

当研究断面有比较充分的实测流量资料时，可采用流量资料推求设计洪水，其计算过程为：①洪水资料审查，以取得具有可靠性、一致性和代表性的资料；②选样，从每年洪水中选取符合要求的洪峰流量和洪量，组成各种统计系列；③频率计算，推求设计洪峰和设计洪量；④选择典型洪水过程线，根据设计洪峰和设计洪量进行放大，得设计洪水过程线。

对洪水系列资料要作"三性审查"，即作资料的可靠性、一致性、代表性审查。资料可靠性审查包括审查资料的测验方法、整编方法和成果质量，特别是审查观测和整编质量较差的年份，了解水尺位置、零点高程、水准基面的变动情况；汛期是否有水位观测中断的情况；测流断面有否冲淤变化；水位-流量关系曲线的延长是否合理等。如发现问题，应会同原整编单位作进一步审查和必要的修改。资料的一致性表现在流域的气候条件和下垫面条件的稳定性上，如果气候条件或下垫面条件有显著变化，则资料的一致性就遭到破坏。一般认为，流域的气候条件变化在几十年或几百年间是相对稳定的。而下垫面条件，可能由于人类活动而迅速变化。如测流断面上游修建了引水工程，则工程建成前后下游水文站所测得的实测资料的一致性就被破坏了。对于前后不一致的资料，应还原为同一性质的系列。由于上游的槽蓄作用减少或增加，分洪、决堤等影响到下游站的洪水，可用洪

水演进的办法来还原。资料的代表性是指样本资料的统计特性能否很好地反映总体的统计特性。在频率计算中，则表现为样本的频率分布能否很好地反映总体的概率分布。若样本的代表性不好，就会给设计成果带来误差。由于总体的概率分布未知，代表性的鉴别一般只能通过更长期的其他相关系列作比较来衡量。

对于代表性不好的洪峰系列，应设法加以展延，以增加其代表性，因为样本容量越大越能代表总体。为了增加样本的代表性，一般采用下面两种方法展延洪峰流量系列：

（1）将同一条河流上下游站或邻近河流测站的洪峰与设计站同一次洪峰建立相关关系，以插补设计站短缺的洪峰资料。

（2）如果设计流域内的面雨量记录较长，可用产、汇流计算的方法由暴雨资料来插补延长洪峰流量资料。由于影响洪峰流量的因素极为复杂，用上述方法有时得不到满意的结果。目前在设计洪水计算中，更重要的是利用特大洪水的处理来提高资料的代表性。根据历史文献、洪痕及古洪水调查推算历史洪水，往往可以调查到 100 年乃至上千年以来发生过的特大洪水。

洪水在一年之内往往发生几次，有时某一年的次大洪峰流量比另一年的最大洪峰流量还要大很多，所以洪水有如何选择样本的问题，而我国洪峰选样是规定采用年最大值法，即从 n 年资料中每年选一个最大的洪峰流量，组成 n 年样本系列。

年最大流量可以从水文年鉴上直接查得，而某一历时的年最大洪水总量则要根据洪水水文要素摘录表的数据用面积包围法（梯形面积法）分别算出。

有了设计洪峰和设计洪量，还要按典型洪水分配推求设计洪水过程线，才能够反映出设计洪水的全部特征。

1. 典型洪水的选择

对于设计标准较低的水利工程，可选用洪峰流量与设计洪峰相近的洪水为典型洪水；对于设计标准较高的水利工程，设计频率较小，为安全着想，应该选最危险的洪水为典型，具体地说，就是选"峰高量大、主峰偏后"的典型洪水。大洪水峰高量大，而主峰又偏后，则第一次小洪峰已占用了部分防洪库容，大洪峰到来，对水库的威胁更大。因此，选最危险的洪水为典型来进行设计，工程的安全就有了较可靠的保证。

2. 按典型放大

将设计洪峰、设计洪量按典型放大为设计洪水过程线，有同倍比放大和同频率放大两种方法。

（1）同倍比放大法。

令洪水历时 T 固定，将典型洪水过程线的纵高都按同一比例系数放大，即为设计洪水过程线。采用的比例系数又分按峰放大和按量放大两种情况。

（2）同频率放大法。

在放大典型过程线时，若按洪峰和不同历时的洪量分别采用不同倍比，便可使放大后的过程线的洪峰及各种历时的洪量分别等于设计洪峰和设计洪量。也就是说，放大后的过程线，其洪峰流量和各种历时的洪水总量都符合同一设计频率，故称为"同频率放大法"。此法能适应多种防洪工程的特性，目前大、中型水库规划设计主要采用此法。

求出设计洪水之后，需检查其合理性，如果发现与一般规律有矛盾，要分析其原因，以避免差错，尽可能提高精度。常用的检查方法有三种：①本站洪峰及各种历时洪量的频率计算成果互相比较；②与上、下游及邻近河流的频率计算成果相比较；③与暴雨频率计算成果对比。

3. 由暴雨资料推求设计洪水

由暴雨资料推求设计洪水是以降雨形成洪水的理论为基础的。按照暴雨洪水的形成过程，推求设计洪水可分三步进行：①推求设计暴雨，同频率放大法求不同历时指定频率的设计雨量及暴雨过程；②推求设计净雨，设计暴雨扣除损失就是设计净雨；③推求设计洪水，应用单位线法等对设计净雨进行汇流计算，即得流域出口断面的设计洪水过程。

（1）设计暴雨计算。

关于设计暴雨，一些研究成果表明，对于中小流域，大体上可以认为某一频率的暴雨将形成同一频率的洪水，即假定暴雨与洪水同频率。因此，推求设计暴雨就是推求与设计洪水同频率的暴雨。当流域暴雨资料充分时，可以把流域面雨量作为研究对象。概念上，即先求得各年各场大暴雨的各种历时的面雨量，然后按各指定的统计历时，组成相应的统计系列。各样本系列选定后，即可按照一般程序进行频率计算，求出各种历时暴雨量的频率曲线。然后依设计频率，在曲线上查得各统计历时的设计雨量。

目前我国暴雨量频率计算的方法、线型、经验频率公式等与洪水频率计算相同。当设计流域雨量站太少，各雨量站观测资料太缺乏；或虽然站点较多、观测资料也不算少，但各站资料起讫年份不一致；或流域太小，没有雨量站等，在这些情况下，雨量频率计算的方法则不能应用。另外，由于相邻站同次暴雨相关性很差，难以用相关法插补展延以解决资料不足问题，此时多采用间接方法来推求设计面雨量，即先求出流域中心处的设计点雨量，然后再通过点雨量和面雨量之间的关系（简称"暴雨点面关系"），间接求得指定频率的设计面雨量。

拟定设计暴雨过程的方法也与设计洪水过程线的确定类似，首先选定一次典型暴雨过程，然后以各历时设计雨量为控制进行缩放，即得设计暴雨过程。选择典型暴雨时，原则上应在各年的面雨量过程中选取。典型暴雨的选取，首先考虑所选典型暴雨的分配过程应是设计条件下比较容易发生的，其次考虑对工程不利。所谓比较容易发生，首先是从量上来考虑，即应使典型暴雨的雨量接近设计暴雨的雨量；其次是要使所选典型的雨峰个数、主雨峰位置和实际降雨历时是大暴雨中常见的情况，即这种雨型在大暴雨中出现的次数较多。典型暴雨过程的缩放方法与设计洪水的典型过程缩放计算基本相同，一般均采用同频率放大法。即先由各历时的设计雨量和典型暴雨过程计算各段放大倍比，然后与对应的各时段典型雨量相乘，得设计暴雨在各时段的雨量，此即为推求的设计暴雨过程。

（2）设计净雨计算。

求得设计暴雨之后还要推求设计净雨，再由此净雨过程推求设计洪水过程。设计暴雨扣损与由实际暴雨推求净雨过程的计算原则上是相同的。由设计暴雨推求设计净雨一般分为以下三个步骤进行。

1）拟定设计流域的产流计算方案。根据本流域的特点、资料情况、过去的经验和设计上的要求等综合考虑选择产流计算方法。无论采用何种产流计算方法，都应通过实际资料的检验，论证所选用的方案是合理的，应用于设计条件是可行的，以保证设计净雨的精度。设计流域缺乏降雨径流观测资料时，一般可按省（自治区、直辖市）水文手册上的资料计算。

2）确定设计暴雨的前期流域蓄水量或前期影响雨量。

3）推求设计净雨过程。根据设计的 P_a、p 和拟定的产流计算方案，将设计暴雨过程转化为设计净雨过程。但必须注意，设计暴雨，尤其是可能最大暴雨往往比实测的暴雨大得多，因此，应用降雨地面径流相关图法和初损后损法时，将有一个向设计条件外延的问题。此时，应结合产流机制和本地区的实测特大暴雨洪水资料进行分析，将产流方案外延到设计暴雨或可能最大暴雨的情况，然后再求设计地面净雨或可能最大地面净雨。若应用蓄满产流计算方案则无此问题，因为全流域蓄满后，降雨总径流相关图变成一组 $45°$ 的平行线，稳定下渗率 f_c 仍保持不变，可像一般情况一样，求得设计地面净雨过程和地下净雨过程。

（3）由设计净雨推求设计洪水。

由设计净雨推求设计洪水的步骤如下：

1）拟定地面汇流计算方案。当流域有部分同期的暴雨和径流资料时，一般采用单位线法作汇流计算。但在选择单位线时，要考虑设计暴雨的大小及暴雨中心位置，选用相应的单位线。例如对于可能最大暴雨，应选择由特大洪水分析的单位线，或作过非线性校正的单位线。当流域缺乏同期的暴雨、径流资料时，可采用综合单位线法、推理公式法等进行计算。

2）选定地下径流计算方案。计算设计洪水的地下径流过程，对于罕见的设计洪水，地下径流所占比重甚小，因此常采用简化的方法估算。例如可从过去发生的洪水基流中，选一个平均情况或比平均情况偏大一些的基流作为设计洪水的地下径流。当地下径流较大时，可考虑用地下汇流的方法计算。

3）计算设计洪水。将设计的地面径流过程与设计的地下径流过程叠加，即得设计洪水过程线。

如果洪水流量和雨量资料均短缺，可在自然地理条件相似的地区，对有资料流域的洪水流量、雨量和历史洪水资料进行分析和综合，绘制成各种重现期的洪峰流量、雨量、产流参数和汇流参数等值线图，或将这些参数与流域自然地理特征（流域面积和河道比降等）建立经验关系，然后借助这些图表和经验关系推算设计地点的设计洪水。

4. 设计洪水的地区组成

设计洪水的地区组成指当河流设计断面发生设计频率的洪水时，其上游各控制断面和区间相应的洪峰、洪量和洪水过程线，它表示下游断面的设计洪水和上游各个控制断面设计洪水之间的关系。在制定流域开发方案、分析单一水库的防洪作用和研究梯级水库或水库群的联合调洪作用时，需分析设计洪水的地区组成。为了分析和比较设计洪水不同地区组成的防洪效果，常需拟定若干种地区组成方案，经调洪演算和综合分析，从中选取能满足工程设计要求的，作为设计的依据。

设计洪水地区组成的计算方法如下：

（1）典型年法。即从实测资料中选出若干次在地区组成上具有一定代表性的（如洪水主要来自上游，或主要来自区间，或在全流域均匀分布）、对防洪不利的大洪水作为典型洪水，以设计断面某一时段设计洪量为控制，按同一倍比对各断面及区间同一时段的典型洪水进行放大，求得各断面及区间相应的洪量或洪水过程线。

（2）同频率地区组成法。指根据防洪要求，选定某一时段一个分区的洪量与设计断面的洪量为同频率，其余各分区的相应洪量和某一次洪水的地区组成作为典型进行分配，并以同频率洪量和分配的时段洪量作为控制，放大典型过程线作为设计洪水和各地区的相应洪水过程线。

5. 分期设计洪水

分期设计洪水指年内不同季节或时期，如丰水期、平水期、枯水期或其他指定时期的设计洪水。在水库调度运用、施工期防洪设计或其他需要时，要求计算分期的设计洪水。分期的原则如下：

（1）使各分期的洪水不仅在成因上，而且在数量级和洪水特性等方面有明显差异。一般根据洪水成因，把全年划分为暴雨洪水期、凌汛期和融雪洪水期等。在可能的条件下，暴雨洪水期还可进一步划分为梅雨期和台风雨期等。

（2）满足工程设计的需要。例如，为选择截流时间，合理安排施工计划，常需求出枯水期、平水期和洪水期的设计洪水或分月设计洪水。分期一般不宜短于 1 个月。分期设计洪水的计算方法原则上与全年设计洪水的计算方法相同，但其计算成果一般误差较大，要作认真的合理性分析。

二、水动力方法

水动力方法能够分析得到研究区域内所需的各类水力要素信息（水位、流速、流量及其过程等），在防洪规划、洪水预报、洪水调度、洪水评价、洪水预警、应急响应等领域的应用日益广泛。就空间维数而言，主要有一维、二维和三维水动力分析方法，在防洪减灾领域的具体应用中，多以一维和二维的洪水分析为主，属于浅水动力学的范畴。

（一）计算方法

浅水动力学计算方法，按离散基本原理可以分为特征线法（MOC）、有限差分法（FDM）、有限元法（FEM）和有限体积法（FVM）。

1. 特征线法（MOC）

自 20 世纪 50 年代初提出特征线法，迄今为止仍在不断改进。特征线法是求解双曲型偏微分方程最精确的数值解法，其基本思想在于对一阶拟线性双曲型偏微分方程利用二维空间的特征理论，可导出两族特征曲面和相应的特征关系式，对特征关系式进行离散求解可得到变量的数值解。特征线法的物理概念非常明确，数学分析严谨，计算精度较高，对于堤坝溃决水流这样不连续的现象，它的特征关系仍然存在，因此仍可以用特征线法求解，不过在间断处该方法不能直接计算间断，在间断点需采用激波拟合法使两侧衔接起来。在数值求解时，采用差分法离散特征方程会带来守恒误差，当水流状态沿程变化较大时，非齐次项计算较繁，可能带来较大数值误差。

2. 有限差分法（FDM）

有限差分法自 20 世纪 50 年代首次应用于模拟河道水流以来，至今仍是水动力学计算中应用最为广泛的方法。差分法相当于点近似，是以泰勒级数展开为工具，对水流运动微分方程中的导数项用差分式来逼近，从而在每一个计算时段可以得到一个差分方程组。如差分方程组可独立求解，则称为显格式，如果需联立求解，则称为隐格式。

3. 有限元法（FEM）

有限元法从 20 世纪 70 年代开始应用于计算水力学中，该方法相当于体近似，其原理是分单元对解逼近，使微分方程空间积分的加权残差极小化。有限元法在数学上适于求解椭圆型方程组的边值问题，不适用于求解以对流为主的输运问题，同时有限元法缺乏足够耗散，捕捉锐利波形比较困难，不适用于计算间断。针对普通有限元方法不能计算间断的特点，发展了间断有限元方法。20 世纪 90 年代以来，出现了计算间断能力较好的 Runge - Kutta 间断 Galerkin 方法，它既采用有限元弱解变分形式，又采用单元上的插值逼近，同时允许在时间和空间离散的同时存在间断。间断有限元法单元之间的连接更加精细和复杂，可以捕捉锐利波形，有效抑制虚假振荡，得到稳定的计算结果。

4. 有限体积法（FVM）

有限体积法是 20 世纪 80 年代以来发展起来的一种新型微分方程离散方法，综合了有限差分法和有限元法的优点。有限体积法与有限元法一样，将计算区域划分成若干规则或不规则形状的单元或控制体，而不像经典的有限差分法那样要求网格有结构序列，因而处理过程具有较强的灵活性，能够满足处理复杂边界问题的需要，同时在间断问题的数值模拟方面显示了独特的效果。有限体积法与有限差分法和有限元法相比，其物理意义更为清晰。如跨边界通量的计算只使用时段初值，为显式有限体积法；反之，当涉及时段始末的值时，则为隐式有限体积法。因为跨控制体间界面输运的通量，对相邻控制体来说大小相等，方向相反，故对整个计算域而言，沿所有内部边界的通量相互抵消。对于由一个或多个控制体组成的任意区域，以至整个计算域，都严格满足物理守恒律，不存在守恒误差。

（二）一维洪水分析模型

一维洪水分析计算的水力学方法基于圣维南方程组，该方程组由法国科学家圣维南（St. Venant）在 1871 年导出。此方程组描述了一维缓变非恒定流浅水波的水流运动，天然河道或者人工渠道中的洪水运动一般都是缓变非恒定流，它具有两个重要特征：流线曲率很小，基本上保持平行；动水压力分布和静水压力分布大致相同，因而可以简化为一维缓变不稳定浅水波来分析。一维明渠非恒定流的圣维南方程组由质量和动量方程组成：

质量方程：

$$\frac{\partial Q}{\partial X} + \frac{\partial A}{\partial t} = q_l \qquad (3-109)$$

动量方程：

$$\frac{\partial Q}{\partial t} + \frac{\partial}{\partial X}\left(\alpha \frac{Q^2}{A}\right) + gA\,\frac{\partial Z}{\partial X} + gA\,\frac{|Q|Q}{K^2} = q_l v_x \qquad (3-110)$$

式中：X 为距离，m；t 为时间，s；为自变量；A 为过水面积，m²；Q 为断面流量，m³/s；Z 为水位，m；α 为动量修正系数；K 为流量模数；q_l 为旁测入流，m²/s，入流为正，出流为负；v_x 为入流沿水流方向的速度，m/s，若旁测入流垂直于主流，则 $v_x = 0$。

圣维南方程组属于一阶拟线性双曲型偏微分方程组，目前尚无法求其解析解，因而实践中常采用近似的计算方法，直接差分法就是其中一种方法。就目前来讲，常见的差分格式有 Lax - Wendroff 格式、Abbott 格式、Preissmann 格式、在我国，Preissmann 应用更为广泛一些。

一系列河段相互连接形成的河道系统称为河网，河段和河段之间的连接点称为汊点，根据河网的几何形状，一般可将河网分为树状河网和环状河网。在工程上，河网问题比较常见。河网水流数值模拟问题一直是水利工程界和学术界关注的热点和难点问题，最初的隐格式是对整个河网的所有断面水力要素同时求解，耗时较长，计算效率较低。后来逐渐发展出分级解法、汊点分组解法和汊点的水位预测校正方法等，将隐格式求解效率大大提升。

值得注意的是，这类有限差分格式在处理缓变流时能够取得很好的效果，但是在用于坡度很陡的山区河道，或水流存在明显的流态变化时，有些差分格式会失效，采用具有激波捕捉能力的数值格式，如 Godunov 格式、TVD - MacCormack 格式等，可以较好地处理此类水流形态。

（三）二维洪水分析模型

将 Navier - Stokes 方程式利用垂直积分方式，可简化为浅水二维动力方程组，其基本假设如下：

（1）流场水平尺度远大于垂直水深尺度。

（2）忽略流场的科氏力、风力及紊动项的影响（风暴潮模拟时需考虑科氏力和风力的影响）。

（3）压力为静水压分布。

（4）底床无冲淤变化，为定床。

目前，浅水方程在河流泛滥洪水的模拟方面应用最为广泛，因为它们能够较好地描述溢出河道或堤防溃决后在平原地区漫流扩散水流的运动特征，同时计算效率也能满足实际应用的要求。按上述假设简化得到的二维浅水方程的守恒形式为

$$\frac{\partial U}{\partial t} + \nabla F = \frac{\partial U}{\partial t} + \frac{\partial E}{\partial x} + \frac{\partial G}{\partial y} = S \qquad (3-111)$$

其中 $U = \begin{bmatrix} h \\ hu \\ hv \end{bmatrix}, F = E\vec{i} + G\vec{j}, E = \begin{bmatrix} hu \\ hu^2 + \dfrac{gh^2}{2} \\ huv \end{bmatrix}, G = \begin{bmatrix} hv \\ huv \\ hv^2 + \dfrac{gh^2}{2} \end{bmatrix}, S = \begin{bmatrix} 0 \\ gh(S_{ox} - S_{fx}) \\ gh(S_{oy} - S_{fy}) \end{bmatrix}$

$S_{ox} = -\partial Z_b / \partial x, S_{oy} = -\partial Z_b / \partial y$ 分别为 x、y 方向的底坡项，其中 Z_b 为底高程。

$S_{fx} = n^2 u \sqrt{u^2 + v^2} h^{-4/3}, S_{fy} = n^2 v \sqrt{u^2 + v^2} h^{-4/3}$ 分别为 x、y 方向的摩阻坡降，其中 n 为曼宁糙率系数。

在早期的洪水分析计算中，由于受计算机计算效率的限制，常将上面的二维浅水方程作进一步的简化处理：忽略动量方程中的惯性项后简化为扩散波方程，再进一步忽略压力梯度项则简化为运

动波方程。由于扩散波和运动波形式简单，数值稳定性相对较好，因此在工程上得到了较广泛的应用。从理论角度讲，控制方程中的压力项和惯性项能够引起洪水波的衰减，因此，忽略这些项，在模型中采用扩散波和运动波方程计算时是受到一定限制的，特别是对于复杂地形，当水流出现激波运动现象时，采用简化的运动波或扩散波计算方法会带来较大的计算误差。随着计算机硬件技术和数值计算技术的发展，采用完整的浅水方程模拟二维洪水运动成为可能。完整的二维浅水方程除能够提供更详细的水力要素信息外，还能够模拟复杂的水流现象，如回水影响和水流流态过度现象等。

近年来，源于空气动力学领域的以求解 Riemann 近似解为基础的 Godunov 格式的有限体积法在处理复杂明渠水流问题时取得了很好的效果，该方法不仅适用于光滑的古典解，同时适用于大梯度的水面流动模拟，能够自动捕捉激波和水面间断，可以很好地处理流态过度的问题。在这类格式中 Roe 格式和 HLL（C）格式应用较为广泛。经过很多学者的努力，Godunov 格式中的一些关键技术难题如数值通量平衡底坡项时的"C 特性"问题、在激波发生处的质量不守恒问题以及干河床洪水演进的问题等均得到了很好的解决，该数值格式用于工程实践的条件已经基本成熟。目前，国际上的几款主流软件均增加了 Godunov 格式的计算引擎，如 InfoWorks‐RS 软件、Mike 2D 软件、Tuflow FV 软件等。

（四）城市雨洪分析模型

目前，城市雨洪过程的模拟大致有三种模式：水文模型、水动力模型和简化模型。水文模型通常把城市研究区域按出水口划分为多个子汇水区，每个子汇水区作为一个独立的计算单元，运用经验或概念性的方法计算每个子汇水区的产流和汇流过程，然后通过管网或河渠演算到研究区域的出口处。这类模型中，以 SWMM 模型（Storm Water Management Model）最为典型。由于该类模型对数据要求相对较低、计算效率高，得到了广泛的应用。然而，这类模型在划分子汇水区时具有很大的主观性，子汇水区划分的不同，会对最终出流过程带来很大的影响。另外，由于这类模型对子汇水区进行了概化处理，不能够提供模型非节点处洪涝的动态过程，如地表积水深度的变化过程和流速等，而这些细节信息对城市防洪应急决策和海绵城市建设尤为重要，因此，该类模型在应用中受到很大限制。还有一类模型为简化模型，这类模型通常只能模拟洪涝淹没的最终范围，其理论基础是基于重力和地形主导的水力平衡和水力交换，这类简化模型没有复杂的水动力过程计算，因此计算效率较高，但是其仅能提供最终的淹没范围，不能够提供完整细致的城市洪水淹没过程，这类模型在城市洪涝应急管理和海绵城市的建设中也很难发挥有效的作用。

目前，城市内涝分析多采用国外城市雨洪模型，其中 SWMM、InfoWorks ICM、MOUSE 三个模型在国内得到广泛应用。SWMM 已推出 5.1007 版本，以 Windows 为运行平台，具有友好的可视化界面环境和更加完善的处理功能，能够对管网数据进行编辑、模拟水量/水质过程以及提供丰富的结果表达形式。InfoWorks ICM 为市政排水提供了别具一格的、完整的系统模拟工具，可以仿真模拟城市水文循环，进行管网局限性分析和方案优化，准确、快速地进行管网模拟。MOUSE（Modeling of Urban Sewer）是一款排水管网模拟软件包，最新版本的 MIKE URBAN 集成了 GIS 模块，包括 MOUSE 和 SWMM 两个引擎，可用来计算雨水径流、实现实时监控和 SCADA 系统的在线分析等。

城市雨洪模型较地表水运动模型的不同在于其需要考虑复杂的管道水流运动模拟，管道水流控制方程分为连续方程和动量方程。

连续方程：

$$\frac{\partial Q}{\partial x} + \frac{\partial A}{\partial t} = 0 \tag{3-112}$$

式中：Q 为流量，m^3/s；A 为过水断面面积，m^2；t 为时间，s；x 为距离，m。

动量方程：

$$gA\frac{\partial H}{\partial x} + \frac{\partial (Q^2/A)}{\partial x} + \frac{\partial Q}{\partial t} + gAS_f = 0 \tag{3-113}$$

式中：H 为水位，m；g 为重力加速度，取 $9.8m/s^2$；S_f 为摩阻坡度。

由曼宁公式求得

$$S_f = \frac{K}{gAR^{4/3}}Q|v| \tag{3-114}$$

式中：$K = gn^2$；n 为管道的曼宁系数；R 为过水断面的水力半径，m；v 为流速，绝对值表示摩擦阻力方向与水流方向相反，m/s。

管网和渠道的节点控制方程为

$$\frac{\partial H}{\partial t} = \frac{\sum Q_t}{A_{sk}} \tag{3-115}$$

式中：H 为节点水头，m；Q_t 为进出节点的流量，m^3/s；A_{sk} 为节点的自由表面积，m^2。

SWMM 模型中，在默认情况下溢出水量是直接损失掉的，这部分不参与管道下一步传输的计算，可以借用 GIS 技术，结合地形数据，将这部分水摊在平面上。另外，比较精确的做法是将管道模型与地表二维水动力模型耦合，直接实现地表、地下水流的交互分析计算。

三、洪水类型及模型选择

（一）河道洪水

对于河道洪水，如果相关资料具备，应采用非恒定流水力学方法分析洪水演进及淹没情况。约束于两岸大堤之间或流经山丘区河道的洪水，若河道（河谷）宽度沿程无大幅度变化，且无需了解流速平面分布情况时，宜采用一维非恒定流水动力学方法进行洪水分析。若是"顺直型"的中小河流，且不关心洪水涨落过程（因山丘区洪水过程较短，通常在几个小时，淹没历时信息相对不重要），也可采用恒定非均匀流方法分析得到"最大"的淹没状态。

对于漫溢、溃决或分洪出河道进入平原地区的洪水，漫入河道内宽阔滩地（洪泛区）的洪水，通常需采用二维水动力学方法进行洪水分析。若泛滥区为封闭的小面积区域，亦可在河道部分采用一维水动力学方法计算河道洪水过程，结合溃决（分洪或漫溢）处出流状态（自由或淹没出流）判断，计算溃决（分洪或漫溢）流量过程，采用水文上常用的水量平衡方法，得到封闭区域内洪水淹没的"最大"状态。

河道洪水泛滥进入平原地区有两种形态：侧向溃决（分洪或漫溢）出流和纵向扩散。对于上述两种河道洪水泛滥形态，可采用河道一维和泛滥区二维非恒定流耦合模型或河道、泛滥区整体二维模型进行洪水分析计算。在实际应用中，考虑计算效率和地形资料情况，对于河道侧向溃决（分洪或漫溢）情况一般采用河道一维模型和泛滥区二维模型相耦合的方法来完成，一维和二维之间的水流交换过程采用侧堰流公式计算。

（二）内涝洪水

对于暴雨内涝（积水），应联合运用水文模型和水动力学模型分析暴雨产流、汇流和泛滥过程，得到内涝（积水）淹没过程、淹没范围、水深分布等。计算方法如下：

（1）确定当地集水区域范围和可能发生内涝的区域范围（内涝区）。

（2）采用水文学方法计算汇入内涝区各支流的流量过程。

（3）同时考虑周边河道或水体（如湖泊、海洋等）水文边界条件、内涝区范围降雨、涝水外排条件和注入内涝区域各入流点的流量过程，以内涝区为计算区域，首先采用水文方法计算净雨过程，然后采用二维水动力模型对径流过程进行模拟计算，得到内涝区内的内涝积水过程，得到相关的内涝特征值。

当内涝区为城市地区时，原则上应将管网水流计算模型与地表水流计算模型耦合；若管网数据不完备或缺乏，可基于城市各排水分区的排水能力，对管网排水作适当概化和近似，再结合地表水流分析模型进行内涝计算。

城市的排水系统由入水口（雨篦子或检查井）、地下排水管网和管网出口处的排水泵站、河道等组成。国际上常用的管网模拟模型为SWMM开源模型，其一维模型提供三种方法用于管渠的汇流计算，即恒定流法、运动波法和动力波法。恒定流法假定在每一个计算时段流动都是恒定、均匀的，是最简单的汇流计算方法。运动波法可以模拟管渠中水流的空间和时间变化，但是仍然不能考虑回水、入口及出口损失、逆流和有压流动。动力波法按照求解完整的圣维南方程组来进行汇流计算，是最准确同时也是最复杂的方法，动力波法可以模拟管渠的蓄变、回水、逆流和有压流动等复杂流态。

（三）风暴潮洪水

风暴潮是指由于台风以及气压急剧变化等因素导致的沿海或河口水位异常升降的现象。风暴潮引起的潮位会远超正常潮位，使局部地区猛烈增水，造成淹没损失。如果风暴潮恰好与海区的天文潮的高潮位重叠，将会出现水位暴涨，造成更大范围的淹没。

国外学者于20世纪30年代开始风暴潮增水过程的数值模拟。风暴潮的数值模拟是在给定的海上风场和气压场的作用下，求解某一范围内，某一初始条件下的风暴潮方程组，从而得到潮位和潮流的时空分布，可初步预测风暴潮导致沿海地区的淹没范围及影响程度。国外风暴潮的数值计算模型研究开展较早，英国气象局海洋研究所研发的二维风暴潮数值模型Sea Models、丹麦DHI公司开发的MIKE 21模型和DELFT研发的DELFT3D系统、荷兰的DCSM大陆架模型、美国的SLOSH

风暴潮漫滩模型和普林斯顿大学开发的 POM 海洋模型、日本京都大学的 MARS 三维洪水模型、基于三角网格及有限体积法的 FVCOM 近海海洋模型等，可模拟风暴潮增水的发生位置和可能的淹没范围，并在许多地方得到了应用验证。

据国家海洋局统计，2011—2015 年间，我国共发生风暴潮灾害 91 次，平均每年 18 次，共造成经济损失 537.46 亿元，风暴潮灾害的频发和严重损失极大地推动了风暴潮模拟计算的研究。我国自 20 世纪 60 年代起开展风暴潮的理论和数值预报的研究，随着计算机技术的迅猛发展，风暴潮模型的计算精度和计算效果得到极大提升。

早期发展的风暴潮模型多采用有限差分法和有限元法，有限差分编码效率高，为适应复杂的海岸线，需要在有限差分法中引入正交或非正交曲线坐标转换，但这种转换不能解决很多高度不规则的岸线情况。有限元法的优点是采用三角网格离散灵活，但计算效率略有欠缺。有限体积法是采用非结构网格（与有限元法相同）用通量计算（与有限差分法相同）的方式来求解水力要素值，可以保证整体计算范围的质量守恒。因此，推荐采用基于非结构网格的 Godunov 模型来处理风暴潮问题。

四、洪水分析流程

（一）模型构建

根据防洪工程现状，结合历史洪涝灾害情况，辨识区域洪水来源，制定计算方案，确定所需要选择的模型。一维模型需要按一定规则布置河道断面数据和河道断面间距，二维模型则首先需要对计算区域进行二维网格的离散。如果需要用到一维、二维耦合模型则还需要将耦合位置处的河道断面和网格数据建立拓扑联系。

洪水分析的边界条件包括上边界（入流）和下边界（出流）两部分。河道洪水分析的上边界条件通常为流量过程（包括天然的和人为控制的），暴雨内涝分析的上边界条件为降雨过程，风暴潮洪水的上边界条件为潮位过程。河道洪水分析的下边界条件通常为下游控制站的水位-流量关系。若下游邻近水库、湖泊，应根据水库、湖泊的汛期调度规则，取相应的水位作为下边界条件。下游受潮汐影响，则取潮位过程为下边界条件。在下游既无控制站，又不临近大水体时，可近似假定距研究对象河段下游一定距离之后的河道以最后一个断面相同的形态无限延伸，运用曼宁公式计算确定下边界条件。对于溃决或漫溢出河道的泛滥洪水，若泛滥区为封闭区域，则其边界可定为不出流的固壁边界；如果泛滥区域不封闭，则可以采用自由出流边界处理。

设置模型启动的一些常规数据，如初始水位、初始流量（流速）、糙率、计算时间、计算步长、计算输出时段等内容。

（二）模型率定与验证

1. 模型率定

水动力学模型需要率定的参数主要是表征河道或泛滥区水流阻力的曼宁糙率系数。根据河槽和滩地物质组成、植被覆盖和河道形态变化情况，以及洪水可能淹没区的土地利用现状，参考《水力计算手册》的糙率取值范围，初步选取河槽、滩地和淹没区不同土地利用类型下的糙率。若当地防洪规划或工程设计中已有河道（含河槽和滩地）糙率值时，可直接用作初始糙率。

一维水力学模型：收集历史洪水事件的完整数据以及监测站点的水位流量过程，在所有边界节点上输入历史洪水事件中实测记录的水位流量数据，根据计算结果中监测站点处的模拟值与实测值比较来对模型的准确度进行检验，如果相差较大则需反复对模型参数进行调节，直至多场历史洪水事件中监测点的模拟值与实测值都符合较好为止。

二维水力学模型：选择有实测或调查资料的曾经淹没过的计算区域（或其一部分）进行二维洪水计算所需的参数率定工作。当本区域无近期实测或可供调查的历史洪水资料时，可参照已通过率定和验证的类似地区的糙率，结合本区域下垫面情况，合理选取二维模型糙率值。

糙率的率定需要注意以下三点：

（1）糙率本身具有一定的物理意义，其取值有一定的合理区间，不能机械地为了提高计算精度而使得糙率出现异常。

（2）率定模型参数应尽可能多选取几场洪水，减少率定的不确定性和误差。

（3）用于率定的河道断面、形态资料和可能淹没区的下垫面资料应反映洪水发生时的实际情况。

2. 模型验证

对于洪水分析模型，原则上应选取至少两场实际洪水进行验证。利用率定后的模型参数开展河道洪水和淹没区洪水分析计算，将计算结果与实测数据比较。比较指标主要包括水位的绝对误差和流量的相对误差，判别标准的确定与基础资料的精度和计算成果的用途有关。

经过模型的建立以及典型年洪水对所建模型的验证，确保模型对各计算区域洪水模拟的计算精度，然后利用该模型对各计算方案设定不同的边界条件和初始条件进行洪水分析计算。

可采用历史典型年份实测降雨过程作为暴雨内涝计算模型的边界条件对内涝模型进行验证，进而将内涝模型应用于设计暴雨的内涝积水计算。

（三）计算结果合理性分析

洪水分析计算完成后，需要对计算结果进行合理性分析。计算结果包括淹没范围、水深、流速、洪水到达时间、淹没历时等。通过整体流场分布、局部流场分析、同一方案洪水风险信息比较等方法分析成果的合理性。

另外模型需输出特征点的水位、流量等过程，对这些特征点的模型计算结果从水量平衡、水深、流场分布、洪峰衰减量等方面进行合理性检查。

洪水分析计算结果合理性检查通常包括以下几个方面：

（1）计算过程中水量是否守恒。

（2）流量过程或水位过程是否光滑，是否有数值震荡现象。

（3）流场中是否有超出物理意义的大流速值出现。

（4）河道水面线（能量线）是否符合基本的物理条件。

（5）不同量级洪水对应的计算结果比较是否合理等。

第三节　洪水影响分析与损失评估

洪水影响分析是指对淹没范围和各级淹没水深区域内社会经济指标的统计分析，洪灾损失评估则是指对洪水灾害造成的经济损失进行评估，均用以反映洪水对资产和社会经济活动的影响及危害程度。

通常洪水影响分析依据淹没区社会经济分布状况和洪水淹没数据对受影响的社会经济指标进行统计。而洪灾损失评估则是在洪水影响分析的基础上，结合分类资产损失率的分析，评估洪水造成的经济损失。洪水影响分析与损失评估均以不同级别的行政区域（市/县/区、乡镇/街道、行政村等）为统计单元进行。

一、资料准备

洪水影响分析与损失评估的资料准备包括资料收集、资料处理和数据校核三方面内容。

（一）资料收集

基础资料的收集、分析与处理是洪水影响分析与损失评估的基础。进行洪水影响分析与损失评估所需要的资料包括地图数据、基本社会经济统计和调查资料、历史灾情统计和调查资料，以及由洪水分析计算或调查统计提供的淹没水深、淹没历时、洪水流速、洪水前锋到达时间等洪水淹没信息。各种资料的结构关系以及具体内容如图3-8所示。社会经济统计和调查数据、洪水淹没信息在与地理数据进行空间关联后，都具有了空间分布特征，为影响分析与损失评估的空间定位做好准备。历史洪灾统计调查资料是为确定洪水要素（水深、淹没历时等）与损失之间的关系服务的，以保证损失评估结果合理、准确。

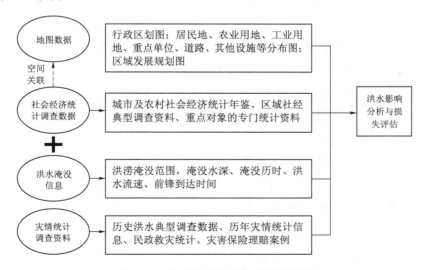

图3-8　基础资料分类与结构关系图

（二）资料处理

资料处理是指对收集到的原始资料进行整理、加工和标准化的过程。进行洪水影响分析与损失评估的资料种类繁多，容量庞大，形式多样。因此，在使用这些资料之前，需要对其进行处理，以保证数据的一致性、完备性，提高其实用性，进而满足洪水影响分析与损失评估模型的输入需求。

1. 地图数据处理

对于地图数据的处理主要指从拼接分层后的矢量图层中筛选提取进行洪水影响分析与损失评估的图层，并对其中的地物根据需求进行分类和编码，主要包括行政区界、居民地、农业用地、工业用地、重点单位、交通道路等基础设施图层。在进行洪水影响分析与损失评估时，每一类图层尽可能按照表 3-2 所列存储格式进行提取和筛选。根据评估需求，对于每类地物可进行二级或者更细的分类，例如居民地可分为城镇居民地和农村居民地，道路可分为国道、县道、省道、城市主干道、城市次干道等，具体如何分类可综合考虑评估要求以及资料的实际情况而定。对于分类后的图层需要进行必要的编码设定，以在洪水影响分析中对其受淹情况进行准确便捷的分类统计。

表 3-2　　　　　　　洪水影响分析与损失评估矢量图层 GIS 存储对象格式

GIS 存 储 对 象	灾 情 统 计 类 别
面图层	行政区界、围垦边界、农业用地、居民地、淹没范围
线图层	交通道路
点图层	行政机关、企业单位、水利及其他重要设施点

所有的地图数据必须有统一的坐标系，并且在同一投影系下进行投影。对于坐标系不一致的各个图层，需要进行统一的转换。并且所有地图数据都要保证其拓扑关系的正确性。

地理矢量图层仅标示了地物的位置，如能收集到相应的属性信息，则在数据处理阶段可通过关键字段建立这些重要地物的空间位置与其属性信息间的关联，更有助于详细分析洪水灾害的影响和危害。

2. 社会经济数据的空间展布

进行洪灾损失评估，获取具有空间分布特征的社会经济信息是关键。而收集到的大量的社会经济统计数据，多数以非空间数据方式提供，往往通过某一类空间单元来收集汇总和发布，空间定位特征比较弱。所以需要采用多种方法恢复或重建其空间差异特征。目前基于 GIS 的空间分析技术被广泛应用于洪水影响与损失评估领域，其中社会经济指标的 GIS 表达方式如图 3-9 所示，对每一个指标既可以进行离散化处理，又可以认为其在某单元内连续分布，即每一个空间位置对应一个空间变量的值，在一个（统计）单元内可以概化为均匀分布或仍然具有空间差异，例如以某一行政单元收集到的人口数据可以认为平均地分布在该单元内的居民地上或者在该行政单元内不同的居民地块上仍有差别。不论是离散化处理还是均匀概化处理，在社会经济数据的空间展布阶段需要借助于GIS 工具将其空间的特性建立起来。通过展布分析保证用于洪涝灾害损失评估的社会经济数据在空间上分布的合理性。

150

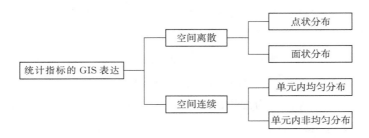

图 3-9 社会经济指标的 GIS 表达方式

（三）数据校核

对收集和处理完成的资料，必须要进行数据校核，即对数据的有效性、一致性和完备性进行检验。数据有效性检验主要包括数据时效性检验和数据典型性检验。有效性检验要求洪水影响分析与损失评估中所涉及的社会经济数据、基础地图数据应是相对最新的且易于更新的，历史洪灾调查信息要有若干年的系列，以利于进行变化趋势的分析。损失与洪水淹没特征关系的确定要求数据具有典型性，如分析不同地区不同资产的损失率，应在当地或相似区域受过洪灾的地方，选取一定数量、一定规模的典型区的洪灾统计或调查资料，典型性将保证洪灾损失率具有较广泛的代表性。数据的一致性表现在引用不同数据源时应注意保持各类数据的空间一致性和时间一致性，即空间上，相关联的数据源应指向同一或同类地物对象；时间上，各类数据源应相互匹配，例如基础地图和社会经济统计资料应是同一年份的。对于过于陈旧的数据则应剔除。数据的完备性检验使信息可扩展和可增补，这对于洪水影响分析与损失评估模型系统的数据维护和移植、扩展是十分重要的。

二、洪水影响分析与损失评估指标

洪水灾害的影响主要表现在对人类生命健康与物质财富的损害、对正常生产经营活动的扰乱等方面。所以受洪水影响的各社会经济类别和在洪水灾害中遭受的损失都应纳入洪水影响与损失评估的范围之内。但考虑到社会经济统计资料和基础地图资料的可获取性，结合大部分评估区域的社会经济状况，可以进行定量分析的主要洪水影响与损失评估指标如图 3-10 所示。通常用受影响人口

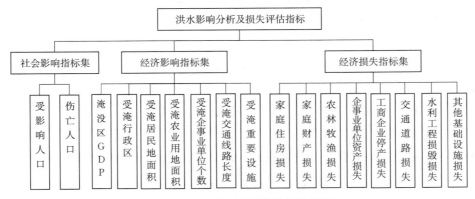

图 3-10 洪水影响及损失评估指标

数和洪灾所致伤亡人口数表示洪水的社会影响,用受淹行政区个数/名称、受淹居民地面积、受淹农业用地面积、受淹企事业单位个数、受淹道路长度、受淹重要设施的个数/长度/面积等表示洪水对人们生活和经济生产活动的影响。相应地,在经济损失指标中,家庭住房、家庭财产、农业产值、企事业单位的资产、工商企业的停产、基础设施的损失都可作为表征洪灾带来的经济损失进行评估。在资料允许的条件下,也可以进行更为细致的分类评估,例如受淹农业用地面积可细分为受淹旱地面积、受淹水田面积、受淹鱼塘面积等;工业资产损失可按不同的工业经济类别分别评估等。

三、洪水影响分析与损失评估技术流程

洪水影响分析及损失评估的技术流程如下(图 3-11):

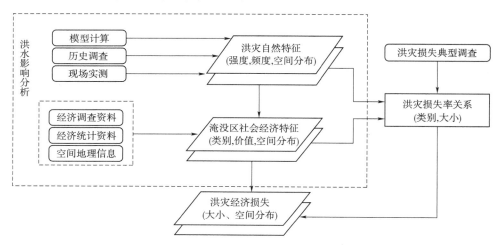

图 3-11 洪水影响分析与损失评估技术流程

(1)根据数学模型模拟、历史调查或现场实测确定洪水淹没范围、淹没水深、淹没历时、流速等洪水淹没特征指标。

(2)搜集社会经济调查资料、社会经济统计资料以及空间地图信息资料,并将社会经济统计数据与相应的空间图层建立关联,如将家庭财产定位在居民地上,将农业产值定位在耕地上等,反映社会经济指标在空间上的分布差异。

(3)洪水淹没特征分布与社会经济特征分布通过空间地理关系进行拓扑叠加,获取洪水影响范围内不同淹没水深(历时、流速)等级下社会经济不同财产类型的价值及分布。

(4)选取具有代表性的典型地区、典型单元、典型部门等分类作洪灾损失调查统计,根据调查资料估算不同淹没水深(历时、流速)条件下,各类财产洪灾损失率,建立淹没水深(历时、流速)与各类财产洪灾损失率关系表或关系曲线。

(5)根据影响区内各类经济类型和洪灾损失率关系,按式(3-116)计算洪灾经济损失:

$$D = \sum_i \sum_j W_{ij} \eta(i,j) \qquad (3-116)$$

式中:W_{ij} 为评估单元在第 j 级水深的第 i 类财产的价值;$\eta(i,j)$ 为第 i 类财产在第 j 级水深条件下的

损失率。

其中，（1）～（3）的工作内容称为洪水影响分析。

四、洪水影响分析方法

根据研究区域洪水分析或调查统计得到的淹没范围、淹没水深（历时、流速）等要素，结合淹没区内的社会经济情况，综合分析评估洪水影响程度，具体指标如前所述，包括淹没范围内不同淹没水深（历时、流速）等区域内的受影响人口、受淹行政区面积、受淹居民地面积、受淹耕地面积、受淹重点单位数、受淹交通道路长度、淹没区 GDP 等。统计单元为不同级别（县、乡镇街道、村、社区等）的行政区域。其具体计算方法如下。

（一）受淹面积统计

基于 GIS 软件的叠加分析功能，将淹没水深（历时、流速）图层分别与行政区图层、耕地图层以及居民地面图层相叠加，得到对应不同淹没水深（历时、流速）等级下的受淹行政区面积、淹没耕地面积、受淹居民地面积等（图 3 - 12）。得到受淹面积之后，可以与社会经济统计数据相关联，得到进一步的受影响的经济指标。例如，可在社会经济统计数据分析的基础上，建立农业产值与耕地面积之间的关系，根据受影响的耕地面积进而推求受影响的农业产值等。

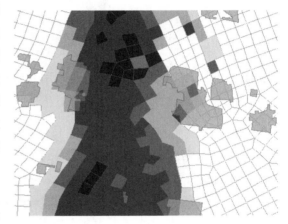

图 3 - 12 淹没水深图层与居民地图层叠加分析

（二）受淹重点单位统计

重点单位指重要的防洪保护对象，主要包括学校、医院、危化企业、行政机关、仓储、桥梁以及其他重要设施。在 GIS 图层上通常呈点状分布。在得到洪水淹没特征之后，将淹没图层、行政区界图层和重点单位图层进行空间叠加运算，即面图层与点图层的叠加运算得到位于淹没区的重点单位数量、具体分布情况及其名称、行业类别、规模、资产、产值利润等相关属性信息。在数据处理阶段一般通过关键字段建立这些重要单位设施的空间位置与其属性信息间的关联。

（三）受影响交通道路统计

道路遭受冲淹破坏是洪水影响的主要类型之一。道路在 GIS 矢量图层上呈线状分布，受淹道路的统计通过道路线图层与洪水淹没面图层叠加运算实现，能够获取不同淹没水深下的受影响道路长度（图 3 - 13）。通过空间位置和属性关联，则能够进一步得到受淹道路名称、等级、客货运流通量等详细的统计信息。

（四）受影响人口统计

受影响人口是洪水影响分析的关键，一方面因为人员伤亡是最严重的洪灾影响，保障群众生命安全是防洪和应急响应的首要任务，了解受影响人口的数量、空间分布状况和受灾程度可以为人员撤离、紧急营救、提供医疗和食品救济等提供决策支持。另一方面各类损失与人类生产、生活密切相关，通过受影响人口分布状况，可以进一步推断与其密切相关的社会经济活动和财产在洪灾中受到的影响和损失。

人口数据通常是以行政单元为统计单位的，该数据表达了统计单元之间的差异，但并没有给出统计单元内部的差异。为了进行准确的受影响人口统计，需要对人口统计数据进行空间分析。

如果能够收集到洪水淹没区域的居民地图层，则采用民地法对人口统计数据进行空间分析，即认为人口是离散地分布在该行政单元的居民地范围内，

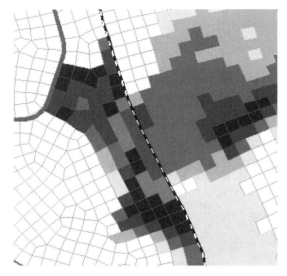

图3-13　淹没水深图层与道路图层叠加分析

每块居民地上又是均匀分布的变量，采用人口密度 $d_{i,j}$ 来表征。如各行政区受淹居民地面积用 $A_{i,j}$ 来表示，则受影响人口可用下式计算。

$$P_e = \sum_i \sum_j A_{i,j} d_{i,j} \tag{3-117}$$

式中：P_e 为受影响人口，人；$A_{i,j}$ 为第 i 行政单元第 j 块居民地受淹面积，km^2；$d_{i,j}$ 为第 i 行政单元第 j 块居民地的人口密度，人/km^2。

以图3-14所示为例，有Ⅰ、Ⅱ两个行政单元受到洪水淹没影响（图中灰色部分），居民地 $R_{1,2}$、$R_{2,1}$ 部分受淹，居民地 $R_{2,3}$ 全部受淹。采用GIS空间分析技术，通过居民地图层、洪水淹没范围图层和行政区划图层的空间叠加运算，能够得到各行政区受淹居民地面积（图中阴影部分）。分别与相应的人口密度求积再加总，即可得到受洪水淹没影响的人口数。由于在某个行政单元，城镇人口密度与农村人口密度有较大差别，所以在实际计算中，重点考虑城市和农村在人口密

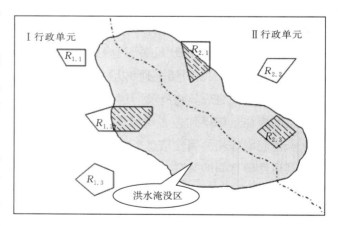

图3-14　受淹居民地示意图

度上的差异。越小级别行政单元（例如镇/街道、村/社区）不同农村居民地块上（或城镇居民地）人口密度差异较小，可以认为该级别行政单元的农村人口（或城镇人口）密度相等。

在缺乏居民地图层的情况下，亦可进行近似的估算，即认为人口是均匀地分布在行政区域内，

而受影响人口比例与该行政区受淹面积占整个行政区面积的比例相同，进而根据行政区人口总数推算受影响人口数，如下式：

$$P_e = \frac{PA_f}{A} \qquad\qquad (3-118)$$

式中：P 为区域总人口，人；A_f 为某一行政区域的受淹面积，km^2；A 为行政区域总面积，km^2。

　　这种近似的算法只有在人口实际分布较为均匀的情况下才会得出合理的结果。在人口分布不均匀的地区，例如山洪多发生在河谷地带，而山区人口多聚集在延河两岸低平的区域，这种算法通常会低估实际的受影响人口数量，应该采用适当的方法予以修正。

　　同样的，如果将具有淹没水深属性的洪水淹没范围图层与居民地分布图层和行政区划图层进行叠加运算，亦可得到不同行政区受不同淹没水深影响的受影响人口，作为进行避难方式选择的依据。例如对于处在水深较大区域的受影响人口则需要转移安置。

　　因灾伤亡人口受洪水突发性特征、洪水预报精度、人口年龄分布、救灾措施和社会环境影响较大，一般难以预估，目前多在灾后以地方统计上报数据为准。

　　在确定了受影响人口的空间分布之后，与其相关的其他指标如房屋、家庭财产等指标可在此基础上进一步推求。

（五）淹没区 GDP 的统计

　　淹没区 GDP 是用来表征受淹没区域经济发展规模的指标。可按地均 GDP 法式（3-119）或人均 GDP 方法式（3-120）计算。地均 GDP 法即按照不同行政单元受淹面积与该行政区单位面积上的 GDP 值相乘并加总来计算淹没区 GDP。人均 GDP 法则根据某行政区受影响人口与该行政区的人均 GDP 相乘然后加总计算淹没区 GDP：

$$\text{淹没区 GDP} = \sum_{\text{受淹行政区数}} \text{某行政区受淹面积} \times \text{某行政区单位面积上 GDP} \qquad (3-119)$$

$$\text{淹没区 GDP} = \sum_{\text{受淹行政区数}} \text{某行政区受淹人口} \times \text{某行政区人均 GDP} \qquad (3-120)$$

五、洪灾损失评估方法

　　根据评估的内容将洪灾经济损失分为直接经济损失和间接经济损失，直接经济损失指承灾体遭受灾害袭击后，自身价值降低或丧失所造成的损失，诸如固定资产的破坏、农作物的淹没减产绝收和工商业停产、交通通信受阻以及运输中断的损失等，间接损失包括的范围相当广泛，它包括一切因灾可能造成的间接的、不可预见的或波及性的损失。对于洪灾直接经济损失的计算，已经形成了一套较为完备的评估体系，而间接损失评估方法还很不成熟。本节重点介绍洪灾直接经济损失的评估方法。

　　淹没水深-损失率关系法是国际上最常用的洪灾直接经济损失评估方法。淹没水深是表征洪水的最重要的特征指标，也是造成资产损失最直接和最重要的致灾因素，通过建立淹没水深与各类受淹资产的损失率之间的函数关系，结合洪水造成的淹没状况，推求资产所遭受的损失。因此，洪灾损失率是洪灾经济损失评估最重要的指标。正确调查、分析、确定洪灾损失率，是做好洪灾经济损失评估的关键。

（一）洪灾损失率确定

1. 定义

洪灾损失率是反映承灾体脆弱性（或抗淹能力）的指标，通常指各类资产因洪水淹没而损失的价值与未受淹前或正常年份的价值之比式（3-121），简称洪灾损失率。

$$\eta = \frac{S_b - S_a + F}{S_b} \qquad (3-121)$$

式中：η 为洪灾损失率，%；S_b 为资产的灾前价值，元；S_a 为资产的灾后价值，元；F 为对某些资产进行抢救的费用，元。

2. 确定方法

影响洪灾损失率的因素很多，如地区的经济类型，淹没程度（水深、历时、流速等），资产类别、成灾季节，抢救措施……一般可按不同地区、资产类别分别建立洪灾损失率与淹没程度（水深、历时、流速）的关系曲线或关系表（目前以建立淹没水深与洪灾损失率的关系居多）。

为分析不同类型、各淹没等级、各类财产的洪灾损失率，应在洪灾区（亦可在相似地区近期受过洪灾的地方），选择一定数量、一定规模的典型区（单元）作调查。并在实地调查的基础上，再结合成灾季节、范围、洪水预见期、抢救时间、抢救措施等，综合分析确定各类资产的洪灾损失率。

洪灾损失率关系主要以淹没水深（历时、流速）等为自变量，损失率为因变量，在对历史灾害损失统计数据分析的基础上，运用诸如相关曲线图解法、回归分析法等建立参数统计模型确定，例如表3-3是对广州市历史洪涝灾害进行调查的基础上，经归纳分析得出的损失率-淹没水深等级关系。

表3-3　　　　　　　　　　　　　城市各类财产洪灾直接损失率关系

资产类型	损失率/%	水深/m <0.5	0.5~1.0	1.0~1.5	1.5~2.0	2.0~2.5	2.5~3.0	>3.0
住宅	平房	8.0	12.0	17.0	21.0	26.0	31.0	35.0
	楼房一层	3.0	6.0	9.0	12.0	16.0	19.0	22.0
家庭财产		9.0	19.0	26.0	33.0	38.0	46.0	58.0
工业企业	固定资产	10.0	15.0	18.0	22.0	26.0	29.0	32.0
	流动资产	14.0	20.0	23.0	28.0	31.0	34.0	37.0
商业企业	固定资产	12.0	16.0	20.0	25.0	29.0	34.0	38.0
	流动资产	16.0	21.0	25.0	30.0	34.0	39.0	43.0
工程设施		8.0	12.0	17.0	22.0	27.0	32.0	35.0

在有的情况下，例如对于农作物，除淹没水深之外，淹没历时也是确定损失率应该考虑的重要因素（表3-4）；而在遇山洪或溃决洪水时，流速和有效避洪时间也是影响洪灾损失率的重要因素。据国外类似研究，当洪水流速达到3m/s左右时，因其冲击和推动，洪水对物体的破坏力大大增加。而当洪水预警时间大于12h，在各种水深条件下可移动资产的损失率平均降低40%左右。在条件允许的情况下，应该考虑除淹没水深外其他淹没特征对洪灾损失率的修正。

作　　物		水　深　与　历　时　等　级											
		<0.5m				0.5~1.0m				>1.0m			
		1~2天	3~4天	5~6天	>7天	1~2天	3~4天	5~6天	>7天	1~2天	3~4天	5~6天	>7天
水田	水稻	21	30	36	50	24	44	50	71	37	54	64	74
旱田	粮食	27	42	44	67	40	53	71	100	61	91	100	100
	经济作物	25	38	46	60	39	55	67	100	54	84	100	100

表3-4 某地区农作物直接损失率关系 ％

在实际应用中，根据历史洪灾统计调查资料建立损失率关系有一定的不足，一方面这种资料非常有限，不可能收集到所有财产损失类型在各种不同淹没等级下的实际损失资料；另一方面因为不断地有各种减灾措施的实施，评估的洪灾损失并不能精确反映实际的洪灾损失，通常会有出入和误差。

英国、荷兰、德国等国家建立的分类财产损失值与淹没水深（历时、流速）的关系，是按在一定的淹没特征下，以一定的变动范围给出分类财产损失值（图3-15）。为了表示洪水预报的减灾效果，英国还将洪水预报的提前时间作为影响洪灾损失变化的主要因素之一予以考虑。国外建立洪灾损失（率）与淹没特征之间的关系时，除实地调查和对历史数据分析外，也有征询居民、建筑师、企业管理者和经营者的意见来近似确定洪灾损失率的方法。并且通常都建立了详细的损失（率）关系标准数据库，方便使用者查询。

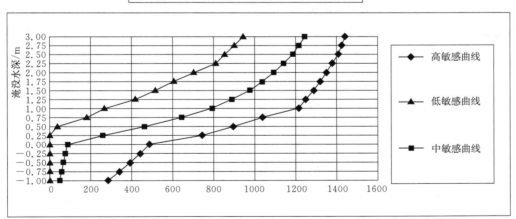

图3-15　英国洪涝灾害损失与淹没水深关系曲线

（二）资产价值评估

通过洪水影响统计分析，能够估算出受淹资产的数量，例如受淹的房屋面积、受淹道路的长度。为了进行洪灾损失的评估，还要估算资产的价值。对资产价值的计算，通常有以下几种方法：①现行市价法；②收益现值法；③重置成本法；④清算价格法。四种方法中收益现值法适用于能够独立取得收益的财产，清算价格法主要适用于企业停产和破产时的财产价值评估。在一般的洪灾损失评估中，各类资产的价值主要采用现行市价法，居民家庭财产按照所涉行政区每百户耐用消费品拥有量按照现行市价法进行折算，其他工商业资产的价值可直接从相关行政区的统计年鉴中摘录。房屋类资产采用重置成本法，即按当地新建房屋的成本价，扣除折旧后计取。交通道路的造价可参考国家有关公路、铁路工程预算定额，按照修复费用考虑。

英美等国已经建立了完善的资产数据库，因资产种类、地域、建造年代不同等造成资产价值的差距已存储在相应的数据表中，在洪灾损失评估中可以很方便地调用。我国尚未建立类似的数据库，资产价值的评估多依据所涉行政区的统计年鉴以及相关的专项调查统计数据。

（三）分类洪灾损失评估

在确定了各类承灾体受淹程度、灾前价值之后，根据洪灾损失率关系，即可进行分类资产的洪灾直接经济损失估算，洪灾损失类别常分为：城乡居民住房财产损失；农林牧渔业损失；城乡工矿、商业企业损失；铁路交通、供电、通信设施等损失；水利水电等面上工程损失和其他方面的损失等六大类。主要直接经济损失类别的计算方法如下。

1. 城乡居民家庭财产、住房洪灾损失

城乡居民家庭财产直接损失值可用下式计算：

$$R_{家直损} = \sum_{i=1}^{n} R_{家损i} = \sum_{i=1}^{n} \sum_{j=1}^{m} \sum_{k=1}^{l} W_{ijk} \eta_{ijk} \qquad (3-122)$$

式中：$R_{家直损}$为城乡居民家庭财产洪涝灾直接损失值，元；$R_{家损i}$为各类家庭财产洪灾直接损失值，元；W_{ijk}为第k级淹没水深下，第i类第j种家庭财产灾前价值，元；η_{ijk}为第k级淹没水深下，第i类第j种财产洪灾损失率，%；n为财产类别数；m为各类财产种类数；l为淹没水深等级数。

考虑到城乡居民家庭财产种类的差别，通常按城市（镇）与乡村分别计算居民家庭财产损失值，然后累加。

城乡居民住房损失计算方法公式与城乡居民家庭财产的方法类似。通过城乡居民住房的灾前价值与相应的损失率相乘得到。

2. 工商企业洪灾损失

（1）工商企业资产损失。

计算工商企业各类财产损失时，需分别考虑固定资产（厂房、办公、营业用房，生产设备、运输工具等）与流动资产（原材料、成品、半成品及库存物资等），其计算公式如下：

$$R_{财} = R_1 + R_2 = \sum_{i=1}^{n} R_{1i} + \sum_{i=1}^{n} R_{2i} = \sum_{i=1}^{n} \sum_{j=1}^{m} \sum_{k=1}^{l} W_{ijk} \eta_{ijk} + \sum_{i=1}^{n} \sum_{j=1}^{m} \sum_{k=1}^{l} B_{ijk} \beta_{ijk} \qquad (3-123)$$

式中：$R_{财}$为工商企业洪涝灾财产总损失值，元；R_1为企业洪涝灾固定资产损失值，元；R_2为企业洪涝灾流动资产损失值，元；R_{1i}为第i类企业固定资产损失，元；R_{2i}为第i类企业流动资产损失，元；W_{ijk}为第k级淹没水深下，第i类企业第j种固定资产值，元；η_{ijk}为第k级淹没水深下，第i类企业第j种固定资产洪灾损失率，%；B_{ijk}为第k级淹没水深下，第i类企业第j种流动资产值，元；β_{ijk}为第k级淹没水深下，第i类企业第j种流动资产洪涝灾损失率，%；n为企业类别数；m为第i类企业财产种类数；l 为淹没水深等级数。

（2）工商企业停产损失。

企业的产值和主营收入损失是指因企业停产停工引起的损失，产值损失主要根据淹没历时、受淹企业分布、企业产值或主营收入统计数据确定。首先从统计年鉴资料推算受影响企业单位时间的平均产值或主营收入，再依据淹没历时确定企业停产停业时间后，进一步推求企业的产值损失。

3. 农作物损失

洪水长时间淹没或者冲毁农作物，使当年农作物减产，甚至绝收。根据不同种类农作物正常年产值与相应农作物洪灾损失率（减产率）得到，如下式：

$$R_{农直} = \sum_{i=1}^{n} \sum_{j=1}^{m} W_{ij} \eta_{ij} \qquad (3-124)$$

式中：$R_{农直}$ 为洪灾农作物直接经济损失，元；W_{ij} 为第 j 级淹没水深范围内，第 i 类农作物正常年产值，元；η_{ij} 为第 j 级淹没水深下，第 i 类农作物洪涝灾损失率（减产率，%）；n 为农作物种类数；m 为淹没水深等级数。

林业、牧业、渔业受洪水灾害影响也可能减产，其洪灾损失计算与农作物损失类似，通过林、牧、渔业正常年份的产值与相应的损失率相乘得到。为了计算准确，在资料具备的情况下，还可对林、牧、渔业的种类进行细分，根据细分类别进行洪灾损失计算再加总求和。

4. 交通道路损失估算

根据不同级别道路的工程价值以及损失率估算交通道路损失，如下式：

$$R_{路直} = \sum_{i=1}^{n} \sum_{j=1}^{m} W_{ij} \eta_{ij} \qquad (3-125)$$

式中：$R_{路直}$ 为交通道路直接经济损失，元；W_{ij} 为第 j 级淹没水深等级下，第 i 级交通道路的价值，元；η_{ij} 为第 j 级淹没水深等级下，第 i 级交通道路损失率，%；n 为交通道路级别数；m 为淹没水深等级数。

5. 总经济损失计算

各类财产损失值的计算方法如上所述，各行政区的总损失包括家庭财产、家庭住房、工商企业、农业、道路损失等，各行政区损失累加得出受影响区域的经济总损失，如下式：

$$D = \sum_{i=1}^{n} R_i = \sum_{i=1}^{m} \sum_{j=1}^{m} R_{ij} \qquad (3-126)$$

式中：R_i 为第 i 个行政分区的各类损失总值，元；R_{ij} 为第 i 个行政分区内，第 j 类损失值；n 为行政分区数；m 为损失种类数。

（四）洪灾年期望损失计算

上节所述的是对应于一定量级的洪灾损失的评估方法，为了全面刻画洪水风险，通常要用到洪灾年期望损失这一指标。

计算某一地区的洪灾年期望损失 EAD（元/年），需要先求取对应于各种频率洪水的洪灾损失，列出损失与洪水频率的相关图表，然后按概率论原理进行计算。

设洪水频率为 P，相应的损失为 D（元），则频率系列法计算期望损失如下式：

$$EAD = f(P, D) = \int D(P)\mathrm{d}p = \sum_{i=1}^{n} \frac{D_i + D_{i+1}}{2} \times (P_{i+1} - P_i) \tag{3-127}$$

图 3-16 中曲线与横坐标间包围的面积即为洪灾损失期望值，是国际上公认的最能反映洪水风险特征的指标，在洪水风险评价、洪水风险区划中得到广泛应用。

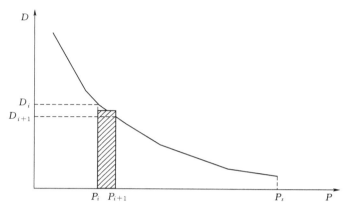

图 3-16　洪灾损失-频率曲线

第四节　洪水调度技术

洪水调度指运用防洪工程或防洪系统中的控制设施，有计划地实时安排洪水以达到防洪最优效果。洪水调度的主要目的是减免洪水危害，同时还要适当兼顾水资源利用、发电效益等其他综合利用要求，对多沙或冰凌河流的防洪调度，还要考虑排沙、防凌要求。

一、洪水调度措施及原理

（一）分洪措施

分洪措施包括蓄滞洪区和分洪道两类，其中蓄滞洪区又分为调控防御标准内洪水的常规分蓄洪区和应对超标准洪水的非常蓄滞洪区。分洪方式包括有闸控制、临时扒口和溢流堰分洪等类型。一般以可保证保护对象安全的河湖某一控制站的水位或流量作为分洪工程运用的判别指标，当河湖实际水位或流量达到判别指标阈值时，依照防洪预案结合当时防洪形势的分析判断，渐次启用相关分洪工程，如水位继续上涨，危及重要地区安全时，则需根据防御洪水方案，运用非常蓄洪区或放弃相对次要的保护区。常规分洪措施的运用多以分洪效率为首要判别标准，非常蓄洪区的选择则多以洪灾总损失最小为原则。

（二）水库调度

设有泄洪控制设施，如闸门、自溃坝等的水库，才能进行防洪调度，否则只能起滞洪作用。为了满足下游防洪要求的防洪调度，一般利用防洪限制水位至防洪高水位之间的防洪库容削减洪水

（见水库防洪）。水库通常有以下几种防洪调度方式：

（1）固定泄洪调度。

（2）防洪补偿调度。对于防护区离水库较远，两者区间流量多变的情况，一般采用这种调度方式。水库防洪补偿调度需要控制水库的泄量，使下游防护区代表站的流量不超过安全泄量，或水位不超过保证水位。当水库入流量超过保证水位相应的泄量时，超额的水量蓄于水库中；反之，当水库入流量小于该泄量时，水库可腾空部分库容，但一般不应低于防洪限制水位。制定防洪补偿调度方式时，根据区间洪水的变化特点，可以采用考虑洪水传播时间或考虑区间洪水预报，以及综合考虑防护区水位、流量、涨落率等因素。

（3）防洪预报调度。

（4）防洪与兴利结合的调度。

（5）水库群的防洪联合调度。指同一河流上、下游的各水库或位于干、支流的各水库为满足其下游防洪要求进行的调度。对同一河流的上、下游水库，当发生洪水时，一般上游水库先蓄后放，下游水库先放后蓄，以尽量有效地控制区间洪水，对位于不同河流（如干、支流）的水库，由于影响因素很多，应遵循水库群整体防洪效益最大为原则确定联合调度方式。

（三）防洪工程系统的联合调度

防洪工程系统由堤防、分蓄洪工程（蓄滞洪区、分洪道等）和水库等联合组成。在防洪调度时，要充分发挥各项工程的优势，有计划地统一控制调节洪水。这种调度十分复杂，基本调度原则是：①当洪水发生时，首先充分发挥堤防的作用，尽量利用河道的过水能力宣泄洪水；②当洪水将超过河道安全泄量时，再运用水库或分洪区蓄洪；③对于同时存在水库及分蓄洪工程的防洪系统，考虑到水库蓄洪损失一般比分洪区小，而且运用灵活、容易掌握，宜先使用水库调蓄洪水。如运用水库后仍不够控制洪水时，再启用分洪工程。具体动用时，要根据防洪系统及河流洪水特点，以洪灾总损失最小为原则，确定运用方式及程序。

（四）洪水调度原理

1. 确定洪水组合与频率洪水

研究干支流、上下游可能发生的各种洪水遭遇组合，河口地区洪潮遭遇组合，据此确定适宜的洪水组合方式。

合理选择并分析计算具代表性的不同类型、不同量级的典型洪水、频率洪水。对于冰凌洪水，则通过历史凌汛资料分析，从水文、气象及水动力学等方面研究河道凌汛期冰凌洪水形成条件及变化规律。

频率洪水可由流量资料或暴雨资料推求计算，对资料缺乏的小流域频率洪水可采用地区经验公式法推求。

2. 确定洪水调度控制指标

河湖的防洪控制点的控制水位或控制流量是流域洪水调度的重要指标。河道采用水位控制或流量控制应根据河流的防洪特点及现有防洪能力合理确定。

针对不同凌情，考虑凌汛洪水演进和河道槽蓄量变化情况，研究河道特定控制断面的防凌安全流量，即封河期、开河期控制条件，稳封期冰下过流能力，据此确定河道各控制断面不同时段的防凌控制条件。

对于高含沙洪水地区，应分析发生高含沙大洪水时，泥沙冲淤变化对河道行洪能力、防洪工程的影响及应采取的相应防洪措施。

3. 确定洪水调度分析方法

洪水演进与调度计算方法可以采用水文学或水力学计算方法。计算方法的选择考虑以下因素：①考虑计算问题的性质、河道特性、依据资料的精度、数据的取得和计算工作量；②考虑计算成果的要求及成果的可靠性。

进行洪水演进与调度计算时，要合理划分计算河段、优选计算时段、确定起始条件和边界条件、进行水量平衡检查与修正。

编制的洪水演进与调度计算数学模型需采用两次以上不同类型的实测洪水进行检验。

对选择的不同类型的洪水，结合洪水预报，进行洪水调度方案防洪计算。研究防洪工程运用时机、次序及运用方式；分析不同洪水调度措施组合情况下各方案的防洪作用及经济社会效益；在技术、经济比较的基础上，统筹考虑上下游、左右岸的防洪关系，确定合理的、具有可操作性的洪水调度方案。

二、水库防洪调度模型

为满足不同情况的需要，一般有水位控制模型、出库控制模型、补偿调度模型、指令调度模型、预报预泄模型、闸门控制模型等六种可供选择的水库实时防洪调度模型。

（一）水位控制模型

将水库水量平衡方程中 V_t 作为关注因子，将水库最高控制水位转化为约束条件，水库最高水位是水库实时防洪调度的主要控制指标，当洪水位于涨水段，后续降雨难以确知时，尤其需要保持适当的水库最高控制水位。水位控制模型的目标是在保证水库水位控制条件的前提下，使水库的最大出库流量最小，即以通常所说的最大削峰准则进行调度。水位控制模型通常应用于水库自身防洪形势比较紧张的情形，模型不考虑水库对区间洪水的补偿。

1. 目标函数

$$\min F = \sum_{t=1}^{m} (q_t)^2 \tag{3-128}$$

式中：m 为调度期的时段数；q_t 为第 t 时刻出库流量，m^3/s。

2. 约束条件

（1）水库最高水位约束：

$$Z_t \leqslant Z_m(t) \tag{3-129}$$

式中：Z_t 为 t 时刻水库水位，m；$Z_m(t)$ 为 t 时刻容许最高水位，m。

（2）调度期末水位约束：

$$Z_{\text{end}} = Z_e \qquad (3-130)$$

式中：Z_{end} 为调度期末计算的库水位，m；Z_e 为调度期末的控制水位，m。该水位在涨洪段反应为后续降雨预留的库容，在洪水尾部可保证水位正常回蓄。

（3）水库泄流能力约束：

$$q_t \leqslant q(Z_t) \qquad (3-131)$$

式中：q_t 为 t 时刻的下泄量，m³/s；$q(Z_t)$ 为 t 时刻相应于水位 Z_t 的下泄能力，m³/s，包括溢洪道、泄洪底孔与水轮机的过水能力。

（4）泄量变幅约束：

$$|q_t - q_{t-1}| \leqslant \nabla q_m \qquad (3-132)$$

式中：$|q_t - q_{t-1}|$ 为相邻时段出库流量的变幅，m³/s；∇q_m 为相邻时段出库流量变幅的容许值 m³/s，当下游为堤防时，该约束可避免河道水位陡涨陡落，对堤防安全有利。

3. 模型求解

利用分段试错方法求解以上模型，求解原理如图 3-17 所示。

（二）出库控制模型

将水量平衡中 q_t 作为关注变量，与水位控制模式不同，该模型可以迅速准确地将水库最大出库流量规定到希望的范围之内。该调度模型同时考虑出库流量限制和最高水位限制，当出库流量限制条件生效时其目标是使水库最高水位最低。当出库流量不起约束时，则尽可能利用允许最高水位规定的允许调蓄库容削减洪峰。

1. 目标函数

当最高容许水位约束与出库控制条件矛盾时：

$$\min \quad \max\{Z_t/t \ni [1, m]\} \qquad (3-133)$$

当最高容许水位约束与出库控制条件不矛盾时：

$$\min \quad \max\{q_t/t \ni [1, m]\} \qquad (3-134)$$

式中：m 为调度期的时段数。

2. 约束条件

（1）水库最大出库流量约束：

$$q_t \leqslant q_m(t) \qquad (3-135)$$

式中：q_t 为 t 时刻水库出库流量，m³/s；$q_m(t)$ 为 t 时刻容许出库流量，m³/s。

（2）水库最高水位约束（当最高容许水位约束与出库控制条件不矛盾时有效）：

$$Z_t \leqslant Z_m(t) \qquad (3-136)$$

式中：Z_t 为 t 时刻水库水位，m；$Z_m(t)$ 为 t 时刻容许最高水位，m。

（3）调度期末水位约束：

$$Z_{\text{end}} \geqslant Z_e \qquad (3-137)$$

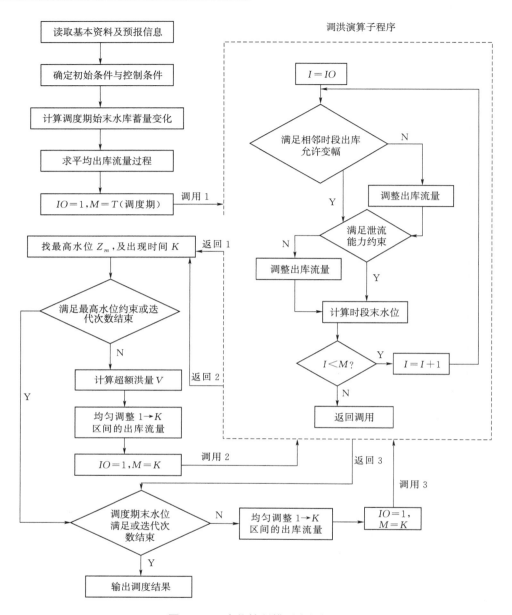

图 3-17　水位控制模型求解框图

式中：Z_{end} 为调度期末计算的库水位，m；Z_e 为调度期末的控制水位，m。

（4）水库泄流能力约束：

$$q_t \leqslant q(Z_t) \qquad (3-138)$$

式中：q_t 为 t 时刻的下泄量，m^3/s；$q(Z_t)$ 为 t 时刻相应于水位 Z_t 的下泄能力，m^3/s。

（5）泄量变幅约束：

$$|q_t - q_{t-1}| \leqslant \nabla q_m \qquad (3-139)$$

式中：$|q_t - q_{t-1}|$ 为相邻时段下泄量的变幅，m^3/s；∇q_m 为相邻时段泄流量变幅的容许值，m^3/s。

3. 模型求解

采用分类判断、分段试算方法求解，原理框图如图 3－18 所示。

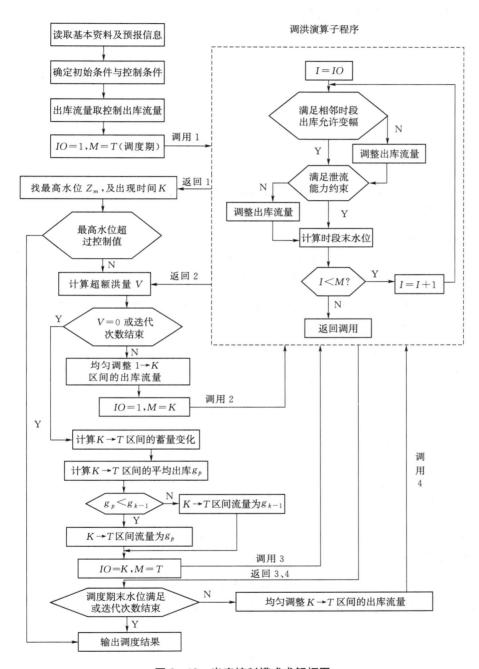

图 3－18　出库控制模式求解框图

（三）补偿调度模型

补偿调度模型在水库有较多的空闲库容时较为适用，它将关注的水库水位与出库流量，转移到关心水库水位与防洪控制断面的过流量。根据水库距保护区距离不同，可采用完全补偿调节与近似错峰调节的方式。

补偿调度的目标为在保证水库最高水位与调度期末水位约束的前提下，使防洪控制断面的最大过水流量最小。

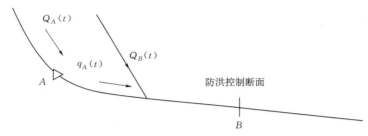

图 3-19 水库补偿防洪调度示意图

如图 3-19 所示，水库 A 至防洪区 B 的区间入流为 $Q_B(t)$（m^3/s）。B 处的安全泄量为 q_B（m^3/s），为保证 B 处的防洪安全，则水库 A 的放水应满足：

$$q_A(t) \leqslant q_B - Q_区(t-\tau) \tag{3-140}$$

式中：τ 为区间来水汇集到 B 的汇流时间与水库放水传播到 B 的传播时间之差，s。

当 $\tau > 0$ 或 $\tau + t_预 \geqslant 0$（$t_预$ 为洪水预报的预见期），可以实施完全补偿调节，使 B 断面泄量控制为 q_B（忽略流量误差和河道洪水变形因素）。

当 $\tau < 0$ 或 $\tau + t_预 \leqslant 0$ 时，可以结合预报预见期实施近似错峰调度。

1. 目标函数

$$\text{Min} \quad F = \sum_{t=1}^{m} \left[q_t + Q_B(t-\tau) - q_B \right]^2 \tag{3-141}$$

式中：m 为调度期的时段数。

2. 约束条件

（1）水库最高水位约束：

$$Z_t \leqslant Z_m(t) \tag{3-142}$$

式中：Z_t 为 t 时刻水库水位，m；$Z_m(t)$ 为 t 时刻容许最高水位，m。

（2）调度期末水位约束：

$$Z_{\text{end}} = Z_e \tag{3-143}$$

式中：Z_{end} 为调度期末计算的库水位，m；Z_e 为调度期末的控制水位，m。

（3）水库泄流能力约束：

$$q_t \leqslant q(Z_t) \tag{3-144}$$

式中：q_t 为 t 时刻的下泄量，m^3/s；$q(Z_t)$ 为 t 时刻相应于水位 Z_t 的下泄能力，m^3/s。

（4）出库变幅约束：

$$|q_t - q_{t-1}| \leqslant \nabla q_m \tag{3-145}$$

式中：$|q_t-q_{t-1}|$ 为相邻时段出库流量的变幅，m^3/s；∇q_m 为相邻时段出库流量变幅的容许值，m^3/s。

3. 模型求解

采用分级控制分段试算的方法求解，原理如图 3-20 所示。

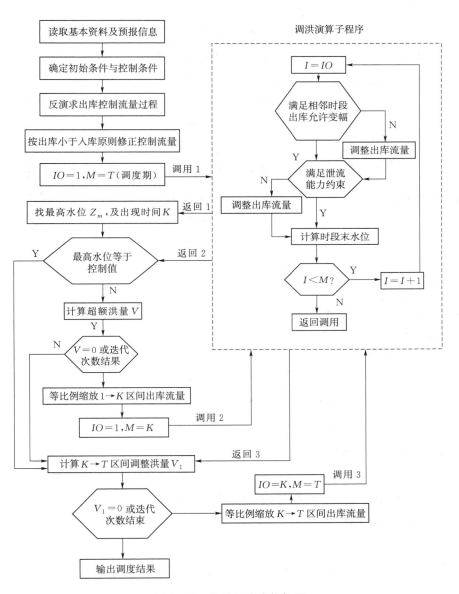

图 3-20 补偿调度求解框图

（四）指令调度模型

重要的防洪水库，其调度是分级的，在水库水位或入库洪水超过某种限值时，调度权归上级防汛指挥部门，水库调度人员在执行上级防汛指挥部门的调度指令时，需要对调度指令所产生的后果进行分析，并将分析的结果反馈给上级防汛指挥部门。

指令调度模型在技术上是固定泄量的调洪计算，只需要考虑泄洪设备的泄流能力约束。具体计算很简单，不赘述。

（五）预报预泄模型

水库预报预泄调度方式能体现大水大放、小水小放的优点，该方式在预泄效果上可能比前述方法略差，但在短期洪水预报较可靠时，它可以保证预泄的可靠性，防止由于预泄过度导致水库水位难以恢复的消落，因此，预报预泄模型在汛末使用比较理想，因为，在汛末由于汛期相位的不稳定，常常使水库管理人员陷入既怕防洪不安全又怕水库难以有效回蓄的两难境地。

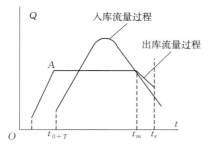

图 3-21　预报预泄示意图

预报预泄模型是根据流域平均汇流时间或者实时预报软件能提供的预见期，确定一个计算预见期 T，在其他条件允许的前提下，面临时刻 t 的放水等于 $t + T$ 时刻的预报入库流量乘以预报精度 β（图 3-21）。

即

$$q(t) = \beta Q(t + T) \tag{3-146}$$

1. 约束条件

预报预泄模型是一种折中的非优化调度方式，因此，没有确定的目标函数，但在调节计算时需要考虑以下条件的限制：

（1）相邻时段出库流量允许变幅：

$$|q_t - q_{t-1}| \leqslant \nabla q_m \tag{3-147}$$

式中：$|q_t - q_{t-1}|$ 为相邻时段出库流量的变幅，$\mathrm{m^3/s}$；∇q_m 为相邻时段出库流量变幅的容许值，$\mathrm{m^3/s}$。

（2）泄洪设备的溢洪能力限制：

$$q_t \leqslant q(Z_t) \tag{3-148}$$

式中：q_t 为 t 时刻的下泄量，$\mathrm{m^3/s}$；$q(Z_t)$ 为 t 时刻相应于水位 Z_t 的下泄能力，$\mathrm{m^3/s}$。

（3）水库最高水位限制条件：

$$Z_t = Z_m(t) \tag{3-149}$$

式中：Z_t 为 t 时刻水库水位，m；$Z_m(t)$ 为 t 时刻容许最高水位，m。

（4）调度期末水位约束：

$$Z_{\mathrm{end}} = Z_e \tag{3-150}$$

式中：Z_{end} 为调度期末计算的库水位，m；Z_e 为调度期末的控制水位，m。

2. 模型求解

预报预泄模型原理如图 3-22 所示。

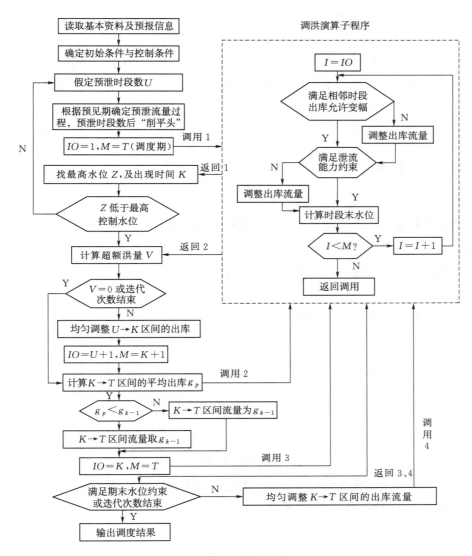

图 3-22　预报预泄求解框图

（六）闸门控制模型

闸门控制模型用于由于某种因素的影响，闸门不能连续开启的情况，全开全闭的闸门操作方式丧失了对洪水控制的灵活性，但操作却比较方便，该模型针对闸门不能连续开启的情况设计，结合需求与可能，模型具有以下功能。

1. 指令方式

人工选择闸门起闭，在时段数规定的范围内，调整开启时间，当闸门的开启方式确定后，启动调洪计算程序。计算水库水位、出库流量过程等。

2. 自动方式

与指令方式不同的是，该方式在给定调度期末水位的条件下，由计算机自动确定闸门的起闭状态与起闭时间。对于计算机自动开启的结果，可以人工干预后再调洪演算。

3. 交互方式

与前两种方式不同，该模式可以实现闸门不连续开启。例如，为了分水错峰，闸门可能在中间某些时段临时关闭，交互方式可以实现不同闸门、不同时间的任意组合。当然，组合的方案需要人工指定。

闸门控制模型在调洪演算时，考虑开启闸门的泄流能力约束。

三、水库群防洪调度

（一）逐级交互模型

水库群逐级交互调度模型，是针对现行水库群联合实时防洪优化调度模型（或软件）在实用性方面的不足而设计的，其要点概括如下：

（1）按照水库及水库之间的相互关系，建立水库级序，每个水库一个序号，按先上后下、先支后干原则编序。

（2）建立水库群源汇关系矩阵，反映各水库之间的水力联系。即

$$\boldsymbol{A} = \begin{bmatrix} A_1 \\ \vdots \\ A_n \end{bmatrix} = \begin{bmatrix} a_{11} & \cdots & a_{1m} \\ \vdots & a_{ij} & \vdots \\ a_{n1} & \cdots & a_{nn} \end{bmatrix} \qquad (3-151)$$

其中

$$a_{ij} = \begin{cases} 0 & i\,库与\,j\,库无水力联系 \\ 1 & i\,库与\,j\,库有水力联系 \end{cases}$$

（3）根据各单库的防洪任务及水库在库群中的作用建立单库优化调度模块，该模块具有多种备选调度模式、方案比选与分析功能，并可根据入流条件规定各自的调度期，模拟各种不确定性因素的影响，其入流按下式确定：

$$\boldsymbol{R}_i = \boldsymbol{A}_i \cdot \boldsymbol{B} \qquad (3-152)$$

其中

$$\boldsymbol{B} = \begin{bmatrix} b_{11} & \cdots & b_{1m} \\ \vdots & b_{ij} & \vdots \\ b_{n1} & \cdots & b_{nn} \end{bmatrix} \qquad (3-153)$$

式中：R_i 为第 i 库的入流，$\mathrm{m^3/s}$；m 为时段数；b_{kj} 为第 k 库入第 j 库的流量过程，两库之间的河道洪水演进采用马斯京根法计算。

（4）建立水库群逐级交互调度结果的汇总与评价模块，根据可视化水库与各防洪断面的调度结果、分析评价，确定方案的满意度；对不满意的方案，根据其时空位置，对相关水库的工情与蓄水状态、控制区域的水情作联合分析，确定方案的修正方向。

（二）库容分配模型

1. 模型结构特征

以新丰江、枫树坝、白盆珠三座水库为例，构成如图 3-23 所示的并联系统，考虑系统的结构包括以下四个特征：①每个水库都有自身的防洪对象；②各水库有共同的防护对象；③每个水库到防洪点之间的区间流量过程均不可忽略；④考虑水流在区间河道内的演变。

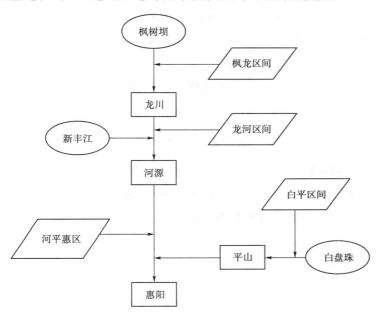

图 3-23 水库群系统概化图

2. 通用目标函数

对于 n 个水库，$n+1$ 个防洪点，构造基于防洪断面的最大过流量最小目标的目标函数如下：

$$\text{Min } F = \sum_{t=1}^{T} \left\{ \sum_{i=1}^{n} \beta_i \left[q_i(t) + \alpha_i \cdot Q_{\text{区},i}(t) \right]^2 + \sum_{i=1}^{n+1} Q_{\text{区},i}(t) \right\} \tag{3-154}$$

式中：T 为调度期时段数；$q_i(t)$ 为第 i 库第 t 时段的出库流量演算到防洪断面的过程；$Q_{\text{区},i}$ 为第 i 库到自身防洪点之间的区间流量过程；$\sum_{i=1}^{n+1} Q_{\text{区},i}(t)$ 为各库至共同防洪点之间的总区间流量过程；β_i 为第 i 库自身防洪点的重要性系数；α_i 为第 i 库调度模式指示变量。

流域面上各水库承担的防洪任务不尽相同，被保护对象的重要性有所差别，在并联水库群中，各水库之间由于没有水力联系，各库自身防洪对象的防洪问题彼此是独立的。值得注意的是，各库自身的防洪对象与共同防洪对象之间，往往存在重要程度上的差异，在流域防洪决策中，这种差异是形成最终决策的重要参考因素之一，当某库自身防洪对象的重要性远高于公共防洪对象时，公共防洪对象的防洪任务自然应当向其他水库转移；反之，若某库的自身防洪对象的重要性远低于公共防洪对象时，在条件允许时，就应多承担公共防洪对象的防洪任务。β_i 的作用是为了定量描述各防洪对象的重要性。在群决策（流域防洪决策通常都是群决策）会商过程中，该因子反映决策者的偏好，并能方便地实施人工干预。当第 i 库没有自身的防护对象或者在会商过程中认为在当前防洪形势下可不考虑第 i 库自身的防护对象时，可令 $\beta_i = 0$。

由于各库的具体情况不同，库群中具有自身防洪对象的水库，在调度模式上可能有两种不同的选择：削峰模式和补偿模式。当水库距防洪对象较近或者区间的汇流面积较小，区间来水可以忽略时，采用削峰模式。α_i 用于选择调度模式，$\alpha_i = 0$ 表示削峰模式，$\alpha_i = 1$ 表示补偿模式。引入 α_i 增强了在库群联合调度中处理局部问题的灵活性。α_i 和 β_i 联合使用，使式（3-154）具有了较高的适应性和灵活性，便于编写流域防洪联合调度的通用计算机软件和人机交互界面。

3. 约束条件

在库容分配模型中，以单座水库为单元建立相互关联的模块，对每个模块考虑以下约束条件：

（1）水量平衡约束。

$$V_i(t) = V_i(t-1) + \left\{ \left[\frac{Q_i(t) + Q_i(t-1)}{2} \right] - \left[\frac{q_i(t) + q_i(t-1)}{2} \right] \right\} \Delta t \qquad (3-155)$$

式中：$V_i(t)$、$V_i(t-1)$ 分别为第 i 水库 t 时段末、初水库的蓄水量；$Q_i(t)$、$Q_i(t-1)$ 分别为第 i 水库 t 时段末、初入库流量，对于部分水库来说为上游水库放水经河道洪水演进后的过程与相应库区区间来水过程的叠加，该约束反应各库之间的水力联系；$q_i(t)$、$q_i(t-1)$ 分别为第 i 水库 t 时段末、初出库流量；Δt 为时段长。

（2）水库最高水位约束：

$$Z_i(t) \leqslant \bar{Z}_i(t) \qquad (3-156)$$

式中：$Z_i(t)$ 为第 i 水库 t 时刻水库水位，m；$\bar{Z}_i(t)$ 为第 i 水库 t 时刻容许最高水位，m。

（3）调度期末水位约束：

$$Z_{i,\text{end}} = Z_{i,e} \qquad (3-157)$$

式中：$Z_{i,\text{end}}$ 为第 i 水库调度期末计算的库水位，m；$Z_{i,e}$ 为第 i 水库调度期末的控制水位，m，该水位在涨洪段反应为后续降雨预留的库容，在洪水尾部体现计划兴利回蓄水位。

（4）水库泄流能力约束：

$$q_i(t) \leqslant q_i[Z_i(t)] \qquad (3-158)$$

式中：$q_i(t)$ 为第 i 水库 t 时刻的出库流量，m^3/s；$q_i[Z_i(t)]$ 为第 i 水库 t 时刻相应于水位 $Z_i(t)$ 的下泄能力，m^3/s，是溢洪道、泄洪底孔与水轮机的过水能力的总和。

（5）出库流量变幅约束：

$$|q_i(t) - q_i(t-1)| \leqslant \nabla \bar{q}_i \qquad (3-159)$$

式中：$|q_i(t) - q_i(t-1)|$ 为第 i 水库相邻时段出库流量的变幅，m^3/s；$\nabla \bar{q}_i$ 为相邻时段出库流量变幅的允许值，m^3/s，当下游为堤防时，该约束可避免河道水位陡涨陡落而引发崩岸，对堤防安全有利。

4. 模型求解

在给定了各库的控制条件，预报入库流量、预报区间来水过程 $Q_i(t)$，$Q_{\text{区},i}(t)$ 等条件时，有多种成熟的优化方法求解所形成的数学模型，其中以动态规划最为常用，而且，可以保证式（3-154）在可行域中得到全局最优解。鉴于以下理由，在水库群防洪实时联合调度中，模型求解方法的严密性、计算结果的最优性与计算速度，与对计算结果的人工干预机制相比，后者显得更为重要。

（1）水库群实时联合调度模型中，很多信息都存在不确定性，洪水预报结果存在误差，约束条件的确定受后续降雨不确定性的影响等等。因此，没有必要在诸多不确定性影响的环境中，过分关注所谓高精度的最优解。

（2）即使当今的计算机运算速度已经很快，但要应付诸如水库群联合调度这样动态规划模型的计算，仍需耗费相当的计算时间，特别是防洪调度，由于计算时段较小，水位状态对计算结果的影响灵敏，为获得计算精度，在水库的状态划分时要求更细，所以，计算工作量更大，在为群决策提供决策支持时，以减缓决策支持的效率换取有限的且缺乏可靠性的计算精度的提高，往往难以被接受。

根据式（3-154）最优解的物理特征，可采取一种近似计算方法，即库容分配算法建立调度模型。关于式（3-154）解的物理特征，很多文献中均有论述，在仅考虑水库的防洪库容约束时，式（3-154）实际上是传统单库削平头（对下游防洪点天然洪水过程进行削平头）防洪操作方法的推广和数学模型化，直观地说，就是使防洪对象断面的流量过程尽可能均匀。公共防洪对象流量过程尽可能均匀的目标，必须依靠水库群中所有的水库共同完成，为此所需的调节库容必须在各水库之间分配。

关于式（3-154）的解，存在以下特殊情形：①当不考虑公共防洪对象时，并联库群之间既无水力联系也无水利联系，库群系统可以分解为 n 个相互独立的子系统；②有公共防洪对象，但各库自身防洪对象以下的区间来水可以忽略，而且各水库的防洪库容足够大，足以使各自防洪对象的流量过程"削平头"，则联合调度的最优解与单库调度的最优解是一致的。在以上两种情况下，水库群防洪系统可以分解为单库防洪系统。库容分配算法的基本出发点，就是利用适当的分配系数，将 $Q_{区,n+1}(t)$ 分解到各个单库子系统中，通过调整分配系数，寻找式（3-154）的近似最优解。基本步骤如下：

（1）根据各库的最高控制水位与起调水位，计算各库可调库容 V_i。

（2）计算各库的自身防洪对象以上的来水量 $W_i = \sum_{t=1}^{T} [Q_i(t) + \beta_i Q_{区,i}(t)] \cdot \Delta t$；引入 β_i 因子，是为了体现自身防洪对象重要的水库少承担公共防洪任务的基本思想。

（3）计算公共区间流量的初始分配系数 $\lambda_i = \left(\dfrac{V_i}{W_i} \right) / \left(\sum\limits_{j=1}^{n} \dfrac{V_j}{W_j} \right)$。

（4）计算各单库的虚拟区间流量 $Q'_{区,i}(t) = Q_{区,i}(t) + \lambda_i Q_{区,n+1}(t)$。

（5）作各单库的调节计算（$\alpha_i = 1$ 采用补偿模式，反之采用削峰模式），并整理各库的出库流量过程 $q_i(t)$，计算各个防洪点的过流过程 $Q_{防,i}(t)$（考虑河道洪水演进）。

（6）比较各断面的 $Q_{防,i}(t)$ 与安全泄量 $q_{安,i}$，若计算结果可接受（如每个断面的最大过流量均小于各自的安全泄量；或者每个断面的最大过流量均大于各自的安全泄量，但超幅基本相当；或者每个断面的最大过流量与安全泄量之差相差悬殊，但成因是各自所在支流洪水，无法通过空间调配得到改善等），则输出调度方案；否则，修正分配系数（人工干预或给定调整规则），转（2）（通过修正防洪点重要性系数 β_i 间接改变 λ_i ）或者转（4）（直接人工修正分配系数 λ_i ）。

以上求解步骤将一次优化过程，转化为分步交互协商过程，在保障解的合理性前提下，增强了人工干预功能，配合计算机辅助软件，可以较好地实现决策支持，服务于水库群调度的群决策会商。

单库调度是库容分配模型的核心模块，采用以下步骤迭代求解：

（1）给定初始出库流量过程：$q'_i(t) = q_{安,i} - \alpha_i Q_{区,i}(t)$。

（2）进行逐时段调节计算（考虑泄流能力等约束），得到水库水位过程 $Z_{i,t}$。

（3）找 $Z_{i,t}$ 最高库水位 $Z_{\max}$，以及相应的时间 t_k，若最高水位 $Z_{\max}$ 等于给定的最高控制水位时，输出调度方案；否则，按以下规则调整出库过程后转（2）：

$$q'_i(t) \Longleftarrow \begin{cases} q'_i(t) + \left[q'_i(t) / \sum\limits_{j=1}^{t_k} q'_i(j) \right] [V(t_k) - V_m]/\Delta t \; ; \; t \in \begin{bmatrix} 1 & t_k \end{bmatrix} \\ q'_i(t) - \left[q'_i(t) / \sum\limits_{j=t_k}^{T} q'_i(j) \right] [V(t_k) - V_m]/\Delta t \; ; \; t \in \begin{pmatrix} t_k & T \end{pmatrix} \end{cases}$$

式中：$V(t_k)$ 为 t_k 时刻的水库蓄水量，m^3；V_m 为最高控制水位对应的水库蓄水量，m^3。

四、防洪体系的防洪调度

防洪体系联合调度的基本原则是充分利用防洪体系的防洪能力，确保重点，兼顾一般，对洪水进行合理安排，将洪水灾害减少到最低限度。

进行流域或区域防洪体系联合调度，要合理处理蓄泄关系、上下游关系、左右岸关系、干支流关系，在不影响防洪安全的前提下，尽可能使防洪与兴利相结合，合理利用洪水资源。

为充分发挥各项防洪工程设施和防洪体系整体的防洪作用，要针对不同类型的洪水，研究各项防洪工程运用的时机、次序和运用方式。

对防御标准以内的洪水和超标准洪水的调度，应统筹考虑。对各类不同量级和地区组成的洪水，尤其是量级大、洪水组成对防洪不利的洪水，应深入研究，提出可靠的洪水调度方案。

流域或区域发生小洪水时，要充分利用河道的泄洪能力，发挥防洪综合体系的防洪作用；对于干旱缺水地区，在确保防洪安全的前提下，可根据气象和降雨预报情况，适时引蓄洪水，兼顾洪水资源利用。

当流域或区域发生相当于防御标准的洪水时，应充分发挥干支流河道和分洪道的泄洪能力，利用水库调蓄洪水，必要时启用蓄滞洪区蓄滞超额洪水，保障重要防洪保护对象的防洪安全。

当流域或区域发生超标准洪水（或特大洪水）时，应充分发挥各类防洪工程设施的泄洪、蓄滞洪作用，必要时采取牺牲一般地区、运用规划保留区或临时扩大分洪范围等方式分蓄洪水，保障特别重要防洪保护对象的防洪安全，尽可能把全局的洪灾损失减至最小。

第五节　洪水风险图编制技术

洪水风险图是支撑防洪减灾相关决策、规划和措施采取的有效手段。洪水风险图编制涉及 GIS、测绘、洪水分析、风险分析、制图、可视化、动态展示等多个技术领域，是一项综合的应用技术。

一、概述

洪水风险图是直观反映洪水可能淹没区域洪水风险要素空间分布特征或洪水风险管理信息的地图。根据其表现的信息和用途分为基本洪水风险图和专题洪水风险图。

基本洪水风险图指在基础地理信息底图（含行政区划、交通道路、居民点、防洪工程等基本图层）上表现洪水基本风险要素（危险性、承灾体、承灾体的脆弱性及其组合）空间分布的地图，包括洪水危险性图（淹没范围、淹没水深、洪水流速、淹没历时、洪水前锋到达时间图等），不同危险程度下的各类承灾体（人口、资产或经济活动）分布图，承灾体脆弱性图，特定量级下洪水损失分布图，以及洪水期望损失分布图等。

专题洪水风险图是在基本洪水风险图的基础上，结合具体防洪减灾应用需要，展现专门风险管理信息或措施的地图，例如用于洪泛区土地管理的洪水风险区划图、用于洪水保险的洪水保险费率图、用于居民转移安置的避洪图、用于展示防御洪水方案的洪水安排图等等。

洪水风险图编制涉及的洪水类型包括河道洪水（含溃坝洪水）、暴雨内涝和海岸洪水（风暴潮、海啸、海平面上升等）。

洪水风险图编制的目的是服务于防洪减灾实际，因此其编制范围取决于防洪减灾政策、措施所界定的管理区域。世界各国，甚至一些国家的不同地区都是根据本国（本地区）的洪水特征和洪水风险管理的具体需求划定洪水风险图的编制范围。美国的洪水风险图的编制正式始于 1968 年《洪水保险法》颁布之后，其界定的洪水保险和土地管理的基本范围为各类洪水 100 年一遇淹没区（统称为"洪泛区"，即 Floodplain），同时出于对特殊资产（如学校、医院、危险品、关键基础设施等）建设管理的需要，除将洪水风险图编制的基本范围定为 100 年一遇洪水淹没区外，同时要求给出 500 年一遇洪水的淹没边界及洪水位。日本编制洪水风险图的主要目的是指导避洪转移，其编制范围为各河流防御目标设计暴雨或设计洪水所对应洪水的淹没范围。其他国家有选择 300 一遇洪水、500 年一遇洪水、1000 年一遇洪水，甚至 10000 年一遇洪水（荷兰的防潮区）淹没区作洪水风险图编制范围的。

洪水风险图的用途主要体包括以下几个方面：

（1）防洪区土地管理。以洪水区划图、不同频率淹没范围图的方式，划定禁止开发区、限制开发区，辅助城乡建设规划，引导产业合理布局和建设项目合理选址，支持洪水影响评价工作的开展，达到合理规避洪水风险，避免盲目侵占洪水风险，减轻生命财产损失的目的。

（2）洪水应急管理。以避洪转移图的形式，辅助应急管理部门组织群众安全转移或引导公众采取合理的避洪转移行动；以洪水淹没范围、水深、到达时间、淹没历时、洪水损失等图的形式，辅助有关部门制定相应的防洪应急预案，提升应急响应行动的合理性、科学性和时效性。

（3）防洪规划。以各种防洪措施或其组合方案实施前后洪水淹没特征图对比的方式，既可直观评判防洪措施的减灾和保障社会经济发展的效果，提高防洪规划的合理性和有效性，又能促进决策者、规划者和社会公众对防洪措施建设的必要性和可行性进行有效的沟通，达成共识，推进防洪规划的认可和审批。

（4）洪水保险。以洪水保险费率图的方式，直观表现洪水淹没特征、资产类型与保险费率之间的关系，保证洪水保险的合理、公正，推进洪水保险制度的实施，同时激励资产所有者采取合理的措施，提高资产防洪性能，规避洪水。

（5）提高风险意识。以简明易懂的方式发布洪水风险图，公示洪水风险，宣传洪水风险和减灾知识，提高公众的洪水风险意识，促进公众自觉、合理地采取减轻风险、规避风险的行动，推动防洪减灾的社会化和全民化。

二、基本洪水风险图编制

基本洪水风险图的编制包括洪水来源分析确定、洪水量级选取、编制及分析范围确定、洪水风险分析方法选择、基础资料整编、分析方案设计、模型构建、模型率定与验证、分析计算、计算结果和理性分析、洪水风险图绘制等基本内容。

（一）洪水来源分析确定

洪水来源分析确定亦称洪水风险源辨识，其目的是明确需纳入洪水风险图编制的洪水来源及其泛滥方式和影响程度。

内陆河道周边区域，可能的洪水来源包括流经该区域的干支流洪水、当地暴雨内涝、上游水库异常泄洪或溃坝洪水，而北方河流还有可能受冰凌洪水的威胁。沿海地区，其洪水来源除河道洪水和当地暴雨外，还可能面临风暴潮、海啸或海平面上升的威胁。

天然状态下，受自然地形约束，洪水多以上涨漫流形态泛滥，淹没低于最高洪水位的地带；有堤防保护的地区，洪水的泛滥有两种形态：①堤防溃决或人为开闸（扒口）分洪，洪水经溃口或闸门（分洪口门）涌出，淹没堤后地带；②洪水漫过堤防或预设的溢流堰，淹没堤后地带。有时会有上述两种泛滥形态并存的情况。

受多来源洪水威胁的地区，不同来源洪水泛滥的可能性和后果通常会有不同程度的差异：支流洪水发生频繁，但淹没范围和淹没水深有限，影响轻微，干流因防洪标准高，洪水泛滥可能性小，但一旦发生，则淹没范围广、水深大、历时长，后果严重；内涝时常发生，但多是影响正常生活或暂时干扰经济活动，大江大河洪水、海岸洪水泛滥或溃坝洪水事件稀遇，但有可能造成人员伤亡或严重经济损失。

确定是否编制某一洪水来源的洪水风险图，需考虑三个方面的因素：①洪水泛滥可能的后果；

②洪水发生频率；③受洪水威胁区域未来社会经济发展趋势，例如某一区域洪水频繁发生，且淹没水深大，目前无人口资产，洪水不会造成影响，但若该区域有潜在的开发价值，是规划的开发区或可能被侵占开发，则需编制洪水风险图，而某一区域虽然洪水淹没频繁，后果严重，但其中人口资产会在近期内迁出，则可能无需编制洪水风险图。通常，凡洪水可能发生，且会造成较严重后果，包括潜在后果的区域，均需编制洪水风险图。

（二）洪水量级的选取

洪水量级选取包括三个方面的内容：最大量级洪水选取、起始量级洪水确定和洪水量级等别确定。

1. 最大量级洪水选取

最大量级洪水的确定取决于洪水风险图的用途。

用于常规洪水风险管理，如土地管理、洪水保险、提高公众洪水风险意识等的洪水风险图，各地区、各种类型洪水的最大量级洪水宜为同一值，例如 100 年一遇洪水（风暴潮和暴雨）。对于特殊防洪对象，例如有毒有害物品的生产处理场所和仓储设施、医院、学校、电厂、水厂、交通枢纽等，其最大洪水量级会选得更高一些，例如 500 年一遇洪水。

用于防洪工程规划建设和洪水应急管理的洪水风险图，最大洪水量级则需根据具体情况合理选择。水库和堤防建设选择设计标准或超标准洪水；有工程保护地区的避洪转移图选择工程现状标准或规划标准洪水，无工程保护的地区，则可统一选择某一量级（如 100 年一遇洪水）或历史上发生的最大洪水或视当地洪水特点和社会经济状况选择适宜的洪水量级；应急预案和防御洪水方案编制选择防御对象洪水或超标准洪水等。

最大量级洪水决定了洪水风险图编制范围，从而决定了洪水风险分析计算范围和资料收集、测量和整编范围。

2. 起始量级洪水确定

起始量级洪水的选择主要取决于洪水风险编制区域的防洪排涝工程状况。

有防洪排涝工程保护的地区，起始洪水量级通常选择与现状防洪排涝标准一致。当某一地区现状防洪标准高于常规洪水风险管理所对应的最大量级洪水时，则无需编制常规风险管理所用的洪水风险图，而应急管理风险图的起始量级洪水多与其最大量级洪水相同。有时，考虑到工程可能因隐患或其他不确定性因素影响在未达到其防洪排涝标准情况下失效，用于应急管理风险图的起始洪水量级可较现状防洪排涝标准低一个等级，如现状防洪标准为 50 年一遇，起始洪水量级取为 20 年一遇。

无工程保护的地区，起始洪水量级常选择 2 年一遇洪水。

3. 洪水量级等别确定

用于洪水风险图编制的洪水等级通常按 2 年、5 年、10 年、20 年、50 年、100 年、200 年、500 年一遇等间隔划分。有些地区根据其洪水特点或防洪工程现状，可能会选取某些特定量级的洪水开展分析计算，编制洪水风险图，如 30 年一遇洪水或历史典型洪水等。

（三）编制及分析计算范围确定

洪水风险图编制范围由最大量级洪水界定，而洪水分析范围则需根据最大洪水量级及其来水和出流的具体情况确定。

1. 河道洪水

（1）编制范围。

有堤防且堤顶高程高于最大量级洪水水位的河道，编制范围根据堤防及周边高出最大量级洪水水位的地形确定，如图 3-24（a）所示。若河道周边地形低于河道洪水位，可采用较小比例尺（宜不小于 1：50000 比例尺）地形图和较大计算网格尺寸（宜不大于 0.5km²），运用选定的洪水分析模型粗略计算最大量级洪水下各溃口淹没范围，以此为依据确定编制范围。

无堤防或堤顶高程低于最大量级洪水水位的河道，以最大量级洪水沿程水位与沿程地形比较，确定编制范围，如图 3-24（b）所示。若河道沿程地形有低于最高水位的，可采用上述粗算方法确定计算范围。

最大量级洪水水位可采用恒定非均匀流方法计算确定。

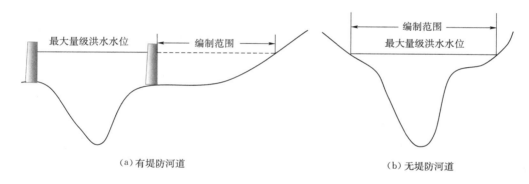

（a）有堤防河道　　　　　　　　　　（b）无堤防河道

图 3-24　河道洪水编制范围确定示意图

（2）计算范围。

选择与编制区域洪水分析相关的干支流河道上游水文控制站作为河道计算范围上边界，上游无水文控制站时，则选择可确定设计洪水过程的控制断面作为河道计算范围上边界。当编制范围有堤防保护时，为避免溃堤或分洪洪水对上游来水过程产生明显的影响，选取的河道上边界需至编制区域上端有足够的距离，一般以超过河道宽度 10 倍以上为宜。

选择下游水文控制站、控制性水工建筑物或水库、湖泊、海域等大水体作为河道洪水计算范围下边界。无上述条件的河道，可采用曼宁公式近似确定下边界条件（即水位—流量关系），此时，河道下游最后一个实测断面应位于顺直河段且距编制区域计算范围下游端的距离应超过河道宽度的 10 倍，以最后一个实测断面形状和最后两个实测断面的漫滩流量恒定流状况下的水面比降为基准，将最后一个河道断面向下游延伸 5 倍河道宽度以上，作为河道计算范围的下边界。

河道计算范围两侧的集雨区为区间计算范围，采用水文学方法计算产流，汇入相应河道和（或）编制区域。

图 3-25 为河道洪水的编制范围和计算范围示意图。

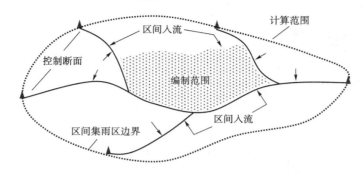

图 3-25 河道洪水编制范围与计算范围示意图

2. 暴雨内涝

（1）农田。

农田内涝计算范围由内涝编制范围和相关排涝河道构成，当内涝编制范围内的来水含周边山丘区或坡面汇流时，计算范围还应包括相应的集水区域。对于平原河网地区，可参照当地水利分区或根据骨干排水河道分布，将面积较小的多个圩区整合为编制范围，以此为基础确定计算范围。

（2）城市。

城市内涝计算范围包括城市内涝编制范围、地下排水管网和排水河渠，当城市内涝编制区域内的来水含周边山丘区或坡面汇流时，计算范围还包括相应的集水区域。

图 3-26 为内涝编制范围与计算范围示意图。

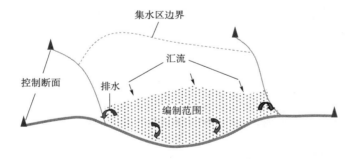

图 3-26 内涝编制范围与计算范围示意图

3. 风暴潮

有设计潮位过程的风暴潮洪水编制范围与计算范围基本为同一范围，为最大量级风暴潮最高潮位沿海岸线向内陆水平延伸至陆地边界所覆盖的区域。

对于潮位资料不足，无法推求设计潮位的区域，需构建海域部分的风暴潮分析模型，计算风暴潮增水过程，因此，计算范围包括编制范围和构建风暴潮模型所涉及的海域，如图 3-27 所示。

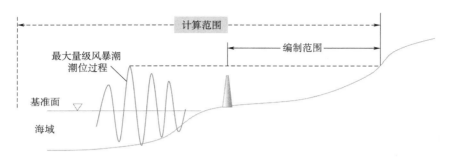

图 3-27 风暴潮洪水编制范围与计算范围示意

4. 水库溃坝

水库溃坝洪水的编制范围与计算范围基本相同。

采用经验公式计算溃坝洪水流量衰减至下游河道安全泄量，并确定该安全泄量所对应的水位，以此作为计算范围下边界。当下游一定距离内有水库、湖泊或海域等大水体，且溃坝洪水不会造成大水体水位明显变化时，可将其作为计算范围下边界，取大水体的汛限水位或年最高水位的多年平均值为下游边界水位；当溃坝洪水演进至平原地区且超过其堤顶高程时，需根据平原地区蓄洪能力，选择下游可安全下泄溃坝洪水的水文控制断面作为计算范围下边界，并以其设计洪水位为下边界水位。

根据大坝溃决形式，计算坝址处溃决洪水最大水深，据此得到坝址处溃决洪水最高洪水位，以该水位和下游边界水位为端点，按线性递减方式，确定河道沿程水位，将其平推至两岸所得的范围即为计算范围，如图 3-28 所示。

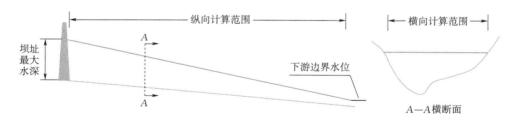

图 3-28 溃坝洪水计算范围示意图

（四）洪水分析方法

洪水分析涉及设计洪水计算、区间产汇流计算和泛滥洪水分析，具体分析计算方法如本章第一节和第二节所述。

洪水分析方法的选择取决于编制区域自然地理和洪水特征，以及现有资料情况。

1. 设计洪水计算方法选择

编制有防洪规划或建有水库、堤防的河流（或河段），通常在河流沿程控制断面有设计洪水成果，若洪水风险图编制的计算范围位于相应控制断面下游，经复核，可采用已有设计洪水成果。

当河道洪水编制区域上游入流控制断面无设计洪水，或已有设计洪水成果未能覆盖洪水风险图编制所需洪水量级时，则需根据控制断面实测流量资料，按照现行规范计算设计洪水；若上游无水文站或水文站实测资料系列长度不足时，则需基于上游流域的设计暴雨成果，按照现行规范推求设计洪水；无设计暴雨成果的，则需根据降雨资料，按照现行规范计算设计暴雨；降雨资料缺乏的，可参照当地水文手册或邻近气象水文条件类似流域的降雨资料推求设计暴雨。

　　内涝编制区域无设计暴雨的，采取现行规范规定的方法推求设计暴雨。

　　风暴潮编制范围无设计潮位时，根据当地潮位站实测资料，按照现行规范规定的方法推求设计潮位。

　　2. 泛滥洪水分析方法选择

　　河道洪水（包括溃坝洪水）编制区域内的泛滥洪水流向与河道走向基本一致时（即顺流型泛滥，多发生在山丘区河流），宜采用一维水力学分析方法，对于山丘区中的小河流，也可采用恒定非均匀流方法计算洪峰流量下的淹没情况；泛滥洪水流向与河道走向不一致时（即扩散型泛滥，如平原地区溃堤或漫堤洪水或出山口处的漫流洪水），如图 3－29 所示，宜采用河道一维与泛滥区二维耦合或整体二维水力学分析方法；面积较小的河道外封闭区域，可采用河道一维水力学和封闭区域水量平衡计算相结合的方法计算淹没情况。

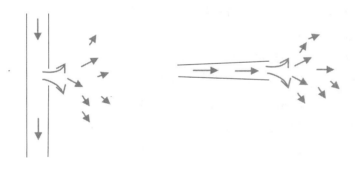

图 3－29　扩散型泛滥示意图

　　内涝计算采用水文、水力学相结合的分析方法，当内涝编制区域为城市且排水管网数据完备时，采用地表水流与管网水流耦合分析方法；面积较小且封闭的农田内涝编制区域可采用水文学和水量平衡相结合的方法。

　　河道沿程或编制区域周边区间入流，采用水文学方法进行产汇流计算，根据具体入流特点，按集中入流或沿程（沿周边）均匀入流处理。

　　水库库区淹没，视水库形态采取相应的分析方法：库区沿程水面比降变化明显的河道型水库，采用水力学方法，库区范围内水位无明显差异的湖泊型水库库区，可将库区水面视为水平，根据水库坝址水位，利用库区地形资料直接勾绘淹没范围、确定库区淹没情况。

　　风暴潮编制区域的洪水计算采用二维水力学方法。潮位资料不足的区域，需采用海域风暴潮分析模型与陆地二维水力学模型耦合的方法计算风暴潮淹没情况。

（五）基础资料

1. 资料内容

洪水风险图编制所需的基础资料包括基础地理信息、水文与洪水、构筑物和防洪工程及其调度规则、社会经济和洪涝灾害资料等。

基础地理信息主要包括等高线、高程点、DEM地形数据、流域水系（涉及范围内的干流、主要支流）、行政区划、交通路网、土地利用等。

水文资料主要指降雨、测站水位过程、流量过程、水位-流量关系、设计洪水资料、河道地形图及断面图；对于防潮区，还需收集设计潮位、最高潮位，潮位过程线等资料。

历史洪水资料主要用于参数的率定和模型的验证，内容包括历史典型洪水各测站（暴雨）过程、河道沿程及淹没区实测（或调查）最高水位（或洪痕）、淹没范围等。

构筑物和防洪工程资料主要包括水库、堤防（含险工险段）、闸、涵、泵、桥梁、高出地面的线状构筑物等几何特征数据。工程调度资料包括水库、蓄滞洪区、泵站、闸坝等的调度规则。

社会经济数据用于洪水影响统计分析和损失评估，主要包括行政区域界限、面积、人口、固定资产、基础设施、耕地面积、地区生产总值、工业总产值、农业总产值等基本统计指标。

洪水灾害资料用于损失率的确定和损失评估结果的验证，主要包括实际洪水的分类资产洪水损失、各级行政单元洪水损失等的统计（调查、核灾、理赔等）资料。

2. 现场调查与测量

由于官方地形数据更新具有一定的周期，其反映的情况与当前实际会有差异，以及现有资料不完整，因此需通过现场调查、查勘进一步收集相关资料，以满足洪水风险图编制的需要。

现场调查应根据洪水风险图编制的具体需求开展，调查内容通常包括基础资料调查、下垫面和线状地物变化情况调查、河势及河道状况调查、水利工程现状调查、险工险段及历史溃决位置和冲坑遗迹调查、汛期作物种植情况调查、历史洪水洪痕及淹没范围调查、保险理赔情况调查、实际避洪转移情况调查等。

现场测量在已有基础资料和现场调查的基础上进行，测量内容通常包括无资料的线状地物沿程坐标和顶高程测量、桥涵几何尺寸测量、历史洪痕高程测量、河道断面测量、城市可能的积水点地形测量、沉陷或塌陷区地形测量等。

3. 资料需求

（1）基础地理信息。

不同比例尺的基础地理成果具有不同的精度，见表3-5，因此，需根据洪水风险图的应用目的，收集满足相应精度需要的地图信息。就高程而言，数字高程模型（DEM）的垂直精度定义为数字高程模型中线性内插高程均方根误差的1.96倍。1:2000～1:10000比例尺基础地理信息成果数据，在平地的等高距为1.0m，其注记点的高程精度接近，此外，激光扫描系统数据生成的DEM的最大均方根误差约为0.15m，大约相当于0.3m的精度。

表3-5 基础地理成果精度一览表

比例尺	内容	高程精度/m				基本等高距/m				DEM格网尺寸/m
		平地	丘陵	山地	高山地	平地	丘陵	山地	高山地	
1:500	注记点	0.2	0.4	0.5	0.7	1.0 (0.5)	1	1	1	2.5
	等高线	0.25	0.5	0.7	1					
1:1000	注记点	0.2	0.5	0.7	1.5	1	1	1	2	5
	等高线	0.25	0.7	1	2					
1:2000	注记点	0.4	0.5	1.2	1.5	1	1	2.0 (2.5)	2.0 (2.5)	
	等高线	0.5	0.7	1.5	2					
1:5000	注记点	0.35	1.2	2.5	3	1	2.5	5	5	
	等高线	0.5	1.5	3	4					
1:10000	注记点	0.35	1.2	2.5	4	1	2.5	5	10	5
	等高线	0.5	1.5	3	6					
1:25000	注记点	1.2	2	3	5	5 (2.5)	5	10	10	10
	等高线	1.5	2.5	4	7					
1:50000	注记点	2.5	4	6	10	10 (5)	10	20	20	25
	等高线	3	5	8	14					

（2）水文和洪水资料。

水文和洪水资料需求与洪水来源相关。

对于河道泛滥洪水分析，所需水文和洪水资料包括流经编制区域所有河道上游水文站点各频率的设计洪水过程和历史典型洪水过程，下游站点的水位-流量关系（若下游近海取潮位过程）。上游站无设计洪水但有长序列实测流量过程的，需收集实测流量资料，通过水文分析，得到各频率设计洪水过程；上游无水文站点或水文站点的实测资料序列不足时，则需收集设计暴雨或实测降雨资料，据此计算得到设计洪水过程。

对于暴雨内涝分析，所需的水文和洪水资料为不同频率的设计降雨过程、历史典型暴雨实测降雨过程及其空间分布，内涝外排河道上游水文站点的设计流量和实测流量过程和下有站点的水位-流量关系等。若编制区域及其周边集雨区无设计降雨过程，需收集相关雨量站的实测降雨资料，据此推求设计降雨。不同气象、水文和下垫面特征区域的设计降雨时长有所不同，应根据实际情况收集过程降雨资料。

对于风暴潮洪水分析，所需的水文和洪水资料为不同频率风暴潮的设计潮位过程、历史典型风暴潮实测潮位过程等。无设计潮位过程的，需收集编制区域沿岸潮位站的实测风暴潮潮位资料推求设计潮位。对于需要建立海域风暴潮模型的，则需收集各级别风暴（台风）的风场和压力场资料，据此推求不同频率风暴潮增水过程。

除收集历史典型大洪水（暴雨、风暴潮）过程用于重演其在现状或规划条件下的淹没情况外，还需全面收集近期发生的洪水（内涝、风暴潮）的水文及淹没资料，包括各来源洪水过程、溃口

（溃决发生时间、溃口发展过程、溃口形态等）、实测淹没数据、淹没范围、洪痕、洪水到达时间等资料，用于率定洪水分析模型参数、验证模型。

（3）社会经济资料。

社会经济资料用于洪水影响统计分析、洪水损失评估和避洪转移分析。

我国发布《统计年鉴》的最小行政单元为县级，其中，可用于洪水影响统计及损失评估的社会经济数据包括行政区面积、地区生产总值（GDP）、人口、人均住房面积、人均收入、百户耐用家庭消费品拥有量、耕地面积、汛期种植结构、农业总产值、工业资产、工业总产值、商贸服务业资产、商贸服务业主营收入等以乡镇、街道为基本统计单元的统计指标以及重要基础设施、重点防洪保护对象资料等。

乡镇以下行政单元的社会经济统计数据则需通过调查获取。

在进行洪水影响分析和避洪转移分析时，除上述社会经济统计数据外，还需要收集相应的地图数据，包括行政区界、居民地、耕地、公路、铁路、重点设施和单位等矢量地图。

（4）洪涝灾害资料。

洪涝灾害资料主要指编制区域历史洪水、内涝、风暴潮等造成的淹没、灾情和损失数据。包括以各级行政单元为单位的淹没情况、洪水损失统计数据，洪水保险理赔数据，各种资产类型的淹没情况、灾情损失数据，特征点的淹没情况和灾情损失数据，人员伤亡数据，水、电、交通中断时间、企业停产时间等。

（5）构筑物资料。

构筑物资料主要指影响洪水运动特性的工程及建筑物资料，包括大坝、堤防、分洪退水闸门、拦河闸坝、溢流堰、桥梁、涵洞、渠道等工程以及高出地面的线状地物等的基本参数和位置（坐标）等。构筑物资料的具体要求见表3-6。

表3-6　构筑物资料基本数据要求

类　型	位　　置	有　关　参　数
大坝	坝两端坐标	坝高、坝型、坝体材料、坝址断面、坝长、泄洪设施参数
堤防	桩号坐标险段坐标	桩号所在堤顶高程、堤防等级、堤防典型断面
桥梁	桥两端坐标	桥面底板高程、桥墩间跨度、桥墩形状、尺寸、数量
涵洞	涵洞坐标	涵洞形状、尺寸、涵洞长
溢流堰	堰两端坐标	堰型、堰长、堰顶高程
闸门	闸两端坐标	闸门孔数、尺寸、设计过流能力、闸孔系数
公路、铁路	沿程坐标	路面高程、路面宽

（6）工程调度资料。

工程调度资料主要包括人为控制的可能临时改变洪水运动状态的水库、闸坝、泵站、应急扒口分洪等的常规和应急调度运用方式和调度运用规则。

对于水库，其调度资料包括标准内各频率洪水和超标准洪水的调度规则和泄流过程；对于闸门，其调度资料为针对各量级洪水的调度规则和启闭过程；对于可调节的拦河坝（翻板坝、橡胶坝等），其调度资料为调度运用规则；对于泵站，其调度资料为开关规则和抽排流量过程；对于应急扒口分洪，其调度资料为扒口顺序、扒口时机、口门尺寸等。

4. 资料合理性和完备性检查

根据高程数据绘制三维地形图，检查地形的合理性，对可能的异常点进行实地复核。将基础地理信息矢量图、土地利用图与最新遥感影像进行套绘比较，检查信息是否完备并反映现状。将防洪排涝工程及涉水构筑物矢量图层与水系图层进行套绘比较，检查数据及空间位置的合理性；建立水系及地下管网拓扑关系图，检查水系及地下管网数据的完备性及合理性。

绘制实测洪水（暴雨、潮位）过程、水位-流量关系、水位-面积-容积曲线、河道横断面图、河道深泓线、排涝（排水）分区图、堤防和线状地物顶部高程连线、实际洪水河道沿程洪痕连线，以及实际洪水淹没范围图并在其中标注实测或调查淹没水位（水深）等，检查分析数据的合理性，并对异常数据进行复核。

（六）计算方案设计

1. 河道洪水

有堤防的河道洪水计算方案为分析对象河道的洪水量级，其他来源洪水的组合（量级与过程）方式，溃口（分洪）位置、口门尺寸、溃决（分洪）阈值、溃口发展过程，相关工程调度规则等因素的组合。

无堤防或仅考虑堤防漫溢的河道洪水计算方案为分析对象河道的洪水量级、其他来源洪水的组合（量级与过程）方式、相关工程调度规则等因素的组合。

有堤防的山丘区河流，当计算量级洪水超过堤防现状标准一个等级时，可不考虑堤防的影响，视为无堤防河道进行洪水计算方案设置。

2. 暴雨内涝

暴雨内涝计算方案为暴雨量级、其他来源洪水的组合（量级与过程）方式、相关工程调度规则等因素的组合。

3. 风暴潮

有海堤的风暴潮洪水计算方案为风暴潮量级、海堤溃口位置、口门尺寸、溃决阈值和溃口发展过程，其他来源洪水的组合（量级与过程）方式，相关工程调度规则等因素的组合。

无海堤或仅考虑海堤漫溢的风暴潮洪水计算方案为风暴潮量级、其他来源洪水的组合（量级与过程）方式、相关工程调度规则等因素的组合。

4. 不同洪水来源组合

编制区域各洪水来源在有关部门已批准的规划、方案或设计中有明确的组合方式，可直接采用。

无明确洪水组合方式的编制区域，应基于实测水文资料，分析编制对象洪水与其他来源洪水的相关性，合理确定其组合方式。

当某一来源洪水与分析对象洪水之间无明显相关性，则该洪水来源按下列方式与分析对象洪水进行组合：河道洪水取年最大流量或年最高水位的多年平均值；潮位取年最高天文潮位对应的完整潮型的多年平均值，当分析对象洪（涝）水过程历时大于该潮位过程时，将潮位过程反复使用；当地降雨使编制区域水体处于年最高水位的多年平均值。

5. 堤防溃决与漫溢

堤防溃口数量及其位置的沿程分布应以计算淹没范围能覆盖可能的淹没范围为原则确定，有固定分洪口门的，分洪位置和分洪方式根据相应防洪调度方案确定；仅考虑堤防漫溢的，漫堤位置根据堤防高程确定。

堤防溃口尺寸根据本堤段或其他类似堤防的历史溃口情况、洪水过程等因素以及专家经验综合分析确定。

溃决自出现到最终口门形成所用的时间远短于溃口出流的全过程，因此在实际计算中，多将溃口视为瞬间形成（瞬溃），出于更接近实际以及计算更为平稳的目的，有时会考虑溃口发展过程，由于目前对溃口发展过程尚无可靠的分析方法，通常采取近似方法处理，即根据当地或类似地区的历史实际溃口口门横向和垂向发展所需时间的观测数据，确定堤防在两个方向扩展至稳定状态所需的时间，按各自在限定时间内线性发展考虑。

6. 洪水下渗

在华北平原，由于地下水超采严重，地下水位多在地表 20m 以下，河道内洪水和泛滥洪水在演进过程中的下渗量会占洪水总量相当大的份额，而对淹没结果产生较大影响，这种影响可通过假定在洪水演进过程中当地土壤达到稳定下渗率的状况考虑。

（七）模型构建

1. 边界条件设置

河道洪水计算的上边界条件取设计洪水或实测洪水的流量过程。下边界条件宜为出流控制断面的水位-流量关系或下游控制性工程（闸、堰等）的出流计算公式，当下游有大水体（水库、湖泊、海洋或干流河道），且其水位基本不受计算对象河道入流影响时，下边界条件可取为该大水体年最高水位（或年最高天文潮位对应的完整潮型）的多年平均值，对于无上述下边界条件的河道，采取近似方法，如曼宁公式计算得到下边界条件。

暴雨内涝计算的上边界条件为设计或实测暴雨过程，下边界条件除外排河道出流控制断面的水位-流量关系外，还包括其他排水设施的出流过程。当承泄区（江河、湖海等）的水位基本不受排涝影响时，则下边界条件可取为承泄区年最高水位（或年最高天文潮位对应的完整潮型）的多年平均值。

风暴潮洪水计算的边界条件为设计或实测风暴潮潮位过程，无设计和实测风暴潮潮位过程的，计算边界条件应为风暴潮分析模型计算范围海域的台风风场、压力场。

当编制区域内的河道洪水和内涝均源于编制区域当地降雨（洪涝同源）时（图 3-30），应以设计或实测暴雨为计算上边界条件，同时计算内涝和区内河道洪水可能的泛滥情况。

2. 初始条件

河道洪水计算的河道水流初始条件可采用恒定流计算获得，恒定流计算流量值取设计或实测洪水过程最初时刻流量值；暴雨内涝计算范围内排水河渠的初始条件以及下垫面参数初始值取雨季多年平均值；河道洪水、暴雨内涝和风暴潮洪水计算范围内其他水体的初始水位取年最高水位的多年平均值；有汛限水位的水体，初始水位可取汛限水位值。

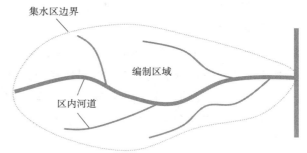

图3-30 洪涝同源的编制区域示意图

3. 工程过流

溃堤或漫堤流量过程采用堰流公式计算，对于与水流方向不垂直的堤防，采用侧堰出流公式计算溃决流量；对于水库大坝溃决，根据大坝溃决形式（瞬溃或逐渐溃决），采用相应的计算公式确定溃坝流量过程。

对于计算范围内的桥梁、堰坝、涵洞、闸门等建筑物，根据其形态，参照水力计算手册，确定相关计算参数，采用相应的计算公式计算出流流量过程。

计算范围内高于地面的线状地物（道路、堤防等），当泛滥洪水达到其顶高程时，按漫溢方式，采用堰流公式计算漫溢流量过程。

计算范围内的河渠、低于地面的道路，根据实际情况，在河道（或风暴潮）泛滥洪水和暴雨内涝分析模型中分别进行合理概化，反映其导流、输水特性和行洪、排涝能力。

计算范围内洪水期间需进行人为调度运用的工程，根据其调度运用规则或实际调度运用情况，模拟其调度运用过程，采用适宜的公式计算过流流量。

计算范围内有地下排水管网，但现有管网资料不足以支撑建立管网计算模型，需采取概化处理和近似计算时，可根据当地排水管网特征，建立概化处理及近似计算方法，并运用实测资料检验论证其合理性，据此计算管道入流及出流过程。

计算范围内的房屋、地下设施等建筑物，需判别其是否可能进水。可能进水的，根据建筑物特征，合理设置进水判别标准，并确定进入建筑物内径流的模拟计算方法。

4. 计算断面及计算网格

河道一维洪水模拟计算的实测断面间距应与河宽相当。河道形态变化不大的顺直河段或人工河渠，实测断面间距可适当加大，并根据计算需要插值加密计算断面；河道形态沿程变化显著或城镇所在的河段应适当加密实测断面，跨河建筑物上下游应设置实测断面，河道汇流或分流处应设置相应的实测断面。

二维模型计算网格边长一般小于200m，地形起伏变化明显区域或大型构筑物周边的网格需适当加密，城市区域二维模型计算网格边长一般小于100m，城市干道的网格边长不大于道路宽度，并沿道路走向布置。

5. 模型耦合

一维、二维耦合模型，地表水流与地下管网水流耦合模型，根据耦合边界的水流交换形态，合理确定耦合方式和水流交换计算方法。

6. 糙率选取

河道糙率初值根据河道形态、河床质组成、滩地形态和植被情况等，参照水力计算手册合理选取。有滩地的河道，分别选取主槽和滩地糙率。

河道外区域，根据土地利用情况、洪水发生期间植被和作物类型及分布、洪水发生期间遥感影像判读和现场调查，合理选取计算网格的糙率，对于包含多种土地利用类型的网格，需明确其综合糙率计算方法。

7. 下渗

下渗对河道或淹没区洪水计算结果影响显著的区域，根据下垫面特性确定水流下渗分析方法，合理模拟下渗过程和下渗量。

（八）模型率定验证

模型参数率定和模型验证所需资料为实测或调查的相关洪水资料。

用于模型参数率定和模型验证的实际洪水资料包括相关测站或观测点的实测水位过程、流量过程、降雨过程、计算范围内的洪痕、洪水淹没范围、特征点的淹没水深、洪水到达时间、洪水淹没历时、溃口形态和溃口发展过程、实际防洪排涝调度方式、出流（退水）位置、方式和形态等。

河道一维洪水分析模型，采用实测洪水资料进行参数率定与模型验证；河道一维、二维耦合洪水分析模型，先采用未泛滥的河道实测洪水资料，进行其中一维模型的率定与验证，再采用实测泛滥洪水资料，进行一维、二维耦合模型的率定和验证；对于包含河道和编制区域的整体二维模型，先采用未泛滥的河道实测洪水资料，进行河道部分二维模型的率定与验证，再采用实测泛滥洪水资料，进行整体二维模型的率定与验证。

内涝分析模型，采用实测暴雨内涝资料进行率定与验证。

风暴潮淹没分析模型，采用实测台风资料和实测淹没资料进行率定与验证。

模型参数率定与验证的洪水特征值（水位、流量、峰现时刻、洪水到达时间、淹没范围等）误差根据洪水类型、洪水特点与洪水风险图用途合理确定。

（九）洪水分析计算

采用验证合格的模型进行各方案的洪水计算，计算过程中若水位、流量、流速等洪水要素指标出现异常或计算结果不合理，检查计算时间步长选取、计算断面或网格划分、有关概化处理方法、边界条件设置、计算参数选择、基础数据等是否适当或无误，并进行相应调整，若有关调整改变了模型结构，则需重新率定及验证模型，若调整后计算结果仍不合理，则需重新设计洪水分析技术路线，选择适宜的分析方法或模型。

对于河道堤防溃决洪水，需针对完整的溃决流量过程（即溃口处不再出流）进行计算，计算结束时间应按照以下方法确定：

（1）编制区域为封闭区域时，以区内所有计算网格内水流流速小于某一值，如 0.05m/s（即基本静止）作为判别计算结束的阈值；采用水量平衡方法计算河道外封闭区域淹没情况时，以河道水位降至溃口底高程为判别计算结束的阈值。

（2）对于开敞区域，由于水流可能长时间流动，则以流速虽大于某一值（如 0.05m/s）的所有计算网格的水深均小于某一值（如 0.1m）作为判别计算结束的阈值。

（3）当河道为悬河，溃口流量不能归零时，根据抢险经验或抢险能力，设置可实施堵口的溃口流量值，当溃口流量降至该值时，人为假定溃决口门被封堵，流量归零，按照上述原则，判别计算结束时间。

对于风暴潮，以模拟一定数量（如 5 个）完整潮位过程作为计算时间。

对于内涝，应以所有计算网格的流速小于某一值，如 0.05m/s（即基本静止）作为计算结束时间的判别阈值。

洪水计算的输出包括如下内容：

（1）河道计算断面水位、流量过程，计算网格水深、流速过程，洪水到达时间，淹没区特征网格洪水淹没要素过程，淹没区洪水演进过程。

（2）溃口、分洪或溢流流量过程，溃口或分洪口门上下游水位过程。

（3）淹没区各线状地物沿程所有桥涵总体流量过程，各主要桥涵流量过程，线状地物总体溢流流量过程。

（4）排涝、排水设施（泵站、涵闸、管道等）或退水口门（或开敞计算边界、河道出流断面）总体出流流量过程，各主要排水设施或退水口门出流流量过程及其上下游水位（水头）过程；淹没水深大于 0.15m 的主要道路及淹没里程，城市区域特征横断面淹没水深。

（十）洪水计算结果合理性分析

绘制河道断面水位流量过程线、河道水面线、溃口流量过程线、溃口上下游水位过程线、泛滥区特征点水位过程线、泛滥区流场图、洪水到达时间等值线、桥涵过流及线状地物溢流流量过程线、淹没范围图等，以此为参照，通过以下几个方面分析和判断洪水计算结果的合理性：

（1）计算过程中流入和流出计算范围的水量差是否等于计算范围内的蓄水量，一般而言两者的相对误差需小于 1×10^{-6}。

（2）计算的水位过程和流量过程是否出现振荡。

（3）河道流量与溃口流量之比是否合理。

（4）河道水面线是否出现异常。

（5）溃口流量过程是否合理。

（6）洪水淹没范围是否有中断情况。

（7）洪水到达时间分布是否合理。

（8）流场分布是否出现异常。

（9）计算过程中是否出现负水深。

（10）是否能合理反映编制区域内桥涵过水、线状地物阻水、内部河渠导水行洪等特征。

（11）淹没范围及水深分布是否合理，洪水（内涝）淹没特征与相近量级历史洪水（内涝）淹没特征是否相似。

（十一）洪水影响分析及损失评估

根据洪水分析成果（淹没范围、淹没水深、淹没历时、洪水流速、前锋到达时间等）、淹没范围内的社会经济统计数据，历史洪水灾害数据，采用统计方法和洪水损失评估模型开展洪水影响分析和损失评估。

1. 洪水影响分析

洪水经济影响通过受淹面积、受淹耕地面积、受淹居民地面积、受淹交通道路长度、受淹重点防洪对象（医院、学校、危化企业、城市地下空间等）的数量等统计值反映；洪水社会影响通过淹没区人口的统计值反映。

通过空间展布建立社会经济统计数据与行政区划及土地利用数据的空间关联，合理确定社会经济数据的空间分布。

将洪水淹没要素分布图层与社会经济指标分布图层以及行政区界图层进行空间叠加运算，据此获取洪水淹没范围内各级洪水淹没要素值下不同级别行政区的各类社会经济指标统计值。

各类受淹房屋数量和面积的统计通过房屋或居民地图层与洪水淹没水深分布图层叠加运算得到。根据房屋底板高程与计算网格水位判断房屋是否进水，并确定淹没水深。

受淹交通道路长度的统计通过交通道路矢量图层与洪水淹没水深分布图层叠加运算得到。根据路面高程与计算网格水位判断道路是否受淹，并确定淹没水深。

受淹地下设施的统计通过地下设施矢量图层与洪水淹没水深分布图层叠加运算得到。根据地下设施进出口高程与计算网格水位判断地下设施是否受淹。

人口分布相对均匀的行政区，其淹没区人口可通过行政区域的受淹面积与该行政区的平均人口密度相乘得到；人口分布不均匀的行政区，淹没区人口的统计可通过行政区域的受淹居民地面积与相应居民地的人口密度相乘得到。

2. 洪水损失评估

洪水直接经济损失是指因洪水直接淹没造成的房屋及室内财产、农林牧渔业、工业信息交通运输业、商贸服务业、水利设施和其他资产的损失。在洪水影响分析的基础上，通过不同淹没等级下的各类资产值与其对应的洪灾损失率计算得到。

结合当地资产和经济活动类型与特征，社会经济资料情况，以及历史场次洪水损失调查统计、洪水保险理赔资料等合理确定需进行损失评估的资产类型、相应的洪水致灾特性，以及其损失率与洪水淹没要素之间的关系。

有分类资产历史场次洪水损失调查资料或保险理赔数据的区域，采用历史场次洪水发生当年的社会经济统计数据和土地利用数据进行损失率的率定和损失评估模型的验证。

无率定或验证资料的区域，可在类比分析的基础上，参考选用类似区域的损失率。

对于损失率和损失计算结果，根据淹没区资产耐淹特性、相当量级历史洪水的损失统计数据、资产当前价值、当地或类似地区历史洪水单位面积综合损失值等进行合理性分析。

（十二）洪水风险图制作

1. 制图要素提取

采用二维模型或水量平衡方法计算得到的河道或风暴潮洪水淹没成果，以淹没水深的某一值（如 0.05m）作为是否淹没的阈值，提取淹没水深大于该值的所有网格得到淹没范围，所有网格的最大水深值的集合形成最大水深分布；连接相同水深值得到水深等值线，统计各网格开始进水时刻与积水退至上述阈值的时刻，得到淹没历时分布；统计同一时刻所有淹没水深大于上述阈值的被淹网格及其水深值，得到某一时刻洪水淹没范围和淹没水深分布。

采用一维模型计算得到的河道洪水淹没成果，先提取所有断面的最高水位值，连接各断面最高水位得到沿程最高水位线，将该水位线分别向两岸平推至与陆地相交，得到洪水淹没水面与淹没范围，计算水面高程与水下地形高程之差，得到淹没水深分布，统计水面下淹没区各位置洪水淹没时间间隔，得到淹没历时分布。

对于农田内涝，根据编制区域种植结构，确定作物耐涝水深和耐涝时间，以此作为水深和淹没历时下限阈值，提取内涝计算结果中大于该阈值的水深和淹没历时，得到淹没水深和淹没历时分布；对于城市内涝，参照有关国家或行业标准对城市内涝水深阈值的界定，提取计算结果中大于该阈值的所有网格的水深值，得到内涝积水水深分布。

堤防（大坝）溃决洪水或依照调度原则分洪的洪水，某一位置的洪水到达时间为从溃决时刻或分洪运用时刻开始，随着洪水演进，洪水前锋抵达该位置所需的时间，提取所有网格的洪水到达时间，得到洪水前锋到达时间分布。

若两个及以上洪水来源的同频率洪水淹没范围有重叠时，取其中最危险值反映重叠部分的洪水淹没特性。

提取洪水影响分析及洪水损失评估计算结果中的各网格或最小行政单元各量级下受影响的社会经济指标及损失，如有期望损失值计算结果，则一并提取。

2. 信息要求

基本洪水风险图包含基础地理信息、水利工程信息、洪水风险要素及其他相关信息。

基础地理信息包括行政区界、居民地、主要河流、湖泊、主要交通道路、桥梁、医院、学校以及供水、供气、输变电等基础设施等。

水利工程信息包括水文测站、水库、堤防、跨河工程、水闸、泵站等工程信息。

洪水风险要素包括淹没范围、淹没水深、洪水流速、到达时间、淹没历时、洪水损失等。

其他相关信息，包括方案说明、洪水淹没区内的人口和资产、土地利用等社会经济特征的空间分布信息，以及反映防洪措施特征或与洪水风险的产生、计算、管理相关的延伸信息。

基本洪水风险图中避免表现与洪水风险要素信息解读无关的信息。

3. 洪水风险要素信息表现

（1）淹没范围图。

淹没范围指编制单元在某一量级洪水下可能的淹没区域。对于蓄滞洪区和洪泛区，其淹没范围即为该量级洪水淹没边界所围成的区域；对于防洪保护区，由于溃口位置不确定，而不同溃口位置的淹没范围不同，实际操作中，需选择若干具有代表性的溃决位置，分别计算其淹没范围，然后取其外包线所围成的区域作为淹没范围。

洪水淹没范围图是表现不同量级洪水淹没范围及其差别的地图。我国《洪水风险图编制导则》（SL 483—2017）将 5 年、10 年、20 年、50 年、100 年及以上频率洪水的淹没范围，采用蓝色系的五个等级分别表示，其中高量级洪水的淹没范围涵盖各低量级洪水的淹没范围。

（2）淹没水深图。

淹没水深图表示某一量级洪水淹没最大水深分布情况。

《洪水风险图编制导则》将洪水淹没水深的分级标准定为：小于 0.5m、0.5～1.0m、1.0～2.0m、2.0～3.0m 和大于 3m。该分级标准的含义是：水深在 0.5～1.0m 之间，会对儿童的生命安全构成威胁；水深超过 1m，可能对成人的生命安全构成威胁；水深超过 3m，一般房屋或淹至 2 层。

而对于城市暴雨积水，淹没水深分级标准为：小于 0.3m、0.3～0.5m、0.5～1.0m、1.0～2.0m 和大于 2.0m。该分级标准的含义是，城市暴雨积水的水深基本上不会超过 2m，当水深超过 0.3m 时，车辆难以行驶，道路交通将中断。

国际上对风险图中淹没水深的表现尚无统一的标准，有采用单一色系的，也有采用多种颜色的，总体上采用蓝色系表现水深的居多。

由于单纯使用蓝色系表现淹没水深可能会出现某些相邻等级水深颜色区别不明显的问题，在《洪水风险图编制导则》中规定采用蓝～蓝偏紫色系表现水深。

（3）淹没历时图。

淹没历时图表示受某一量级洪水泛滥区域内各地点淹没的时长。洪水淹没历时图在一定程度上反映了农作物受灾程度、交通中断情况和有关经济活动停顿情况等。

《洪水风险图编制导则》将洪水淹没水深的分级标准定为：小于 12h、12～24h、1～3 天、3～7 天和大于 7 天。对于城市，由于多具备排水体系，且由当地降雨产生的径流量有限，内涝积水基本可在 12h 内排出，因此将城市暴雨积水历时分级标准定为：小于 1h、1～3h、3～6h、6～12h 和大于 12h。

《洪水风险图编制导则》规定采用棕色系表现淹没历时，分为由浅到深的 5 种颜色，分别表示淹没历时的五个等级。

（4）洪水到达时间图。

洪水到达时间图表示从堤防、大坝溃决或蓄滞洪区分洪时刻起算，至洪水前锋到达淹没区各点所需的时长。可见，对于有些洪水淹没情景，例如洪泛区洪水、暴雨内涝等，并无明确的起始时间，因此无法确定洪水到达时间，也就没有洪水到达时间图。

洪水到达时间图可用于辅助应急转移、应急抢险和应急防护等防汛应急响应工作。

《洪水风险图编制导则》将洪水到达时间的分级标准定为：小于 3h、3～6h、6～24h、24h～2 天和大于 2 天。

上述分级的大致含义是：在洪水到达时间不足 3h 的区域，一旦得到警报或察觉洪水正在逼近，需立即撤离，以保全性命；在洪水到达时间为 3～6h 的区域，可抢出少量贵重物品随身携带撤离；在洪水到达时间为 6～24h 的区域，可将较重物品搬至高处，并随身携带较多物品撤离；在洪水到达时间为 24h～2 天的区域，则可对重要设施采取围护、密封等防护措施；在洪水到达时间超过 2 天的区域，则可借助公路或铁路路基、区内堤防、天然地势等，构筑挡水防线，约束泛滥洪水，保护部分区域免于洪水淹没。

《洪水风险图编制导则》规定采用红橙色系表现淹没历时，分为由浅到深的 5 种颜色，分别表示洪水到达时间的五个等级。

（5）洪水影响与洪水损失图。

洪水影响图表现资产或人口受洪水淹没影响程度的地图，或称洪水暴露性图。

各类资产受洪水影响的情况通常以各量级洪水淹没最大水深为背景，通过标注资产分布，如建筑物分布、居民点分布、公共或基础设施分布、农作物分布等表现。同类资产，受淹越深，暴露性越高，洪水可能造成的损失也越大。

人口受洪水影响的情况多以各量级洪水淹没最大水深为背景，在居民地所在位置标注人口数量，或在图中划分的等面积方网格（如边长为 1km 的网格，俗称"公里网格"）内标注人口数表现。

洪水损失图是表现某一量级洪水下受淹资产直接经济损失分布或表现可能受淹资产期望损失的地图，因洪水风险通常以期望损失衡量，因此后者亦称洪水风险图。

洪水损失的图形表达通常有两种方式：一是以行政区域（如乡镇、村、社区）为单元设置损失等级，据此渲染与各等级损失相应的颜色，表现损失程度及差异；二是划分方网格，按设定的损失等级渲染相应的颜色，表现损失程度。

虽然洪水风险分析的方法、基本洪水风险图的类型、洪水风险图表现的信息和表现的图形要素世界各国基本相同，但洪水风险图的具体表现形式（图式）目前尚无统一的国际标准，各国均根据需要和习惯绘制洪水风险图。

三、专题洪水风险图编制

（一）避洪转移图编制

避洪转移图是在洪水分析计算或历史洪水调查分析的基础上，综合统筹和分析受洪水影响区域内人口、道路、地形与安置条件等因素，明确标示危险区、风险居民点、安置区域分布、转移路线及转移安置次序等避险信息的专题洪水风险图。

凡开展基本洪水风险图编制的国家，多据此编制避洪转移图引导居民采取合理的转移行动。在日本，当市政部门制作出基本洪水风险图后，地方（市、镇、町）政府负责在洪水风险图中加入本地与避险转移相关的信息，包括应急避难场所、重要建筑物、避难路线，以及转移过程中所需携带的物品和提示等。这些地图将以 1∶5000 或 1∶10000 的比例尺免费分发，公众也可以从网络免费下载。美国是较早绘制风暴潮避险转移图的国家之一，由于汽车普及率较高，避险转移图通常较多考虑转移路线、交通容量、节点、车流疏散方向等信息。德国的避洪转移图，分别用不同颜色和符号标示了不同水深淹没区域、待转移区域、应急巴士停车场等，以及对公众的具体建议等避洪信息。荷兰交通公共设施和水资源部于 2006 年开始编制洪水风险图，其主要目的之一就是为决策部门的防洪减灾和组织群众转移疏散提供决策依据，其避险转移图中展示了最大洪水淹没范围、水深、损失和撤离路线等信息。

1. 避洪转移图基本信息

避洪转移图所展现的基本信息包括基础地理信息、洪水淹没特征信息、避洪转移信息、安全设施信息、重要水利工程信息及有关辅助信息等。

（1）基础地理信息主要包括行政区界、居民地、主要河流、湖泊、主要交通道路、桥梁、医院、学校及可辟为临时避难场所的公园、运动场等。

（2）洪水淹没特征信息包括洪水淹没范围及淹没水深、溃决或分洪口门分布等。

（3）避洪转移信息包括危险区范围、避洪单元、点状安置区、面状安置区、转移方向或路线、转移批次，以及滑坡、泥石流、中断桥梁、积水点等沿途危险点等。

对于转移方向或路线，受制图幅面和比例尺所限，应根据编制区域类型和面积大小分别予以考虑：对于蓄滞洪区、洪泛区以及危险区面积小于 $1000km^2$ 的防洪保护区，可根据需要标示具体转移路线、转移路线沿程危险点分布，并列表说明转移单元与安置区的对应关系；对于面积较大的其他编制区域，可根据地形状况和具体转移安置方案标示转移方向。

当洪水前锋演进时间较长、转移人数较多、危险区范围较大时，可根据洪水到达时间划分转移批次分区，在避洪转移图中展示分批转移信息。

（4）安全设施包括安全区、庄台、安全台、避水楼等。

（5）重要水利工程信息包括与转移安置相关的主要堤防、相关水库、蓄滞洪区等。

（6）辅助信息包括转移-安置对应关系附表、转移安置统计信息和转移安置说明等，转移-安置对应关系附表的内容包括避洪单元名称、所属乡镇、转移人数、安置区名称、安置人数等，对于蓄滞洪区应有转移路线；转移安置统计信息包括避洪单元个数、转移人数、最大转移距离、安置区个数、就地安置人数等；转移安置说明根据实际情况填写洪水量级、洪水淹没范围面积、转移安置要点等。

2. 资料收集

避洪转移分析所需要的资料包括洪水要素、居民点分布及人口统计数据、安全设施分布、道路数据、危险区内及周边可能的安置区信息、防汛预案（避洪转移方案部分）、蓄滞洪区运用预案等（表 3-7）。

表 3-7　　　　　　　　　　　　　　避洪转移分析所需资料一览表

资 料 类 型	数 据 内 容
洪水淹没要素	洪水淹没范围、淹没水深、流速、淹没历时、前锋到达时间等
最新防汛预案	预案中的避洪转移方案
行政区划及居民点信息	行政区划、居民点分布、房屋类型、各居民点人口统计等
安全设施信息	安全设施类型、位置、高程、容量等
可能的安置区信息	安置区类型、位置、高程、安置容量等
路网数据	道路、桥梁的空间位置、高程，以及长度、等级、平坦度等属性信息
转移路线危险点	滑坡和泥石流易发区，可能中断的道路、桥梁和地下通道等的位置
本区域或类似区域历史避洪转移情况	转移方式、转移路径、安置方式
地形数据	高程点、等高线、DEM
遥感影像	近年来的高分辨率遥感影像

3. 避洪转移分析

避洪转移分析包括洪水危险区划定、转移单元及其人口确定、转移安置方式选择、转移批次确定、转移路线或方向确定等内容。

（1）洪水危险区划定。

洪水危险区指洪水可能淹没或围困，需采取避洪转移措施的区域。

对于主动分洪的蓄滞洪区，因其分洪口门（分洪闸、扒口口门或溢洪堰）固定，危险区可直接取洪水分析中的大量级洪水的淹没范围。

对于洪泛区，因无工程约束，两岸随洪水上涨逐渐淹没，淹没范围相对明确，因此可取洪水分析中的最大量级洪水的淹没范围为洪水危险区。

对于防洪保护区：

1）若洪水只能以漫过堤防的形式进入保护区，堤防形态在溢流区间保持完好，其溢流位置基本确定，或洪水分析中的最大洪水量级远大于其防洪标准（如 20 年一遇标准的防洪保护区遇 100 年一遇洪水），则可将其以洪泛区方式划定洪水危险区。

2）若洪水分析中的最大量级洪水与其防洪标准相差不大，淹没由堤防溃决造成，虽然能对较为可能的溃堤位置作出大致的判断，但因堤防的险工险段或历史上曾经溃堤处防护处理的往往更为完善，未来洪水时溃决位置事先难以确定，为保障生命安全考虑，可假定保护区堤防沿程各处均有可能溃决。为得到洪水危险区，需沿堤防设置若干各溃口，分别计算洪水分析中的最大量级洪水的淹没范围后，进行淹没范围的空间包络分析，即同一地点水深取各计算结果最大者，范围取各计算范围的外包线，以此作为洪水危险区。进行包络分析所需的溃口数量以能得到较为合理的淹没范围外包线为原则确定（图 3-31）。

对于水库，分别计算水库最大泄量洪水和溃坝洪水的淹没范围作为洪水危险区，其下游洪泛区和防洪保护区的处理方法如上所述。

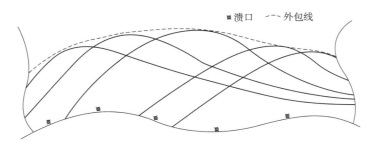

图 3－31　洪水淹没包络示意图

另外，对于有多个洪水来源的编制区域，危险区范围宜针对不同洪水来源分别确定。

除按最大洪水量级确定洪水危险区外，对于其他量级的洪水可参照上述方法确定其淹没范围，供实际洪水发生时进行避洪转移决策的参考。

（2）避洪单元及避洪人口确定。

避洪单元指处于洪水危险区内，进行避洪转移分析时选取的最小行政单元或居民聚集点（如乡镇、行政村、自然村、居民点等）。

避洪单元的选取通常根据危险区特点（面积、基础数据状况、避洪措施实际需求等）确定，例如：蓄滞洪区、洪泛区（滩区）、城镇等区域通常面积较小，基础数据较为完备，避洪单元的选取以不大于行政村为宜，有时甚至要以户为单位进行考虑；对于防洪（潮）保护区和溃坝洪水淹没区，通常要求转移单元不得大于乡镇，若危险区面积较小，避洪单元以不大于行政村（街道）为宜。

避洪人口分析可通过居民地数据与各类洪水要素的空间叠加分析获得。

将居民地图层与危险区范围进行叠加分析，计算得到危险区内避洪单元对应的人数和转移总人数。

将避洪单元、单元内建筑物（含公共设施、避洪安全设施等）数据与淹没水深、洪水流速、淹没历时等洪水要素进行叠加分析，据此确定避洪单元需采取的避洪安置方式及相应人口数量。

在避洪转移图编制过程中，根据实际需要，也可针对特定量级的洪水或特定溃口位置分析确定相应的避洪范围和避洪人口。

（3）避洪安置方式确定。

1）安置方式的分类。避洪安置方式分为就地安置和异地安置两类。就地安置有两种情况：过水区和围困区的就地安置；异地安置也两种情况，即一次性安置和二次转移。

考虑到异地转移可能对移民的生活、身心造成较大的影响，选择避洪转移方式时，应全面分析水情，生命、生活和卫生保障以及历史避洪实践经验，尽可能采取就地避洪转移方式。

对于过水区，采取就地安置方式应严格满足以下条件：用于居民安置的建筑物可抵御洪水的冲击、压力和长时间浸泡；建筑物安置层面远高于最高洪水位且具有充裕的安置容量；过水期间可确保安置居民的基本生活和卫生需求；区内医疗设施可处理常见伤病；具备可及时外送伤病人员的交通运送工具；与外界可保持通信畅通。

洪水危险区内不适于就地安置的，需采取异地安置措施。

在洪水突然来临的紧急情况下，某些位于异地安置区域内的居民可能来不及转移至事先划定的安置区（例如居住在堤防附近的居民可能在转移途中与洪水遭遇），对于这些区域需事先根据洪水情况和居民数量及分布，选择临时安置场所，供临时避洪所用，待洪水平稳后，再进行二次转移。对于不满足就地避洪安置条件的被洪水围困的区域，同样可根据实际情况设为临时安置场所。

2）安置区的选取。安置区指供异地转移居民在洪水期间生活所用的安全场所。根据洪水淹没情况，在确保安全的前提下以能充分容纳可能转移的最大人口数为标准，设置安置区。安置区选择遵循如下基本原则：可保障避洪人员在避洪期间的基本生活；根据转移单元的分布及人口数量，就近设置安置区；首选公共建筑物，如学校、体育馆、图书馆、公共休闲建筑物、政府及事业单位办公场所、预设的安置房等，在上述建筑物容量不足时，选择露天公共场所，如公园、运动场、广场、堤顶、预设的露天安置区等；尽可能选择在医院、交通道路附近；人均安置面积能满足基本休息和日常生活所需。

在有安置预案的区域，应根据洪水危险区和避洪人口分析结果以及上述安置区选取基本原则，核实安置预案中的安置区，完善安置区设置。

（4）转移批次确定。

通常情况下，位于洪水危险区的人口多采取一次性转移的方式，当洪水前锋到达淹没范围内某些区域超过24h时，为缓解大量人口同时转移引起的道路拥堵和混乱，视洪水具体情况尽可能减少转移人口数量，也可采取分批的方式渐次转移淹没区人口。

不同批次的转移范围通常以洪水前锋到达时间为指标确定，如洪水前锋达到时间为0～12h、12～24h和＞24h等。对于洪水发生时刻难以确定的区域，例如洪泛区，可在洪泛区所在河道选取一控制点（断面），人为地设置洪水达到某一特征水位的时刻为洪水起涨时刻，并以此为初始时刻进行转移批次划分。对于风暴潮，则以台风登陆时刻为分批的判别时间，转移批次以台风登陆前的特定时刻划分，例如登陆前48h转移沿海某一地带的居民，登陆前24h转移更靠近内陆某一地带的居民等。

对于溃决泛滥的防洪保护区，因其溃决位置事先难以确定，需假设沿堤任一位置均可能溃决，转移批次应以各溃口到达时间的包络线划分转移范围。

（5）转移路线或方向确定

1）转移路线或方向确定方法。

对于异地转移安置，在参考当地防汛应急预案的基础上，根据转移人口数量，按照安全、就近和充分容纳转移人口的原则，兼顾行政隶属关系，确定转移单元和安置区的对应关系。

移单元与安置区关系确定后，根据转移人数与安置区容纳人数的匹配以及距离远近等因素，按以下方法确定转移路线或方向：

路网数据完备但不具备道路通量信息（等级、通量、沿程位置等）时，一般按照最短路径原则确定转移路线。

路网数据完备且具备道路通量信息时，按照时间最短原则建立路径分析模型，分析确定效率最优的转移路线。

对于道路数据不完备或危险区面积较大的防洪保护区，可根据转移单元和安置区分布直接标示转移方向。

同时，分析确定转移路线沿程可能威胁转移人员安全的危险点，包括滑坡危险点、泥石流沟、易积水点、码头、桥梁（可通行的和紧急情况下禁止通行的）、地下通道、沟渠等。

2）基于 GIS 的路径分析模型。

基于空间分析的路径规划要求区域具有较为详尽完善的路网数据。避难路径的规划主要依据最短路径、通行最短时间为原则，通过对区域内撤退路网结构 GIS 空间分析、路径通容能力和速度的优化来确定。当迁移区与安置区距离较近时，通过直接的空间判识即可确定。

路网数据主要包括道路、节点、流向等要素，而道路又具有路长、路宽、道路等级、路面状况、途经村庄等属性信息，同时也应考虑道路节点的通畅、阻断状况及流向等因素，通常在撤退转移阶段将双向车流改为同向车流以增大运力。路网数据具体内容如图 3-32 所示。

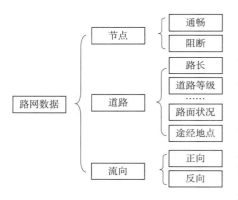

图 3-32　路网数据要素

由于道路等级、路宽、避难人数、交通工具等方面的不同，需要在最短路径分析基础上，考虑不同天气状况、道路等级、转移交通方式（步行、农用车、汽车）等条件，获得实现避洪转移最短时间的路径，即对避洪转移路径进行优化。

道路通容能力通常分为三个等级：①高通容能力（高速公路与国道）；②中通容能力（一般等级公路）；③低通容能力（等级外公路）。需要根据考虑路况对避难行为的影响，对不同等级道路赋予相应权值，建立道路等级、与避难人群前进速度的关系函数。

转移时间最短路径确定的详细算法如下：设某个居民点需避洪转移的总人数为 N（单位为人，该居民点简称为"居民点 N"），并且每人可携带一定财产；某段道路路径长为 R_i（km），依据道路等级及天气状况确定该段道路的通行能力为 a_i（人/h）、通行速率为 v_i（km/h）。

则通行长度（转移队伍长度）：$L_i = v_i(N/a_i)$；

路径 R_i 通行时间：$H_i = R_i/v_i + N/a_i$

考虑交叉路口延误时间 $E_i(h)$ 和转移队伍相遭遇等候的时间 $W_i(h)$，交叉路口延误时间有道路等级、路口形式和转移交通方式等确定，转移队伍交叉路口相遭遇等候的时间 $W_i(h)$，由实时计算确定，其值为 0 至 M/a_j（M 为相遭遇的另一个居民点的转移人数，a_j 为交叉道路另一条道路的通行能力）。则从居民点 N 到转移安置点的某条转移路线 k 由 $i=1$ 至第 n 段路径的通行时间为

$$f(k) = N/a_{k1} + \sum_{i=1}^{n} (R_{ki}/v_{ki} + E_{ki} + W_{ki}) \tag{3-160}$$

遍历从居民点 N 到转移安置点的所有路径组合的路线，得到时间最短的最优路径。

$$Road(N) = \min[f(k)] = \min\left[N/a_{k1} + \sum_{i=1}^{n}(R_{ki}/v_{ki} + E_{ki} + W_{ki})\right] \qquad (3-161)$$

重复所有居民点得到每个居民点避洪转移所花费时间最短的最优路径。

4. 现场查勘及检验核实

为保证避洪转移图的可靠性、实用性和可操作性，需要在避洪转移分析过程中和完成后分别进行现场查勘及分析结果检验核实。

危险区和转移单元确定后，应针对区域历史状况及相关避洪转移要素进行调查、现场查勘和访谈，主要内容包括：①本区域或周边类似区域历史洪水避洪转移实际及历史洪水伤亡情况调查；②与已有避洪转移安置方案编制人员和实施人员座谈，了解编制情况、预案执行情况和存在的问题；③选择典型转移单元进行调查，包括平时和汛期人口规模和人口组成，流动人口情况，转移时可能需要携带的物品数量与重量，转移交通工具选择等；④对可能采取就地避洪措施的过水区或被围困高地进行抽样调查，如可用于就地避洪安置的建筑物情况，基本生活保障条件（食物、供水、供电、医疗设施等），可能维持就地避洪的最短时间，以及危险区周边安置条件及各类致灾因素等；⑤道路基础数据调查，包括道路等级、路况、节点、通达性，以及不同天气条件下道路基本情况调查与各类道路实地查勘等。

安置区、转移路线初步确定后，需要对相关分析结果进行检验核实，主要内容包括：①在当地防汛或水利部门共同参与下，对典型安置区开展现场调查，核实根据统计数据分析得到的安置面积、建筑物质量、对外交通状况等安置区的实际情况；②选择若干转移单元，在不同天气条件下，通过由转移单元至安置区的实际徒步试验，测试道路通行情况、转移所需时间、沿途可能影响转移效率的主要因素等，以确定安置区与转移单元对应关系、安置容量匹配和转移路线设置的合理性。

5. 避洪转移图制图

避洪转移图中涉及的避洪转移信息主要包括危险区、避洪单元、安置区、转移路线或转移方向、转移单元与安置区的对应关系等。

依地图比例尺及数据情况，参照《防汛抗旱用图图式》（SL 73.7—2013），将行政区界、居民地、主要河流、湖泊、主要交通道路、桥梁等基础地理要素作为辅助背景图层，以适当灰度符号简化、弱化标示。

用淹没水深信息充填危险区范围，淹没水深等级取小于 0.5m、0.5～1.5m 和大于 1.5m 三个等级，分别对应儿童基本安全、危及儿童安全和危及成人安全的水深等级，取较浅的三级颜色面状充填，表示不同等级洪水水深。

依地图比例尺及数据情况将避洪单元分别用点状符号或面状符号表示。

依地图比例尺及数据情况将安置区分别用点状符号（包括转移安置区和就地安置区）或面状符号（包括转移安置区和就地安置区）表示。

转移方向和转移路线分别采用带箭头弧状样条曲线符号和沿转移道路的带指示箭头的折线符号表示。

转移批次划分区间为 0～12h，12～24h 和大于 24h。转移批次范围内包含居民点数据时，可按照普通居民点符号标出，并标注居民点名称。

沿程危险点根据实际情况添加，并用文字说明危险类型。

转移-安置对应关系附表在图中空白区域添加，图面空间不够时则附于图幅背面。

各类避洪转移要素的具体图式见表 3-8。当其他图形要素的符号或注记影响到避洪转移主题符号或注记的表达时，应采取避让或弱化等调整手段，确保避洪转移信息清晰、突出表现。

表 3-8　　　　　　　　　　　避洪转移要素图式

要素	要素类型	图式		
淹没水深	<0.5m		R：179　G：204　B：255	C：30　M：20　Y：0　K：0
	0.5～1.5m		R：128　G：153　B：255	C：50　M：40　Y：0　K：0
	>1.5m		R：89　G：128　B：255	C：65　M：50　Y：0　K：0
转移单元	点： A3（10pt） A0（15pt）	转	R：255　G：0　B：0	C：0　M：100　Y：100　K：0
	面		R：255　G：0　B：0	C：0　M：100　Y：100　K：0
转移安置	点： A3（10pt） A0（15pt）	安	R：51　G：179　B：0	C：80　M：30　Y：100　K：0
	面		R：109　G：187　B：67	C：57　M：27　Y：74　K：0

要　素	要素类型	图　　式
原地安置	点： A3（10pt） A0（15pt）	填充色： R：51　　C：80 G：179　　M：30 B：0　　　Y：100 　　　　　K：0 外轮廓： R：255　　C：0 G：140　　M：45 B：0　　　Y：100 　　　　　K：0
	面	填充线条： R：109　　C：57 G：187　　M：27 B：67　　　Y：74 　　　　　K：0 外轮廓： R：255　　C：0 G：170　　M：33 B：0　　　Y：100 　　　　　K：0
转移路线/方向	转移路线 （制图时控制转移方向 指示箭头与安置点距离， 以及指示箭头疏密，明 确对应关系）	填充色： R：152　　C：40 G：230　　M：10 B：0　　　Y：100 　　　　　K：0 箭头：　　　　　外轮廓： R：56　C：78　R：0　　C：100 G：168　M：34　G：169　M：34 B：0　　Y：100　B：230　Y：10 　　　K：0　　　　　K：0
	方向指示	颜色同上
分批转移	第1批次	R：255　　C：0 G：85　　　M：67 B：0　　　Y：100 　　　　　K：0
	第2批次	R：255　　C：0 G：191　　M：25 B：0　　　Y：100 　　　　　K：5

续表

要素	要素类型	图式
分批转移	第3批次	R：255 C：0 G：255 M：0 B：128 Y：50 K：0
沿途危险点	点： A3（10pt） A0（15pt）	符号参照 GB 2894—2008 中"注意安全"标识
救护、避难场所	医院： A3（10pt） A0（15pt）	符号参照 SL 73.7—2013 中"紧急医疗站"标识
	公园、运动场等 应急避难场所： A3（10pt） A0（15pt）	符号参照 GB 2894—2008 中"应急避难场所""避险处"标识
避洪设施	避水楼： A3（10pt） A0（15pt）	符号参照 SL 73.7—2013 中"避水楼、安全楼"标识
	避水台、庄台： A3（10pt） A0（15pt）	符号参照 SL 73.7—2013 中"避水台、庄台"标识

避洪转移图表现的信息和图形要素世界各国基本相同，但其具体表现形式（图式）目前尚无统一的国际标准，各国均根据需要和习惯绘制，日本洪水风险图制作的目的主要为引导居民避洪转移，其避洪转移图制作相对更为完善。

（二）洪水区划图编制

洪水区划是指出于特定的洪水风险管理目的，将拟推行相应的洪水风险管理措施的洪水可能淹没区根据危险或风险等级所作的区域划分。洪水区划图通过以下方式发挥洪水风险管理作用：

（1）政府根据洪水区划结果，通过制定法规划定禁止开发区、限制开发区，规范土地的利用行为，避免不合理的土地开发，从而减少洪水灾害损失和影响。

（2）辅助政府相关部门根据洪水区划，制定洪水风险管理规划或防洪规划，评价规划的预期减灾效果，评估已有洪水风险管理措施（防洪措施）的效益。

（3）公示洪水区划图，使公众、投资者和开发者了解可能的洪水风险程度，引导其自发采取规避洪水风险的措施和行为。

（4）辅助政府相关部门制定土地利用规划、城乡建设规划和产业发展规划，促进社会经济的健康发展。

（5）支撑洪水保险制度的推行，或辅助保险企业开展洪水保险业务。

洪水区划图编制包括区划范围确定、资料收集整理、区划指标选取、区划指标综合、区划等级确定、区划标准确定、区划图绘制等内容。

1. 洪水区划范围及基础资料

（1）区划范围的确定。

洪水区划范围的确定取决于推行相关洪水风险管理措施的范围，由相关的政策界定。不同的国家根据洪水特征和洪水管理需要，对洪水区划的范围有不同的界定。例如，美国洪泛区土地管理和洪水保险的范围为100年一遇洪水的淹没区，其相应的洪水区划也限于这一区域；欧洲的洪泛区的土地管理范围相对较大，多定在300年一遇或更大的洪水淹没区域，因此其洪水区划范围也与此相应，等等。我国受洪水威胁的区域广大，且为社会经济发展的主要场所，洪水区划范围所对应的洪水量级不宜过高，选取100年一遇洪水（暴雨、风暴潮）可能淹没的区域作为区划范围为宜。

（2）基础资料。

洪水区划所需的基础资料包括：①区划范围所对应的洪水量级及其以下量级洪水的风险分析计算成果（水深、流速、损失等）；②行政区界、居民点分布、资产分布等。

2. 洪水区划类型

洪水区划的目的是支撑洪水风险管理，洪水风险管理的策略或手段包括规避风险、分担风险和降低风险等，因此，洪水区划的类型基本与此相应，即规避洪水风险的区划、分担洪水风险的区划和减轻洪水风险的区划。

规避洪水风险的区划包括规范洪泛区土地利用的区划（例如将洪泛区划分为高中低风险区，分别对应着土地的禁止开发区、限制开发区和常规开发区）、指导避洪转移的区划（高危险区、低危险区、安全区）等；分担洪水风险的区划的主要类型是洪水保险分区图或费率图（例如美国将100年一遇洪泛区划分为A、AE、AO、AR、V、VE、X等区域，与不同的保险费率相对应）；服务于减轻洪水风险的区划包括洪水淹没水深分区（例如，据此确定建筑物自保措施、建筑物防水设计、建筑物进出口临时挡水设施高度等）、特定量级洪水损失区划或洪水期望损失区划等，用于支撑防洪规划，评价防洪措施效果。

3. 洪水区划指标

洪水区划指标指根据区划目的而选取的衡量洪水致灾特性或风险特性的特征值，衡量洪水致灾特性的特征值一般包括洪水水深、流速、到达时间、淹没历时和洪水重现期（频率）等，衡量洪水风险特性的指标包括期望损失、洪水可能淹没区内的人口、资产等。

洪水区划指标分单一指标和综合指标，单一指标如水深、频率等，水深与流速的乘积、频率与水深的乘积、期望损失（即频率、资产与资产损失率乘积的积分）等为综合指标。

即使是用于相同目的的洪水区划，各国选用的区划指标也不尽相同。例如，美国将行洪道定为禁止开发区，选用的指标为100年一遇洪水，具体做法是在假定河道两岸无堤的情况下，计算100年一遇洪水的淹没范围，然后假想两岸有可移动的虚拟堤防，将此堤防同时向河道中心线平推，当水位因过水断面缩小上涨达到 1 英尺时，两岸虚拟堤防所夹的区域即为行洪道，美国部分州则直接将 100 年一遇洪水淹没范围作为行洪道，禁止开发；奥地利确定的受山洪威胁区域的禁止开发区也是选用频率指标；瑞士、德国等国家则选用洪水水深和频率指标作为土地利用管理区划的指标，比利时则选取水深、流速、淹没历时和洪水发生频率等作为土地利用管理的指标体系。

一般而言，对于平原地区，因重现期表征某地点受淹的可能性，水深表征承灾体（资产、人口和经济活动）的暴露性，根据洪水风险的定义，洪水风险与洪水发生频率和承灾体暴露性成正比，两者的组合（图 3-33）基本反映了承灾体的受威胁危险程度，故多选用洪水重现期和水深作为洪水区划指标，即：

$$F_{\text{hazard}} = \sum_1^m p_i h_i \tag{3-162}$$

式中：F_{hazard} 表示洪水危险，与洪水风险成正比；p_i 为洪水发生频率；h_i 为发生频率为 p_i 的洪水在淹没区某点的水深，m。

对于山丘区，洪水流速较大，而流速也是暴露性的重要表征，所以多选用洪水重现期、水深和流速的乘积（单宽流量）作为洪水区划指标，即：

$$F_{\text{hazard}} = \sum_1^m p_i q_i \tag{3-163}$$

式中：q_i 为发生频率为 p_i 的洪水在淹没区某点的单宽流量，m^2/s，等于该点的水深乘以流速。

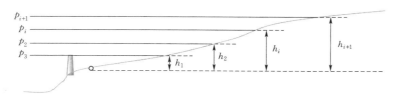

图 3-33　淹没区任意位置淹没水深与洪水频率关系示意图

4. 洪水区划等级

目前，国内外的洪水区划等级没有统一的标准，但均不多于五级。有选用三级、四级或五级的，分别对应高、中、低，极高、高、中、低（或高、中、低、极低）和极高、高、中、低、极低等。

例如美国将 100 年一遇洪泛区划为两个区域：行洪道（禁止开发区）和实施洪水保险的区域；英国、意大利、比利时等划为三级：高、中、低；德国、瑞士等划为四级：高、中、低和极低。

各等级区划的表现方式各国也多少有些差别，有的采用红橙黄系列（德国、比利时），有的采用红蓝黄系列（瑞士），有的采用红蓝绿系列（意大利）等。

5. 洪水区划标准

洪水区划标准指洪水区划等级临界值所对应的区划指标值。例如，以洪水淹没频率作为区划指标时，美国将 100 年一遇洪水淹没区先划分为两个区域：行洪道和可开发区，前者相当于禁止开发区的范围，行洪道的划界方法如下：先计算确定 100 年一遇洪水淹没的范围，然后将其两岸边界相向缩窄，直至缩窄后河道的水面线水位增高幅度达到某一预设的允许阈值，此时的河道范围即为行洪道，该水位增高阈值由当地政府决定，联邦应急管理署（FEMA）设定的最大容许值为 1 英尺（1 米＝3.281 英尺）（图 3－34），有些州规定该阈值为 0，即 100 年一遇洪泛区即为行洪道；英国将淹没频率高于 1.3%（约 75 年一遇）的区域划为高危险区，淹没频率在 0.5%～1.3%（75～200 年一遇）的区域划为中等危险区，淹没频率低于 0.5%（200 年一遇）的区域划为低危险区；以洪水的致灾强度（如水深或水深与流速的某种组合）和频率两个洪水特征作为区划指标时，将洪水强度值与洪水发生频率值的组合达到某一特定阈值作为划分不同洪水风险等级标准，例如，瑞士洪水危险等级划分标准如图 3－35 所示。对于所有频率的洪水，当水深大于 2m，则为高危险区，对于发生频率大于 30 年一遇的洪水，则位于斜线 $h=0.5+0.05p$ 以上的区域为高危险区；位于斜线 $h=-2/9+(2/270)p$ 以下的区域为低危险区（黄区），而上述几条线所夹的区域为中度危险区。图中右侧矩形区域为受 300 年一遇以上标准防洪工程保护的区域，被称为极低危险区（或警示区）。比利时则选取洪水频率、水深、流速和淹没历时等指标的组合达到某些特定阈值作为洪水危险等级区划标准，如图 3－36 所示。

FLOODWAY SCHEMATIC

100 YEAR FLOODPLAIN

FLOODWAY FRINGE　ADMINISTRATIVE FLOODWAY　FLOODWAY FRINGE

STREAM CHANNEL

SURCHARGE

ENCROACHMENT　ENCROACHMENT

(FLOODWAY)＋(FLOODWAY FRINGE)＝100YEAR FLOODPLAIN(SFHA)
SURCHARGE NOT TO EXCEED 1.0 FEET
ENCROACHMENT AREA IS THE AREA THAT COULD BE USED FOR DEVELOPMENT

图 3－34　行洪道和可开发区划分示意图

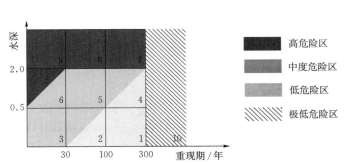

图 3－35　瑞士的洪水风险区划等级及其划分标准图示

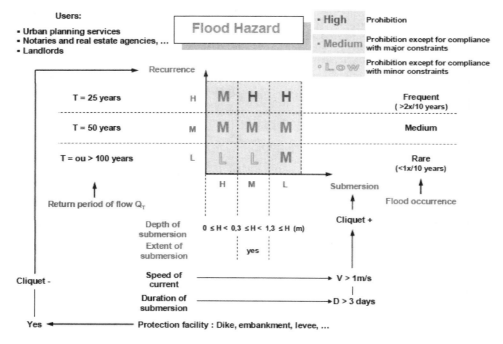

图 3-36　比利时洪水区划指标、等级及标准图示

6. 多来源洪水共同淹没区的区划

对于多来源洪水共同淹没区，先分别计算各来源洪水在该区域的洪水特征，然后比较同频率各洪水来源在同一地点的相关特征值（水深、流速等），取其中最大者作为洪水区划的指标。

如图 3-37 所示，某区域有两个洪水来源：A 河和 B 河。当 A 河发生某一量级（如 100 年一遇）洪水时，其淹没范围为 A 河与 $A—a$ 之间的区域；当 B 河发生相同量级洪水时，其淹没范围为 B 河与 $B—b$ 之间的区域。两河同一量级洪水的共同淹没区域为 bcad 所包围的范围，其中任何一点 x，对于 A 河洪水和 B 河洪水而言，分别有相应的淹没特征值，例如水深分别为 h_{Ax} 和 h_{Bx}、流速分别为 v_{Ax} 和 v_{Bx} 等，在进行该区域的区划时，应取其中较大者作为反映该点淹没特征的代表值。

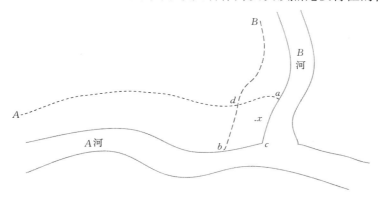

图 3-37　多来源洪水共同淹没情况示意图

目前世界各国所编制的洪水区划图主要用于洪泛区土地管理和洪水保险。

第六节 防汛指挥系统

防汛指挥系统工程是防灾减灾体系的重要组成部分，是防灾减灾的重要非工程措施。防汛指挥系统的目标是根据防汛工作的需求，建成以水雨工灾情信息采集系统、实时监控系统等为基础，以通信网络系统为保障，以数据存储、信息展示、分析模型为支撑，以决策指挥系统为核心的集成系统。为各级防汛部门及时地提供各类防汛信息，较准确地作出降雨、洪水预测预报，为防洪调度决策和指挥抢险救灾提供技术支持和科学依据。

一、防汛指挥系统的结构

（一）组成与结构

防汛指挥系统的内容包括计算机网络系统、信息采集系统、数据存储系统、数据分析、决策支持、信息展示应用等，如图 3-38 所示。

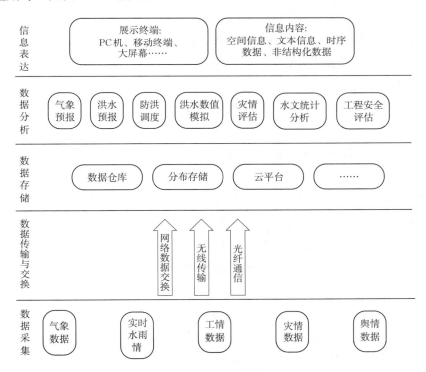

图 3-38 防汛指挥系统组成与结构

（二）边界

防汛指挥系统虽然涉及范围广，与气象、国土、测绘、统计、农业等相关部门和机构都有关联，但本身有明确的目标和边界，防汛指挥系统的主要目标是服务于防汛主管部门的日常管理与应急指

207

挥工作，其他专业系统与防汛指挥系统之间的关系属于数据交换或是业务衔接关系，并不存在重复与冗余。如防汛指挥系统会接入气象部门的预测预报数据，进行洪水的预报、预测与推演，辅助决策；防汛指挥系统会将监测与预报结果，共享给政府其他部门，进行灾害预警预防工作。

二、技术体系与设计方法

防汛指挥系统涉及数据采集技术、信息交换与传输技术、数据存储技术、数据分析技术（水文模型、水力模型、数据挖掘、大数据等）、信息展示技术等。从技术分类来看，可分为信息技术和水利专业模型技术。信息技术主要包括数据采集传输处理相关技术、软件架构技术、信息展示技术、空间信息技术等，随着信息技术的发展，大数据、物联网、云存储等技术，会逐步运用到指挥系统中。水利专业模型技术，包括降雨预报模型、水文预报模型、洪水数值模拟模型、水库调度模型以及这些模型之间的耦合模型。

（一）信息采集

1. 信息的类型和来源分析

指挥系统所需信息数据包括基础数据和专业数据。基础数据是系统的数据字典，在系统初始化时候就存在于系统数据库中，是结构性或者功能性的支撑。业务数据是系统启用后新添加的数据。

专业数据采集时，在对各项信息采集范围、内容作出统一部署的基础上，按照对现有资源进行充分利用、整合的原则，推进信息采集系统的建设，丰富信息采集内容、增强信息采集时效、提高系统利用效率，形成比较完整的信息采集体系，以满足各项业务应用的主要信息需求。

基础数据包括基础地理数据、社会经济数据、地形地貌数据、遥感影像数据等。一般需要从国土测绘部门获取。

专业数据包括水利基础数据、实时监测数据、预报预测数据等。

2. 气象信息采集

气象信息采集由各气象观测站利用气象采集设备自动完成，通过 GPRS 网络向气象中心传送气象数据，气象局利用气象信息处理程序对各气象观测站采集的气象数据进行加工处理和分析，利用实时采集的气象资料对未来一定时段内的气象情况作出预测、预报和预警，包括进行短期的降雨预报、中期降水预报和洪水的预警预报，并传输至防汛指挥系统，为洪水预报和防汛业务提供分析或决策信息。

气象信息采集系统由气象采集器、PLC 逻辑控制器、GPRS 传输终端、气象中心软件（管理工作站、数据库服务器、Web 发布服务器）组成。采集器将实时采集各种气象参数（风速、温度、湿度、气压等），汇总到 PLC 控制逻辑控制器，传到 GPRS 传输终端，通过 GPRS 网络把数据汇集到服务器，服务器采取 web 和客户端形式发布到各级气象部门。

有关气象信息包括能见度、风速、风向、气温、地温、降雨量、湿度、气压、太阳辐射等环境参数。其中风、温、湿、压参数是气象信息采集的四大基本要素。

气象信息采集的主要方法包括站点信息采集、雷达测雨（地面雷达）、高空雷达测空气含水量、气象云图等。

3. 水情采集

水情采集技术涉及网络通信、计算机、水文气象等多学科，是水文信息的实时采集、传输、处理、存储、分析管理的专门技术。

水情采集系统一般由遥测站、通信网络、中心站等三部分组成。遥测站是水雨情参数的采集点，同时具有与中心站的通信能力。通信网络是实现中心站和遥测站之间数据相互交换的传输通道。目前水雨情遥测系统通常可以选择的通信信道有 PSTN、GSM/GPRS、卫星、超短波等。中心站是数据的汇合点和控制中心，汇总遥测站上传的数据和遥测站运行参数，具有控制系统运行方式和过程的能力。

水情信息采集的主要内容有降水量、水位（潮位）、流量、含沙量、水库进出流量、蓄水量，闸门开启尺寸和下泄流量等要素。

4. 工情采集

工情信息包括各类防洪工程实时工作状态，堤防工程发生的决口、漫溢、漏洞、管涌、渗水、掏刷、浪坎、滑坡、裂缝、沉陷、护坡（护岸）损坏，涵闸等穿堤建筑物发生的闸体滑动、渗水、管涌、裂缝，水库工程发生的坝体裂缝、渗漏、管涌、塌坑、滑坡、坝坡冲刷、决口、漫顶、漏洞，闸门启闭失灵等。

工情信息分为基础工情信息和实时工情信息。基础工情是指各类防洪工程的基础信息，包括河道、堤防、水库、水闸、蓄滞洪区等的基础信息等。信息包括上述工程的各类设计、实际指标，平面布置图、剖面图以及图片、影像等资料。实时工情信息主要包括工程运行状况信息、险情信息和防汛动态信息三种。工程运行状况信息按工程类别可分为堤防、水库、水闸、治河工程、蓄滞洪区等，以图片加文字说明、或影像加声音、或影像加文字的形式反映在当前水位下工程的运行状况以及工程各部位的完好状况，以方便决策者从总体上掌握当前的防洪形势；险情信息分为堤防、水库、水闸、治河工程、穿堤建筑物等类，上报险情的基本内容包括险情类别、出险时间、地点、位置、各种代表尺寸、工程险情综合情况的描述、出险原因分析、可能影响范围、抢险方案以及有关图片、影像资料等；防汛动态信息分为防汛行动情况和有关防汛统计信息如抢险人力、物力投入情况等。

5. 灾情采集

灾情采集系统主要由计算机网络、数据库、应用系统组成，主要功能包括信息汇集、信息服务、信息发布模块等。灾情采集系统包括控制服务平台和应急减灾终端。控制服务平台包括应急减灾数据库、信息显示模块、平台任务规划模块、平台通信模块、平台信息组织解析模块、管理分析模块；其中的应急减灾数据库包括地理信息背景数据库、工作图层数据库、灾害业务数据库。应急减灾终端包括终端地图模块、导航模块、灾情信息管理模块、终端信息组织解析模块、终端通信模块、输入装置和显示装置。上述技术实现了对复杂灾害现场、灾情信息的快速收集与上报。

灾情信息根据其获取的渠道不同分为两类：一类是通过防汛工作人员现场获取的反映某个"点"灾害程度的数据、图片或影像信息；另一类是通过卫星或航空遥感获取的较大范围的洪涝灾害信息。

灾情采集手段主要包括人工上报、利用遥感卫星、采用无人机实时监测、手持移动终端监测、北斗卫星等。

6. 舆情采集

舆论是指在一定的社会空间内，随着某一事件现象的发生、发展、变化，民众对该事件的态度。随着互联网的发展，作为继报纸、广播、电视三大传统媒体之后的第四媒体，网络的特殊作用日益显现，成为社会舆情的最主要的构成之一。为了合理引导民众对热点社会问题的关注，需要有效提高网络舆情信息采集能力。

舆情采集系统，采用大众传播学、社会学理论分析框架，借助数理统计和互联网采集技术，通过对境内外新闻及跟帖评论、论坛、博客等载体表现出来的网络舆情进行 24 小时信息采集、分析、研判和应对，并进行专业的统计分析，形成舆情监测分析报告、舆情地图、舆情排行榜等研究成果。

舆情采集主要利用基于智能语义理解综合分析框架，通过微信、微博、其他互联网、移动互联网终端等发现网络舆情热点；对舆情事件进行溯源分析；研究网络舆情的传播、演变范式；掌握网络舆情受众及其特点；评估网络舆情影响及应对效果，以达到适用于多种信息生态场，具备多种开放用户数据提交、采集接口、支持各类智能化挖掘、分析技术的分布式平台的功能。

（二）信息交换传输

1. 通信

通信系统指用光电信号传输信息的系统，是用以完成信息传输过程的技术的总称。

目前，普遍采用的成熟通信方式包括自建有线通信网络和利用移动公网无线通信资源两种。其中有线通信是靠实体导线来传输数据的，而无线通信无需依靠实体导线来传输数据，各有优缺点。

通信系统一般由信源（发端设备）、信宿（收端设备）和信道（传输媒介）等组成，称为通信的三要素。

通信的主要分类如下：

（1）按传输媒质分。

按消息由一地向另一地传递时传输媒质的不同，通信分为有线通信和无线通信两类。有线通信指传输媒质为架空明线、电缆、光缆、波导等形式的通信。无线通信指传输信息的媒质不可见，无线通信常见的形式有微波通信、短波通信、移动通信、卫星通信、散射通信和激光通信等。

（2）按信道中所传信号的特征分。

按照信道中传输的是模拟信号还是数字信号，可以相应地把通信系统分为模拟通信系统与数字通信系统。

（3）按工作频段分。

按通信设备的工作频率不同，通信系统可分为长波通信、中波通信、短波通信和微波通信等。

（4）按调制方式分。

根据是否采用调制，可将通信系统分为基带传输和频带（调制）传输。基带传输是将没有经过调制的信号直接传送，如音频市内电话；频带传输是对各种信号调制后再送到信道中传输的总称。

（5）按业务的不同分。

按通信业务分为话务通信和非话务通信。话务通信属于人与人之间的通信。近年来，非话务通信发展迅速，包括数据传输、计算机通信、电子信箱、电报、传真、可视图文及会议电视、图像通信等。另外，广义上，广播、电视、雷达、导航、遥控、遥测等也属于通信的范畴。由于广播、电视、雷达、导航等的不断发展，目前已从通信中派生出来，形成了独立的学科。

（6）按通信者是否运动分。

通信还可按收发信者是否运动分为移动通信和固定通信。移动通信是指通信双方至少有一方在运动中进行信息交换。

另外，通信还有其他一些分类方法，如按多地址方式可分为频分多址通信、时分多址通信、码分多址通信等；按用户类型可分为公用通信和专用通信以及按通信对象的位置分为地面通信、对空通信、深空通信和水下通信等。

2. 计算机网络

计算机网络技术是通信技术与计算机技术相结合的产物。计算机网络是按照网络协议，将地球上分散的、独立的计算机相互连接的集合，实现资源共享和信息传递的系统。计算机网络具有共享硬件、软件和数据资源的功能，具有对共享数据资源集中处理及管理和维护的能力。

计算机网络可按网络拓扑结构、网络涉辖范围和互联距离、网络数据传输和网络系统的拥有者、不同的服务对象等不同标准进行分类。一般按网络范围划分为：①局域网（LAN）；②城域网（MAN）；③广域网（WAN）。

3. 物联网

物联网技术不是单纯的传输技术，但有传输的功能。简言之，物联网是物与物、人与物之间的信息传递与控制。把网络技术运用于万物，组成"物联网"，然后将"物联网"与"互联网"整合起来，实现人类社会与物理系统的整合。

物联网技术是指在计算机互联网的基础上，通过射频识别（RFID）、红外感应器、全球定位系统、激光扫描器等信息传感设备技术，按约定的协议，构造一个覆盖世界万物的 Internet of Things。在其中，物品能够彼此进行"交流"，而无需人的干预。即将任何物品与互联网相连接，进行信息交换和通信，以实现智能化识别、定位、追踪、监控和管理的一种网络技术。其实现步骤如下：

（1）对物体属性进行标识，属性包括静态和动态的属性，静态属性可以直接存储在标签中，动态属性需要先由传感器实时探测。

（2）需要识别设备完成对物体属性的读取，并将信息转换为适合网络传输的数据格式。

（3）将物体的信息通过网络传输到信息处理中心（处理中心可能是分布式的，如家里的电脑或者手机，也可能是集中式的，如云服务中心），由处理中心完成物体通信的相关计算。

物联网技术在雨情、水情、工情和险情监测，防汛队伍和物资配置和调用，防洪工程调度等领域将发挥越来越大的作用。

4. 数据汇集方式

数据汇集是防汛指挥相关信息向各节点汇集，为各应用系统提供数据支撑。通过数据汇集，实现从防汛机构至国家的防汛指挥信息纵向和横向交换。针对防汛指挥系统中不同数据的不同交换要求，利用中间件技术建立数据汇集平台，用统一的方式实现各个系统、各个部门之间不同结构和格式的数据相互交换。

数据汇集包括水雨情、工情、旱情、灾情和天气雷达等数据汇集，并实现基于数据分布协同协议的数据分布管理，保障系统信息分布规则的实现及数据的一致性。

数据汇集的主要方式包括侵入式的数据库读取（直接从数据源读取需要的数据记录，并进行汇编）、ETL 数据抽取、主动式的数据共享（共享方式，Web Service、SOAP、REST）、数据挖掘（网络数据抓取、大数据挖掘）等。

（三）信息存储

防汛抗旱涉及信息的种类多、数据量大，将相关信息进行有效的存储、组织是防汛指挥系统能够进行利用的基础，针对不同类型的数据，根据数据本身的特点，采用不同存储技术，以便达到最大效率的利用。

防汛抗旱信息按照业务分类分为工情、雨情、水情、旱情、气象、物资等。防汛指挥系统通过调用不同的业务数据，实现相关业务功能。

1. 结构数据的存储技术

数据库技术是通过研究数据库的结构、存储、设计、管理以及应用的基本理论和实现方法，并利用这些理论来实现对数据库中的数据进行处理、分析和理解的技术。

（1）关系型数据库。

关系数据库是建立在关系模型基础上的数据库，借助于集合代数等数学概念和方法来处理数据库中的数据。现实世界中的各种实体以及实体之间的各种联系均用关系模型来表示。关系模型是由埃德加•科德于 1970 年首先提出的，随着信息技术的发展，关系型数据库有一些局限，但它还是数据存储的传统标准。标准数据查询语言 SQL 就是一种基于关系数据库的语言，这种语言执行对关系数据库中数据的检索和操作。关系模型由关系数据结构、关系操作集合、关系完整性约束三部分组成。

空间数据库指的是地理信息系统在计算机物理存储介质上存储的与应用相关的地理空间数据的总和，一般是以一系列特定结构的文件的形式组织在存储介质之上的。

空间数据库是关系型数据库在地理信息存储上的延伸，通过建立专用的数据模型以及空间数据引擎，来保证空间数据的某些特征，比如点、线、面的拓扑关系在关系数据库中得到表达。

空间数据库虽然表达的数据和传统的关系数据库略有区别，但是并未超出关系型数据库的范畴，是关系型数据库结合数据模型的应用。

（2）非关系型数据库。

随着互联网的兴起，传统的关系数据库在应付 Web 2.0 网站，特别是超大规模和高并发的 SNS

类型的 Web 2.0 纯动态网站已经显得力不从心，暴露了很多难以克服的问题，而非关系型的数据库则由于其本身的特点得到了非常迅速的发展。NoSQL 数据库的产生就是为了解决大规模数据集合多重数据种类带来的挑战，尤其是大数据应用难题。

NoSQL 数据库在这几种情况下比较适用：①数据模型比较简单；②需要灵活性更强的 IT 系统；③对数据库性能要求较高；④不需要高度的数据一致性；⑤对于给定 key，比较容易映射复杂值的环境。

2. 非结构化数据存储技术

非结构化信息指信息的形式相对不固定，常常是各种格式的文件。它是相对结构化信息而言的，从宏观上看也是结构化信息的一种形式。诸如电子文档、电子邮件、网页、视频文件、多媒体等。

防汛指挥系统中存在的非结构化信息大概分为以下几类：

（1）关于防汛业务中的纸质或电子版图件、照片、视频等。如各种业务的分布图、工程的照片以及视频监控系统产生的流媒体数据等。

（2）防汛业务过程中产生的各类文档、资料等。如防汛预案、各单位报送的水雨情的传真文档等。

（3）气象部门共享的单站雷达图、多站雷达图以及气象云图等数据，多用图片形式存储。

（4）通过网站链接获取的网页等数据。

非结构化信息的表达方式从目前技术出发，分为以下几个层次：

（1）系统直接调用原始的非结构数据进行展示，如直接展示图片、视频以及文档等。用户可以通过浏览这些数据获取信息。

（2）将非结构化信息经过数据处理，转换成结构化数据进行展示。如通过数据解析将网页中的数据结构化或存入数据库中，按照结构化数据展示方式进行展示。

（3）对于雷达图、气象云图等数据，通过图像识别技术，然后经过 GIS 放射变换处理，转换为半结构化数据，赋予坐标，叠加在地图上进行展示，用户可以通过坐标查询每个位置的雷达回波值等，实现非结构化数据无法实现的功能。

3. 其他数据的存储技术

其他数据的存储技术是指除了非结构化数据之外的半结构化数据的存储技术。半结构化数据和上面两种类别都不一样，它有结构化数据的特征，但是结构变化很大。因为要了解数据的细节所以不能将数据简单地组织成一个文件按照非结构化数据处理；而且，由于结构变化很大也不能够简单地建立一个表与其对应。半结构化数据的存储方法有两种：一种是转换为结构化数据，另一种是用 XML 格式来组织并保存到 CLOB 字段中。

转换为结构化数据的方法通常是对数据中的信息进行粗略的统计整理，总结出其中信息的所有类别，同时考虑系统真正关心的信息。对每一类别建立一个子表，并在主表中加入一个备注字段，将其他系统不关心的信息和一开始没有考虑到的信息保存在备注中。这种方式的优点是查询统计比较方便，缺点是不能适应数据的扩展，不能对扩展的信息进行检索，对项目设计阶段没有考虑到的同时又是系统关心的信息的存储不能很好地处理。

用 XML 格式来组织并保存到 CLOB 字段中的方法，可将不同类别的信息保存在 XML 的不同的节点中。优点是能够灵活地进行扩展，信息进行扩展时只要更改对应的 DTD 或者 XSD 就可以了。缺点是查询效率比较低，要借助 XPATH 来完成查询统计。

4. 云存储技术

云存储是在云计算概念上延伸和发展出来的，是一种新兴的网络存储技术，指通过集群应用、网络技术或分布式文件系统等功能，将网络中大量各种不同类型的存储设备通过应用软件集合起来协同工作，共同对外提供数据存储和业务访问功能的一个系统。当云计算系统运算和处理的核心是大量数据的存储和管理时，云计算系统中就需要配置大量的存储设备，那么云计算系统就转变成为一个云存储系统，所以云存储是一个以数据存储和管理为核心的云计算系统。简单来说，云存储就是将储存资源放到云上供存取的一种新兴方案。使用者可以在任何时间、任何地方，透过任何可联网的装置连接到云上方便地存取数据。

云存储提供的诸多功能和性能旨在满足伴随海量非活动数据的增长而带来的存储难题，具体如下：

（1）随着容量增长，线性地扩展性能和存取速度。

（2）将数据存储按需迁移到分布式的物理站点。

（3）确保数据存储的高度适配性和自我修复能力，可以保存多年之久。

（4）确保多租户环境下的私密性和安全性。

（5）允许用户基于策略和服务模式按需扩展性能和容量。

（6）改变了存储购买模式，只收取实际使用的存储费用，而非按照所有的存储系统，包含未使用的存储容量，来收取费用。

（7）结束颠覆式的技术升级和数据迁移工作。

云存储实现了存储管理的自动化和智能化，所有的存储资源被整合到一起，客户看到的是单一存储空间；提高了存储效率，通过虚拟化技术解决了存储空间的浪费，可以自动重新分配数据，提高了存储空间的利用率，同时具备负载均衡、故障冗余功能；云存储能够实现规模效应和弹性扩展，降低运营成本，避免资源浪费等。

云存储可分为以下三类：

（1）公共云存储。

公共云存储可以低成本提供大量的文件存储。供应商可以保持每个客户的存储、应用都是独立的，私有的。其中以 Dropbox 为代表的个人云存储服务是公共云存储发展较为突出的代表。

公共云存储可以划出一部分用作私有云存储。一个公司可以拥有或控制基础架构，以及应用的部署，私有云存储可以部署在企业数据中心或相同地点的设施上。私有云可以由公司自己的 IT 部门管理，也可以由服务供应商管理。

（2）内部云存储。

内部云存储和私有云存储比较类似，唯一的不同点是它仍然位于企业防火墙内部。目前可以提供私有云的平台有 Eucalyptus、3A Cloud、minicloud 安全办公私有云、联想网盘等。

（3）混合云存储。

混合云存储把公共云和私有云/内部云结合在一起，主要用于按客户要求的访问，特别是需要临时配置容量的时候。从公共云上划出一部分容量配置一种私有或内部云可以帮助公司面对迅速增长的负载波动或高峰时很有帮助。尽管如此，混合云存储带来了跨公共云和私有云分配应用的复杂性。

云存储关键技术包括存储虚拟化技术、重复数据删除技术、分布式存储技术、数据备份技术、内容分发网络技术及存储加密技术。

（四）数据分析模型

1. 气象预报

气象预报数据信息主要是由各级气象部门提供。气象部门根据气象监测信息，采用气象预报模型分析获得气象预报信息，或称气象产品。各级防汛部门统一接收国家气象局发布的多种气象产品，结合防汛实际业务需要，加工分析所接收的资料信息，获得符合自己业务需求的降水天气气候形势分析、流域短中长期降水预测、流域面平均雨量、短历时定量降水预报、致洪致灾暴雨和热带气旋监测预警，以及提供水文、气象、干旱分析预测预警服务。

2. 洪水预报

洪水预报是一种随着计算机技术应用和发展而产生的应用数学方程模拟流域上发生水文过程的技术。根据流域或城市降雨情况模拟地表雨水产汇流过程，计算获得水库、河流、湖泊等水域及城市积水区域洪水水情特征值，包括水位、流量、积水深等信息，结合预报警报阈值，发出洪水预报。防汛指挥决策部门接收洪水预报信息后，根据洪水预报等级情况，及时部署准备防汛应急抢险、避难转移安置等工作。我国洪水预报常用的模型包括新安江模型、陕北模型、混合产流模型等。

3. 防洪调度

防洪调度是合理运用防洪工程或防洪系统中的设施，按既定规则或实时分析判断安排洪水出路以达到最佳防洪效果。根据上游来流或洪水预报水情信息，综合多方面利害关系，应用防洪调度多目标决策模型，最优化模拟计算河道行洪过程、分蓄洪区及水库等水域分蓄水量及分蓄水过程。防洪调度决策部门接收防洪调度最优方案信息，分析获取河道最大宣泄洪水能力、水库最优蓄水位、分蓄洪区最优分蓄水量等重要信息，以期实现兴利除害的最佳效果。目前常用的防洪调度模型根据调度方式或方法可分为基于规程或调度线的调度、指令调度或模拟调度、目标调度、优化调度等，根据调度范围可分为水库（群）调度和防洪工程体系联合调度。

4. 洪水数值模拟

洪水数值模拟是一种依据区域水情信息、空间地物信息等多种基础条件，采用数值方法求解数学方程以复现或预测河流及平面区域洪水演进过程的技术。该技术根据洪水运动特征，通过数学模型（见本章第二节）描述河道一维和平面区域二维非恒定流洪水特征及演进过程，计算获取洪水演进过程中任意时刻的洪水淹没水深、洪水流速、洪水前锋到达时间等洪水风险信息，为防汛指挥决策部门提供水位、流量、水深等几乎所有重要的水力要素随时间变化的过程，支撑防洪减灾、防汛指挥、抗洪抢险及应急避难等多项技术工作。

5. 灾情评估

灾情评估模型是一种基于洪水风险信息、空间地物分布、社会经济分布等基础资料信息，结合区域损失率成果，分析评估洪灾损失的技术（见本章第三节）。将洪水淹没特征分布图层与社会经济指标分布图层进行空间叠加运算，统计分析不同量级洪水的淹没面积、淹没水深、受淹没耕地面积、受影响的村庄和人口数量等，并根据洪水淹没水深、淹没历时、财产分布特点等，评估洪水淹没范围内各类财产损失情况，辅助防汛部门开展分析判断，制定防洪调度、应急救援，以及防洪工程弃守方案。

6. 水文统计分析

水文统计分析是根据水文现象特点，应用概率论与数理统计的原理和方法统计分析水文数据并作出推断，揭示其统计规律的重要手段。根据各类水文特征值，如降雨量、年洪峰流量、年径流量、洪水位、河流泥沙等，采用回归分析、多变量分析、水文时间序列分析等多种手段，计算获取水文现象统计规律。国家与地方水文水资源部门依此信息可分析获得不同重现期降雨量与洪峰流量、年径流总量等多种数据成果，为开展水文水资源评价、洪水预报等多种技术工作提供科学支持。

7. 工程安全评估

工程安全评估即是根据工程固有或者潜在的危险因素，对其可能产生的后果进行综合评价与预测，并分析评估其严重程度。分析确定在建或已建工程设施（如水闸、水坝、堤防等）潜在有害因素，采用定性或定量的方法，综合分析评估该种危害因素可能造成的风险类别及大小。防汛部门据此信息，可相应制定工程抢险方案。

（五）信息表达技术

1. 结构化信息的表达

结构化信息是指信息经过分析后可分解成多个互相关联的组成部分，各组成部分间有明确的层次结构，其使用和维护通过数据库进行管理，并有一定的操作规范。

防汛指挥系统中的结构化信息主要包括以数据库形式存在的工情库、水雨情库、社会经济库、洪涝灾情统计等数据，以及通过数据共享方式获取的山洪灾害、水利普查等数据。

工情数据库存储人工、移动或固定实时工情采集系统采集的实时工情信息，包括工程运行状况和工程险情信息。

水雨情库存储水库水文站、河道水文站、自动雨量站采集的水位、流量等信息。

社会经济库存储防汛指挥系统中的社会经济数据。

洪涝灾情统计库包括洪涝灾害基本情况、农林牧渔业洪涝灾害、工业交通运输业洪涝灾害、水利设施洪涝灾害、死亡人员基本情况、城市受淹情况统计表、抗洪抢险综合情况统计等。

其他结构化信息，其他结构化信息包括水利普查、山洪灾害、洪水预报、气象、防洪调度等业务信息。

结构化信息表达方式有报表形式、图表形式、动画形式、地图形式等。

（1）报表形式。

报表就是用表格方式来显示数据，一般为静态报表方式。静态报表是指报表格式已经定义好，统计项完全确定，仅报表数据可变化的报表。报表的展现形式如下：

1）列表式，报表内容按照表头顺序平铺式展示，便于查看详细信息。一般基础信息表可以用列表式体现。多用于展示水利工程单体详细信息、单个行政区划的社会经济信息、单站的单日降水记录等记录条数比较少的数据。

2）摘要式，使用频率较高的一种报表形式，多用于数据汇总统计。如 3h 降水量、6h 降水量、24h 降水量、按日期汇总的单日降水量等，摘要式报表和列表式报表的区别在于多数据汇总的统计。

3）矩阵式，主要用于多条件数据统计。如：按照行政区划和时间来统计历史大洪水数量，矩阵式报表只有汇总数据，但是查看起来更清晰，更适合在数据分析时使用。

4）钻取式，是改变维的层次，变换分析的粒度，包括向上钻取和向下钻取。例如对于各地区各年度山洪灾害统计，可以生成地区与年度的合计行，从而省、市、县、乡等逐级向下钻取，查看数据统计情况。

（2）图表形式。

图表泛指可直观展示统计信息属性（时间性、数量性等），对知识挖掘和信息直观生动感受起关键作用的图形结构，是一种将对象属性数据直观、形象地"可视化"的手段。图表设计隶属于视觉传达设计范畴。图表设计是通过图来表示某种事物的现象或某种思维的抽象观念。

条形图、柱状图、折线图和饼图是图表中四种最常用的基本类型，还包括散点图、面积图、圆环图、雷达图、气泡图、股价图等。此外，可以通过图表间的相互叠加来形成复合图表类型。

（3）动画形式。

动画是一种连接数据和变化趋势的工具，动画最适合表现的是揭示数据如何在不同状态下组合在一起，如何随时间变化或者如何相互影响的场合。

一般的设计原则是，动画要简单，并且可以重新播放。让用户能够多次播放动画，可以让他们看到动画元素从哪里开始到哪里停止。

（4）地图形式。

结合地理信息，可以将具有位置属性的数据转换到地图上进行表达，从而可以获得更加直观的效果。

在防汛指挥系统中，可以结合地图进行表达的要素有水利工程的分布、预警信息的分布、社会经济状况、灾情分布、水雨情等值线和等值面、热带气旋位置及预报路线、山洪灾害防治区分布等。

2. 非结构化信息的表达

非结构化信息指信息的形式相对不固定，常常是各种格式的文件，它是相对结构化信息而言的，诸如电子文档、电子邮件、网页、视频文件、多媒体等。

防汛指挥系统中存在的非结构化信息的分类包括关于防汛业务中的纸质或电子版图件、照片、视频等，如各种业务的分布图、工程的照片以及视频监控系统产生的流媒体数据等。防汛业务过程中产生的各类文档、资料等，如防汛预案、各单位报送的水雨情的传真文档等。气象部门共享的单站雷达图、多站雷达图以及气象云图等数据，多用图片形式存储；通过网站链接获取的网页等数据。

非结构信息的表达方式，一种是直接进行数据呈现，按照数据文件打开浏览；另一种是将非结构化数据结构化，或者部分结构化，采用结构化表达方式进行表达。

（1）直接展现。

直接调用原始的非结构数据进行展示，如直接展示图片、视频以及文档等。用户可以通过浏览这些数据获取信息。

（2）经过分析转换为结构化信息后展现。

将非结构化信息经过数据处理，转换成结构化数据，进而以可视化方式进行展示。

非结构化数据可视化涵盖了信息收集、数据预处理、知识表示、视觉呈现和交互等过程。其中，数据挖掘和自然语言处理等技术充分发挥计算机的自动处理能力，将无结构的文本信息自动转换为可视的有结构信息；而可视化呈现使人类视觉认知、关联、推理能力得到充分发挥。因此，文本可视化有效地综合了机器智能和人类智能，为人们更好地理解文本和发现知识提供了新的有效途径。

总的来说，文本可视化系统主要包括三个过程：①产生可视化所需数据的文本分析过程；②可视化呈现，即包含文档、事件、关系或时间等文本信息的低维信息图（通常是 2D 或 3D 图）；③用户与信息图的交互。

此外防汛指挥系统中对于雷达图、气象云图等数据，通过图像识别技术，然后经过 GIS 放射变换处理，转换为半结构化数据，赋予坐标，叠加在地图上进行展示，用户可以通过坐标查询每个位置的雷达回波值等，实现非结构化数据无法实现的功能。

3. 空间信息的表达

空间信息表达的对象是空间现象、空间实体。区别于普通的信息，空间信息的数据量大，具有时间性与空间性。因此，常规信息的表达方式无法将空间信息有效的表达、展现。从历史上看：自然语言、地图都具有表达空间信息的能力，计算机技术的发展，地理信息系统（GIS）技术的出现拓展了地图的功能，更好地表达了空间信息，伴随计算机图形学、人工智能、多媒体技术的发展，虚拟地理环境（VGE）则成为表达空间信息的有效手段。

空间信息表达的对象主要包括各类地图数据、带坐标的业务数据（如台风路径、站点位置等）、等值线、等值面、经过处理可以和地图叠加的数据（雷达、云图等），模型计算结果（如淹没范围等）。

防汛指挥系统中的空间数据有基础地理数据、水利专题图层、遥感监测数据、灾情监测数据等。基础地理数据一般作为地图背景进行展示，以矢量图或切片地图方式作为服务发布出来，供业务系统调用。

空间信息可以采用二维地图和三维地图两种展示技术表达。

（1）二维地图展示。

二维地图在防汛指挥系统中以矢量地图或切片地图的方式进行应用，可以无级放大，也可以按固定比例尺放大。在防汛指挥系统中，有专题图、概化图、等值线/面图、动态图等多种二维空间数据展示方式。

（2）三维平台展示。

三维地图，或 3D 电子地图，是以三维地图数据库为基础，按照一定比例对现实世界或其中一部分的一个或多个方面的三维、抽象的描述。目前常见的有实景三维地图和虚拟三维地图。

实景三维地图是直接扫描建筑物的高度和宽度，形成三维地图数据文件，实景三维地图是基于实物拍摄、数据抽象采集技术实现的。

虚拟三维地图以现实地理信息为基础，基于 Web GIS 和虚拟现实技术所实现。可以通过任何方式（诸如采用人工拍照方式采集）获得实际的三维地理信息，将获得的地理信息进行加工拼接，通过建模的方式加以整理，最后以虚拟现实的方式呈现。

在防汛指挥系统中，主要是利用三维地理信息系统、遥感技术、海量数据管理技术、虚拟现实技术、网络通信技术和高性能计算机技术等现代高新信息技术，采用不同分辨率的 DEM 数据、遥感影像数据、地理矢量数据等，构建一个数字化三维平台，在三维平台场景建设的基础上，加入防洪抗旱专题信息矢量数据，直观地展现水系分布、河流形态、防洪工程、抗旱工程分布等信息，并通过基于海量数据的系统开发与集成，实现防汛抗旱基本业务信息、预警预报信息、防灾减灾信息和其他决策支持信息的综合管理，为防汛抗旱管理与减灾决策提供更为直观的、准确的信息服务。

4. 时间序列数据的表达

时间序列数据是指在不同时间点上收集到的数据，这类数据反映了某一事物、现象等随时间的变化状态或程度。时间序列数据的存在形式是按时间顺序排列的一系列观测值。与一般的定量数据不同，时间序列数据包含时间属性，不仅要表达数据随时间变化的规律，还需表达数据分布的时间规律。

防汛指挥系统中的时序数据包括水情数据、雨情数据、台风数据、凌情数据、雷达监测数据、气象预报数据等。

早期，通常将时间序列数据绘制在图纸上，以图形可视化的方法来发现时间序列数据的规律。目前，数据可视化技术已被广泛地应用于呈现、探索和分析时间序列数据，并出现了一些可视化工具。随着计算机技术和可视化技术的发展，时间序列数据的可视化在图表可视化方法、表达方式、交互方式等方面不断丰富与发展。

（1）可视化图表。

最常见的时间序列数据的表示方法，是采用折线图、柱状图、金字塔图、星状图等来表达时序数据，横轴作为时间轴，纵轴作为数值轴，表示数值随时间的变化过程。在防汛指挥系统中，常用的是用折线和柱状图来表达降雨过程线或水位变化过程线。

（2）动画表达。

动画表达指在一个视图空间内逐帧地播放时序数据可视图表，动态、连续地展现时序数据的变化趋势。如基于交互的动态气泡图表现统计数据的变化趋势。在防汛指挥系统中，可以用动态过程表达台风中心的移动过程，可以用动态过程表达洪水分析成果中的洪水演进淹没过程等。

（3）三维表达法。

与二维表达相比，三维表达可能会遮挡或隐藏部分信息，没有二维表达直观，但可表现高维的时间序列数据。将两种及以上不同的可视化视图叠加显示来分析数据的异同，空间坐标和时间构成三维坐标轴，以时间切片的方式对时间序列数据进行三维可视化。

（4）空间分布表达法。

地图与其他可视化方式相结合可较好地呈现与空间位置相关的时间序列数据。时间序列与空间位置的关系包含两个方面：①位置作为时间序列的外部属性，单条序列的位置稳定，在地图上，表达时空序列在时间上的线性变化和周期变化特征以及空间上的分布特征，可以用不同色系来表示事件发生的时间；②位置是时间序列的内部属性，记录事件随时间的位置变化，将地图和折线图相结合建立时空立方体，表现实时运动对象的移动轨迹。

三、设计模式

（一）技术架构

技术架构是构建计算机软件和系统的基础。通过技术架构设计，选择合适的技术架构，能提高系统的开发效率，有效保证软件的稳定性、扩展性、安全性等方面的需求。目前主要的架构技术包括云平台技术、Web Service 技术、物联网技术、面向对象技术、企业服务总线技术等。

1. 技术架构相关技术

（1）云平台技术。

云平台（cloud platforms），即一种允许开发者或是将写好的程序放在"云"里运行，或是使用"云"提供的服务，或两者兼有的平台。

实际环境中的云平台涉及三种云服务，包括：①软件服务（Software as a service，SaaS）：SaaS 应用是完全在"云"里（也就是说，一个 Internet 服务提供商的服务器上）运行的。其内部客户端（on-premises client）通常是一个浏览器或其他简易客户端；②附着服务（Attached services）：每个内部应用（on-premises application）自身都有一定功能，它们可以不时地访问"云"里针对该应用提供的服务，以增强其功能。由于这些服务仅能为该特定应用所使用，所以可以认为它们是附着于该应用的；③云平台（cloud platforms）：云平台提供基于"云"的服务，供开发者创建应用时采用。开发者不必构建自己的基础，而完全可以依靠云平台来创建新的 SaaS 应用，云平台的直接用户是开发者，而不是最终用户。

（2）Web Service 技术。

Web Service 技术是基于网络的、分布式的模块化组件，它执行特定的任务，遵守具体的技术规范，这些规范使得 Web Service 能与其他兼容的组件进行互操作。Web Service 利用 SOAP 和 XML 对这些模型在通信方面作了进一步的扩展以消除特殊对象模型的障碍。Web Service 主要利用 HTTP

和 SOAP 协议使业务数据在 Web 上传输，SOAP 通过 HTTP 调用业务对象执行远程功能调用，Web 用户能够使用 SOAP 和 HTTP 通过 Web 调用的方法来调用远程对象。

Web Service 是通过一系列标准和协议来保证程序之间的动态连接。其中最基本的协议包括 SOAP、WSDL、UDDI。Web Service 是一个平台独立的、低耦合的、自包含的、基于可编程的 Web 的应用程序，可使用开放的 XML（标准通用标记语言下的一个子集）标准来描述、发布、发现、协调和配置这些应用程序，用于开发分布式的互操作的应用程序。

Web Service 技术使得运行在不同机器上的不同应用无须借助附加的、专门的第三方软件或硬件，就可相互交换数据或集成。依据 Web Service 规范实施的应用之间，无论它们所使用的语言、平台或内部协议是什么，都可以相互交换数据。Web Service 是自描述、自包含的可用网络模块，可以执行具体的业务功能。Web Service 也很容易部署，因为它们基于一些常规的产业标准以及已有的一些技术，诸如标准通用标记语言下的子集 XML、HTTP。Web Service 减少了应用接口的花费。

（3）物联网技术。

物联网技术是指在计算机互联网的基础上，通过射频识别（RFID）、红外感应器、全球定位系统、激光扫描器等信息传感设备技术，按约定的协议，构造一个覆盖"万物"的物联网。即，将任何物品与互联网相连接，进行信息交换和通信，以实现智能化识别、定位、追踪、监控和管理在这个网络中，任何物品能够彼此进行"交流"，而无需人的干预。即通过信息传感设备，将所有物品通过互联网进行连接，实现智能化识别管理。其实质是利用射频自动识别（RFID）技术，通过计算机互联网实现物品（商品）的自动识别和信息的互联与共享。

（4）面向对象技术。

Booch、Coad/Yourdon、OMT 和 Jacobson 等面向对象的方法在面向对象软件开发界得到了广泛的认可。特别的是统一的建模语言 UML，该方法结合了 Booch、OMT 和 Jacobson 方法的优点，统一了符号体系，并在许多大规模复杂系统的实际建模中被证明是一种非常好的软件工程方法。Rational 统一过程（RUP）是一种具有用例驱动、以架构为中心、迭代式等特点的面向对象软件开发过程，具有很高的灵活性和扩展性，而且能被裁剪以适应不同的需要。

（5）企业服务总线技术。

企业服务总线（Enterprise Service Bus，ESB）是传统中间件技术与 XML、Web 服务等技术结合的产物，一种架构模式，使用面向服务支持异构环境之间的互操作性。ESB 提供了网络中最基本的连接中枢，是构筑系统的必要元素。ESB 是一种集成架构样式，支持提供者和服务用户之间通过由各种点对点连接构成的公共通信总线进行通信，是企业用来集成应用程序环境中服务的基础架构。

2. 常用技术架构

为了实现不同表达风格和要求，需要选择最适合的技术架构。B/S 和 C/S 结构是系统表达常用的方式。C/S 结构的客户端和服务器端都能够处理任务，这虽然对客户机的要求较高，但因此可以减轻服务器的压力。B/S 占有优势的是其异地浏览和信息采集的灵活性。任何时间、任何地点、任何系统，只要可以使用浏览器上网，就可以使用 B/S 系统的终端。不过，采用 B/S 结构，客户端只能完成浏览、查询、数据输入等简单功能，绝大部分工作由服务器承担，这使得服务器的负担很重。而且，由于客户端使用浏览器，使得网上发布的信息必须是以 HTML 格式为主，其他格式的文件多半是以附件的形式存放。而 HTML 格式的文件（也就是 Web 页面）不便于编辑修改，给文件管理带来了许多不便。随着技术的发展，在 B/S 架构的基础上，出现了 SOA 架构、云平台架构等架构技术。

（1）C/S 架构。

C/S 架构即 Client/Server（客户机/服务器）结构，是最常用的软件系统体系结构之一，通过将任务合理分配到 Client 端和 Server 端，降低了系统的通信开销，需要安装客户端才可进行管理操作。

客户端和服务器端的程序不同，用户的程序主要在客户端，服务器端主要提供数据管理、数据共享、数据及系统维护和并发控制等，客户端程序主要完成用户的具体的业务。

C/S 架构开发比较容易，操作简便，但应用程序的升级和客户端程序的维护较为困难。

（2）B/S 架构。

B/S 架构即 Browser/Server（浏览器/服务器）结构，是随着 Internet 技术的兴起，对 C/S 结构的一种变化或者改进的结构。在这种结构下，用户界面完全通过 WWW 浏览器实现。

客户端基本上没有专门的应用程序，应用程序基本上都在服务器端。由于客户端没有程序，应用程序的升级和维护都可以在服务器端完成，升级维护方便。由于客户端使用浏览器，使得用户界面"丰富多彩"，但数据的打印输出等功能受到了限制。为了克服这个缺点，一般把利用浏览器方式实现困难的功能，单独开发成可以发布的控件，在客户端利用程序调用来完成。

B/S 与 C/S 结构的技术区别主要表现在 C/S 是建立在局域网的基础上的，B/S 是建立在广域网的基础上的。具体表现为：

1）硬件环境不同：C/S 一般建立在专用的网络上，小范围里的网络环境，局域网之间再通过专门服务器提供连接和数据交换服务；B/S 建立在广域网之上，不必是专门的网络硬件环境，例于电话上网、租用设备，信息自己管理，有比 C/S 更强的适应范围，一般只要有操作系统和浏览器就行。

2）对安全的要求不同：C/S 一般面向相对固定的用户群，对信息安全的控制能力很强。一般高度机密的信息系统采用 C/S 结构比较适宜，但可以通过 B/S 发布部分可公开信息；B/S 建立在广域网之上，对安全的控制能力相对弱，面向的是不可知的用户群。

3）程序架构不同：C/S 程序可以更加注重流程，可以对权限多层次校验，对系统运行速度可以较少考虑；B/S 对安全以及访问速度的多重考虑，建立在需要更加优化的基础之上。比 C/S 有更高的要求；B/S 结构的程序架构是发展的趋势。

4）软件重用不同：C/S 程序不可避免地需考虑整体性，构件的重用性不如在 B/S 要求下的构件的重用性好；B/S 面对的是多重结构，要求构件有相对独立的功能，能够相对较好的重用。

5）系统维护不同：C/S 程序由于整体性，必须整体考察、处理出现的问题以及系统升级，因此升级难，有时可能需要重新开发一个全新的系统；B/S 由构件组成，可方便地进行构件更换，用户从网上自己下载安装就可以实现升级，系统维护开销小。

6）处理的问题不同：C/S 的用户固定，并且在相同区域，安全要求高，与操作系统相关；B/S 建立在广域网上，面向不同的用户群，地域分散，与操作系统平台基本无关。

7）用户接口不同：C/S 多是建立的 Windows 平台上，表现方法有限，对程序员的要求普遍较高；B/S 建立在浏览器上，有更加丰富和生动的表现方式与用户交流，并且大部分难度较低，开发成本相对较低；

8）信息流不同：C/S 程序一般是典型的中央集权的机械式处理，交互性相对低；B/S 信息流向可变化，B－B（企业与企业之间）、B－C（企业与消费员之间）、B－G（企业与政府之间）等信息流向的变化，与交易中心有些相似。

9）C/S 程序比较适合进行胖客户端开发；B/S 结构比较适合进行瘦客户端开发。

（二）功能组织方式

防汛指挥系统是一个庞大、复杂的系统，按照不同的功能设计与组织方式，一般可分为如下几种类型。

1. 基于信息类型的组织方式

基于信息类型的系统是指系统功能的建设不需要依靠任何的业务数据流或分析模型等，而是直接依靠信息数据进行的系统建设，例如防汛信息服务系统、洪水分析子系统、灾情分析系统等。

2. 基于业务流程的组织方式

基于业务流程的系统是指基于防汛指挥业务流程建设的系统，例如防汛业务管理系统、防汛会商支持系统等。

3. 混合组织方式

大部分防汛指挥系统为混合型系统，是以业务为主导，兼顾信息分类，嵌入模型的综合型信息管理系统，例如气象产品应用系统、水情会商系统、防洪调度系统、灾情评估系统、三防信息服务、综合监视系统、三维电子沙盘等。

参 考 文 献

［1］ 雒文生，宋星原. 洪水预报与调度［M］. 武汉：湖北科学技术出版社，2000.
［2］ 刘金平，张建云. 中国水文预报技术的发展与展望［J］. 水文，2005，25（6）：1-5.
［3］ 梁家志，刘志雨. 中国水文情报预报的现状及展望［J］. 水文，2006，26（3）：57-59.
［4］ 李致家. 水文模型的应用与研究［M］. 南京：河海大学出版社，2008.
［5］ 李超群，郭生练，张俊，等. 改进 NLPM-ANN 模型在径流预报中的应用［J］. 武汉大学学报（工学版），2009，42（1）：1-5.
［6］ 熊立华，郭生练，叶凌云. 自适应神经模糊推理系统（ANFIS）在水文模型综合中的应用［J］. 水文，2006，26（1）：38-41.
［7］ 熊立华，郭生练. 分布式流域水文模型［M］. 北京：中国水利水电出版社，2004.
［8］ 贾仰文. 分布式流域水文模型原理与实践［M］. 北京：中国水利水电出版社，2005.
［9］ 刘志雨. 基于 GIS 的分布式托普卡匹水文模型在洪水预报中的应用［J］. 水利学报，2004，35（5）：70-75.

［10］　徐宗学，程磊．分布式水文模型研究与应用进展［J］．水利学报，2010，41（9）：1009-1017.

［11］　中国水利学会．水利学科发展报告：2007—2008［M］．北京：中国科学技术出版社，2008.

［12］　刘志雨．城市暴雨径流变化成因分析及有关问题探讨［J］．水文，2009，29（3）：55-58.

［13］　Barlage M J，Richards P L，Sousounis P J．Impacts of climate change and land use change on runoff from a Great Lakeswatershed［J］．Journal of Great Lakes Research，2002，28（4）：568-582.

［14］　Cui X，Graf H F，Langmann B，et al．Climate impacts of anthropogenic land use changes on the Tibetan Plateau［J］．Global and Planetary Change，2006，54（1）：33-56.

［15］　Franczyk J，Chang H．The effects of climate change and urbanization on the runoff of the Rock Creek basin in the Portland metropolitan area，Oregon，USA［J］．Hydrological Processes，2009，23（6）：805-815.

［16］　Ma Y．Remote sensing parameterization of regional net radiation over heterogeneous land surface of Tibetan Plateau and arid area［J］．International Journal of Remote Sensing，2003，24（15）：3137-3148.

［17］　Nash．Sensitivity of stream flow in the Colorado Basin to Climate Change［J］．Journal of Hydrology．1999（125）：221-241.

［18］　Peng D，Guo S，Liu P，et al．Reservoir storage curve estimation based on remote sensing data［J］．Journal of Hydrologic Engineering，2006，11（2）：165-172.

［19］　Phan V H，Lindenbergh R，Menenti M．ICESat derived elevation changes of Tibetan lakes between 2003 and 2009［J］．International Journal of Applied Earth Observation & Geoinformation，2012，17（7）：12-22.

［20］　Remec J，Schaake J C．Sensitivity of water resources systems to climate variations［J］．Hydrological Science Journal．1982，27：327-343.

［21］　Seguis L，Cappelaere B，Milesi G．Simulated impacts of climate change and land-clearing on runoff from a small Sahelian catchment［J］．Hydrological Processes，2004，18（17）：3401-3413.

［22］　Wahr J，Molenaar M，Bryan F．Time variability of the Earth's gravity field Hydrological and oceanic effects and their possible detection using GRACE［J］．Journal Geophysical Research：Solid Earth（1978-2012），1998，103（B12）：30205-30229.

［23］　Wang X，Cheng X，Li Z，et al．Lake Water Footprint Identification From Time Series ICESat/GLAS Data［J］．Geoscience and Remote Sensing Letters，IEEE，2012，9（3）：333-337.

［24］　Wan Z．New refinements and validation of the MODIS land-surface temperature/emissivity products［J］．Remote Sensing of Environment，2008，112（1）：59-74.

［25］　Wang X，Zheng D，Shen Y．Land use change and its driving forces on the Tibetan Plateau during 1990-2000［J］．Catena，2008，72（1）：56-66.

［26］　Wang X，Siegert F，Zhou A G，et al．Glacier and glacial lake changes and their relationship in the context of climate change，Central Tibetan Plateau 1972-2010［J］．Global & Planetary Change，2013，111（12）：246-257.

［27］　Wen J，Su Z，Ma Y．Determination of land surface temperature and soil moisture from Tropical Rainfall Measuring Mission/Microwave Imager remote sensing data［J］．Journal of Geophysical Research：Atmospheres（1984-2012），2003，108（D2）：ACL 2-1-ACL 2-10.

［28］　孙家炳．遥感原理与应用［M］．武汉：武汉大学出版社，2003.

［29］　邬伦．地理信息系统：原理，方法和应用［M］．北京：科学出版社，2001.

［30］　万杰．基于多源遥感数据的羌塘高原湖泊水量变化估算研究［D］．北京：中国科学院研究生院．2014.

［31］　梁忠民，钟平安，华家鹏．水文水利计算［M］．2版．北京：中国水利水电出版社，2006.

［32］　李炜．水力计算手册［M］．2版．北京：中国水利水电出版社，2006.

［33］　张灵敏．排水管网水力计算及暴雨积水模拟方法研究［D］．广州：华南理工大学，2015.

［34］　张大伟．堤坝溃决水流数学模型及其应用研究［D］．北京：清华大学，2008.

［35］　张大伟．基于Godunov格式的堤坝溃决水流数值模拟［M］．北京：中国水利水电出版社，2014.

[36] 郑敬伟，刘舒，胡昌伟．流域洪水数字模型标准化研究［J］．河海大学学报，2009，(5)：534－539.

[37] 于翠松．水库群防洪联合调度研究综述及展望［J］．水文，2002，22 (5)：27－30.

[38] 姜万勤．中小型水库群防洪调度图解法［J］．水利建设与管理，1996 (1)：53－55.

[39] 于翠松，王艳玲．水库群防洪联合调度研究的进展概况［J］．海河水利，2002 (1)：30－32.

[40] 王栋，许圣斌．水库群系统防洪联合调度研究进展［J］．水科学进展，2001，12 (1)：118－124.

[41] 王天宇，董增川，付晓花，等．黄河上游梯级水库防洪联合调度研究［J］．人民黄河，2016，38 (2)：40－44.

[42] S Mohan，D M Raipure．Multi－objective analysis of multi－reservoir system［J］．Water Resources Plan Mgmt.，1992，118 (4)：356－370.

[43] 王栋，许圣斌．水库群系统防洪联合调度研究进展［J］．水科学进展，2001，12 (1)：118－124.

[44] 马文正，袁宏源．水资源系统模拟技术［M］．北京：中国水利水电出版社，1987：56－82.

[45] 王本德，周惠成，卢迪．我国水库（群）调度理论方法研究应用现状与展望［J］．水利学报，2016，47 (3)：337－345.

[46] 吴松．改进粒子群算法在并联水库群联合防洪优化调度中的应用［D］．南京：河海大学，2007.

[47] J S Windsor．Optimization model for reservoir flood control［J］．Water Resources Research，1973，9 (5)：1219－1226.

[48] J S Windsor．A programing model for the design of multi－reservoir flood control system［J］．Water Resources Research，1975，11 (1)：30－36.

[49] Hreinsson E B．Optimal short term operation of a purely hydroelectric system［J］．IEEE Transactions Power systems，1988，3 (3)，1072－1077.

[50] 王厥谋．丹江口水库防洪优化调度模型简介［J］．水利水电技术，1985 (8)：54－58.

[51] 许自达．一种简捷的防洪水库群洪水优化调度方法［J］．人民黄河，1990 (1)：26－30.

[52] 都金康，李罕，王腊春，严苏宁．防洪水库群洪水优化调度的线性规划方法［J］．南京大学学报，1995，31 (2)：301－309.

[53] 王栋，曹升乐，员如．水库群系统防洪联合调度的线性规划模型及仿射变换法［J］．水利管理技术，1998，18 (3)：1－5.

[54] 于翠松．流域防洪调度研究［D］．济南：山东工业大学，2000.

[55] Rossman L A．Reliability－constrained dynamic programing and randomized release rules in reservoir management［J］．Water Resources Research，1977，13 (2)：247－255.

[56] Turgeon A．Optimal short－term hydro scheduling from the principle of progressive optimality［J］．Water Resources Research，1981，17 (3)：481－486.

[57] G A Sckultz，E J Plate．Developing operating rules for flood protection reservoirs［J］．Journal of Hydrology，1976，28 (2/4)：245－264.

[58] 李文家，许自达．三门峡-陆浑-故县三水库联合防御黄河下游洪水最优调度模型探讨［J］．人民黄河，1990，(4)：21－25.

[59] 吴保生，陈惠源．多库防洪系统优化调度的一种算法［J］．水利学报，1991，(11)：35－40.

[60] 梅亚东．梯级水库防洪优化调度的动态规划模型及解法［J］．武汉水利电力大学学报，1999，32 (5)：10－12.

[61] 傅湘，纪昌明．多维动态规划模型及其应用［J］．水电能源科学，1997，15 (4)，1－6.

[62] 徐慧，欣金彪，徐时进．淮河流域大型水库联合优化调度的动态规划模型［J］．水文，2000，20 (1)：22－25.

[63] Peng C S，Buras N．Practical estimation of inflows into multi－reservoir system［J］．Journal of Water Resources Planning and Management，2000，126 (5)：331－334.

[64] Barros M，Tsai F，Yang S L，Lopes J，Yeh W．Optimization of large－scale hydropower system operations［J］．Journal of Water Resources Planning and Management，2003，129 (3)：178－188.

[65] 罗强，宋朝红，雷声隆．水库群系统非线性网络流规划法［J］．武汉大学学报，2001，34 (3)：22－26.

[66] 邹鹰，宋德敦．水库防洪优化设计模型［J］．水科学进展，1994，5 (3)：167－173.

[67] 董增川．大系统分解原理在库群优化调度中的应用［D］．南京：河海大学，1986.

［68］ 黄志中，周之豪. 水库群防洪调度的大系统多目标决策模型研究 ［J］. 水电能源科学，1994，12（4）：237-245.

［69］ 杨侃，董增川，张静怡. 长江防洪系统网络分析分解协调优化调度研究 ［J］. 河海大学学报，2000，28（3）：77-81.

［70］ 曹永强，倪广恒，胡和平，等. 优化调度理论与技术在洪水资源利用中的应用 ［J］. 水力发电学报，2005，24（5）：17-21.

［71］ 黄志中，周之豪. 大系统分解协调理论在库群实时防洪调度中的应用系统工程理论方法应用，1995，4（3）：53-59.

［72］ 周明，孙树栋. 遗传算法的原理与应用 ［M］. 北京：国防工业出版社，1999.

［73］ Reddy M. J.，Kumar D. N. Optimal Reservoir Operation Using Multi - Objective Evolutionary Algorithm ［J］. Water Resources Management，2006，20（6）：861-878.

［74］ 马光文. 基于遗传算法的水电站调度新方法 ［J］. 系统工程理论与实，1997，（07）：65-82.

［75］ 万芳，黄强，原文林，邱林. 基于协同进化遗传算法的水库群供水优化调度研究 ［J］. 西安理工大学学报，2011，27（2）：139-144.

［76］ 邹进，张友权. 梯级水库优化调度中的矩形体遗传算法 ［J］. 水力发电学报，2012，31（1）：27-31.

［77］ 袁鹏，常江，朱兵，等. 粒子群算法的惯性权重模型在水库防洪调度中的应用 ［J］. 四川大学学报：工程科学版，2006，38（5）：54-57.

［78］ 王森，武新宇，程春田，郭有安，李红刚. 自适应混合粒子群算法在梯级水电站群优化调度中的应用 ［J］. 水力发电学报，2012，31（1）：38-44.

［79］ 杨子俊，王丽萍，邵琳，吴月秋. 基于粒子群算法的水电站水库发电调度图绘制 ［J］. 电力系统保护与控制，2010，38（14）：59-62.

［80］ Needham，J.，WatkinsD.，LundJ. etc. Linear Programing for flood control in the Iowa and DesMoines rivers ［J］. Journal of Water Resourses Planning and Management，2000，126（3）：118-127.

［81］ PengC.，Buras N. Dynamic operation of surface water resources system ［J］. Water Resources Research. 2000，36（9）：2701-2709.

［82］ M. R. Jalali，A. Afshar，M. A. Marino. Improved Ant Colony Optimization Algorithm for Reservoir Operation ［J］. Scientia Iranica，2006，13（3）：295-302.

［83］ M. R. Jalali，A. Afshar，M. A. Marino. Multi - Colony Ant Algorithm for Continuous Multi - Reservoir Operation Optimization Problem ［J］. Water Resour Manage，2007，21（9）：1429-1447.

［84］ Huang S. J. Enhancement of hydroelectric generation scheduling using ant colony system based optimization approaches ［J］. IEEE Trans. on Power Systems，2001，16（3）：296-301.

［85］ 徐刚，马光文，梁武湖，等. 蚁群算法在水库优化调度中的应用 ［J］. 水科学进展. 2005，16（s）：397-400.

［86］ 陈立华，梅亚东，杨娜，等. 混合蚁群算法在水库群优化调度中的应用 ［J］. 武汉大学学报（工学版），2009，42（5）：661-668.

［87］ 邱林，田景环，段春青，等. 混沌优化算法在水库优化调度中的应用 ［J］. 中国农村水利水电，2005，7：17-20.

［88］ 何耀耀，周建中，杨俊杰，等. 混沌 PSO 梯级优化调度算法及实现 ［J］. 华中科技大学学报（自然科学版），2009，37（3）：102-105.

［89］ 钟平安. 流域实时防洪调度关键技术研究与应用 ［D］. 南京：河海大学，2006.

［90］ 冯平，韩松，李健. 水库调整汛限水位的风险效益综合分析 ［J］. 水利学报，2006，37（4）：451-456.

［91］ 李英海. 梯级水电站群联合优化调度及其决策方法 ［D］. 武汉：华中科技大学，2009.

［92］ 王本德，周惠成，程春田. 梯级水库群防洪系统的多目标洪水调度决策的模糊优选 ［J］. 水利学报，1994，（4）：31-39.

［93］ Cheng Chuntian，Chau KW. Fuzzy iteration methodology for reservoir flood control operation ［J］. Journal of the American water resources association，2001，37（5）：1381-1388.

［94］ 王本德，于义彬，刘金禄，等. 水库洪水调度系统的模糊循环迭代模型及应用 ［J］. 水科学进展，2004，15

（2）：233-237.

［95］　曾勇红，姜铁兵，权先璋．灰色系统理论在水库正常蓄水位方案选择中的应用［J］．水电自动化与大坝检测，2003，27（z）：57-59.

［96］　谢秋菊，钱自立．应用灰色模糊综合评价方法优选水库正常蓄水位方案．水利水运工程学报，2006，（1）：59-62.

［97］　马志鹏，陈守伦，茵钧．梯级水库群防洪系统多目标决策的灰色优选［J］．数学的实践与认识，2007，37（11）：112-116.

［98］　Cheng C, Chau K W. Three-person multi-objective conflict decision in reservoir flood control［J］. European Journal of Operational Research, 2007, 142（3）：625-631.

［99］　Yu Yi-Bin, Wang Ben-De, Wang Guo-Li, et al. Multi-Person Multi objective Fuzzy Decision-Making Model for Reservoir Flood Control Operation［J］. Water Resources Management, 2004, （18）：111-124.

［100］　周惠成，张改红，王国利．基于嫡权的水库防洪调度多目标决策方法及应用［J］．水利学报，2007，38（1）：100-106.

［101］　丁勇，梁昌勇，方必和．基于D-S证据理论的多水库联合调度方案评价［J］．水科学进展，2007，18（4）：591-597.

［102］　王丽萍，叶季平，苏学灵，等．基于可拓学理论的防洪调度方案评价研究与应用［J］．水利学报，2009，40（12）：1425-1431.

［103］　刁艳芳，王本德．水库汛限水位动态控制方案优选方法研究［J］．中国科学：技术科学，2011（10）：1299-1304.

［104］　中华人民共和国水利部．SL 483—2017 洪水风险图编制导则［S］．北京：中国水利水电出版社，2017.

［105］　向立云．关于我国洪水风险图编制工作的思考［J］．中国水利，2005（17）：14-16.

［106］　EXCIMAP. Handbook on good practices for flood mapping in Europe［R/OL］. 2007.

［107］　Japan Ministry of land, Infrastructure and Transport（MLIT）, Best Practice of Flood Hazard Map in Japan.. November 2007.

［108］　胡昌伟，刘媛媛．欧盟洪水风险图对我国的借鉴［J］．水利水电技术，1997，17（3）：258-265.

［109］　Federal Emergency Management Agency（FEMA）. FEMA Coastal Flood Hazard Analysis and Mapping Guidelines Focused Study Report［R］. 2009.

［110］　孙德威．我国蓄滞洪区洪水应急避难系统研究［D］．北京：中国水利水电科学研究院，2010.

［111］　李发文．洪灾避迁决策理论及其应用研究［D］．南京：河海大学，2005.

［112］　丁志雄，李娜．基于GIS的避洪转移分析系统研发［J］．中国防汛抗旱，2015，25（4）：17-21.

［113］　中华人民共和国水利部．SL 104—1995 水利工程水利计算规范［S］．北京：中国水利水电出版社，1995.

［114］　中华人民共和国水利部．SL 278—2002 水利水电工程水文计算规范［S］．北京：中国水利水电出版社，2002.

［115］　中华人民共和国水利部．SL 44—2006 水利水电工程设计洪水计算规范［S］．北京：中国水利水电出版社，2006.

［116］　黄诗峰，辛景峰，杨永民．水利部旱情遥感监测系统建设与展望［J］．水利信息化，2017，（5）：5-9.

［117］　王慧斌，谭国平，李臣明，等．信息获取与传输技术在水利立体监测中应用与构想［J］．水利信息化，2017，（4）：15-20.

［118］　胡传廉．基于互联网时代的"智慧水网"建设管理模式创新思考［J］．水利信息化，2017，（4）：5-9.

［119］　胡健伟，余达征，陈雅莉．国家水文数据库建设探讨［J］．水利信息化，2017，（2）：5-8.

［120］　王向军，崔艳梅．组装业务建模在防汛抗旱指挥系统中的应用［J］．水利信息化，2017，（1）：5-8.

［121］　蔡阳，谢文君，付静，等．全国水利普查空间信息系统的若干关键技术［J］．测绘学报，2015，44（5）：585-589.

［122］　周成虎．全空间地理信息系统展望［J］．地理科学进展，2015，34（2）：129-131.

［123］　杨彦波，刘滨，祁明月．信息可视化研究综述［J］．河北科技大学学报，2014，35（1）：91-102.

［124］　刘舒，张红萍，王毅，等．消息控制的事件驱动防汛指挥系统设计思路及案例研究［J］．2014，（11）：91-96.

[125]　涂聪 . 大数据时代背景下的数据可视化应用研究 [J]. 电子制作，2013，47（5）：118 - 118.

[126]　程益联，郭悦 . 水利普查对象关系研究 [J]. 水利信息化，2012（1）：23 - 27.

[127]　袁晓如，张昕，肖何，等 . 可视化研究前沿及展望 [J]. 科研信息化技术与应用，2011，2（4）：3 - 13.

[128]　薛存金，谢炯 . 时空数据模型的研究现状与展望 [J]. 地理与地理信息科学，2010，26（1）：1 - 6.

第四章　山洪灾害综合治理

山洪暴涨暴落，历时短暂，水流流速快，冲刷力强，破坏力大。山洪灾害综合治理常采取工程措施与非工程措施相结合的策略，主要包括：

（1）源头治理措施。通过生物措施和工程措施，保护和治理流域环境，消除或削弱山洪泥石流发生的条件。

（2）过程控制措施。采用拦挡坝（水库）、谷坊、排导沟、停淤场等工程措施，调蓄和疏导山洪，减少灾害破坏损失。

（3）重点防护措施。修建护坡、挡墙、顺坝、丁坝等工程，保护可能受山洪威胁的人口及资产。

（4）土地管理措施。推行受山洪威胁区域的土地区划政策，划定禁止开发区和限制开发区，迁移在上述区域内的人口及资产至安全区。

（5）应急响应措施。开展山洪预报预警，及时疏散转移人口及资产，对重要设施和危化品进行临时加固、密封或防护等。

由于山洪的规模、破坏力、影响范围与山区河道的地形、地质条件，植被等因素有关，山洪治理应因地制宜，遵循以下原则综合施策：

（1）以山区河道小流域为治理单元，集中治理和连续治理相结合，提高防治效果。山洪大小不仅与降雨有关，而且与其所在流域的地形、地质、植被、汇水面积等因素有关，所以，山洪防治应以流域为治理单元，点线面相结合，集中治理、连续治理相结合。

（2）以非工程措施为主，规避山洪，保障生命安全。在深入分析山洪特征的基础上，划定流域和山洪沟沿程禁止开发区（河道管理范围）和限制开发区，通过合理选择居民点和设施建设位置和线路，规避山洪；开展监测、预报、预警、风险公示、知识普及、避洪转移演练等，在山洪发生时应急组织危险区人员转移，临时规避山洪。

（3）因地制宜采取源头治理、过程防治和重点防护等工程措施，消减、拦截、引导和防御山洪。在流域面上，推行封山育林育草、退耕还林、耕地梯田化等，保持水土，消减产水产沙量；在溪沟沿程，修建水库、水塘、淤地坝、谷坊、透水坝，蓄滞山洪、拦截泥沙；沿溪沟垂直方向，开挖撇洪沟，高水高排，减轻下游山洪威胁；在山洪沟沿程居民地、农田或设施所在河段，疏通河道、清除障碍、护坡护岸，提高行洪能力和岸线抗冲能力。

（4）制定针对性的建筑规范，提高建筑物抗洪性能，避免加剧山洪威胁的建设行为。针对可能受山洪冲击的建筑物和基础设施，制定与山洪特性相适应的建筑规范，避免结构破坏，保证建筑物安全；对于跨河建筑物，设定严格的建设要求，确保泥石、树木、杂物顺畅通过，避免其壅高水位或破坏失事，加剧山洪威胁。

第一节 山洪灾害防治工程措施

山洪灾害防治工程措施分为源头治理、过程控制和重点防护三类，具体措施如图4-1所列。

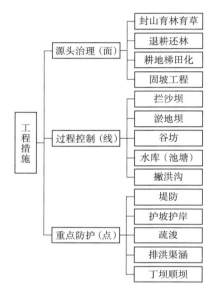

图4-1 山洪灾害防治工程措施

一、源头治理措施

在水土流失严重、山洪泥石流灾害易发区，通过人工或飞播造林种草、封山育林、耕地梯田化、山坡固定等措施增加植物被覆、地面覆盖、改变小地形和增强土壤岩体抗侵蚀，可有效防治山洪泥石流的发生。源头治理措施多为水土保持措施，其效果主要体现在消减降水产流量、减少泥沙补给量、坦化山洪流量过程等。

源头治理措施减少泥沙补给量的作用体现在如下方面：

（1）固定土层，减轻片蚀。植物的根系（含乔木、灌木、草本）伸入土层，层层交织成网，在一定程度上增加土层的稳定性。其中以乔木根系下伸土层最深，可达2～10m，灌木根系次之，亦可达0.5～4m，草本根系最浅，一般可达0.5m。乔木根系有的可伸入土壤层底部的基岩裂隙内，起到锚桩的作用。

（2）稳定沟床，抑制沟蚀。乔木根系庞大、可深入土层，因此，沟床上的乔木植被具有一定的固土作用，尤其在泥石流形成区（段），固土作用较为明显。

（3）拦截泥沙，加固沟岸。各类植被均可拦蓄一些泥沙，以泥石流形成区和堆积区效果较好。植被增加了沟道糙率，从而起到拦截泥沙的作用。

（4）拦截泥沙，固沟护坡。降雨通过树枝和叶层层拦蓄，延滞了产流和汇流时间，可以发挥固沟护坡作用。

（5）固定岩土，减少崩塌。采用钢丝网、锚固、喷浆、水泥或预制块覆盖等措施固定陡坡或松散堆积的岩土，减少土石崩塌侵蚀。

源头治理措施消减产流量，坦化山洪流量过程的作用体现在如下方面：

（1）截滞径流量，削减洪峰流量。植被的调洪方式主要是通过地上层林（乔木层的树冠、树枝、树干，灌木层的树冠、间枝和草被层）和地下层林下边面（枯枝落叶层、土壤草根层、土壤灌木根系层和乔木根系层）的截滞作用而实现的。各种源头治理措施中以水源涵养林的调洪、滞洪作用最大。

（2）延长汇流时间，坦化径流过程。水土保持措施不仅可削减形成山洪的产流量，还可以延长径流汇流时间，坦化径流过程，从而缓解山洪的突发性，减少洪峰流量，降低水位，减缓流速，削弱山洪的冲击力和破坏性。

（3）增加土层入渗水量。随着地面枯枝落叶层不断增厚，枯枝落叶经腐烂分解形成疏松结构层和林地土壤理化性质的改善，增加土壤有机质含量和团粒结构形状，大大提高了土壤的透水性和蓄水能力。使土壤团粒结构良好，孔隙度大，透水性、保水性均强。

我国在源头治理措施（水土保持）方面开展了大量的工作，1995 年颁布了《水土保持综合治理规划通则》（GB/T 15772—1995）和配套的水土保持综合治理技术规范，2008 年对相关规范进行了修订和补充细化，主要有《水土保持综合治理 技术规范 坡耕地治理技术》（GB/T 16453.1—2008）、《水土保持综合治理 技术规范 荒地治理技术》（GB/T 16453.2—2008）等。

二、过程控制措施

流域面上的产流产沙（石）将汇集到溪沟向下游输移，在此过程中采取工程措施改变水沙运动状态称为过程控制措施，除水库、山塘等常规措施外，针对性的山洪过程控制措施以拦沙坝、淤地坝、谷坊和撇洪沟等最为常见。

（一）拦沙坝

拦沙坝是以拦蓄山洪泥石流沟道中的固体物质为主要目的的建筑物（图 4 - 2）。拦沙坝主要用于流域来沙量大，沟内崩塌、滑坡较多的河段，且沟谷的中上游或下游没有排沙或停淤的地形条件，必须控制上游产沙的河道。拦沙坝坝体位置根据设坝目的，结合沟谷地形及基础的地质条件综合考虑确定，并注意坝的两端与岸坡的衔接和基础埋置深度。拦沙坝多建于主沟或较大的支沟内，通常坝高大于 5m，拦沙量在 0.1 万～100 万 m³，甚至更大。拦沙坝的功效如下：

（1）拦截水沙，改变输水、输沙条件，调节下泄水量和输沙量。

（2）利用回淤效应，稳定斜坡和沟谷。

（3）降低河床坡降，减缓泥石流流速，抑制上游河段纵、横向侵蚀。

（4）调节泥石流流向。

按构筑拦沙坝材料的不同，通常可将拦沙坝分为砌石坝、混合坝、铁丝石笼坝、钢梁坝、树木坝等。在进行拦沙坝设计时，应首先确定拦沙坝的坝高和库容。拦沙坝的坝高和库容根据以下不同情况分析确定：

（1）以拦挡泥石流固体物质为主的拦挡坝，对间歇性泥石流沟，其库容不宜小于拦蓄一次泥石流固体物质总量；对常发性泥石流沟，其库容不宜小于拦蓄一年泥石流固体物质总量。

（2）以依靠淤积增宽沟床、减缓沟岸冲刷为主的拦挡坝，其坝高宜使淤积后的沟床宽度相当于原沟床宽度的两倍以上。

（3）以拦挡泥石流淤积物，稳固滑坡为主的拦挡坝，其坝高应满足拦挡的淤积物所产生的抗滑力大于滑坡的剩余下滑力。

根据拦沙坝的高度，拦沙坝分为三类，小型拦沙坝：坝高 5～10m；中型拦沙坝：坝高 10～

15m；大型拦沙坝：坝高＞15m。

图4-2 甘肃礼县江口镇景林沟流域拦挡坝工程

确定了拦沙坝的坝高和库容后，需进行坝体断面设计、坝体的稳定性和应力计算。坝的断面尺寸包括坝高、坝顶宽度、坝底宽度以及上下游边坡等，根据具体坝型并结合经验初步拟定，然后结合坝体的稳定和应力计算校核和修正。拦沙坝在外力作用下遭到破坏，有以下三种情况：①坝基摩擦力不足以抵抗水平推力，因而发生滑动破坏；②在水平推力和坝下渗透压力的作用下，坝体绕下游坝趾的倾覆破坏；③坝体强度不足以抵抗相应的压力，发生拉裂或压碎。在设计时，由于不允许坝内产生拉应力，或者只允许产生极小的拉应力，因此对于坝体的倾覆稳定，通常不必进行核算。坝体的稳定和应力计算可根据以上破坏模式分别加以校核。

（二）淤地坝

淤地坝是指在水土流失区各级沟道内修建的以滞洪拦泥、淤地造田为目的的水土保持工程措施（图4-3）。具体做法是在水土流失地区各中等规模的小沟小河内，选狭窄部位，从两面山上取土筑成与山头同高的大坝，将整条沟道封堵，使泥沙在沟内不断淤积，直至把整条沟淤积成山间小平原、

图4-3 淤地坝

小盆地。淤地坝一般由坝体、溢洪道和放水建筑"三大件"组成。坝体为横拦于沟道的挡水拦泥建筑物，溢洪道为排泄洪水的建筑物，当洪水位超过设计高度时，由溢洪道排出，以保证坝体的安全和坝地的正常生产，放水建筑物一般采用竖井或卧管，沟道长流水、坝内清水通过此设施排泄到下游。

淤地坝的主要作用为稳定和抬高侵蚀基准面，防止沟底下切、沟岸坍塌；蓄洪、拦泥、削峰，减少入河入库泥沙，减轻下游洪涝灾害；拦泥、落淤、造地，变荒沟为良田。

淤地坝一般不长期蓄水，下游也没有灌溉要求，坝体与坝地很快能连成一个整体，坝体实际是一个重力式的挡泥（土）墙。它与一般水库大坝相比，有同有异。大型淤地坝在构成上也要求大坝、溢洪道和放水涵卧管"三大件"齐全，但由于主要用于拦泥而非长期蓄水，因此淤地坝比水库设计洪水标准低，没有兴利库容，对地质条件要求松，坝基、岸坡处理和背水坡脚排水设施简单，在设计和运用上一般可不考虑坝基渗漏和放水与水位骤降等问题。

淤地坝按筑坝材料，可分为土坝、石坝、土石混合坝等类型；按坝的用途，可分为缓洪骨干坝、拦泥生产坝等类型；按施工方法，可分为碾压坝、水坠坝、定向爆破坝等类型。《水土保持综合治理技术规范》依据淤地坝坝高、库容、淤地面积等特点，将其分为小型、中型、大型三类，见表4-1。

表4-1　　　　　　　　　　　　　　　淤地坝等级分类表

等级分类	集水面积/km²	坝高/m	库容/万 m³	淤积面积/hm²	建筑物特征
小型	<1	5~15	1~10	0.2~2	一般两大件
中型	1~3	15~25	10~50	2~7	少数三大件，多数两大件
大型	3~5	>25	50~500	>7	一般三大件齐全

不同坝型的淤地坝，设计洪水标准与淤积年限亦不相同。小型淤地坝按10~20年设计，30年校核，淤积年限5年左右；中型淤地坝按20~30年设计，50年校核，淤积年限5~10年；大型淤地坝按30~50年设计，50~300年校核，淤积年限10~20年左右。大型淤地坝下游如有重要厂矿、交通干线或居民密集区，应根据实际情况，适当提高设计洪水标准，当大型淤地坝为防洪为主的"治沟骨干工程"时，其相应校核标准亦相应提高至200~500年。

淤地坝建设在我国已有400多年的历史，近几十年来经过不断的试验、示范、探索、总结，积累了丰富的经验，建设理论逐渐完善，筑坝技术日趋成熟，形成了一套比较完整的规章制度、技术标准和规范。从项目的规划、设计、立项、审批、施工、验收到管理、运行基本走上了制度化、规范化、标准化的轨道。特别是自1986年开展以治沟骨干工程为主体的坝系建设以来，进一步探索出了淤地坝大、中、小联合运用的成功模式。国家先后制定颁发了《水土保持综合治理规划通则》（GB/T 15772—2008）、《水土保持综合治理　技术规范　沟壑治理技术》（GB/T 16453.3—2008）、《水土保持治沟骨干工程技术规范》（SL 289—2003），成为淤地坝规划、设计、施工、管理及运行的重要依据。

（三）谷坊

谷坊又名防冲坝、沙土坝、闸山沟，是山区沟道内为防止沟床冲刷及泥沙灾害而修筑的横向拦挡建筑物（图4-4）。谷坊工程应修建在沟底比降较大（5％～10％或更大）、沟底下切剧烈发展的沟段。其主要任务是巩固并抬高沟床，制止沟底下切，同时，也稳定沟坡、制止沟岸扩张（沟坡崩塌、滑塌、泻溜等）。谷坊坝高2～5m，拦沙量约为1000m³。在小流域综合治理中，通常将谷坊修筑成梯级的谷坊群以形成一个有机的整体，使其具有最佳的防护功能。

图4-4　谷坊

1. 谷坊的作用

支毛沟中修筑谷坊具有以下作用：①固定沟床，抬高侵蚀基准面；②稳定坡脚，防止沟岸坍塌侵蚀；③减缓沟道纵坡，降低流速，减轻山洪、泥石流的危害；④拦蓄泥沙，使沟道逐渐淤平，形成坝阶地，发展生产。

2. 谷坊的种类

谷坊按修筑时所使用的建筑材料可分为土谷坊、石谷坊（干砌石）、柳谷坊、浆砌石谷坊、混凝土谷坊和钢筋混凝土谷坊等。其中，前三种为临时性的谷坊，就地取材，造价低廉，应用广泛；后三种为永久性的谷坊，抗冲击性好，可在比降大、流速急，尤其是易发泥石流的沟道采用，但造价较高。通常在铁路、公路、居民点及其他基础设施需要进行特殊保护的山洪、泥石流沟道，选用修筑坚固的永久性谷坊。

谷坊按其透水性可分为透水（如干砌石、插柳谷坊、铅丝石龙谷坊）和不透水（如土谷坊、浆砌石谷坊和钢筋混凝土谷坊）两种类型。

谷坊类型的选择取决于地形、地质、建筑材料、经济条件和防护目标等因素，同时往往在一条沟道内连续修筑多座谷坊，形成梯级谷坊群（图4-5），以提高防护效果。

3. 谷坊设计

（1）位置：谷坊多选择在沟道狭窄、地基坚硬、上游有宽阔平坦的储沙场所和沟底比降大于

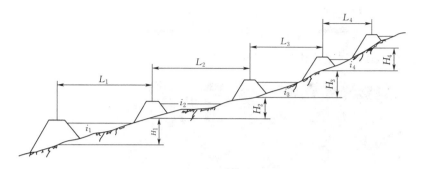

图 4-5　连续谷坊布置图

5%的沟道修筑，并与沟头防护工程、淤地坝等措施相结合，以达到综合控制沟壑、淤沙防洪的目的。

（2）谷坊的断面规格：谷坊断面确定为既要求考虑谷坊稳固省工，又能让坝体充分发挥作用。根据经验，谷坊高度应依建筑材料而定，一般谷坊不超过 5m，浆砌石谷坊不超过 4m，干砌石谷坊不超过 2m，柴草、柳梢谷坊不超过 1m。

（3）谷坊间距：沟道修筑谷坊时，应连续布设多座谷坊以形成梯级状，使沟道不被水流继续下切冲刷侵蚀。设计时，谷坊的底部要与下游谷坊形成的回淤面齐平。谷坊间距可按下式计算：

$$L = \frac{H}{i - i'} \tag{4-1}$$

式中：L 为谷坊间距，m；H 为谷坊底到溢水口底高度，m；i 为原沟床比降，%；i' 为谷坊淤满后的比降，%。

国家颁发的《水土保持综合治理　规划通则》（GB/T 15772—2008），《水土保持综合治理　技术规范　沟壑治理技术》（GB/T 16453.3—2008）是谷坊规划、设计、施工、管理及运行的重要依据。

三、重点防护措施

重点防护措施是以提高具体防洪保护对象（城镇、居民点、厂矿、重要设施等）所在局部河段防洪标准或抗冲刷能力而采取的防洪工程措施，主要包括排洪渠、排洪涵洞、防洪堤、护岸护滩设施、疏浚清障等。

（一）排洪渠

排洪渠的作用是增加重点防洪对象所在河段的行洪能力，降低山洪水位，提高重点防洪对象的防洪标准。排洪渠道渠线宜沿天然沟道布置，选择地形平缓、地质条件稳定、拆迁少、渠线顺直的地带（图 4-6）。排洪明渠设计纵坡，需根据渠线、地形、地质以及与山洪沟连接条件和便于管理等因素，经技术经济比较后确定。当自然纵坡大于 1∶20 或局部渠段高差较大时，可设置陡坡或跌水。根据排洪渠建筑材料的不同，一般有土质排洪渠、衬砌排洪渠和三合土排洪渠 3 种类型。土质排洪渠是在有洪水危害的山坡上部或下部，按设计断面半挖半填，修成土质排洪渠，不加衬砌，结构简单，就地取材，节省投资。土质排洪渠适用于比降和流速较小的渠段。排洪渠的底部和边坡都用浆砌石或混凝土衬砌，即为衬砌排洪渠。衬砌排洪渠适用于比降和流速较大的渠段。三合土排洪渠是在排洪渠的填方部分用三合土分层填筑，夯实而成。三合土中土、沙和石灰按 6：3：1 比例混合。适用范围介于土质排洪渠和衬砌排洪渠之间的渠段。

图 4-6　排洪渠照片

排洪渠设计，需要确定通过坡面的洪峰流量，包括清水洪峰流量和高含沙洪峰流量，据此确定排洪渠的断面。清水洪峰流量可根据各地水文手册中的有关参数，按下式计算：

$$Q_b = 0.278kiF \qquad (4-2)$$

式中：Q_b 为最大清水洪峰流量，m^3/s；k 为径流系数；i 为平均 1h 降雨强度，mm/h；F 为山坡集水面积，km^2。

山洪容重为 1.1～1.5t/m^3 的，含沙水流洪峰流量采用下式计算：

$$Q_s = Q_b(1 + \Phi) \qquad (4-3)$$

式中：Q_s 为含沙山洪洪峰流量，m^3/s；Q_b 为最大清水洪峰流量，m^3/s；Φ 为修正系数。

排洪沟渠的设计流速应满足不冲和不淤的条件。当排洪沟渠设计流速大于土壤冲刷允许流速时，必须采取护砌措施，以减少沟渠糙率，加大流速，增加排洪能力，防止排洪沟渠冲刷破坏。护砌形式的选择，在满足防冲要求的前提下，尽量采用当地材料，减少运输量，节约投资。排洪明渠渠道边坡根据土质稳定条件确定。

排洪渠横断面一般采用梯形断面，渠内按明渠均匀流公式计算。梯形填方渠道的形态，一般取顶宽 1.5～2.5m，内坡 1.0：1.5～1.0：1.75，外坡 1.0：1.0～1.0：1.5。安全超高根据明渠均匀流公式算得水深后，加上安全超高。排洪渠纵断面设计图中应包括地面线、坝底线、水面线、堤顶线等。

（二）排洪涵洞

当山坡或沟道的洪水或当地需排除的地表径流与受山洪威胁区的道路、建筑物、堆渣场等发生

图4-7　防洪堤工程

交叉时，需采取涵洞或暗管排洪。排洪涵洞的类型根据建筑材料和断面形式的不同，一般有浆砌石拱形涵洞、钢筋混凝土箱形涵洞和钢筋混凝土盖板涵洞3种。

（1）浆砌石拱形涵洞。涵洞的边墙和底板用浆砌块石砌筑，顶拱用浆砌粗料石砌筑。当拱上垂直荷载较大时，采用矢跨比为1/2的半圆拱；当拱上垂直荷载较小时，可采用矢跨比小于1/2的圆弧拱。

（2）钢筋混凝土箱形涵洞。涵洞的边墙、底板和顶板是一个用钢筋混凝土做成的整体框形结构，抗荷载能力强，能适应复杂地质条件的基础变形，主要用于重要地段的排水。

（3）钢筋混凝土盖板涵洞。涵洞的边墙和底板用浆砌块石砌筑，顶部用预制的钢筋混凝土板做盖板。

排洪涵洞排洪流量，可根据各地水文手册中的有关分析计算方法估计。

排洪涵洞设计中需注意的问题包括：①涵洞的中轴线与水流方向一致，不宜有较大的折变，以保持水流顺畅；②较长的涵洞每隔50～100m设置一个检查井，以利检修、清淤和通风，保证工程正常运行；③涵洞中每隔10～20m设置一道沉陷缝，并做好止水设施，避免由于地基的不均匀沉陷而产生裂缝。

（三）防洪堤

对受山洪严重威胁位于山间平坦阶地的城镇或重要设施，可结合护岸工程，修筑防洪堤（图4-7）予以重点保护。山洪灾害防治的防洪堤与一般江河上的堤防相同，但由于山洪沟的特殊地理地形要求，使得山洪防洪堤多为局部布设，视保护对象的要求，将防洪堤与高地围合起来形成封闭保护圈。防洪堤的设计包括：防洪标准的确定、平面布置、堤型选择、防渗形式、稳定安全核定等。防洪堤的防洪标准可根据《防洪标准》（GB 50201—2014）确定。确定了防洪标准后，根据相应频率的洪水量或河水位，加上安全加高，确定堤防的高程。防洪堤工程的安全加高，根据工程的级别，按表4-2的规定选用。

表 4 - 2　　　　　　　　　　　　　　　　防 洪 堤 的 安 全 加 高

防洪堤级别	1	2	3	4	5
安全加高/m	1.0	0.9	0.7	0.6	0.5

1. 防洪堤布置

防洪堤的堤线应根据防洪规划，按规划治导线的要求，并考虑防护区的范围、防护对象、土地综合利用以及行政区划等因素，经过技术经济比较后确定，并考虑以下原则：

（1）防洪堤应布设在岩土坚实、基础稳定的滩岸上，沿高地或一侧傍山布置，尽可能避开软弱地基、低凹地带、古河道和强透水层地带。

（2）堤线走向力求平顺，各堤段用平缓曲线相连接，不宜采用折线或急弯连接。

（3）堤线走向应与河势相适应，与大洪水的主流线大致平行。

（4）堤线应尽量选择在拆迁房屋、工厂等建筑物较少的地带，并考虑建成后便于管理养护、防汛抢险需求。

（5）防护区内各防护对象的防洪标准差别较大时，可分段采用不同防洪标准。

防洪堤堤距根据河段防洪规划及其治导线进行，上下游、左右岸统筹兼顾，确保设计洪水安全通过。河段两岸防洪堤之间的距离（或一岸防洪堤与对岸高地之间的距离）应大致相等，不宜突然放大或缩小。堤距设计应根据河道纵横断面、水力要素、河流特性及冲淤变化，分别计算不同堤距的河道设计水面线、设计堤顶高程线、工程量及工程投资，根据不同堤距的技术经济指标，权衡对设计有重大影响的自然因素和社会因素，经比选分析确定。

2. 堤型

根据筑堤材料和填筑形式，防洪堤可选择均质土堤或分区填筑的非均质土堤。非均质土堤可分别采用斜墙式、心墙式或混合形式。堤型选择应根据堤段所在地的特点、堤基条件、筑堤材料、施工条件、工程造价等因素，经过技术经济比较，综合权衡确定。同一堤线的各堤段，可根据具体条件，分别采用不同堤型。在堤型变换处必须处理好结合部的工程连接。

对于均值土堤，堤顶和堤坡应依据地形、地质、设计水位、筑堤材料及交通要求，分段进行研究。可参照已建成的防洪堤结构，初步选定标准断面，经稳定核算和技术经济比较，确定堤身结构及尺寸，包括堤顶高程、堤顶宽度及护面形式、堤坡、防渗体形式。

堤顶高程、堤顶宽度及护面形式的确定原则如下：

（1）堤顶高程按设计洪水位、风浪爬高和安全超高确定。当土堤临水面设有稳定坚固的防浪墙时，防浪墙顶高程可视为设计堤顶高程。但土堤堤顶应高出设计水位 0.5m 以上。土堤预留沉降加高，通常采用堤高的 3%～8%。地震沉降加高一般可不予考虑，但对于特别重要的堤防和软弱地基上的堤防，应专门论证确定。

（2）堤顶宽度根据防汛、管理、施工、结构等要求确定。一般 1、2 级的堤防，顶宽不小于 6m，3 级以下堤防不小于 3m。堤顶有交通和存放料物要求时，可专门设置回车场、避车道、存料场等，其间距和尺寸可根据需要确定。

（3）堤顶路面结构根据防汛和管理要求确定。常用的结构形式有黏土、砂石、泥结石、混凝土、沥青混凝土预制块等。堤顶应向一侧或两侧倾斜，坡度采用2%～3%。

堤坡的确定原则如下：

（1）堤防边坡根据筑堤材料、堤高、施工方法及运用条件，并经稳定计算确定。土堤常用的坡度为1.0：2.5～1.0：4.0。

（2）土堤的戗台根据堤身结构、防渗、交通等的需要设置，具体尺寸经稳定分析后确定。堤高超过6m的，可设置宽2～3m的戗台。

（3）土堤临水面应有护坡工程。对护坡的基本要求是：坚固耐久，就地取材，造价低，方便施工和维修。

（4）土堤背水坡及临水坡前有较高、较宽滩地或为不经常过水的季节性河流时，应优先选用草皮护坡。

防渗体的确定原则如下：

（1）防渗体的设置应使堤身的浸润线和背水堤坡的渗流出逸比降下降到允许范围以内，并满足结构与施工要求。

（2）防渗体的主要形式，可采用斜墙、心墙等。堤身其他防渗设施的必要性及形式，应根据渗流计算及技术经济比较，合理选定。

（3）土质防渗体的断面。一般应自上而下逐渐加厚。其顶部最小水平宽度不小于1m，如为机械施工，可依其要求确定。底部厚度，斜墙不小于设计水头的1/5，心墙不小于设计水头的1/4。防渗体的顶部在设计水位以上的最小超高为0.5m。防渗体的顶部和斜墙临水面，应设置保护层。

（4）填筑土料的透水性不相同时，应将抗渗性好的土料填筑于临水面一侧。

土质堤防应保证其边坡的抗滑稳定安全性，抗滑稳定安全系数不小于表4-3规定的数值。

表4-3　　　　　土堤的抗滑稳定安全系数

运用条件	防洪堤工程的级别				
	1	2	3	4	5
设计条件	1.30	1.25	1.20	1.15	1.10
地震条件	1.10	1.05	1.00	—	—

（四）护岸护滩

在山区河道两岸有居民或重要建筑物时，为防止山洪冲刷河槽，引起岸滩崩塌和堤防破坏，宜沿岸修筑护岸护滩工程。护岸护滩工程主要有坡式护岸、坝式护岸和墙式护岸三类，可根据各地具体条件采用不同的形式。与大江大河的崩岸防治不同，由于山区河流一般偏小，蜿蜒曲折，有的河槽常年无水，因此岸滩的护脚相对不是重点。在护岸工程布设之前，应对河道或沟道的两岸情况进行调查研究，分析在修建护岸工程之后，下游或对岸是否会发生新的冲刷。护岸护滩应大致按地形设置，尽量使其外沿顺直，力求没有急剧弯曲。其高度需保证高于最高洪水位，并考虑工程背水面有无塌岸可能。如有冲刷和岸滩崩塌，则应预留出堆积崩塌砂石的余地。在河流的弯道处，凹岸水位比凸岸水位高，高出的数值可按下式进行近似计算：

$$H = (v^2 B)/gR \qquad (4-4)$$

式中：H 为凹岸水位高于凸岸水位的数值，m；v 为水流流速，m/s；B 为沟（河）道宽度，m；g 为重力加速度，$g=9.81\text{m/s}^2$；R 为弯道曲率半径，m。

主要的护岸护滩形式如图4-8所示。

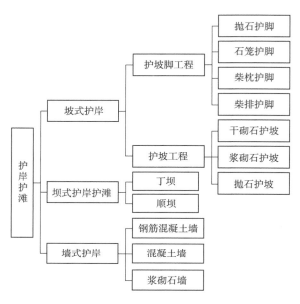

图4-8　护岸护滩形式

1. 坡式护岸

枯水位以下采取护脚工程，枯水位与洪水位之间采用护坡工程。护脚工程有抛石护脚、石笼护脚、柴枕护脚、柴排护脚等几种形式。护坡工程有干砌石护坡、浆砌石护坡、抛石护坡等几种作法，山洪灾害防治中常采用的护坡脚工程如下：

（1）抛石护脚。抛石范围上部自枯水位开始，下部根据河床地形而定。对深泓线距岸线较远的河段，抛石至河岸底坡度达1∶3～1∶4的地方即可；对深泓线逼近岸边的河段，应抛至深泓线。抛石直径一般为40～60cm，抛石的大小，以能抗御水流冲击，不被冲走为原则。抛石护脚的边坡应小于块石体在水中的临界休止角（1.0∶1.4～1.0∶1.5，根据当地实测资料确定，一般为1.0∶1.5～1.0∶1.8），等于或小于饱和情况下河（沟）岸稳定边坡。

抛石的厚度一般为0.8～1.2m，相当于块石直径的2倍；在接坡段紧接枯水位处，加抛顶宽2～3m的平台；岸坡陡峻处（局部坡度大于1.0∶1.5，重点险段大于1.0∶1.8），需加大抛石厚度。

（2）石笼护脚。石笼护脚多用于流速大于5m、岸坡较陡的岸段。石笼由铅丝、钢筋、木条、竹篾、荆条等制作网格笼状物，内装块石、砾石或卵石构成。铺设厚度一般为0.4～0.5m。其他技术要求与抛石护脚相同。

（3）柴枕护脚。柴枕抛护范围，上端应在常年枯水位以下1m，其上加抛接坡石，柴枕外脚加抛压脚大块石或石笼。柴枕规格根据防护要求和施工条件确定，一般枕长为10～15m，枕径为0.6～1.0m，柴石体积比约为7∶3。柴枕一般作成单层抛护，根据需要也可采取双层或三层抛护。

（4）柴排护脚。用于沉排护岸，其岸坡不大于1.0∶2.5，排体上端在枯水位以下1m。排体下部边缘，应达到最大冲刷深度处，并要求排体下沉后，仍可保持大于1.0∶2.5的坡度。相邻排体之间向下游搭接不小于1m。

2. 坝式护岸护滩

坝式护岸护滩主要有丁坝、顺坝两种形式，以及丁坝与顺坝结合的拐头坝及T字型坝。根据具体情况分析选用。丁坝、顺坝的修建应遵循河道规划治导线并征得河道主管部门的认可后，方可进行。丁坝、顺坝可依托滩岸修建，丁坝一般按河流治导线在凹岸成组布置，丁坝坝头位置在规划的治导线上；顺坝沿治导线布置。丁坝、顺坝为河道整治建筑物，目的是稳定主槽，在由于主槽变动对堤防造成威胁时采用。由于丁坝、顺坝对河势影响很大，因而其布设必须符合河道整治规划的要求。按结构及水位关系、水流影响，可采用淹没或不淹没坝，透水或不透水坝。

（1）丁坝。丁坝间距一般为坝长的 1～3 倍。丁坝根据坝体材料可分为浆砌石丁坝和土心丁坝。

1）浆砌石丁坝的主要尺寸如下：①坝顶高程一般高出设计水位 1m 左右；②坝体长度根据工程的具体条件确定，以不影响对岸滩岸遭受冲刷为原则；③坝顶宽度一般为 1～3m；④两侧坡度为1.0：1.5～1.0：2.0。

2）土心丁坝坝身用壤土、砂壤土填筑，坝身与护坡之间设置垫层，一般采用砂石、土工织物做成。主要尺寸如下：①坝顶高度一般为 5～10m，根据工程的需要可适当增减；②裹护部分的背水坡一般为 1.0：1.5～1.0：2.0，迎水坡与背水坡相同或适当变陡；③坝顶面护砌厚度一般为 0.5～1.0m；④护坡和护脚的结构、形式与坡式护岸基本相同。

（2）顺坝。顺坝种类根据建坝材料，有土质顺坝、石质顺坝与土石顺坝三类。顺坝轴线方向应与水流方向接近平行，或略有微小交角。顺坝的主要尺寸如下：①土质顺坝坝顶宽 2～5m，一般 3m左右，背水坡不小于 1.0：2.0，迎水坡为 1.0：1.5～1.0：2.0；②石质顺坝坝顶宽 1.5～3.0m，背水坡为 1.0：1.5～1.0：2.0，迎水坡为 1.0：1.0～1.0：1.5；③土石顺坝坝基为细砂河床的，应设沉排，沉排伸出坝基的宽度，背水坡不小于 6m，迎水坡不小于 3m。

3. 墙式护岸

墙式护岸的结构形式，临水面采取直立式，背水面可采取直立式、斜坡式、折线式、卸荷台阶式及其他形式（图 4-9）。墙体材料可采用钢筋混凝土、混凝土、浆砌石等。断面尺寸及墙基嵌入河床下的深度，根据基岩埋深、冲坑深度及稳定性验算分析确定。墙式护岸的布设要求如下：

图 4-9 护岸工程

（1）墙后与岸坡之间，应回填砂石、砾石，与墙顶相平。墙体设置排水孔，排水孔处设反滤层。

（2）沿墙式护岸长度方向设置变形缝，其分段长度：钢筋混凝土结构为20m；混凝土结构为15m；浆砌石结构为10m。岩基上的墙体分段可适当加长。

（3）墙式护岸嵌入岸坡以下的墙基结构，可采用地下连续墙结构或沉井结构。

（4）地下连续墙要采用钢筋混凝土结构，断面尺寸根据结构分析计算确定。

（5）沉井一般采用钢筋混凝土结构，其应力分析计算可采用沉井结构一般的计算方法。

（五）疏浚清障

为保障行洪安全，对流经重点防洪对象存在河槽淤积、沿岸或跨河设障的河流、沟道，需及时进行疏浚清障，保证山洪顺利通过有山洪威胁的区域。疏浚清障的基本要求如下：

（1）疏浚清障前应进行河道调查，明确疏浚清障的范围、障碍物的种类与堆积量，提出疏浚清障的具体工程量。

（2）河道疏浚清障在每年汛前完成。

对于河道内清除的泥沙、淤泥、建筑垃圾等，应放置于合理的堆置场，堆置场的要求如下：

（1）疏浚清障应设置专用的土、渣、淤泥堆置场地。

（2）堆置疏浚清障物，尽量利用附近荒地、凹地，不得占用耕地或填埋其他行洪排水通道，有条件的可结合堆置清理的淤积物与弃渣填凹造地。

（3）堆置疏浚清障物不得占用其他施工场地和妨碍其他工程施工。

（4）堆置场四周必须设置拦护工程。拦护工程形式的选择可根据堆置疏浚清障场地的条件确定。

疏浚清障的做法如下：

（1）一岸清淤。在河道淤积物数量不太大，且偏于一岸的，采取一岸清淤，扩宽行洪河槽。

（2）挖槽清淤。在河道淤积物数量很大，顺河道淤积很长、河面堵塞十分严重时，采取挖槽清淤。

（3）拆除或改建违规跨河建筑物，尤其是阻拦洪水期间树木、柴草或其他漂浮物通过，导致漂浮物堆积，可能形成人为壅水坝体的桥梁，需重点清理。

（4）拆除或改造凸向河槽，压缩行洪通道，可能造成壅水或水流方向急剧改变的建筑物或构筑物。

第二节　山洪灾害治理非工程措施

山洪灾害防治的工程措施可以在一定程度上削减降水产生的山洪洪量、流量，坦化山洪径流过程，减少山洪中的沙石含量，减低泥石流发生的可能性，保护重要防洪对象（城镇、基础设施、厂矿等）免于特定量级以下的山洪威胁，但并不能消除或避免山洪灾害的发生。

人的某些开发建设行为，例如开发山洪沟两岸沿线土地，甚至挤占或填埋山洪沟建房居住、发展集镇、建设公共或基础设施，不合理地建造跨河道路或桥梁，阻塞行洪通道等，还会加剧山洪灾害，造成严重的生命财产损失。

在有些并不适宜于建设防护工程的地区，由于缺乏严谨科学的山洪特性及经济可行性分析，一味强调山洪防护工程建设，不仅经济上不合理，还会因工程难以抵御山洪冲击，破坏失事，而招致更大的损失。

一般而言，除水土保持措施，即源头治理措施外，山洪灾害治理应以非工程措施为主，并在各类非工程措施的基础上，经科学论证，辅之以过程治理和重点防护的工程措施。

山洪灾害治理的非工程措施涉及承灾体及其脆弱性的风险管理，主要包括规避山洪（山洪危险区划、人口资产搬迁、应急转移等）的措施、提高承灾体抗灾性能的措施、山洪风险零转移措施和加速灾后恢复能力的措施等，这些措施需通过制定相应的政策法规推行。

一、山洪危险区划与风险公示

（一）山洪危险区划

山洪危险区划指根据山洪危险程度对受山洪威胁的山洪沟沿岸的土地进行区域划分，通常按三个等级，即"禁止开发区""限制开发区"和"一般开发区"划分，习惯上以红区、黄区和绿区标识。

禁止开发区大致与《中华人民共和国防洪法》（以下简称《防洪法》）中所称的"河道、湖泊管理范围"相对应，美国称之为行洪道。《防洪法》对河道管理范围的界定是"有堤防的河道、湖泊，其管理范围为两岸堤防之间的水域、沙洲、滩地、行洪区和堤防及护堤地；无堤防的河道、湖泊，其管理范围为历史最高洪水位或者设计洪水位之间的水域、沙洲、滩地和行洪区。"

根据山洪沟洪水发生的可能性和我国防洪现状，按危险程度，可将山洪危险区划分为以下三个级别（图4-10）：

（1）高危险区（禁止开发区）：20年一遇洪水淹没区。

（2）中等风险区（限制开发区）：20~100年一遇洪水淹没区。

（3）低危险区（一般开发区）：100年一遇以上量级洪水淹没区。

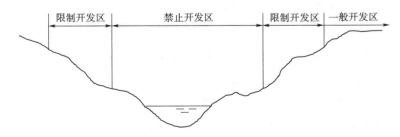

图4-10　山洪危险区划示意图

山洪各危险区（禁止开发区、限制开发区和一般开发区）对应的土地管理措施（规避山洪）见表4-4。

表 4 - 4 基于河道洪水风险的分区的土地利用管理措施

管理区	管理措施
禁止开发区	禁止新建任何永久性建筑物,采取政策和经济手段引导区内居民外迁,所有建筑物达到使用年限后废弃
限制开发区	1. 禁止新建危险物品的生产及仓储设施,已有该类设施或搬迁,或自保至 500 年一遇防洪标准。重要生命线按 100 年一遇以上洪水设防。 2. 禁止新建学校、医院、养老院等老、幼、病、残聚集设施;设防区内的上述设施或采取自保措施达到 100 年一遇防洪标准,或将底板高程抬至 100 一遇洪水位之上,并能抵御洪水冲刷。 3. 新建或改建住宅一层底板高程抬至 50 年一遇洪水位以上,永久性建筑物按防水抗冲要求设计建设或加固
一般开发区	危险物品的生产及仓储设施自保至 500 年一遇以上防洪标准

(二)山洪风险公示

开展山洪分析,编制山洪风险图和山洪危险区划图,将山洪风险信息公之于众,警示潜在的开发者(包括政府部门和个人),引导其根据洪水风险情况选择合理的开发场所,规避风险,或针对洪水风险情况采取必要的备灾和防御措施,减少或避免中小河流洪水和山洪灾害损失。公示洪水风险,不仅可警醒未来潜在的开发者采取合理的开发建设行为,对于减轻已开发利用的中小河流和山洪沟沿岸的洪水灾害同样十分重要。根据洪水风险,一方面这些区域可以采取必要的防护措施,另一方面在洪水来临时,采取合理的避灾行为,保证生命安全、减少财产损失。

二、洪水影响评价

《防洪法》要求对洪泛区、蓄滞洪区内的非防洪建设项目,实行洪水影响评价制度。山洪影响评价的对象是位于限制开发区的建设项目,对位于一般开发区的特殊类型的建设项目,如学校、医院危化设施等,因要求其达到更高的防洪标准(通常要求其基础高于 500 年一遇洪水位),也需要开展洪水影响评价。此外,受建设条件限制,一些跨河建筑物,如桥梁的桥墩难以避开禁止开发区,以及可能对上下游或对岸防洪态势造成影响的防洪工程,同样也需要进行山洪影响评价。

山洪影响评价涉及两个方面的内容:其一是评价山洪对建设项目的影响:建设项目的基础是否达到了规定的高程,建设项目是否可抗御山洪的冲击及掏刷等;其二是评价建设项目对防洪的影响:建设项目是否抬高了洪水位,是否改变了流态,是否危及到防洪工程的安全,是否影响防洪工程发挥应有的作用等。进而以评价结果为依据,或不同意建设,或针对可能的负面影响采取相应的措施消除不可接受的影响,从而规避山洪风险,避免风险转移,保障生命财产安全。

对位于山洪危险区未做山洪影响评价的现有建筑物和构筑物,同样需进行补充评价,并根据评价结果,采取拆除或消除其影响的补救措施,降低或预先规避山洪风险。

三、山洪预报

根据山洪形成和运动的规律,利用历史和实时水文气象资料,对未来一定时段的洪水发展情况进行分析预测，称为山洪预报。山洪预报内容包括控制断面的最高洪峰水位（或洪峰流量）、洪峰出现时间、洪水涨落过程、洪水总量等。山洪预报信息是山洪预警的依据，山洪预警的准确性和可靠性取决于山洪预报的精度，而受山洪威胁的群众能否采取及时有效的应对措施和转移行动取决于山洪预报的时效性（提前量）。

（一）预报方法

山洪预报方法通常分为以下两类：

（1）基于上游河道水文数据采用河道水文或水力学方法，如相应水位（流量）法、马斯京根法、明渠非恒定流计算方法等，分析预报下游断面的洪水要素值。天然河道中的洪水，以洪水波形态沿河道自上游向下游运动，各项洪水要素（洪水位、洪水流量）先在河道上游断面出现，然后依次在下游断面出现。因此，可利用河道中洪水波的运动规律，由上游断面的洪水要素预报下游的洪水要素。

（2）流域降雨径流法（包括流域模型），该方法是根据降雨形成径流的原理，直接从预报降雨或实时降雨预报流域出口断面的洪水总量和洪水过程。

目前，在实践中常用基于一定理论基础的经验性预报方法。如产流量预报中的降雨径流相关图是在分析暴雨径流形成机制的基础上，利用统计相关的一种图解分析法；汇流预报则是应用汇流理论为基础的汇流曲线，用单位线法或瞬时单位线等法对洪水汇流过程进行预报；河道相应水位预报和河道洪水演算是根据河道洪水波自上游向下游传播的运动原理，分析洪水波在传播过程中的变化规律及其引起的涨落变化寻求其经验统计关系，或者对某些条件加以简化求解等。近年来，随着实时联机降雨径流预报系统的建立和发展，电子计算机的应用，以及暴雨洪水产流和汇流理论研究的进展，不仅大大缩短了从信息的获得、数据的处理到预报的发布的时间（一般只需几分钟），有效地延长了预见期，还具有实时追踪修正预报的功能，提高了暴雨洪水预报的准确度。

（二）山洪预报技术与预报模型

山洪是山丘区小流域降雨引起的溪沟洪水，具有突发、暴涨暴落的特性。由于山洪产生过程的复杂性、山区流域特征的复杂性以及短历时强降雨的不确定性等因素，造成山洪预报难度大，成为世界性难题。

山区小流域一般缺乏实测雨洪资料，因此山洪预报技术必须适用这种水文资料匮乏的情况。随着水文技术的发展，一些基于地貌概念的可适用于水文资料匮乏地区的分布式水文模型成为山洪预报的有效手段，其方法是利用 DEM 数据提取数字水系，确定计算的子流域单元，在每个子流域上进行降雨径流计算，模型主要包括产流计算、地貌单位线推求和河道洪水演进计算等几个模块。

1. 产流计算

常用的山洪产流计算方法包括初损后损法和 SCS 模型。

（1）初损后损法。

初损后损法是通过确定流域产流前降雨损失（初损）和产流后降雨稳定损失率（相当于土壤稳定下渗率）计算流域产流的方法。

当 $\sum P_i < I_a$ 时，$Pet = 0$；

当 $\sum P_i > I_a$，$P_t > f_c$ 时，$Pet = P_t - f_c$；　　　　　　　　　　(4-5)

当 $\sum P_i > I_a$，$P_t < f_c$ 时，$Pet = 0$.

式中：稳定损失率 f_c 和初损 I_a，分别表示流域物理特性和土地利用情况及前期条件。如果流域处于饱和状态，I_a 近于零，如果流域是长期干燥的，则 I_a 增大，其最大值代表在产生径流之前流域内最大降雨深，该值取决于流域地表、土地利用情况和土壤类型等。

可以将稳定损失率看作土壤的稳定下渗能力，其值需通过率定方法确定。

（2）SCS 模型。

SCS 模型是美国农业部水土保持局研制的小流域暴雨径流估算模型，具有参数少、简单易行、对观测数据要求不严格等特点。该模型考虑了流域下垫面的特点以及人类活动对径流的影响，能反映不同土壤类型、不同土地利用方式及前期土壤含水量对降水径流的影响，可应用于无资料流域。SCS 模型的降水径流基本关系为：

$$\frac{F}{S} = \frac{R}{P - I_a} \qquad (4-6)$$

式中：F 为后损，mm；S 为流域当时的最大可能滞留量，mm；R 为各月径流深，mm；P 为各月降水量，mm；I_a 为初损，mm。

根据水量平衡原理可知：

$$P = I_a + F + R \qquad (4-7)$$

由于 I_a 不易求得，因此引进如下经验关系式：

$$I_a = 0.2S \qquad (4-8)$$

根据上述关系式，可得 SCS 模型产流计算公式为：

$$R = \begin{cases} \dfrac{(P - 0.2S)^2}{P + 0.8S} & P \geqslant 0.2S \\ 0 & P < 0.2S \end{cases} \qquad (4-9)$$

由于 S 值的变化范围很大，不便于取值，因此引入无因次参数 CN（曲线号码，Curve Number），其取值范围为（0，100]，定义关系如下：

$$S = \frac{25400}{CN} - 245 \qquad (4-10)$$

CN 是一个无量纲参数，反映流域前期土壤湿润程度（AMC）、坡度、植被、土壤类型和土地利用状况。SCS 模型将土壤湿润程度划分为 3 类，分别代表干旱、平均、湿润 3 种状态，且不同湿润状况的 CN 值有相互转换的关系。根据土壤质地，可将土壤划分为 A、B、C、D 等 4 类。使用时可根据流域特征，分别确定各个特征参数类型，最后查表可得到 CN 值。

2. 地貌单位线推求

根据流域 DEM，利用 D8 算法确定流域各点的流向；根据流向，计算流域各点到达流域出口的汇流路径及长度；根据汇流路径长、流速及所要推求的单位线的时段，分析面积-时间关系以及流量-时间关系；考虑流域对径流的调节作用，利用线性水库对流量-时间关系进行一次调蓄计算，得到最终所要推求的时段单位线。

（1）D8 算法。

如图 4-11 所示，假设单个栅格中的水流只能流入与之相邻的 8 个栅格中。采用最陡坡度法来确定水流的方向，即在 3×3 的 DEM 栅格上，计算中心栅格与各相邻栅格间的距离权落差（即栅格中心点落差除以栅格中心点之间的距离），取距离权落差最大的栅格为中心栅格的流出栅格。

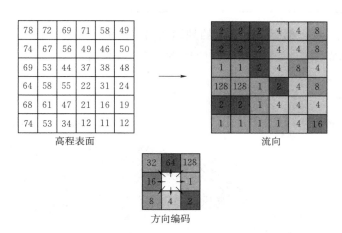

图 4-11　D8 算法示意图

最陡坡度法的原理是假设地表不透水，降雨均匀，那么流域单元上的水流总是流向最低的地方"窗口滑动指以计算单元为中心，组合其相邻的若干个单元形成一个窗口"，以"窗口"为计算基本元素，推及整个 DEM，求取最终结果。

流向分析：以数值表示每个单元的流向。其中 1：东；2：东南；4：南；8：西南；16：西；32：西北；64：北；128：东北。除上述数值之外的其他值代表流向不确定，这是由 DEM 中"洼地"和"平地"现象所造成的。所谓"洼地"即某个单元的高程值小于任何与其相邻单元的高程。这种现象是由于当河谷的宽度小于单元的宽度时，由于单元的高程值是其所覆盖地区的平均高程，较低的河谷高度拉低了该单元的高程，这种现象往往出现在流域的上游。"平地"指相邻的 8 个单元具有相同的高程，与测量精度、DEM 单元尺寸或该地区地形有关。

（2）坡面汇流路径及汇流速度计算。

为了得到每个栅格点处雨滴的汇流时间，首先要确定雨点的运动速度。从理论上，此时水流的运动主要是由重力驱动，运动速度与流速有着密切的关系，一般采用如下形式来估算坡面汇流的速度：

$$v = KS^{1/2} \tag{4-11}$$

式中：v 为坡面流速；K 为速度常数；S 为栅格间平均坡度。K 的取值需根据实际资料进行率定，在缺乏实测水文资料的山丘区，可采用表 4-5 中提供的参考值。

表 4-5　　　　　　　　　坡面汇流速度常数 K 的取值范围（SCS，1986）

地 表 覆 盖	K/(m/s)	地 表 覆 盖	K/(m/s)
森林——茂密矮树叶	0.21	农耕地——有残株	0.37
稀疏矮树叶	0.43	无残株	0.67
大量枯枝落叶	0.76	农作地——休耕地	1.37
草叶——百慕连草	0.30	等高耕地	1.40
茂密草叶	0.46	直行耕作地	2.77
矮短草叶	0.64	道路铺面	6.22
放牧地	0.40		

流域栅格中的任意一点，都有一条固定的到达其出口的汇流路径。任一栅格内的径流按 D8 算法沿坡度最大方向流向其周围相邻的格网，按照该方法可以得到该格网内的径流向出口汇集的路径。其概念如图 4-12 所示。

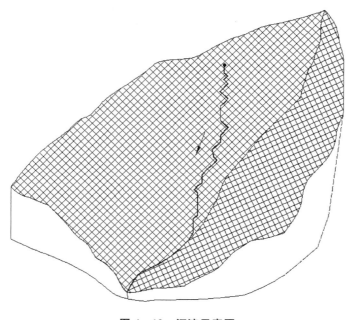

图 4-12　汇流示意图

根据各栅格的尺寸及网格中水流的流速，可由下式计算出每个栅格水流汇集到流域出口的时间：

$$\Delta \tau = L/V \text{ 或 } \Delta \tau = \sqrt{2}L/V$$

$$\tau = \sum_{i=1}^{m} \Delta \tau_i \tag{4-12}$$

式中：L 为栅格中心距离；m 为径流路径上栅格的数量；$\Delta \tau$ 为从一个栅格点流到另一栅格点的时间；τ 为水流从起始栅格流到出口栅格的时间。

（3）时段单位线计算。

假设所要推求的时段单位线时段为 Δt，统计各时段内流出流域出口的雨滴的总个数，根据累积曲线的定义可知，各时段的雨滴总个数除以总的栅格数所得到的百分比分布即为该流域的无因次时段单位线。

如果已知时段内的降雨 i，则根据无因次时段单位线的公式则可以直接求得时段单位线：

$$q(\Delta t, t) = \frac{F}{\Delta t} u(\Delta t, t) i \qquad (4-13)$$

式中：$q(\Delta t, t)$ 为时段单位线；F 为流域面积；$u(\Delta t, t)$ 为无因次时段单位线；Δt 为时段单位线的实际时间步长。注意，上式中各变量单位均需取国际标准单位。

以上方法仅考虑了集水区的传递效应，故仅适用于面积比较小的集水区域（$A < 2.5 \text{km}^2$），对于面积较大的积水区，Clark（1945）建议再加上一个线性水库用以模拟集水区的调蓄作用。调蓄公式为

$$Q_i = cq_i + (1-c)Q_{i-1} \qquad (4-14)$$

式中：Q_i 为时段单位线的最终值；$c = 2\Delta t/(2K + \Delta t)$，其中 K 为线性水库的演算系数。

（4）实例分析。

为便于理解，以某一小流域为例，详细说明时段单位线的推求过程。

根据 D8 算法，确定小流域流向如图 4-13 所示。

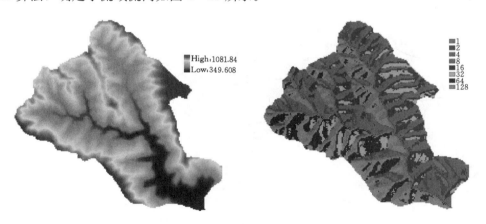

图 4-13　由 DEM 提取的流向

参数 K 分别取 0.5、1.0、1.5 三个系数，进行坡面汇流计算，选取 Δt 为 15min。

将无因次时段单位线换算成 1mm 时段单位线，并经过一次线性水库调蓄后的结果如图 4-14 所示，由该图可以看出，K 的取值对时段单位线有很大影响，因此，在实际应用时，对于 K 值要进行严格率定，如无实测水文数据，则可根据表 4-5 中的参数合理选取 K 值。

3. 洪水演进计算

洪水演进计算的目的是预报预警对象所在河道典型断面的流量和水位。计算方法包括一维非恒定流方法和马斯京根法，其中马斯京根法更为简便和常用。马斯京根法是由麦卡锡于 1938 年提出的流量演算法，该方法最早在美国马斯京根河流域上使用，因此称为马斯京根法。该法主要是建立马斯京根槽蓄曲线方程，与水量平衡方程联系求解，进行河段洪水演算。

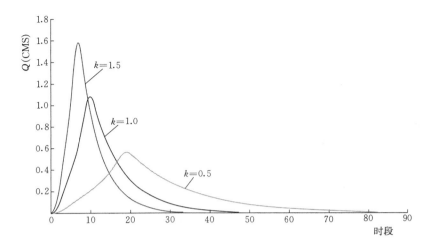

图 4-14　求得的小流域 15min 的时段单位线

马斯京根法将河道内的洪水储蓄体积分为柱形与楔形两个部分，柱形储蓄表示平常水位情况下河道需水量，而楔形储蓄表示洪水涨退过程时的河道蓄水量，其概念如图 4-15 所示。柱形与楔形储蓄的表达式为：

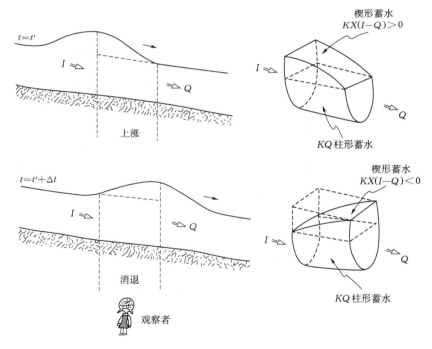

图 4-15　柱形蓄水与楔形蓄水示意图（李光敦《水文学》2005）

柱形储蓄：
$$S = KQ \tag{4-15}$$

楔形储蓄：
$$S = KX(I - Q) \tag{4-16}$$

综合以上两式可得马斯京根法的储蓄方程式为

$$S = KQ + KX(I - Q) \tag{4-17}$$

式中：K 为河段的储蓄常数，其单位为时间，K 值近似于水流流经该河段的波传时间；X 为权重因子，其值约在 $0\sim0.5$ 之间。

若河道中水流变化接近于线性关系，则可将水流连续方程表示为间断时距的表示式，如下式

$$\frac{1}{2}(I_1 + I_2) - \frac{1}{2}(Q_1 + Q_2) = \frac{S_2 - S_1}{\Delta t} \tag{4-18}$$

式中：I_1 和 I_2、Q_1 和 Q_2 分别表示河段上游入流量与下游出流量，S_1、S_2 为前后时刻河段的储蓄量。

将储蓄方程与连续方程联立可得下一时刻河段出流量为

$$Q_2 = C_0 I_2 + C_1 I_1 + C_2 Q_1 \tag{4-19}$$

其中

$$C_0 = \frac{-KX + 0.5\Delta t}{K(1-X) + 0.5\Delta t}$$

$$C_1 = \frac{KX + 0.5\Delta t}{K(1-X) + 0.5\Delta t}$$

$$C_2 = \frac{K(1-X) - 0.5\Delta t}{K(1-X) + 0.5\Delta t}$$

式中：C_0、C_1 和 C_2 为系数，其值之和为 1.0。

进行河段洪水演进时，时间间距 Δt 通常选定为介于 $K/3$ 与 K 之间的数值。在入流涨洪历时远比河段传播时间短时，可用分段连续的方法解决，将演算河段划分为 n 个单元河段，用马斯京根法连续进行 n 次演算，最后求得河段出流过程。

马斯京根法中 K 为储蓄常数，其物理意义是水流经过该河段的波传时间。当流域有水文资料时，K 值可以由上、下游流量站的记录得知，其值约等于河段上游入流洪峰与下游出流洪峰的时差。X 为无因次权重因子，代表储蓄量的多寡，也反应洪水波运行过程时的水面特性。当 $X=0.5$ 时，出流过程形状保持与入流过程形状完全相同，此时并无洪峰的衰减现象，仅有洪峰时间的延迟；当 $X=0$ 时，马斯京根法等于线性水库演算，为单纯的洪水储蓄现象。

四、山洪预警

山洪预警常分为警觉性预警、警戒性预警和紧急性预警，分别对应黄色、橙色和红色三个不同程度的预警等级。

（一）预警指标

山洪预警指标是为预测山洪灾害发生时间以及空间分布的、定性与定量相结合的衡量指数或参考值。

山洪预警指标通常包括雨量与水位两类。

1. 雨量

降雨量是形成山洪的直接原因。雨量指标包括降雨频率、累积雨量、降雨强度、有效雨量以及

前期降雨等要素，通过上述要素的适当组合，可形成雨量复合指标。

2. 水位

与雨量指标相比，河道上下游水位的相关关系更为准确可靠。在时间允许的情况下，可以上游水位（在很多情况下，可以基于河道形态，将水位转化为流量）作为预警指标对下游沿岸居民集中居住地、工矿企业和基础设施进行预警。通常选取受威胁对象上游主要水库、山塘以及河道等具有代表性和指示性地点的水位作为预警水位指标。

（二）预警标准

雨量和水位等预警指标需要落实到具体的沿河（沟）乡村、场镇、城镇等居民地、重要厂矿、企业等预警对象，建立不同级别预警指标临界值（阈值）与预警对象之间的相关关系，形成预警标准。

1. 临界雨量

临界雨量包括警觉性、准备转移和立即转移三级预警指标。各级预警指标均包括时段累积雨量、降雨强度、有效累积雨量、降雨强度与有效累积雨量的关系四个方面的内容。

（1）时段累积雨量。

时段累积雨量是从山洪暴发时向前推，根据典型时段得到的雨量。典型时段包括 3h、6h、12h 以及 24h 等，是临界雨量的表现要素之一。

（2）降雨强度

降雨强度是指单位时段内的降雨量，以 mm/min 或 mm/h 计。在山洪预警中，单位时段与流域空间尺度有关，如洪峰持续时间降雨强度针对所有流域，流域面积不大于 100km² 主要考虑 0.5h 降雨强度；流域面积大于 100km² 应考虑 1h 降雨强度。

（3）有效累积雨量

前期降雨（P_a）是指前期逐日雨量的加权累积数，作为土壤含水量的指标；场次累积雨量（R_0）是从一场降雨开始至其导致的山洪暴发时截止的总雨量，是临界雨量的重要因素之一。有效累积雨量（R）为场次累积雨量（R_0）和前期降雨（P_a）之和。

（4）降雨强度与有效累积雨量的关系

降雨强度与有效累积雨量两者的关系对山洪是否发生具有重要影响，通常用降雨驱动指标（RTI）表示，降雨驱动指标（RTI）为降雨强度与有效累积雨量的乘积。

从时段累积雨量、降雨强度、有效累积雨量、降雨强度与有效累积雨量的关系四个方面，划定与警觉性指标、准备转移指标和立即转移指标对应的临界雨量阈值。

2. 临界水位

临界水位指标主要包括上游典型水利工程或河道的水位（警觉性预警水位、警戒性预警水位和紧急性预警水位）、上下游洪水在洪峰流量及演进时间等方面的相关关系，据此划定警觉性、准备转移、立即转移等预警临界水位。

（三）雨量预警指标适用范围

雨量预警指标的适用范围如下：

（1）时段累积雨量适用范围

汇流时间：所有流域。

3h 累积雨量：针对流域面积不大于 50 km²。

6h 累积雨量：针对流域面积为 50～100 km²。

12h 累积雨量：针对流域面积为 100～200 km²。

24h 累积雨量：针对流域面积不小于 200 km²。

（2）降雨强度适用范围

洪峰持续时间降雨强度：针对所有流域。

0.5h 降雨强度：针对流域面积不大于 100 km²。

1h 降雨强度：针对流域面积大于 100 km²。

（四）预警指标分析

1. 分析内容

（1）临界雨量计算分析。

临界雨力（$S_{临}$）：分析计算临界雨力，为临界雨量分析降雨信息输入提供估算依据。

降雨强度（PI）：统计 1h、0.5h 及洪峰历时 3 个时段的降雨强度，分析其对山洪暴发的贡献。

场次累积雨量（R_0）：统计从降雨开始至山洪暴发时段的累积雨量，分析其对山洪暴发的贡献。

前期降雨等（P_a）：统计计算山洪发生前若干天内的降雨量，分析其对山洪暴发的贡献。

时段累积雨量（R_{at}）：统计 3h、6h、12h 以及 24h 及汇流时长时段雨量，分析其对山洪暴发的贡献。

雨量复合指标：如降雨驱动指标（RTI）、有效累积雨量（R_a）等，分析其对山洪暴发的贡献。

指标阈值：针对黄色、橙色和红色三级预警，分析山洪暴发与典型时段降雨强度、前期降雨、时段累积雨量以及降雨强度与有效累积雨量/场次累积雨量之间的反比关系，分析小流域临界雨量阈值，得出警觉性指标、准备转移指标和立即转移指标等级的初步阈值。

临界雨量预警指标：综合考虑有效累积雨量/场次累积雨量、前期降雨和降雨强度等要素及其阈值划分成果，适当浮动和变化，确定警觉性预警指标、准备撤退预警指标和立即撤退预警的临界雨量指标。

（2）临界水位计算分析。

特征水位：分析小流域临界水位地点选择及相应的平滩水位/流量，以及各地具体设定的安全水位等。

特征流量：分析小流域临界水位地点的平边滩水位及平河滩水位下的特征流量。

上下游水位/流量相关关系：分析临界水位地点特征水位/流量与下游居民集中居住地、工矿企业和基础设施等典型地点的水位/流量相关关系，包括临界水位地点（上游）与预警地点（下游）之间洪水演进所需时间、洪峰衰减程度等关键信息。

临界水位预警指标：针对黄色、橙色和红色三级预警，进行小流域临界水位阈值分析，从临界水位角度得出警觉性指标、准备转移指标和立即转移指标的具体阈值和相应指标。

2. 分析思路

山洪预警指标确定思路与方法选择受到资料基础、技术条件等方面的限制，主要思路分为率定分析、设计分析和相似性分析三种，方法因思路而异，得到临界雨量/水位的信息后，还应进行阈值分析，得到警觉性指标、警戒性指标和紧急性指标，如图 4-16 所示。

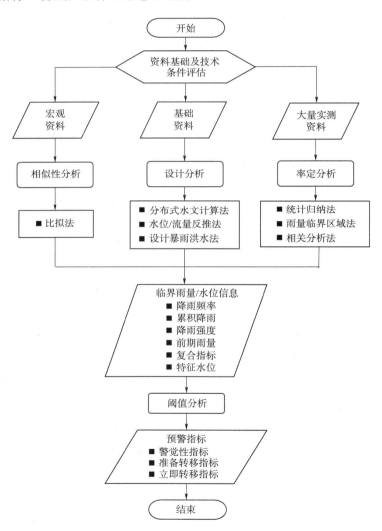

图 4-16 预警指标分析的思路与方法流程示意图

根据观测雨量和水文资料的丰富程度，可以将小流域分为雨量资料和水文资料较为丰富的地区（类似于水文工作中通常所说的"有资料地区"，下同）和雨量资料与水文资料较少或者缺乏的地区（类似于水文工作中通常所说的"无资料地区"，下同）。对于有资料地区，山洪预警指标分析主要有率定分析和设计分析两种主要思路；对于无资料地区，山洪预警指标分析的主要思路是相似性分析。

率定分析是基于山区小流域实际山洪灾害事件资料及其与之配套的雨量、水位、流量等资料，通过山洪灾害大量事件样本资料，进行雨量、水位等指标的临界条件分析计算，最后分析出相应的临界雨量和临界水位等预警指标。

设计分析是基于山区小流域所在地区的暴雨图集、水文手册等基础性资料，按照有关规范进行设计的思路，开展设计暴雨和设计洪水分析计算，通过小流域降雨、坡面产流、河道汇流、洪水演进以及临界信息获取等环节系统而完整的分析计算工作，分析出相应的临界雨量和临界水位等预警指标。

相似性分析是无资料地区小流域借助有资料地区小流域的成果，将无资料地区小流域和有资料地区小流域两者在地理条件、气象气候条件、下垫面条件、水文条件等主要方面系统地进行相似性分析的基础上，通过直接移植或者适当处理，最后分析得出相应的临界雨量和临界水位等预警指标。

山洪预警指标，尤其是临界雨量，与降雨、土层含水以及下垫面特性三大因素密切相关。在进行山区小流域预警指标分析时，应基于当地三大因素的资料基础和技术水平情况，选择适当的方法进行。

从图 4-16 还可以看出，方法中列出了设计暴雨洪水法和相关分析法，这两种方法较为成熟和常用，主要是针对临界水位/流量而言的，在水文与水力学书籍中较为常见，不再详细介绍。对于临界雨量的确定方法，有分布式水文计算法、雨量临界区域法、水位/流量反推法、统计归纳法、比拟法五种，后文将予以重点介绍。其中，分布式水文计算法、水位/流量反推法主要采用设计分析思路，雨量临界区域法、统计归纳法采用率定分析思路，比拟法采用相似性分析思路。

3. 分析流程

临界雨量的分析主要包括基础资料分析、计算方法选择、分析计算、成果处理四个步骤。

基础资料分析是分析实际山洪灾害事件、降雨、流域地形地貌、植被土壤，以及小流域所在地区暴雨图集、水文手册等基础性资料，分析和评估实际山洪灾害事件、降雨、水文及流域资料的可靠性、一致性、代表性和完整性，为下一步选择计算方法做好准备。

计算方法的选择是基于基础资料分析工作和预警指标分析计算的对象，根据资料基础和技术条件，选择合适的方法进行计算。

分析计算的具体内容因计算方法而异，但目标都是分析雨量和水位等指标的临界条件，并合理确定警觉性预警、准备撤退预警和立即撤退预警三级预警指标的阈值。

成果处理是在分析计算的基础上，综合考虑各种因素，结合当地山洪预警的实际情况，对临界条件及阈值划分等进行合理调整，得出适合当地实际的警觉性指标、准备撤退指标和立即撤退指标阈值。

4. 主要分析方法

（1）分布式水文计算法。

分布式水文计算法采用分布式水文模型，计算小流域内居民集中居住地、工矿企业和基础设施附近的洪水过程，根据洪峰出现时间与雨峰出现时间确定响应时间，进而推导各种关于临界雨量的信息，基本思路如图 4-17 所示。分析中，若需要进行完整的水文计算过程，则分析计算应以小流域为单元进行。

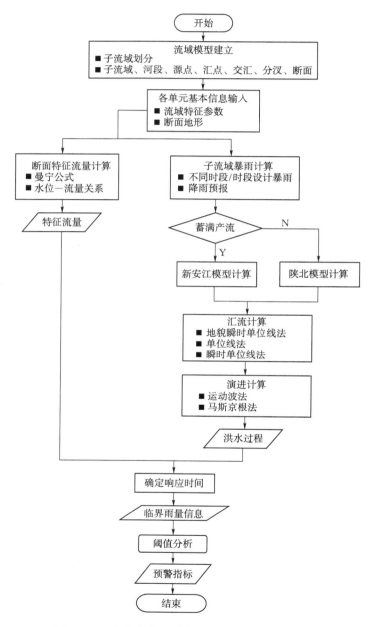

图 4-17　分布式水文计算法确定预警指标示意图

这种方法输入条件包括降雨信息、响应时间、特征流量及其出现时间四个方面。降雨信息，如设计时段雨量、降雨强度（PI）、场次累积雨量（R_0）和前期雨量（P_a），可以通过水文手册和暴雨图集等基础性资料和相关的雨量观测站资料直接获得；响应时间通过流域特征参数进行计算，特征流量则通过关注地点断面地形进行计算获得，这两者通过简单量测和计算即可得到，如图4-18所示。为了得到特征流量出现时间，需要计算山洪流量过程，这项工作需要较多的分析和计算，是本方法的难点。

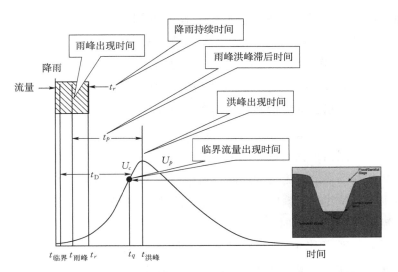

图4-18　临界雨量确定方法特征时间示意图（村落、乡镇、城镇）

获得以上四方面的所有输入信息后，经过模型分析，可以得到相应临界雨量预警指标的各要素信息，如不同时段的降雨强度（PI）、场次累积雨量（R_0）、时段累积雨量、雨量复合指标（如降雨驱动指标 RTI 等）。

分布式水文计算法的主要步骤如下：

1）确定特征流量（$Q_特$）。对于需要确定预警指标的小流域，选择小流域内居民集中居住地、工矿企业和基础设施附近的典型断面地形，确定其特征水位和相应特征流量。关于特征水位，这里主要指平边滩水位和平河滩水位。特征流量（$Q_特$）的推求，通常采用简单的经验公式进行，如用曼宁公式推算，或者根据实际山洪事件水位/流量推求等。

2）确定特征流量出现时间（t_q）。根据特征流量、当地安全流量分析成果以及流域集雨面积等信息，计算临界雨力，并根据小流域积雨面积规模，用雨力转换方法将临界雨力转化为相应时段的设计暴雨，作为分布式水文计算分析的初步输入条件。

采用设计暴雨与设计洪水分析方法，以不同频率设计时段雨量为输入，采用分布式水文模型计算各个内部子流域典型断面处的洪水过程，进而确定特征流量的出现时间（t_q）。

在分析各个内部子流域典型断面处的洪水过程中，应考虑降雨、土层含水和下垫面条件三大因素，其中，考虑降雨条件包括一定频率下不同时段的设计暴雨；以土壤含水量或者前期降雨形式考虑土层含水条件；流域下垫面特性包括地形、沟道特征、流域几何特征以及防洪能力等因素。

降雨因素需充分考虑和适应资料条件的情况。模型中，应基于现场调查的成果，以及各地水文手册和暴雨图集等基础性资料，根据各地 C_v、C_G 以及均值的差异，求出基础的降雨特征值，采用雨力公式转换等方法，进行不同频率不同时段设计暴雨的转换，作为分布式水文模型的输入条件。此外，也可以将降雨预报、典型暴雨过程作为最初的输入条件，进行山洪洪水过程计算，以便确定特征流量出现时间（t_q）。

对下垫面因素的考虑，采用GIS等技术手段，基于DEM数据和基础地图等数据，提取具体的沿河（沟）乡村、场镇、城镇等居民地、重要厂矿、企业等所在流域内主要关注地点、流域面积（A）、高差（H）、主河道长度及比降（L_m，S_m）、支河道长度及比降（L_t，S_t）、流域形状参数（$\theta = a/b$）、植被覆盖率度（c）、土层类型（s）等因素，对流域洪峰雨峰响应时间、单位线峰值、特征流量出现时间、汇流时长等确定预警指标的关键性中间信息进行计算。

计算分析中，将土层含水因素放在山洪流量过程计算的产流环节中考虑。在产流与汇流环节中，选择适合代表性算法并根据当地情况改进。具体而言，在湿润地区主要为蓄满产流，建议采用新安江模型进行产流计算；在干旱地区主要为超渗产流，建议采用陕北模型进行产流计算。

汇流计算，可采用单位线法、瞬时单位线法、地貌瞬时单位线法、等流时线法等。地貌瞬时单位线法在推求各子流域时段单位线时，充分考虑了地形地貌这一对汇流过程起决定性作用的因素，适用水文资料较缺乏的地区，因而在无资料地区应当重点考虑。

对于河道洪水演进过程，可采用马斯京根法、水动力学、动态参数马斯京根法等方法进行计算。

通过以上降雨、产流、汇流以及演进环节的计算，得到各种设计和实际典型降雨情景下各个内部子流域典型断面处的洪水过程，进而确定特征流量的出现时间。

3）确定响应时间。结合特征流量出现时间的计算成果，根据山区河流（沟）所在流域的几何特征、下垫面特性，计算降雨雨峰出现时间（$t_{雨峰}$）与洪峰出现时间（$t_{洪峰}$）的响应时间（t_p），根据响应时间，倒推临界雨量信息计算的截止时刻（$t_{临界}$），得到响应时间。

4）阈值计算及确定预警指标阈值。根据响应时间，得到临界雨量要素计算的截止时刻，向前倒推求得时段累积雨量、降雨强度（PI）、场次累积雨量（R_0）、降雨驱动指标（RTI）等，前期降雨的估算可以根据流域最大蓄水量进行，并结合临界雨力（$S_{临}$）分析成果，进一步分析0.5h、1h以及洪峰历时降雨强度（PI）、场次累积雨量（R_0）与降雨驱动指标（RTI）的关系，得到警觉性、准备撤退和立即撤退等预警指标所对应的阈值。

应用上述分析方法，考虑平边滩及平河滩两种特征水位，可计算得到与之对应的两个特征流量，即两种情况下的阈值，根据当地实际情况，进行等级阈值的适当浮动，用0.5h、1h以及洪峰历时雨强以及降雨驱动指标绘制相应的雨量临界分区图，进而分析得出警觉性、准备撤退和立即撤退三级预警指标阈值。

（2）雨量临界区域法。

雨量临界区域法可以根据率定思路和设计思路进行。如果具有实际山洪灾害事件配套的大样本降雨资料，则可以采用率定分析思路进行分析，通过降雨强度统计、前期降雨计算、降雨驱动指标计算、临界区确定、阈值分析等分析计算步骤，获得雨量临界区域，进而得到预警指标，如图4-19所示。主要算法步骤如下：

1）降雨强度（PI）统计。

短历时暴雨是导致山洪暴发的重要信息雨量，为此，需要统计实际山洪灾害事件中 0.5h、1h 以及洪峰历时等典型时段的降雨强度。

2）前期降雨（P_a）计算。

即使同一条山洪沟，各次山洪发生所对应的降雨强度也可能不一样，因为山洪发生还取决于小流域内当时的土壤含水状况。一般而言，山洪发生之前的降雨量越多，土体越接近饱和，所需要短历时降雨量也就越小。可以采取如下方法计算：

$$P_a = \sum_{i=1}^{n} \alpha^i R_i = \sum_{i=0}^{n} \alpha^i R_i \qquad (4-20)$$

式中：P_a 为前期降雨量，$P_a \leqslant W_m$；i 为计算天数，d；α 为日雨量加权系数。

对于湿润、半湿润地区，蒸发量较小，$i \geqslant 10$，$\alpha = 0.8 - 0.9$；对于干旱、半干旱地区，蒸发量较大，$i \geqslant 5$，$\alpha = 0.6 - 0.8$。

3）降雨驱动指标（RTI）计算。降雨驱动指标（RTI）（A 类）为有效累积雨量（R）和降雨强度（PI）之积。有效累积雨量（R）为场次累积雨量（R_0）和前期降雨（P_a）之和。即

$$RTI = PI \cdot R \qquad (4-21)$$

$$R = R_0 + P_a \qquad (4-22)$$

计算时，需分析出每次山洪事件中山洪发生时的相应时段的降雨强度（PI）及该时刻之前的有效累积雨量（R），然后计算出该次山洪事件的降雨驱动指标（RTI）值；如果不知道该次山洪发生的时刻，则以该场降雨事件的最大相应时段降雨强度（PI）及其之前的有效累积雨量（R）的乘积，计算出该次山洪事件的降雨驱动指标（RTI）值。

4）绘制雨量临界分区图

雨量临界分区图绘制分为如下几个步骤：

第 1 步，"降雨强度－有效累积雨量"平面建立，将降雨强度和有效累积雨量分别作为两轴，建立"降雨强度－有效累积雨量"平面；降雨强度应当考虑 0.5h、1h 和洪峰历时 3 个时段。

第 2 步，获取分区降雨驱动指标（RTI）值，依据计算所得区域降雨事件统计降雨驱动指标（RTI）值，按发生概率对降雨驱动指标（RTI）进行排序，获得概率为 10% 和 80% 的降雨驱动指标（RTI）值。

第 3 步，在"降雨强度－有效累积雨量"平面中，根据降雨驱动指标与降雨强度、有效累积雨量的反比例关系，绘制山洪发生雨量临界区域的下缘线（$RTI = RTI10$）及上缘线（$RTI = RTI80$），得出雨量临界分区图。

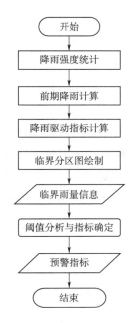

图 4-19　雨量临界区域法流程（率定分析思路）

259

第4步，发生可能性分区，将该图划分为3个区域，下缘线以下为低发生区，上缘线与下缘线之间为中发生区，上缘线以上为高发生区。上下缘线及山洪发生可能性分区中，包含着相应时段的临界雨量信息。

在雨量临界分区图中，点绘实际时段降雨强度与有效累积雨量，据此判断山洪发生的可能性大小。

5）阈值分析与指标确定。参照"雨量临界分区图"中的下缘线和上缘线，并结合0.5h、1h及洪峰历时等时段的降雨强度，分析各时段降雨强度、时段累积雨量、场次累积雨量、有效累积雨量等要素的阈值。

由上述分析可知，降雨驱动指标（RTI）以10%和80%为界，进行了两个阈值的处理。据此，将各要素的阈值进行适当浮动，从而获得临界雨量预警指标。

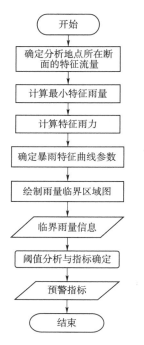

**图4-20 雨量临界区域法
流程（设计分析思路）**

若只有暴雨图集、水文手册等基础性资料，则可以采用设计分析思路进行分析，通过确定特征流量、计算最小特征雨量、计算特征雨力、确定暴雨临界曲线参数、绘制雨量临界区域图、阈值分析等步骤，获得雨量临界区域，进而得到临界雨量预警指标，如图4-20所示。主要算法步骤如下：

a. 确定分析地点所在断面的特征水位/流量。小流域内居民集中居住地、工矿企业和基础设施等典型地点附近，设立典型断面，断面各种特征水位（如设计水位、保证水位以及平滩水位等）对应的流量就是特征流量。根据平边滩及平河滩特征水位，进行特征洪水计算，获得相应特征流量，即平边滩流量（$Q_边$）和平河滩流量（$Q_河$）。

山区小流域一般有较多的弯曲河道，并存在一些影响泄洪的卡口。由于流态复杂，弯道、卡口的流量难以直接用公式计算，需要借助直段河道的水位-流量关系和直段河道与卡口、弯道的水位关系推求沟（河）道的特征流量。由临近的直段河道水位与弯道、卡口水位的观察资料可建立两者之间的水位对应关系，再由直段河道的水位-流量关系推求弯道、卡口等流量。对直段河道，可采用曼宁公式计算水位-流量关系曲线。

b. 计算特征临界雨力（S_c）。特征临界雨力（S_c）定义为在设计条件下，由设计暴雨计算得到的设计洪水洪峰流量与沟（河）道特征流量相等时对应的雨力。即在山区小流域，当某时段降雨量达到某一量级时，所形成的山洪刚好为沟（河）道的特征流量，若大于这一降雨量将可能引发山洪水位超过该特征水位，则该降雨量称为特征临界雨力（S_c）。

由水量平衡方程原理推导可得特征临界雨力（S_c）：

$$S_c = C_t Q_特 / F \tag{4-23}$$

式中：S_c 为特征临界雨力，mm；$Q_特$ 为沟（河）道相应断面的特征流量，m^3/s；F 为沟（河）道断面以上的集雨面积，km^2；C_t 为单位换算系数，若特征雨力的时间段为 $t_特 \text{h}$，则 $C_t = t_特 * 3.6$，例如，如果特征临界雨力的时间 $t_特$ 为 1h，那么 $C_t = 3.6$，如果特征临界雨力的时间 $t_特$ 为 0.5h，那么 $C_t = 1.8$。

c. 计算特征雨力（$S_特$）。特征雨力（$S_特$）定义为在设计条件下，某频率和特征时段（$t_特$）内的设计暴雨。计算时，需要先计算基准特征雨力。

基准特征雨力（S_p）表示次降雨过程历时为 1h 的最大降雨量，具有频率概念。

$$S_p = H_{24,P} 24^{n-1} \tag{4-24}$$

式中：S_p 为相应频率为 P 的基准特征雨力，mm；$H_{24,P}$ 为年最大 24h 相应频率为 P 的设计暴雨，mm；n 为暴雨衰减指数。

由雨量站观测资料进行频率计算，即可获得设计年最大 24h 雨量 $H_{24,P}$。如无雨量站系列观测资料，可由水文手册或暴雨图集等资料，查算出沟（河）道特定断面以上集水区域年最大 24h 平均面雨量 H_{24} 和 C_v、C_s、n 等统计参数，对不同的设计标准可由 P-III 型曲线模比系数（K_p）计算得到年最大 24h 设计雨量 $H_{24,P}$。

当河道特征流量（$Q_特$）是设计工况下某频率 P 暴雨对应的设计洪峰流量，则 $H_{24,P}$ 就是 24h 的特征雨量（$H_{24,特}$）。当由典型断面推求河道特征流量，无法判定对应的设计暴雨时，则可计算若干个频率的年最大 24h 设计雨量相对应的设计洪峰流量（由设计暴雨推求设计洪水，小流域主要有推理公式法、瞬时单位线法、综合单位线法和经验公式法），并作 24h 设计暴雨与设计洪峰流量关系曲线，河道特征流量（$Q_特$）与其中某一设计洪峰流量相当时所对应的 24h 设计暴雨即为所求的特征雨量（$H_{24,特}$）。

基于特征雨量（$H_{24,特}$），按式（4-24）可求出历时为 1h 最大降雨量，即基准特征雨力（S_p）。

在确定基准特征雨力（S_p）的基础上，可以根据暴雨公式（$i = S/t^n$），确定不同时段的特征雨力（$S_特$）。在我国，一般情况下雨力公式参数 n 分为 n_1、n_2 两个值，转折点发生在时间 $t = 1\text{h}$ 处，n_1 为时间 $t \leqslant 1\text{h}$ 段的参数，n_2 为时间 $t \geqslant 1\text{h}$ 段的参数。故不同时段的特征雨力（$S_特$）可用下式计算：

$$S_特 = S_{t,p} = \begin{cases} S_p \times t^{1-n_1}, & t \leqslant 1\text{h} \\ S_p \times t^{1-n_2}, & t > 1\text{h} \end{cases} \tag{4-25}$$

d. 确定暴雨临界曲线参数。暴雨临界曲线是指不同时段降雨强度（PI）与场次累积雨量（R_0）的关系曲线。山洪流量是降雨强度（PI）和场次累积雨量（R_0）共同作用的结果，在山洪流量到达一定规模的条件下，可以将两者理解为反比关系。

对于引发山洪灾害的降雨过程中，在降雨临界曲线上必然存在其引发山洪流量恰好与沟（河）道特征流量（$Q_特$）相对应的临界点。由于降雨过程不同，引发山洪到达沟（河）道特征流量（$Q_特$）的降雨过程则有不同的临界点，由不同临界点连接而成的曲线即为降雨临界曲线。降雨强度和有效/场次累积雨量的点子一旦跨越降雨临界曲线，则山洪水位就会有质的变化。

由于特征雨力是暴雨过程中历时（$t_特$）的最大降雨量，因此可把特征雨力（$S_特$）作为降雨临界曲线上的起始点，此时场次累积雨量最小。随着时间的增长，场次累积雨量增大，所需量会逐步递减，当累积降雨量足够大时，所需雨量会接近特征临界雨量（S_c）。

通常采用下列函数表示暴雨临界曲线，其表达式为

$$i = a + b/X \tag{4-26}$$

式中：i 为 $C_t h$ 的特征雨量，mm；X 是次降雨过程对应 i 的场次累积雨量，mm；a、b 是参数，其确定方法如下：

对于特征雨力点有：$X = S_特$，$i = S_特$。

对于最小特征雨量点有：$X \to \infty$，$i = S_c$。

代入式（4-26）可求出参数 a、b 如下：

$$a = S_c$$
$$b = S_特(S_特 - S_c) \tag{4-27}$$

求出 a、b 参数后，可在以场次累积雨量（R_0）为横坐标和特征时段的降雨量作为纵坐标的坐标图上作暴雨临界曲线。

e. 绘制雨量临界区域图。雨量临界分区图绘制分如下几个步骤：

第1步，"降雨强度-场次累积雨量"平面建立，将降雨强度和场次累积雨量分别作为两轴，建立"降雨强度-场次累积雨量"平面；降雨强度的时间尺度（$t_特$）应当考虑0.5h、1h和洪峰历时3个时段。

第2步，获取平边滩流量和平河滩流量两个特征流量下暴雨临界曲线参数 a、b 的值。

第3步，在"降雨强度-场次累积雨量"平面中，根据平边滩流量和平河滩流量暴雨临界曲线参数 a、b 的值，绘制山洪发生雨量临界区域的下缘线和上缘线，得出雨量临界分区图。

第4步，发生可能性分区，将该图划分为3个区域，下缘线以下为低发生区，上缘线与下缘线之间为中发生区，上缘线以上为高发生区。上下缘线及山洪发生可能性分区中，包含着相应时段的临界雨量信息。

在进行这一步工作时，亦可以考虑前期降雨的影响，具体方法可以根据流域最大蓄水量进行前期降雨的估算。

f. 阈值分析与指标确定。参照"雨量临界分区图"中的下缘线和上缘线，并结合0.5h、1h及洪峰历时等时段的降雨强度，分析各时段降雨强度、时段累积雨量、场次累积雨量、有效累积雨量等要素的阈值。

根据上下缘线临界雨量各要素阈值分析成果，将各要素的阈值进行适当浮动，从而获得临界雨量预警指标。

（3）水位/流量反推法。

水位/流量反推法假定洪水与暴雨同频率，要求具有系列较完善的设计暴雨和设计洪水等基础性资料，以及河道断面地形资料，主要步骤如图4-21所示。

1）选择典型控制断面。在小流域内根据现有河道堤防的具体情况，乡镇或自然村所在位置及历

史洪水灾害发生位置选取适当数量的控制断面，原则上应在进行临界雨量分析的各乡镇和自然村的上游、中游和下游各选取一个控制断面，参考断面历史最高水位和预警水位等信息，确定平边滩水位、平河滩水位等特征水位。

2）计算特征洪水。根据特征水位进行特征洪水计算，计算特征洪水位下的相应流量。计算时，可以将典型断面进行适当概化，采用恒定流方法（曼宁公式或谢才公式），计算各个特征水位的对应流量，即平边滩水位、平河滩水位对应的特征流量。

3）绘制典型时段降雨量频率曲线图。绘制 1h、3h、6h、12h 以及 24h 等典型时段降雨量频率曲线图，各个典型时段都有相应的降雨量频率曲线。

4）绘制流域洪水流量频率曲线图。参考水文学中的方法，进行流域内典型断面洪水频率分析，并绘制相应的流域洪水流量频率曲线图。

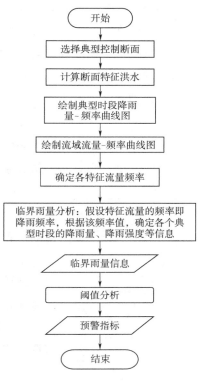

图 4-21　水位/流量反推法流程

5）确定各特征流量频率。将平边滩水位、平河滩水位对应的特征流量与流域洪水流量频率曲线对比，确定其对应的频率。

6）阈值划分及临界雨量分析。根据此种方法的假设，特征流量的频率即降雨频率；根据该频率值和典型时段，从典型时段暴雨频率曲线上，确定各个典型时段的降雨量、降雨强度等信息，运用雨力公式，推导相应的设计暴雨及其时程分布，进而分析出时段累积雨量、降雨驱动指标等临界雨量的要素。在进行这一步工作时，亦可以考虑前期降雨的影响，具体方法可以根据流域最大蓄水量进行前期降雨的估算。

根据以上分析结果，绘制"雨量临界分区图"，并结合 0.5h、1h 及洪峰历时等时段的降雨强度，分析各时段降雨强度、时段累积雨量、场次累积雨量、有效累积雨量等要素的阈值。

根据上下缘线临界雨量各要素阈值分析成果，将各要素的阈值进行适当浮动，从而获得临界雨量预警指标。

（4）统计归纳法。

统计归纳法要求参照历史山洪灾害发生时的降雨情况，根据各地的暴雨特性、地形地质条件、前期降雨等，分析确定本地区可能发生山洪灾害的临界雨量值，该方法适用于实测降雨资料较为丰富和详细的区域。主要分析步骤如下：

1）针对各次山洪、每个雨量站、相应时段（1h、3h、6h、12h、24h）进行降雨量统计，包括计算区域的雨量平均值、最小值和最大值（时段的长短根据流域面积大小确定）。

2）进行单站和区域的临界雨量初值计算。

3）结合实际资料情况，对单站和区域的临界雨量进行分析。

4）根据第 3）步分析结果，对阈值进行一定范围内的浮动，确定各个时段的临界雨量。

5）分析降雨强度与降雨驱动指标的关系，绘制"雨量临界分区图"，并结合 0.5h、1h 及洪峰历时等时段的降雨强度，分析各时段降雨强度、时段累积雨量、场次累积雨量、有效累积雨量等要素的阈值。根据上下缘线临界雨量各要素阈值分析成果，将各要素的阈值进行适当浮动，从而获得临界雨量预警指标。

（5）比拟法。

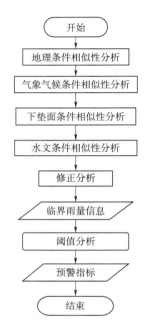

图 4-22　比拟法流程

比拟法适用于目标区无资料，但与典型区相似的情况，相似条件包括地理条件、气象气候条件、下垫面条件、水文条件等。主要步骤包括比较分析和修正分析。

1）比较分析指在地理、气象气候、下垫面和水文等主要方面对目标区和典型区进行相似性和差异性分析。地理条件比较包括地理经纬度位置、海陆位置、海拔位置、干湿分区位置等方面；气象气候条件比较包括温度带、季风区、年均雨量、降雨时间分配、暴雨特征方面；下垫面条件比较包括地质构造、微地形地貌、植被覆盖、土壤类型等；水文条件比较包括流域面积、沟（河）道长度、河道比降等，如图 4-22 所示。

2）修正分析是指如果目标区与典型区有少量差异，应根据实际情况适当调整临界雨量的信息。

（五）预警系统

山洪灾害监测预警系统通常由数据监测、数据传输、数据分析以及信息发布等子系统构成，安装在山区沿河（沟）乡村、场镇、城镇等居民地和重要厂矿、企业等地的数据监测设备将采集到的视频图像、水位、降雨量、水温、气压等数据通过无线方式传输到监控中心，监控中心软件可以显示并分析前端设备采集的数据，当雨量或水位达到相关预警级别的阈值时，会发出相应等级的预警信息，提醒相关指挥人员做好对应等级的工作准备，如图 4-23 所示。

1. 数据监测

数据监测需要实时监测雨量、水位、湿度等内容，具体设施包括雨量站、水位站、气象台站、雷达等，准确反映所监测区域的变化情况，并将这些数据及时发回到数据分析中心。

2. 数据传输

应考虑采用 GPRS、4G/5G 等先进的无线传输方式，可以不受空间和地域的限制，减少布线所带来的巨大工作量，以及数据传输工作在恶劣条件下均能正常进行，保证传输的稳定、可靠、及时。

灵活的供电方式也是数据监测和传输需要考虑的重要因素，既可以选择高性能锂电池＋太阳能供电方式，也可以根据各地区环境的不同，灵活地选择风光互补供电方式来保证设备的持续工作。

3. 数据分析

对于传送回来的数据，数据分析中心及时进行数据分析，提炼出相应的信息，因此，应当研发功能强大、人性化的监控软件界面的数据分析系统，具有实时信息加工处理、预警指标分析、灾害

图 4-23　山洪预警系统示意图

模拟分析、灾害风险评估、预警信息实时发布功能，提高预警信息发布的质量和时效性。

4. 信息发布

通常情况下，预警信息的接收终端有广播、手机、电话、短信等设施，自动广播预警主要为乡村接收到县级预警广播或 GSM 短信预警信息后。自动开启广播发射机，将预警内容以语音形式发送出去。手动广播预警是乡（镇）、村工作人员可以手动开启广播发射机，采用话筒讲话方式播出预警信息。通过调频广播发布预警信息时具有群呼、组呼、单呼等方式。

根据需要配备移动巡查设备，在山洪灾害发生时，防汛人员携带移动巡查设备到达现场，能及时掌握实时雨水情和区域汛情，并实时采集现场图像和相关数据资料，上传到防汛指挥部门，为应急指挥提供支撑。

此外，山洪预警系统是分级的，如图 4-24 所示。县级山洪灾害监测预警平台汇集省、市、县、乡（镇）、村等相关山洪灾害防治信息，县级防汛部门根据山洪灾害信息和预测情况，及时向各个级别发布预报、警报、指令信息，县、乡（镇）、村、组建立群测群防的组织体系，开展监测、预警、响应处置工作。

5. 预警级别与警报发布

山洪预警分为黄色、橙色和红色三级，对应于警觉性预警、警戒性预警和紧急性预警三级预警。

黄色预警指标对应于应急管理Ⅲ级预警，即山洪警觉性指标。发布的基本情形为预报有强降雨发生时，降雨量可能接近或达到警觉性预警临界雨量参考值，或预报水位（流量）可能接近或达到警觉性预警水位（流量）参考值；发布的具体对象是防汛管理业务部门内部，促进业务部门对山洪灾害可能发生的警觉。

橙色预警指标对应于应急管理Ⅱ级预警，进行警戒性预警，即准备转移指标。发布的基本情形

265

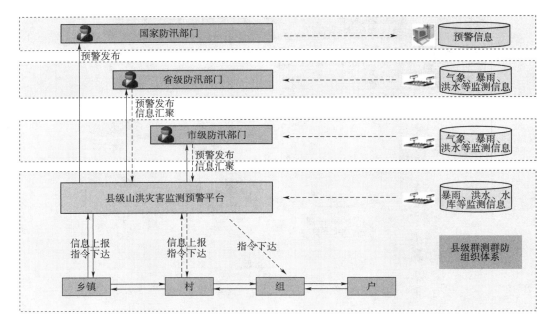

图 4-24　山洪预警系统分级示意图

为已有强降雨发生，土壤含水量已接近饱和，预报降雨量可能达到警戒性临界雨量参考值，降雨还将继续，或者预报水位（流量）可能达到警戒性预警水位（流量）参考值，山洪灾害即将发生时；发布的具体对象是防汛管理业务部门内部，和山洪灾害即将发生地区的居民。

红色预警指标对应应急管理中的Ⅰ级预警，进行紧急性预警，即立即转移指标。发布的基本情形为已有强降雨发生，实测降雨量可能高于警戒性临界雨量参考值，且有效雨量非常接近山洪形成区土壤饱和含水量，预报降雨还将持续，实测水位（流量）接近或达到紧急性预警水位（流量）参考值，水位（流量）仍在上涨，将发生严重的山洪灾害时；发布的具体对象是防汛管理业务部门内部，和山洪灾害即将发生地区的居民。

（六）山洪预警典型案例

1. 北京市密云区山洪灾害防御案例

密云区位于北京市东北部，总面积为 2229km²，其中山区面积 1854 km²，占总面积的 83％，泥石流易发区有 449 km²。密云区山区泥石流灾害发生频繁而严重，1976 年的严重泥石流共造成 104 人死亡，1989 年 7 月发生泥石流造成 18 人死亡。

山洪灾害防御工作是密云区防汛工作的重中之重，通过在实践中不断摸索，形成了基层政府组织和群测群防相结合的山洪灾害防御的工作机制，通过加强山洪灾害防御常识的宣传，编制防御预案，落实临时转移安置地点并结合永久搬迁，特别是大范围利用人工简易雨量监测设施，有效地减少和避免了人员伤亡。2005 年 8 月 14 日，利用人工观测的简易雨量筒，柳棵峪自然村测到了 80min 雨量达 220mm、超 100 年一遇的特大暴雨，由于及时预警，提前将 35 户、105 人安全转移，没有造成人员伤亡。总结成功经验，密云县主要得益于近年来开展了以下几方面的工作：

（1）建立运转流畅有序的山洪灾害防御应急指挥体系。在落实市、县级防汛组织体系和责任制的基础上，密云县加强基层责任体系，制定了"四包七落实"，即县干部包乡，乡干部包村，村干部包户，党员包群众；落实转移地点、转移路线、抢险队伍、报警人员、报警信号、避险窝棚、老弱病残等提前转移。尤其是降雨监测和预警任务分包到责任心相对较强的自然村村民小组长（党小组长）身上，使监测和预警任务得到了很好的落实和保障。

（2）采取形式多样，简便适用的监测预警手段。密云县向山区所有自然村配备了供村民防御山洪的雨量监测设备计 970 套，石城镇监测点密度高达 1 套/2km²。尤其是用白铁皮自制的雨量筒，取材方便，成本只有几十元钱，再配一把尺子，供监测人员随时施测。

在通信预警设施方面，密云县为基层配备了手摇报警器，没有广播的行政村配备了预警设备和无线调频发射机，没有任何通信措施的自然村配备了移动手机和手持电台。

（3）因地制宜，将避灾转移地点与农家旅游设施建设有机结合。密云县有永久、半永久和临时性避雨棚和移动帐篷 230 余处。为了解决群众临时转移后的生活问题，密云县充分利用本县旅游资源丰富、农家乐较多的特点和优势，在农家乐建设时予以农民资金扶持，同时与农户签订协议，保证在转移群众时农家乐予以无偿接待。这样既解决了农家乐建设资金不足，又解决了群众转移地点和生活安排问题，效果很好。

（4）加强宣传，将防灾避灾常识形象化、生动化、大众化，有效提升了群众自防、自救和互救的意识和能力。北京市专门制作了《防汛知识简介》图册 4 万册和山区泥石流避险知识海报 3000张，把山洪灾害防御的常识用简单明了、图文并茂的形式表现出来，免费发放给基层人员和山区群众，便于携带和阅读，有效增强了群众的防御知识和自保自救能力，特殊情况下可以村自为战、户自为战、人自为战。

（5）积极探索人员搬迁的新途径。为了永久搬迁泥石流易发区严重受威胁的群众，密云县出台优惠政策予以扶持，同时原居住地的生产资料仍可归本人使用，这就大大调动了人员搬迁的积极性和搬迁后的生活出路问题。

2. 湖南省绥宁县山洪灾害防御案例

绥宁县位于湘西南边陲，总面积 2927km²，辖 25 个乡（镇），总人口 38 万人，山地面积占全县总面积的 80%。1995 年 6 月，山洪灾造成 4 人死亡，287 人受伤，直接经济损失达 1.78 亿元；2001年 6 月，山洪泥石流造成 124 人死亡失踪，直接经济损失达 5.6 亿元。

2002 年，湖南省防汛抗旱指挥部在绥宁县宝顶山区域内 5 个乡镇开展山洪灾害防御试点，通过健全山洪灾害防御责任制组织体系，落实基层责任制，加大山洪灾害防御常识的宣传，编制山洪灾害防御预案，特别是建设山洪灾害监测预警系统，有效减少了人员伤亡和财产损失。自试点工作开展以来，绥宁县范围内发生了 5 次较大的山洪，但没有造成一人死亡，共减少山洪灾害损失近 2 亿元。主要做法如下：

（1）健全组织机构，形成山洪灾害防御体系

1）健全组织领导体系。县、乡（镇）防汛抗旱指挥部明确将山洪灾害防御列为防汛工作的一个

重要组成部分和成员单位的职责。各村组也相应成立了山洪灾害防御领导小组，为防御山洪灾害提供了坚强的组织保障。

2）健全责任体系。严格落实山洪灾害防御责任制和责任追究制，实行县级领导包乡镇、乡镇领导包村组、村组干部包户的层层包干责任制。

3）健全群测群防体系。及时组织重点山洪灾害防御区内的干部群众进行避灾躲灾演习，使有关乡（镇）和村责任人明确责任区的山洪防御重点，对可能发生的灾害隐患做到心中有数，使群众明确危险区和安全区范围，预警信号传递、安全转移路线、地点等一系列避灾躲灾的方法，有效提高群众避灾躲灾能力，达到了群测群防的目的。

（2）广泛宣传，增强山洪灾害防御意识。

1）将2001年"6·19"特大山洪灾害中拍摄的实况录像，在县、乡有线电视台播放。组织专家、工程技术人员，深入乡（镇）、村组进行山洪灾害防御知识培训。

2）将山洪灾害的特点及危害、防御常识、灾害防治措施等汇编成《绥宁县山洪灾害防御工作手册》，印制8万多册，免费发放。

3）统一制作安装了灾害警示牌和山洪灾害防御永久宣传栏、牌，在各村的交通要道口及隐患区设立永久性警示牌和转移路线标示牌，标明危险、安全区域及转移路线、安置地点等。

（3）完善预警系统，提高山洪灾害防御效率。

1）完善信息采集系统。在全县12个重点区增设17处水位、雨量观测站（点）、36个语音报汛点，做到区域内暴雨与洪水测报迅速准确。

2）建立快速、简便、可靠的报警系统。明确预警标准和等级，预警信号发布办法，采取手机短信和语音群发预警电话方式，向全县发布预警信息，形成到乡（镇）、村组、农户的防汛信息网络。

3）规范安全转移预警程序、预警报警信号及传递方式。

（4）编制防御预案，突出防御工作的指导性。

县、乡（镇）、村完善山洪灾害避灾预案。预案明确了以下几点：①明确山洪灾害易发区可能发生的灾害隐患点，做到心中有数；②明确危险区、安全区范围；③明确危险区人员安全转移的路线；④明确信息传递、监测、转移指挥、物资调度、后勤保障及应急抢险救灾人员；⑤明确预案启动条件。

（5）加大财政投入，综合防治山洪灾害。

绥宁县在狠抓各项非工程防御措施的同时，加大投入，构建山洪灾害防治的基本框架：①对居住在高危区的农户实行分期整体搬迁；②实行退耕还林工程，加强水土保持；③加强河道的疏浚工作。

3. 福建省安溪县山洪灾害防御典型案例

安溪县地处闽南山区，全县面积3057 km²，山地面积占97%，地形以中低山陡坡为主，全县有24个乡（镇）465个村，人口107万人。安溪县年平均降雨量1500～2000mm，境内山洪地质灾害频发，严重山洪地质灾害点有612处。

安溪县高度重视山洪灾害防御工作，在县防汛抗旱指挥部的统一领导部署下，在水利、国土、气象等有关部门的共同配合下，经过几年的探索和实践，初步建立了一套高效实用的山洪灾害防御工作框架，使山洪灾害防御管理逐步规范化、信息化，取得了显著成效。

（1）构建山洪灾害监测预警网络。

1）建成县级预警系统。以乡（镇）为单位，在全县建设了 18 个雨量水位自动监测站点，实时掌握全县各区域内的降雨和洪水情况，分析预测山洪灾害发生的可能性，为县防汛指挥部发出预警信息提供决策依据。

2）构建山洪灾害三级监测网络。县政府成立了山洪地质灾害监测中心，主要负责全县山洪地质灾害监测管理，指导、协调乡（镇）山洪地质灾害监测站开展日常监测工作。各乡（镇）均成立了山洪地质灾害监测站，具体负责督促指导各村监测组对各灾害点实施监测、业务指导和监测数据的上报以及信息的上传下达等工作。在全县有山洪地质灾害点的村（居）建立了山洪地质灾害监测组，负责实地监测。

（2）完善各项防灾预案

1）全面摸清山洪地质灾害情况。以乡（镇）为基本单元，组织对各村进行综合调查，全面摸清辖区内所有由于山洪可能引发的地质灾害点的分布状况、灾害类型、灾害规模、危险程度和危害范围等。

2）完善预案。预案内容包括：防御领导小组、预案编制依据、各灾点的安全转移路线、危险信号的识别、信息传递、应急联系、临灾应急安置地点、警报解除、防灾网络图和责任分解表等。

3）建立县、乡（镇）、村三级应急抢险互动体系。在县人武部成立县一级民兵应急抢险大队，汛期值班待命应对突如其来的抢险工作，各乡（镇）同时成立了领导小组和民兵应急分队，重点村也成立了领导小组和民兵应急小组，形成县、乡（镇）、村三级应急抢险互动体系。

（3）规范防御工作。

县防汛抗旱指挥部经过认真的实践与探索，建立了一套较为规范的防御管理工作框架。主要内容是：把每年的山洪灾害防御工作具体分为三个阶段，即汛前准备阶段、汛期实施阶段和汛期后总结提高阶段，并明确了每一个阶段的主要工作，建立健全了"八项制度""四项措施"，实行防御工作规范化、制度化管理，确保取得实效。

（4）切实做好山洪灾害防御"三项"工作。

1）抓好派驻工作。每当暴雨来临，县领导和县直机关干部组成的防汛督查指导小组立即进驻所挂钩的乡（镇），配合所在乡（镇）指挥部署防抗工作，乡（镇）分片领导和驻村干部也进驻所在的村。在警报未解除前，任何工作组和成员都不得撤离岗位。

2）抓好危险和隐患部位的群众应急转移工作。全面启动既定的应急预案，不折不扣地进行灾前大转移。

3）抓好检查巡查工作。对在册的山洪地质灾害隐患点以及交通要道、水利枢纽、人口密集处、低洼地带、矿山等薄弱处进行巡查监测，以及时发现、处置隐患。

4. 河南省南召县"6·30"山洪灾害防御典型案例

南召县位于河南省西南部，南阳市的最北部，是豫西南主要的暴雨中心。全县总面积 2946 km²，辖 5 镇 11 个乡，338 个行政村，总人口 58.8 万人。县境内绝大部分为山丘区，平原区面积仅占 1.1%，地势西北高，东南低，西部、西北部及北部环绕伏牛山，南部开阔与南阳盆地相连。

2005 年 6 月 30 日，南阳市南召县鸭河口水库上游出现历史罕见的山区局部特大暴雨，白土岗水文站 6 月 30 日 16 时至 7 月 1 日 6 时降雨量达 648mm，降雨量大于 400mm 的笼罩面积约为 300 km²，降雨量大于 600mm 的笼罩面积约为 20 km²。经水文分析计算，白土岗水文站最大 1h、6h 降雨量频率均超过 500 年一遇，最大 24h 降雨量（648mm）频率约 1000 年一遇。据统计，暴雨山洪造成南阳南召县 11 个乡（镇）5 万人受灾，死亡 5 人，伤 2 人，直接经济损失约 1.9 亿元。

这次特大暴雨山洪之所以没有造成中小型水库垮坝、重大人员伤亡，得益于各项防汛工作准备充分、山洪灾害和降雨预警及时、应急机制适时有效启动。据分析，如没有及早采取措施转移人员，人员伤亡人数会大大增加，可能会造成超过 690 人的伤亡。主要做法有以下几个方面：

（1）准备工作扎实、充分。

1）各级党委、政府领导重视，汛前狠抓各项防汛责任制落实，完善防洪预案，建立健全防汛应急机制，各项措施落实比较到位。

2）建立水文、气象资源共享机制，为更准确地预报洪水和天气创造了条件。

3）组织完成《河南省山洪灾害防治规划》，为更好地指导山洪灾害的防御工作奠定了基础。

4）建立水雨情通报应急机制。为加强山洪灾害防御，省水文局要求各级水文站和雨量站（含非报汛站）当 1h 降雨超过 50mm 时在上报水雨情的同时，要及时向当地政府及防汛部门发出山洪灾害预警和通报雨水情，为地方政府做好山洪灾害防御和组织人员转移、抢险工作提供准确信息。

（2）及时通报雨水情，发出山洪灾害预警信息。

省防办、南阳市防办监控到卫星云图显示的可能降雨区域后，即与气象、水文部门分析会商，于 6 月 30 日 17 时发出强降雨和山洪灾害预警。强降雨发生后，省防办适时启动防御山洪灾害预案，降雨区内各水文站（含非报汛站）在第一时间将每个时段降雨、河道水情向省防办报出的同时，向南召县防汛抗旱指挥部及有关乡（镇）也进行通报。白土岗水文站 6 月 30 日 18 时开始骤降暴雨，至 20 时降雨达 69mm，20—22 时降雨达 56mm，站长立即向南召县防汛抗旱指挥部及白土岗镇政府通报雨水情。之后每个时段降雨和滚动预报情况都在第一时间向地方政府通报，为组织人员转移、排除险情、抢险等工作赢得了时间。

（3）地方政府组织得力，措施到位。

南召县防汛抗旱指挥部在接到洪水预警后，紧急启动洪水防御预案，从书记、县长到有关乡（镇）干部迅速投入防汛各项准备工作，县、乡（镇）政府 22 时通知可能受洪水威胁的村庄做好人员转移准备，24 时开始组织转移群众，至次日 6 时共安全转移和解救被洪水围困群众 5000 多人。同时，组织各有关部门动员力量，沿河巡查排险，中小型水库责任人和技术人员坚守水库查险，及时排除险情；县、乡（镇）政府和有关部门组织人员沿公路查险，并设立警示标志。

五、应急转移

当山洪预警指标（雨量、水位或流量）达到红色预警阈值，当地政府相关应急响应责任部门将立即组织引导预警覆盖区域的群众开展应急转移，有时也有受山洪威胁区域的群众自发采取应急转移行动的情况。无论是政府组织的或是自发的转移行动，由于山洪预警信息发布到山洪演进至预警区域（河段）的时间间隔通常较短，及时、高效、有序、安全的转移至关重要，为达成这一目标，需开展的相关工作包括编制避洪转移图（划定转移范围、确定安置场所、明确转移路线）、做好转移准备、保障安置场所基本生活条件等。

（一）编制避洪转移图

1. 划定转移范围

为保证人员生命安全，山洪灾害转移范围需留有足够的空间余度，尽可能避免二次转移的现象发生，具体操作中以选择当地100年一遇洪水位以下的区域作为转移范围为宜。由于有些山洪沟的山洪为高含沙水流，甚至伴随泥石流的发生，对此，需在确定100年一遇洪水位的基础上，充分考虑当地泥沙或泥石流的增水效应，适当扩大转移范围。此外，当预警区域河段或其下游建有跨河建筑物时，需分析其是否会导致山洪携带的漂浮物堆积，形成堰塞体而造成水位异常升高，并据此调整转移范围，如图4-25所示。

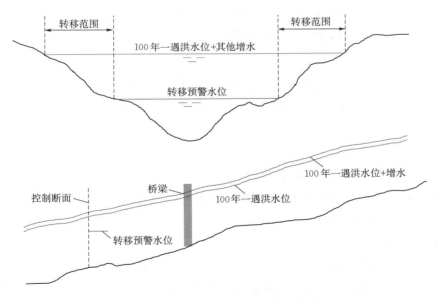

图4-25 山洪转移范围示意图

100年一遇山洪水位（含跨河建筑物的影响）可根据100年一遇山洪洪峰流量，采用恒定非均匀流水力计算得到。

2. 确定安置场所

根据转移范围可估算需要转移安置的人口数量，据此确定所需的安置容量和安置场所。安置场所应满足以下基本要求：

(1) 高程高于转移范围外边界 3m 以上。

(2) 建筑物结构具有足够的安全度。

(3) 避开可能的危险源，例如可能的滑坡、泥石流或地表径流冲刷危险地带。

(4) 人均室内面积不少于 8m²。

(5) 有清洁的水源、必要的卫生、照明设施和炊事用具等。

(6) 可维持与外界的交通和通信。

最常用的安置场所包括学校、社区中心、公共体育和娱乐场馆、乡村会议室等。此外，投亲靠友也是最常见的安置方式，但也应满足上述安置场所的基本要求。

3. 明确转移路线

针对转移范围内的每户人家，确定向安置场所转移的具体路线，形成一一对应的关系。转移路线应避开可能的危险因素，如可能受滑坡、泥石流影响的路段，可能涉水的路段，桥梁可能冲毁或淹没的路段，地下通道，有陡坡的路段，泥泞的小路等。

转移路线的选择需考虑特殊人群，如儿童、老人、残疾人、体弱和病人的需求，方便其通行。

转移道路应尽可能选择用时最短的路线。

4. 制作避洪转移图（明白卡）

根据转移范围、安置场所和转移路线，以自然村落或社区为基本单元制作避洪转移图，图中应标识转移范围边界、具体的安置场所以及转移道路，并附表列出住户－转移路线－安置场所的对应关系。

避洪转移图更多的是为当地政府编制应急预案和组织应急转移所用，对位于转移范围内的住户而言，注明转移路线、安置场所、联系人及相关注意事项的避洪转移明白卡则更为简便、易懂和实用。

（二）转移准备

针对山洪的避洪转移前期准备工作主要包括：组建避洪转移组织指挥机构，制定避洪转移方案，开展避洪转移宣传教育，储备避洪转移所需物资装备，建立预警系统，发放避洪转移图或明白卡，标识转移路线，开展避洪转移演练等。

1. 建立避洪转移组织机构

避洪转移组织机构是山洪应急管理机构（通常是地方防汛指挥部门）的组成部分，由县、乡（镇）、村级行政人员，当地公安及企事业单位相关责任人组成，有时也纳入居民代表和非政府组织成员参与其中。其在转移准备阶段的主要工作包括：落实本机构及成员的分工和职责，明确避洪转移行为实施过程中所涉及的相关政府部门、企事业单位及转移群众应采取的行动，结合当地实际准备避洪转移方案并根据变化的情况检查调整方案，组织开展避洪转移宣传教育及演练，准备并发放避洪转移图、明白卡，刻画历史洪水淹没痕迹，制作并设置转移路线标识，调查核实转移路线沿程和安置场所周边可能的危险源及其影响范围并落实转移行动实施期间负责监视的责任人，检查转移道路及预警信息传播通达状况，落实转移道路意外中断的抢修队伍以及转移群众遇险时的搜救队伍，检查安置场所是否满足所需的安置条件，明确转移过程中需要帮助的特殊人群并落实相关责任人，检查政府、单位及居民避洪转移装备物资准备情况等。

2. 制定避洪转移方案

避洪转移方案是山洪防御应急预案的组成部分，由避洪转移组织机构准备，经法定程序审批施行。主要涵盖以下内容：

（1）明确避洪转移组织机构职责及其所属各部门及成员的具体分工。

（2）落实避洪转移过程中所涉及的政府有关部门（公安、交通、民政、医疗卫生、通信、水利、国土、市政等）、企事业单位（尤其是幼儿园、中小学校、医院、危化企业）、转移区居民、安置区管理人员以及可能的非政府组织、自愿者应采取的行动。

（3）编制避洪转移图，设计避洪转移明白卡的格式和内容。

（4）制定避洪转移物资装备储备方案。

（5）确定备选的转移信息通知手段、备选转移路线和备选安置区，落实安置区备用水源、备用能源、备用安置装备（如帐篷）。

（6）针对转移过程中可能出现的意外情况，如沿程滑坡、泥石流、洪水等突发事件，交通中断，道路拥堵，转移人员遇险等，制定应急处置或救援方案。

（7）制定避洪转移宣传教育及演练计划。

（8）落实特殊人群，如孤寡老人、孤儿、残疾人、流浪人员、幼儿园儿童、中小学学生、外来临时劳务人员、游客等的协助或引导转移方案。

（9）制定山洪危险期返迁道路封锁及返迁人员劝阻方案。

（10）落实安置人员后勤保障方案等。

3. 避洪转移宣传教育及演练

在进行洪水风险意识及避洪转移知识宣传教育的同时，辅之以避洪转移演练，既有政府部门、企事业单位按照既定程序组织的，也包括居民自行安排的，例如要求转移区居民按照避洪转移图或明白卡的指示自我进行转移预演，熟悉道路及安置区情况，检查相关图（卡）的可操作性，发现并反映可能存在的问题，随时修正完善方案。

（1）宣传教育。

提高洪水风险意识，普及应对洪水的知识，引导利益相关者采取正确的行动，是防洪减灾措施，尤其是非工程措施得以推行并发挥其应有功效的基石。缺乏洪水风险意识，可能导致人们忽视避洪转移预警，而不了解洪水来临时如何采取正确的行动，则可能在紧急情况下举止失措，危及生命安全。宣传教育的目的是将面临的洪水风险以及避险减灾的措施、方法、行动传达给风险区的利益相关者，包括各级政府、相关机构、企业及个人，是一个意识、理解、接受和行为改变的过程。需遵循以下原则：①充分考虑当地的文化、条件和观念；②涵盖社会各阶层；③针对不同对象以易于理解的方式传达其所需的信息；④持之以恒，并不断检查其效果。

针对受众的文化知识和理解水平以及具体需要，因地制宜、因人制宜地设计并开展宣传教育活动，是达成期望目标的关键环节。宣传教育常用的媒介和方式包括：平面媒体（报纸、杂志、漫画、海报、照片、课本）、视频（电视、电影）、舞台剧、广播、讲座、知识竞赛、游戏、广告、展览、历史洪水标识、转移安置指示牌、参观或参与避洪转移方案制定、听证、洪水风险公示、模拟演习等。

（2）模拟演练。

避洪转移模拟演练包括政府相关机构和企事业单位根据预案组织开展演习和危险区居民按照明白卡或避洪转移图的指示自行熟悉转移过程两种形式。其目的是检验宣传教育的效果和避洪转移系统和方案的有效性及可操作性，提升组织指挥机构（单位）和个人在避洪转移过程中的行动能力，揭示并弥补避洪转移系统（预警系统、通信系统、组织指挥体系、有关部门职责分工、转移通道、转移工具、安置场所、后勤保障等）、转移预案和相关人员行动等可能存在的疏漏、不足和薄弱环节，以保证实际避洪转移过程中的生命安全。

模拟演练需重点关注：①预警信息是否传达到所有相关受众，受众是否正确理解了预警信息的含义（警醒、转移准备、立即转移）；②受众是否采取了正确的行动；③特殊人群是否给予了适当的帮助；④转移路线安排及沿线标识设置是否合理，表达是否清楚，道路是否畅通，转移工具选择是否合理；⑤转移保障条件（治安、交通指挥、拥堵及意外事件处置、医疗、卫生等）条件是否完备；⑥安置场所及相关后勤保障是否满足基本要求；⑦转移方案、明白卡、转移图是否完整、清晰、易懂；⑧转移人员是否携带了必备物品等。

演练结束后，组织方应及时进行评估，发现存在的问题，完善避洪转移系统。

对于要求居民事先自行采取行动熟悉转移过程的地区，负责组织转移的责任机构应进行督促，并收集居民反馈意见，据此改进转移方案、明白卡和转移图。

六、灾后恢复重建

山洪灾害过后，受灾区满目疮痍：垃圾堆积、基础设施受损、房屋毁坏、部分居民流离失所。政府面临大量灾后清理和恢复重建的工作：救死扶伤、清理垃圾、供水供电、恢复交通、卫生防疫、救济援助、水毁设施修复、协助失所居民重建家园恢复生产等。除失踪者搜救、灾区垃圾污染清理和卫生防疫外，其他恢复重建事项则需视当地具体情况，以保障生命安全，促进可持续发展为目标，制订计划，统筹考虑，合理安排。

（一）恢复重建计划

山洪的发生在造成灾害的同时，也揭示了原有开发建设行为的问题和不足，从而为受山洪威胁地区的土地利用、发展、建设和保护模式的调整提供了契机，制定合理的恢复重建计划，对于这些地区未来可持续发展至关重要。合理的恢复重建计划主要包括以下内容：

（1）住宅重建方案。评估住宅原址重建可能面临山洪风险以及减低风险措施所需的投入，评估备选建设地址可能面临山洪风险以及减低风险措施所需的投入，据此决定重建方案。而对位于河湖管理范围内的住宅则应废弃，重新选址，安置居民。

（2）基础及公共设施重建方案。合理的基础及公共设施布局可以引导受山洪威胁地区土地的合理利用。重建计划需评估基础设施（道路、水电气、污水处理等）、公共设施（学校、医院、场馆等）原址重建及新址改建的山洪风险及其防洪标准，据此确定建设方案。

（3）防洪措施重建方案。对于原址重建方案，评估原有防洪措施的效果以及其在防御山洪过程中时效的原因，分析比较确定适宜于当地特点的山洪防御措施组合，据此提出山洪防御措施重建方案；对于新址重建方案，则有可能采取废弃原有防御措施，恢复山区河道自然状态的方案。

（4）规范建筑物结构及建设标准。根据当地山洪特点，针对可能受山洪威胁的建筑物，如住宅、基础设施、公共设施，制定重建建筑物结构规范和建设标准，例如采用可抗御山洪冲击的框架结构、桩柱结构，规定重建建筑物一层地板高程高于特定频率（如 50 年一遇）山洪水位，对原有建筑物按照抗御山洪的要求进行改造加固等。

（二）划定禁止开发区，恢复河道行洪能力

面对山洪灾害发生所造成的严重破坏和人员伤亡，政府和社会公众会有一段风险意识空前提高期，同时外部也会有大量援助资金、救济金和贷款进入灾区支持灾后恢复重建，防洪责任部门应把握这一机遇，结合灾害实例，开展宣传教育，揭示山洪灾害风险及其未来可能的危害，推动当地政府按照有关法规的要求，及时划定河道两岸禁止开发区，废弃拆除其中被山洪灾害破坏的建筑物，搬迁居民和相关单位，同时利用重建资金激励位于区内的其他居民或单位迁移到区外新址开展重建工作。

对于河道沿线未按防御山洪要求建设的碍洪建筑物，尤其是低矮的桥梁和堰坝等跨河建筑物，即使未被山洪损坏，也应视情采取拆除、改建措施，消除其对河道行洪的负面影响，修复河道固有的行洪能力。

参 考 文 献

[1] 何秉顺，黄先龙，郭良. 我国山洪灾害防治路线与核心建设内容 [J]. 中国防汛抗旱，2012（5）：19-22.

[2] 高煜中，邢俊江，王春丽，等. 暴雨山洪灾害成因及预报方法 [J]. 自然灾害学报，2006（4）：65-70.

[3] 王青兰. 水土保持生态建设概论 [M]. 郑州：黄河水利出版社，2008.

[4] 中华人民共和国水利部. SL 289—2003 水土保持治沟骨干工程技术规范 [S]. 北京：新华出版社，2003.

[5] 中华人民共和国国家质量监督检验检疫总局，中国国家标准化管理委员会. GB/T 16453.3—2008 水土保持综合治理技术规范——沟壑治理技术 [S]. 北京：中国标准出版社，2008.

[6] 中华人民共和国国家质量监督检验检疫总局，中国国家标准化管理委员会. GB/T 16453.1—2008 水土保持综合治理技术规范——坡耕地治理技术 [S]. 北京：中国标准出版社，2008.

[7] 中华人民共和国国家质量监督检验检疫总局，中国国家标准化管理委员会. GB/T 16453.2—2008 水土保持综合治理技术规范——荒地治理技术 [S]. 北京：中国标准出版社，2008.

[8] 何秉顺，黄先龙，张双艳. 山洪沟治理工程设计要点探讨 [J]. 中国水利，2012（23）：13-15，36.

[9] 赵健. 我国泥石流防治措施研究 [J]. 中国水利，2007（14）：50-52.

[10] 陈真莲. 小流域山洪灾害成因及防治技术研究 [D]. 广州：华南理工大学，2014.

［11］ 张平仓，任洪玉，胡维忠，等．中国山洪灾害区域特征及防治对策［J］．长江科学院院报，2007（2）：9-12.

［12］ 赠庆利，岳中琦，杨志法，等．谷坊在泥石流防治中的作用——以云南蒋家沟 2 支沟的对比为例［J］．岩石力学与工程学报，2005，24（17）：3137-3145.

［13］ 许晓艳，谢立群．山洪灾害的成因和防治措施初步研究［J］．吉林水利，2006（s1）：24-25.

［14］ 文明章，林昕，游立军，等．山洪灾害风险雨量评估方法研究［J］．气象，2013（10）：1325-1330.

［15］ 马建明，刘昌东，程先云，等．山洪灾害监测预警系统标准化综述［J］．中国防汛抗旱，2014（6）：9-11.

［16］ 水利部水文局．中小河流山洪监测与预警预测技术研究［M］．北京：科学出版社，2010.

［17］ 朱锡松，李洪舟，陈涛．四川省山洪灾害防御应急预警机制研究与评价［J］．中国防汛抗旱，2014（S1）：70-72.

［18］ 黄先龙，褚明华，左吉昌，等．大力加强我国山洪灾害防治非工程措施建设［J］．中国防汛抗旱，2010（6）：4-6.

［19］ 张行南，罗健，陈雷，等．中国洪水灾害危险程度区划［J］．水利学报，2000（3）：3-9.

［20］ 赵士鹏．中国山洪灾害系统的整体特征及其危险度区划的初步研究［J］．自然灾害学报，1996（3）：95-101.

［21］ 田国珍，刘新立，王平，等．中国洪水灾害风险区划及其成因分析［J］．灾害学，2006（2）：1-6.

［22］ 赵刚，庞博，徐宗学，等．中国山洪灾害危险性评价［J］．水利学报，2016，47（9）：1133-1142，1152.

［23］ 孙东亚，张红萍．欧美山洪灾害防治研究进展及实践［J］．中国水利，2012（23），16-17.

［24］ 李瑛，黄建和．日本的山洪灾害防御体系［J］．人民长江，2008（20）：80-81.

［25］ WMO Commission for Hydrology. Implementation of a Flash Flood Guidance System［R］. 2017.

［26］ Konstantine Georgakakos. Modern operational flash flood guidance theory：Performance evaluation［C］//International Conference on Innovation Advances and Implementation of Flood Forecasting Technology，2005.

［27］ Institute for Protection and Security of the Citizen. Guidance on Flash Flood Prevention and Mitigation［M］，2002.

［28］ APFM. Guidance on Flash Flood management：Recent Experiences from Central and Eastern Europe［R］，2007.

［29］ Arun Bhakta Shrestha，Syed Harir Shah，Rezaul Karim. Resource Manual on Flash Flood Risk management［M］. International Centre for Integrated Mountain Development. 2008.

［30］ Marco Borga. Real time guidance for Flash flood risk management［J］，Technical report 2009（3）.

第五章　城市内涝治理

城市是国家或区域的社会、经济、政治、文化中心，我国城市众多，分布地域广阔，城市所处自然地理位置及其发展建设模式是造成城市洪涝灾害的决定性因素。根据城市面临洪涝特点，可将其分为平原城市、山丘城市与沿海城市等三大类。平原城市按是否滨临大江大河进一步分为两类，同样，沿海城市按是否滨临大江大河也分为两类，其中滨临大江大河的沿海城市，会受到江河洪水、风暴潮和高潮位的多重威胁。

就防御江河洪水和海洋洪水（风暴潮、海啸、海平面升高）而言，城市与其他地区采取的措施（工程的和非工程的）并无本质区别，由于其重要性，防御标准较周边区域相对更高，有时出于安全和景观的需要，会建设顶宽超过堤高 10 倍以上，其上可进行道路修筑、楼房建设等开发利用的漫而不溃的堤防，以减轻超标准洪水的影响。

城市内涝（通常认为是城市洪水的一种类型）指因当时暴雨积水淹没城市地表或人工地下设施的现象，按照我国《室外排水设计规范（2014 年版）》（GB 50014—2006）的定义，城市道路所有车道的积水深超过 15cm 或建筑物内部进水称为发生了内涝。相比于农田内涝，无论其影响特征和防治措施都有显著的差别，人类对其认识和应对尚处于不断深化和完善的过程中，因此有必要进行深入的讨论研究。

第一节　概　　述

2017 年我国城镇化率目前约为 58%，并以年增长率约 1% 的速率发展。城区面积不断扩张，人口和资产向城镇快速聚集，影响着城市内涝特性，也加大了城市内涝治理的难度。

随着城市区域的迅速扩张和人口资产密度的增加，内涝问题日趋严重：平原城市，内涝灾害几乎每年都有发生，以往几乎没有内涝问题的山丘区城市，近来内涝也频繁发生，造成交通中断、经济活动停滞、生活不便、水体污染，严重时甚至导致人员死亡、城市功能暂时瘫痪。由于城市与其他区域社会经济活动联系紧密，内涝除导致城市自身灾害损失外，也会造成相关地区衍生灾害和间接影响。

一、城市内涝成因及风险

在城市下垫面条件一定的情况下，暴雨是造成城市内涝的主要原因，即城市地区降雨径流超过其排涝能力导致城市道路积水或建筑物周边积水达到某一阈值，便出现了内涝。环境条件的变化和人类活动一方面可能导致内涝发生频率增加；另一方面会加重内涝淹没程度、增加内涝淹没范围；反之，内涝治理措施和合理的开发建设行为则会有效缓解内涝问题。

（一）人类活动

城市不断地向低洼地带发展、扩张，城市建设导致不透水面积的增加，过度开采地下水或地表荷载的增加导致城市整体或局部区域地表沉陷，填埋自然水体、侵占排水通道导致当地蓄水排涝能力下降，城市生活和建设垃圾管理不善，堵塞淤积排水管网、河渠，导致排水排涝不畅等人类活动，会使得同等降雨下内涝发生或严重化。

城市建设和扩展加大不透水或弱透水面积，河道渠化和地下管网建设，使得城区产流增加、汇流加快，导致进入排涝河道的径流量更大、更为集中，河道流量和水位在同等降雨条件下呈不断增高态势（图5-1），河道洪水沿城市排水通道倒灌进入市区造成淹没的情况也逐渐增多和严重化。

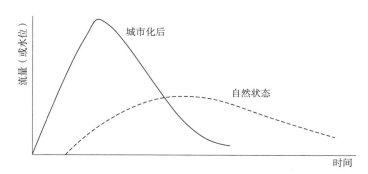

图5-1 城市化前后河道流量（水位）过程概念图

忽视内涝风险的不合理的土地利用行为和开发建设方式，例如填埋侵占河湖、道路建设阻断排水通道、下潜式道路、地下设施进出口低下、"先地上后地下"的建设程序等，也是导致城市内涝或内涝严重化的人为因素。

（二）气候变化

国内外实际观测资料和有关研究表明，城市人口集中、高密度和高强度的经济活动、建筑结构及下垫面特性的综合影响导致城市地区气温升高、粉尘大量排放，使得城市"热岛效应"和"雨岛效应"明显（图5-2），降雨概率、降雨量和降雨强度较周边地区明显偏高。研究者利用上海地区170多个雨量观测站点的资料，结合天气形势，进行众多案例分析和分类统计，发现在汛期（5—9月），上海城区的降水量明显高于郊区，呈现出清晰的城市雨岛特征。有研究表明城市化对济南市降雨的频次以及雨型均造成了较大的影响，增加了各种降雨强度等级的降雨概率，城区比郊区的降雨概率增加10%以上，特别是暴雨以上的降雨场次增加了22%。

研究表明，受人类活动影响，全球气候处于更为急剧的变化之中，气温呈持续上涨态势，在此背景下，暴雨频发，极端天气事件，包括极端暴雨发生的可能性增加，从而使城市内涝进一步严重化。伴随着气候变化和全球升温，海平面上升，暴雨引发的河道洪水也呈加大趋势，由此对沿海沿

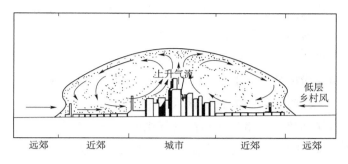

上升气流

低层
乡村风

远郊　　　近郊　　　城市　　　近郊　　　远郊

图 5-2　城市热岛效应和尘盖

江城市排涝产生更严重的顶托，也使城市内涝加剧。

（三）城市内涝风险

根据第二章的定义，城市内涝风险由内涝发生可能性（概率）、受内涝影响承灾体的暴露性，以及承灾体的脆弱性三方面因素构成。

城市内涝发生的可能性与降雨强度和降雨量（即降雨过程）以及城市除涝（即排蓄）能力相关，对于城市除涝体系建设所对应的设计降雨雨型，当发生该雨型暴雨的量级大于城市除涝体系设计标准时，则可能发生内涝。例如某城市的除涝标准为 20 年一遇，则发生重现期大于 20 年一遇设计降雨雨型的暴雨时，便会出现内涝（即积水淹没水深超过某一阈值，如《室外排水设计规范》所界定的）。由于实际降雨过程不可能与设计过程完全一致，其降雨强度、降雨量，以及降雨时空分布的组合千差万别，有时会出现降雨量超过设计标准无内涝发生，而降雨量低于设计标准发生内涝的情况，因此城市设计除涝能力有一定程度的不确定性。此外，城市排水的承泄区（河道、湖泊、海洋等）在暴雨发生时的状态与设计所假定的状态不一致，城市排水管网、河渠、水体等因各种原因（如雨水收集系统进水口或管道因垃圾堵塞，河渠淤积侵占，以及蓄水湖泊水位高于或低于设计值等）在暴雨发生时与设计状况出现偏差，也会对是否发生内涝造成影响。

城市承灾体种类繁多，既有位于地表的资产和人口，也有地下的；既有固定的，也有移动的；既有受淹影响限于自身的，也有一旦受淹会波及其他地区的。由于内涝淹没深度通常较浅，水流流动平缓，相对而言，城市建筑物多不会受到损坏，可能因淹受损的建筑物主要集中在城中村、棚户区、临时和老旧房屋。与建筑物不同，城市水电气等系统（通常被形象地称为"生命线"）、污水处理厂、交通道路等维持城市正常运行的设施若因内涝受淹，一时丧失其应有功能或出现故障，虽自身损失不大或未受损，但其造成的影响和衍生危害极为严重，极端情况下，有可能导致城市某些功能大面积瘫痪或与之相关活动的中断，也可能造成污水四溢，严重污染城市环境。

位于城市地下设施（如地下商场、地铁、地下车库、地下活动场等）内的资产和人口是脆弱性最高的承灾体，一旦地下设施出入口因内涝进水封堵，转移疏散及排水极为困难，其内部资产可能会因长时间淹没、浸泡，遭受严重损失，并危及其内部人员的生命安全。

城市中日常生活和经济活动高度集中、繁盛，由此产生大量的垃圾及污水，城市内涝的发生，可能造成垃圾随水流扩散，污水漫溢，对于雨污合流的城市更是如此，四溢的垃圾和污水不仅导致城市地表和水体污染，传播病菌，而且水流携带的垃圾还会堵塞排水系统、淤积河湖，降低排涝能力，加重内涝程度。在城中村和棚户区，由于垃圾收集处理和排水系统多不完善，因城市内涝引发的环境和健康问题更为严重。

在暴雨量级超过城市除涝标准不多的情况下，城市内涝风险多表现为因部分道路受淹，交通中断或滞缓，导致部分人在一段时间内不能正常投入日常工作，而造成劳动生产的产值损失，以及部分人出行和生活不便。若遇远超过城市除涝标准的暴雨时，城市内涝风险会剧增，可能造成大面积交通瘫痪、部分生命线系统失效、地下设施淹没、大范围污染，甚至生命损失。

二、城市降雨产汇流与内涝

城市范围内及其所在流域的降雨，在超过下渗、植被截留、蒸发蒸腾、地面填洼能力的情况下，将产生地表径流，逐级汇入沟渠、地下管网、城市内部河湖，最终排出城市进入承泄区，如流经城市的大江大河、城市周边湖泊或海域（图5-3）。

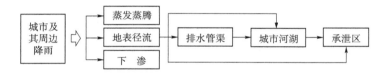

图5-3　城市降雨产汇流路径概念图

城市高密度的建筑物和大面积硬化（不透水或弱透水）地面，显著增加了城市产流，在高度城市化区域，比之自然地表，其径流系数会成倍增加。

城市林立的高层建筑物，具有进一步增加城市不透水面积，加大产流量的作用：城市降雨期间，多伴随不同级别的风，同时受建筑物间空气对流的影响，雨水并非垂直落到地面，部分会斜向落到墙面，而几乎直接产流，其中部分流入周边绿地，部分流入硬化地面和道路，成为地表径流。

在地表径流汇流过程中，若径流量超过一定量级，会导致地表局部区域或道路的水深上涨达到某一阈值，造成建筑物进水或交通道路某些路段所有车道的水深大于15cm（《室外排水设计规范》界定的临界值），便发生了内涝。

除城市区域当地降雨产生的径流外，城市所在流域位于城市上游集水区的产流也将流入城市地表或河渠、管网，而对城市内涝产生影响：进入城市地表的外界来水会增加内涝范围或内涝水深，流经城市管网、河渠的外界来水，会增加管渠排水压力，抬高排水河渠水位，当河渠水位高于周边城市地表高程时，有可能出现河道水流倒灌或泛滥进入城区，导致内涝或加重内涝程度。

城市地形的自然起伏决定了城市地表径流的总体方向，通常，城市河湖周边及城市河道下游地区，地势相对低洼平坦，是城市地表径流汇集区，更易发生积水内涝。而就城市局部地形而言，其规划建设通常遵循建筑物底板高程高于建筑物周边地面，生活工作区地面高程高于其中的道路，生活工作区的道路高于周边公共区域，公共区域的绿化带、人行道、广场高于公共交通道路的原则，如图1-6所示。

在这种微地形条件下，暴雨产生的地表径流除部分在生活、工作场所和公共地表滞留、下渗和进入地下管网外，其余部分（通常占一次暴雨地表总径流量的大部）经地表汇入公共交通道路，并在沿道路行进过程中进入其两侧沿程的雨水收集系统，汇入地下管网。由此可见，城市道路是城市地表径流的主要归宿，也是排水压力最大之处。

城市公共交通道路横断面多呈中央高、两侧低的弧形，有时出于特殊需要，会建造成一侧高、另一侧低的斜坡状，进入道路的地表径流首先在其两侧或一侧流动，经雨水收集系统进入地下管网，当径流量超过雨水管网系统的排水能力或雨水收集系统的入流能力时，将滞留在道路中，造成路面积水和水位上涨，逐次由低到高淹没车道，若最后一条车道淹没水深超过规定的内涝阈值，就会导致交通中断，内涝便发生了。

几乎所有城市的地形都会向某一方向倾斜，与之大致同方向的交通道路或多或少会因此有一坡度，以利于排水，若道路因地形条件限制或其他原因（如建设下潜式立交道路、地面局部沉陷等）沿程有起伏而存在低洼路段，道路中较高路段未能进入地下管网的暴雨径流会向低洼路段汇集，增加低洼路段的排水压力，使其成为城市易涝点或易涝路段。积水沿道路呈藕节状分布是城市内涝的典型特征。

在沿城市地形倾斜方向有坡度的道路和与之相交的坡度较小或几乎无坡度的道路的路口，特别是在有坡度道路末端的丁字路口处，暴雨期间顺有坡度道路行进的地表径流会在此遇阻而停滞，也是城市可能的易涝点。

有些城市，例如丘陵城市和沿河依山的城市，其地形坡度较大，若原有自然排水沟渠因城市发展而萎缩或填埋，与城市地形倾斜方向基本一致的交通干道因延伸距离长且比两侧地面低，其上游山区坡面来水和道路两侧地表径流会自上而下渐次汇入该道路，当进入道路的径流量超过雨水收集系统接纳能力或地下管网排水能力时，沿道路行进的流量将逐步增加，除水深会超过内涝阈值外，与道路比降成正比的流速也会较大，有时可能超过 2.0m/s，出现道路成为行洪渠道，洪涝并存的特殊现象，严重时可使车辆漂浮失控，冲倒卷入行人，对生命安全构成威胁。

若城市垃圾（包括生活、生产垃圾、植物垃圾和建筑垃圾）管理不善，城市非硬化土地缺少植被覆盖，或即使植被覆盖完好，但高于周边地面，则在城市暴雨期间会出现垃圾四溢、泥沙俱下、污水横流的情况。暴雨径流沿程冲刷携带垃圾、泥沙和污染物，堵塞雨水收集系统（尤其是雨箅子）、淤积管网河湖、阻碍排水、进入受淹建筑物内、污染城市地表和地下水体，在减低城市暴雨径流排蓄能力，增加内涝发生的可能性的同时，还造成生态、环境和卫生问题，传播疾病、危及健康。

由于多位于低洼地带，且缺乏规划、盲目建设、随意堆弃垃圾、排水系统不完善等原因，城市内的城中村或棚户区的地表径流形态与城市其他区域有所不同：建筑物基础多为直接平整原地形后形成，底板高程与周边齐平，道路自然形成，随意起伏，原有自然排水沟道因私搭乱建，有完全阻断的，有填埋的，有重重设障的，有成为垃圾堆放场所的，且通常存在排水通道和有限的地下排水设施缺乏维护，淤塞严重的现象，暴雨期间，周边地区的径流会向其中汇集，当地径流又难以排出，一旦地面积水，极易进入建筑物内部，是城市内涝最易发生，内涝治理最为困难的地带。

城市雨水排水管网多沿道路布设，经道路沿线雨水收集系统流入地下管网的暴雨径流（绝大部分雨水以此方式进入地下管网），逐级汇入或直接进入排水支管、干管，自流或通过泵站排入城市排涝河渠，流入承泄区（有的管道直通承泄区），完成地下排水过程。

城市排水管网有雨污合流、雨污分流和混合型（即部分分流）之分，雨污合流管网因暴雨期间的合流水量远超过城市污水处理设施的处理能力，多直接排入河渠和承泄区，造成水体污染。

暴雨期间，城市上游及周边郊区和城市区域排入城市排涝河渠（湖）的径流将增加河渠流量，抬升河渠（湖）水位，河渠（湖）水位上涨到一定程度后既会对城市管网自流排水形成顶托，也会降低排水泵站的抽排能力，严重时河渠（湖）水可能经管道倒灌进入城市低洼地带或道路，加剧内涝程度，极端情况下，河渠（湖）水可能溢出，淹没城区，出现洪涝并发的现象。城市化以及管网排水，会增加同等降雨下进入河渠（湖）的径流量，并使径流过程更为集中，而造成水位显著抬升（图5-1），导致河渠（湖）溢流淹没的可能性加大。

三、城市内涝治理策略

城市内涝治理策略是一系列适宜城市内涝特征的应对措施的组合，最佳的措施组合建立在对城市内涝当前和未来风险深入认识、全面把握、科学预见的基础之上，因城而异。

按是否改变城市内涝形成、发展、运动特性和过程，城市内涝治理措施分为两类：工程措施和非工程措施；按应对构成城市内涝风险要素的不同，治理措施又分为三类：降低内涝发生可能性的措施、减少承灾体暴露性（即内涝淹没程度）的措施和降低承灾体脆弱性（即提高承灾体自身抗御内涝性能）的措施，前者多属于工程措施，后两者则为非工程措施。上述措施并不互相排斥，有效的城市内涝治理策略通常是各类措施并举，优势互补，因城制宜。

由于人工影响或改变天气，调控降雨的措施目前多为局部的，且利弊尚无定论，目前城市内涝治理工程措施主要涉及改变地表及地下水水文过程，降低内涝发生的可能性，可归结为两类：蓄水措施和排水措施。城市排水管网、河渠、泵站为典型的排水措施，城市湖泊、蓄滞洪区、地表地下蓄水池、下凹式绿地为典型的蓄水措施。有时同一种措施会兼具蓄、排两种功能：城市植被可将雨水蓄入自身组织和加速雨水下渗蓄入地下土壤，同时通过蒸发和蒸腾将其表面和内部水分排入大气（参见图1-5），修建城市河道堤防，既加大了河道排水流量，也增加了河道蓄水容量，城市大直径地下管道（如深隧），与加高城市堤防的功效类似，提高城市地表下渗能力的措施，例如透水铺装、渗水沟、渗水井、绿地、高透水性蓄滞洪区等，在加大土壤蓄水量的同时，也增加了排出城市的地下水量，等等。

城市除涝工程体系分为大系统和小系统。小系统是指由排水管网和排水河渠组成的排水系统，大系统则是指包括内涝源头治理、过程治理措施、地表排水、小系统、城市蓄水空间和内涝承泄区（河湖、海洋）在内的蓄、滞、渗、排措施结合的除涝体系。城市地表，包括天然和人工地面、城市道路，虽然不是以排蓄城市内涝为目的存在的，但也具有输送城市地表径流和临时蓄滞雨水的功能（当地表和道路径流或积水深度小于某一阈值，并不称其为内涝），也是城市除涝大系统的重要组成部分。

城市内涝治理非工程措施的管理对象是可能遭受内涝危害和影响的承灾体，包括人的建设开发、规避洪水风险和分担洪水风险的行为，提高人和资产抗御内涝的能力（也称增强承灾体耐水性或降低承灾体的脆弱性）。城市土地开发和建设管理，如划分禁止开发区、限制开发区（或称"禁建区"和"限建区"）的洪涝区划，抬升建筑物基础，抬高地下设施出入口高程或临时封堵地下设施出入口，以及应急转移人员和财产、城市垃圾管理等，属于降低承灾体暴露性的非工程措施；建筑物和设施防水、耐水材料应用、抗淹防冲结构、自救救人知识技能普及、洪水保险等则属于提升承灾体抗御内涝能力或降低承灾体脆弱性的非工程措施。有些通常归于非工程措施的行为，例如抬升地下设施出入口高程或临时封堵地下设施、地表建筑物出入口的措施，也局部改变了地表径流的运动形态或过程，因此在一定程度上兼有工程措施的特性。

城市内涝的严重化与不合理的城市开发建设方式密切相关，对处于快速发展和扩张阶段的城市尤其如此，因此严格的土地开发利用和建设法规与科学合理的城市空间及土地规划，是避免或减轻内涝问题的最为有效的措施。

城市内涝治理非工程措施涉及人的行为管理以及面对内涝的群体如何采取合理的行动减轻内涝的危害和影响，因此，公众的内涝风险意识、对内涝特性的认知、对内涝应对方式的了解，以及对相关法规、指令、规范的积极响应是非工程措施得以推行、实施并发挥其期望效果的关键。由于缺乏内涝风险意识以及对内涝危害的无知，受眼前利益驱使，侵占法律禁止开发的河湖、填埋湖泊河渠、阻断排水通道、沿河设障和倾倒垃圾等加重内涝风险的现象在我国城市普遍存在；由于不掌握内涝特性的相关知识，城市地下设施出入口建设高程偏低、在易涝低洼地带建设基础设施和公共设施、采用下潜式立交道路等，造成地下设施进水，基础设施、公共设施淹没，下潜路段积水，而导致生命财产严重损失和交通一度瘫痪的内涝灾害屡见不鲜，一些行之有效的减轻内涝损失和影响的措施，例如建筑物、关键设施和电器防水耐淹设计和材料，因会增加建设成本或与常规设计有所不同，而难以推广普及；由于不了解内涝发生时如何采取合理的行动，以身（车）投水，贻误人员或关键资产转移时机，未能及时封堵地下设施进出口，未采取应急防护或密封供水供电设施（设备）、危化物资、垃圾和污水处理设施（厂）或措施采取不当等，而造成车毁人亡、地下设施淹没、断水断电、电器设备漏电污染物扩散等的情况也时有发生。

公众风险意识的提升、认识的深入、知识的普及和行为的改变有赖于持之以恒的、广泛的和有效的宣传教育、沟通交流和在相关内涝治理措施规划、设计、实施和运行阶段的公众参与。编制洪水风险图并以通俗易懂的方式表达和公示，通过各种媒介宣传相关知识和合理的行为方式，开展各种形式的演练等，是保障非工程措施减灾目标得以实现的有效手段。

城市内涝治理策略的构建不可局限于城市本身，需纳入城市所在流域统筹考虑。一座城市可能涉及不同层次或尺度的流域，城市本身所处的流域有时是更大尺度流域的子流域，通常，随着流域层次（级）的降低，流域的水文条件和水文特性对城市的影响逐步增加：发源于高层次流域流经城市的河流多为城市内涝的承泄区，引发城市暴雨的气象事件虽然往往与形成该河流径流特征的气象事件无关，但由于城市暴雨频发期通常也是该河流的汛期，其洪水特征将对城市排涝体系的效率产生影响。原则上，大流域上游水库和河道沿程蓄滞洪区的调度目标是为防御河道洪水，保护城市和重要地区免于河道洪水泛滥淹没，没有缓解城市内涝的任务，若城市暴雨期间正值该河流洪峰流经，则可能因承泄区水位变低出现城市"关门淹"的情况，而加重城市内涝态势；反之，则可能出现同等降雨条件下，城市无内涝发生的情况；当流域尺度降至可涵盖城市的最小子流域时，城市通常会与该子流域处于同一天气系统之中，流域暴雨与城市暴雨多为同一天气系统引发，流域产流会汇入城市排水河渠或以地表径流的形式流入城市区域，城市当地暴雨径流和流域汇流相互叠加、密不可分，城市洪涝相互影响，有时互为因果，将流域和城市作为一个整体，以流域为单元设计一体化的工程措施与非工程措施优化组合的洪涝治理策略是应对城市内涝问题的最佳途径和方法。

城市人口资产密集、建筑物众多，土地资源稀缺，难以辟出广大的空间专为内涝治理措施，尤其是工程措施所用，因此，将城市内涝治理策略和措施纳入城市总体发展建设规划之中，结合相关行业城市土地开发利用和建设工作，实现土地资源的多目标利用，以充分发挥其效用，是城市内涝治理的必然选择。

第二节　城市内涝治理工程措施

除按上述排、蓄分类外，内涝治理工程措施还可分为源头治理措施和过程治理措施，源头治理也被称为就地消纳雨水的措施，如增加绿化面积，加大地表渗透率，下凹式绿地、下凹式停车场，在下潜式道路或立交桥下设置的地下蓄水池，建筑物雨落管末端雨水收集箱等，多属于蓄水措施的范畴。在治理对象尺度较大时，视为源头治理的措施，其内部往往兼有源头治理措施和过程治理措施，例如，将居民小区或企事业单位的地域作为一个治理单元，凡减少了流出该单元的径流，都可视为被就地消纳，属于源头治理措施。但究其细节，当地降雨径流则可能有通过沟、管和地表汇集到该单元内部地表水体或地下蓄水池中，或采用渗水沟、渗水管将其中径流沿程渗入地下的情况，属于过程治理措施。

城市内涝治理工程措施的选取应与具体城市的自然地理、内涝特征、社会经济状况相适应，在效率与公平的原则下，"因天材，就地利"，顺势而为，因城制宜，全面规划，统筹兼顾，方可取得期望的效果。

一、城市排水系统

城市排水系统有"小系统"和"大系统"之分，又称为"狭义"和"广义"排水系统。通常所称的排水系统多指由管网和河渠组成的专门用于城市排水的系统，即"小系统"或"狭义"的排水系统；"大系统"或"广义"的排水系统除小系统外，还包括具有行水、排水功能的地面和道路，也包括城市排水的承泄区。

山丘区城市的天然排水条件优良,降雨产流可迅速经城市地面、道路流入河道,排出城市区域,其小系统相对简单,多为规整利用原有自然沟道和开挖简单的路边明沟或暗沟形成,基本不会出现内涝,但若因城市建设填埋或缩窄原有排水沟渠、城市不透水面积大幅度增加,或修建与城市地势走向基本垂直的道路,则可能导致暴雨期间局部区域或道路积水深度超过临界值而产生内涝或道路行洪的现象。此外,侵占城市河道沿线低洼地带或沿城市河道修筑高于原地面的堤防防御河道洪水,开发堤后低洼地带的土地,河道沿线区域也可能会因排水条件不佳,或排水通道受堤防阻碍,或受河道高水位顶托而出现局部、短时间的内涝积水现象。除非确有需要,盲目侵占河道,开发利用沿河低洼地带土地的行为是不可取的,除可能引致内涝外,更严重的后果则是降低了河道的行洪能力,使沿河新开发地带的人口和资产处于更为频繁发生的洪水威胁之下。

平原地区历史上自然形成城市,老城区多位于排水、防洪条件优良的位置(非于大山之下,必于广川之上),若在城市建设过程中较好地保留和维持了原有自然形成的排水系统,且开发密度得到有效的控制,则无需复杂的人工排水系统(小系统)即可基本免于内涝困扰,此为许多老城区很少发生内涝的主要原因。随着城市围绕老城向周边低洼地带扩展,内涝问题会逐步凸显,因为即使在天然状态下,这些区域也会在暴雨期间出现积水现象,建设城市专用排水系统势在必行,对于仅出于经济发展需要,无视地理条件而在平原地区低洼地带建设的现代新兴城市,则更是如此。

受效率(经济可行性)、竞争性的地表和地下空间需求、自然条件以及公平性等因素的制约,城市排水分区小系统的排水标准或排水能力会依区域的重要性设置某一合理的值,该值的设定各国虽有一定程度的差异,但基本接近。我国《室外排水设计规范(2014 年版)》(GB 50014—2006)的相关规定见表 5-1。

表 5-1　　雨水管渠设计重现期　　　　　　　　　　　　　　　　单位:年

城镇类型 \ 城区类型	中心城区	非中心城区	中心城区的重要地区	中心城区地下通道和下沉式广场等
特大城市	3~5	2~3	5~10	30~50
大城市	2~5	2~3	5~10	20~30
中小城市	2~3	2~3	3~5	10~20

注:1. 按表中所列重现期设计暴雨强度公式时,均采用年最大值法。

2. 雨水管渠应按重力流、满管流计算。

3. 特大城市指市区人口在 500 万人以上的城市;大城市指市区人口在 100 万~500 万人的城市;中小城市指市区人口在 100 万人以下的城市。

适宜的排水小系统(雨水管渠)的设计标准应基于风险分析(见第二章的相关方法)合理选取,不宜生硬地套用上述规范的推荐值。

竞争性的地表和地下空间需求、自然排水条件的改造和公平性在很大程度上均可归结为经济问题,若地表和地下空间更多地用于排水管渠建设更有效率(即单位投入的回报更高),或加高排水河道堤防、开挖新的排水通道或提高承泄区消纳能力(如提高流经城市的外排河道泄流能力,修建城市周边湖泊围堤增加湖泊容积等）从而创造外排更多雨水的条件更有效率，或将因城市排水而转移到周边地区的防洪排涝风险通过经济手段给予补偿更有效率，则在此情况下（经济可行），城市排水小系统的排水标准可以突破表 5-1 中设计值的上限。实际上，由于建设或改造排水管渠系统投资巨大，地下空间已被其他公用设施占用而无法建设更高标准的排水管网，现有地表建筑物和地下设施密集导致原有排水管渠系统改造难以实施等制约因素的存在，提高小系统排水能力的措施往往难以达到效率准则的要求，许多城市更多的是采用规定值的下限，有些城市甚至不能满足规定值下限的要求。

相对而言，城市高标准的排水小系统的利用率较低，因为城市可能多年不会遭遇达到设计排水标准降雨，即使遇到，其发挥作用的时间也多只限于一年内的几小时或几十分钟，其土地（地表和地下的）利用效率往往会低于许多商业和公用事业用途，而对于原有低于规定排水设计标准的管渠系统，改造更新使其达标的投入通常比新建管渠更高，因而效率更低。

城市排水河湖的泄流能力或容量是制约排水管渠建设或改造的主要因素之一。就单一排水分区而言，其管渠排水能力可达到，甚至超过规范的要求，但在遇设计标准暴雨时，各分区排水总量与河道上游或湖泊周边其他区域的来水量之和可能会大于河道安全泄量或湖泊安全蓄水量，出于河湖防洪的需要，则会强制性减少（有时甚至暂时中止）管渠泵站向河湖排水，而使得管渠实际排水能力达不到设计标准。通过疏浚河湖、降低湖泊汛限水位和加高河湖堤防等措施加大河道泄量和湖泊容量可容纳更多的管渠排水，从而提高城市管渠的实际排水能力，但在许多城市某些措施可能与城市生态、环境或景观需求相冲突而难以实现，还可能出现河湖水位过高导致排入河湖的径流经某些通道倒灌进入城市地表的情况。开挖分洪道（或旁通河渠）分流上游来水或增加河道泄量既可提高城市排水能力，又兼具改善城市生态、环境和景观的功效，对有些城市是一项有效的措施，但对土地资源紧缺的城市或建成区可能难以实施。

即使是增加管渠排水能力和河道泄量的措施可以满足城市防洪、生态、环境和景观要求，同时在管道出口设置单向出流设施避免了河水倒灌的问题，还面临着最大可能出境流量规定或协定的制约（公平性约束），这种出境流量上限通常在流域、区域防洪规划或城市与其周边（主要是下游）地区政府间协议中有明确规定，具有法律效力，近乎刚性约束，理论上，基于风险/效益分析，城市可在有效率的前提下通过经济手段，补偿因超额泄量转移到周边地区的风险，但实际操作中很少有成功的先例。

鉴于上述约束，合理的城市雨水排水系统设计标准的确定和建设方案的制订程序如下：以城市出境河流上限流量为总控节点，以河道上游设计来水为基流，针对每一排水分区排水口所对应的河段设定该段河流上限泄流量，基于各分区的重要性和就地消化降雨径流条件与能力统筹安排、规划、建设排水小系统。

如前所述，城市排水系统并不局限于排水管渠，地表和道路也具有排水功能，是排水系统的组成部分，相比于建设投入巨大、利用率低下的专用排水管渠，在城市规划、建设和改造过程中，如能充分考虑城市暴雨径流特征，使城市地表和道路兼具较为通畅的排水性能，同时避免人为造成低洼易涝点的开发方式，效率更佳。无疑，山丘区城市具有更优的地表和道路排水条件，就大多数平原地区城市而言，排水管渠无疑是排水系统的主体，但由于城市地形总体趋于河湖方向，以此为基础，合理规整地表、建设道路，可有效弥补管渠（尤其是建成区）排水能力不足，节省管渠建设和改造费用。管渠、地表、道路和河道等各类排水措施统筹兼顾，是城市排水系统规划建设的最佳选择。

城市道路纵横交错，且基本低于沿程两侧地面，通过地表直排入河湖的雨水仅局限在河湖沿线的较为狭窄的区域，绝大部分径流将经由地表汇入道路，而使得沿道路布设的管网和道路表面成为排水的主要通道。兼顾排水的道路设计和建设方式与排水渠道类似：道路沿地势走向有基本相同的比降，尽可能避免起伏（如下潜式道路）。

沿道路行进的径流大致有四个出路：

（1）向下进入地下管渠，即专用排水系统（小系统）。

（2）经道路表面沿程就近分流进入临近河道（多限于临近河流的道路）。

（3）在道路终端注入河道。

（4）沿程分流进入蓄滞洪区、湿地、绿地、渗透沟或渗透井，临时储存或渗入地下（详见"城市蓄水系统"部分）。

为进一步增加道路行水能力，减轻地下管网排水压力或节省建成区地下管网更新改造投入，有的城市有意降低与城市地形坡度方向一致且指向排水河道的交通干道路面，使其近似于渠道形态，遇暴雨时，若预报道路内径流将超过车辆安全通行水深或流速，则封闭该道路，临时用作排水渠道，排除沿程汇入其中的地表径流。这种交通、排水功能兼顾的道路设计方式对一些易涝城市通常是一种有效的选择，因为一旦超过地下管网排水能力的暴雨发生，道路也将出现积水内涝，造成通行中断。

无论采取何种措施，城市排水系统的排水能力都是有限的，超过其排水能力上限的暴雨总会发生，超额部分的径流或滞留于地表、或行进于道路，导致城市内涝，若进入行洪排水河道的径流超过河道排泄能力，则可能溢出河岸或堤防，造成洪水泛滥淹没，也有可能经排水管渠倒灌入城市低洼地带，淹没局部区域。

排水系统一时不能排出的超额径流可通过城市蓄水系统的规划、设计和建设，使其蓄于不影响城市正常功能发挥的场所，从而降低内涝发生的可能性或减轻内涝淹没程度。

二、城市蓄水系统

无论城市区域开发建设达到何种程度，城市自身或多或少都有一定程度的蓄水能力：部分降雨可就地下渗蓄于地下，径流在滞留或行进过程中渗入地下；城市河湖、湿地、绿地蓄滞地表径流，即使是城市地表（含道路），在不形成内涝的情况下，滞留或行进在其中的径流也可认为处于临时蓄滞状态；加高河渠、湖泊堤防相应增加了河湖蓄水量等。

与自然状态相比，城市化会显著削弱和降低城市区域的地表和地下蓄水能力：建筑物表面和硬化地面基本隔绝了雨水经地表下渗蓄水于地下的通道，除蒸发外降雨几乎完全产流；填埋、侵占河湖、湿地导致天然水体、洼地蓄水能力丧失或降低，河道、水体的不透水衬砌，阻隔了地表水向地下的渗流；植被面积的缩小，在降低雨水下渗量的同时，也减少了植物蒸发蒸腾量和蓄于植物自身的水量；刻意填高的草坪、绿化带，使其中形成的径流更快地流出，减少了其蓄水量和水流滞留下渗量等。

为应对传统的城市开发建设方式和人工排水措施会增加降雨产流量和缩短汇流时间，使径流加大且更为集中，增加内涝和洪水风险的问题，近来，可兼顾城市生态、环境和水质改善的"近自然"城市内涝洪水治理或称"低影响开发（LID）"、可持续的城市排水系统（SUDS）、"海绵城市"理念开始兴起，并逐步在城市开发建设政策规划和内涝治理实践中得以推广施行。

"近自然"或"低影响开发"的城市建设理念的内涵是在城市开发建设过程中尽量维持城市天然排水体系（因天材，就地利），建设开发后不增加城市地表径流量，并将雨水应尽可能在小范围内，采取低成本、小规模的生态友好型的措施，以接近自然的方式就地或沿程消化、滞留，而不是试图将其尽快输送入排水系统，排出境外，只有就地或沿程不能消纳的部分，才进入外排体系。

作为该理念的具体体现，许多城市针对城市开发建设和改造出台了"开发建设或更新改造后，流出建设涉及区域的径流不得大于该区域自然状态下的径流"的政策。

近自然的内涝治理策略和方法不仅限于蓄滞，也包括排水系统的"近自然化"，例如去除河湖的硬化衬砌和不透水护岸，恢复自然状态或采用生态友好型材料，打开渠道盖板，恢复为明渠状态，采用透水管道，使得其中雨水能沿程下渗，采用透水铺装，使径流在地表和道路进行过程中更多地渗入地下等。可见，城市内涝治理的蓄、排措施并不能截然分开，往往兼具两种功效，只不过有主次之分。

城市蓄水系统由源头和过程蓄水措施组成，并与排水系统构成相互联系、优势互补的整体。

对于排水困难的局部区域，如下潜式道路（立交桥），或排水系统改建一时难以实施的区域，例如建成区、城中村或棚户区，建设蓄水系统缓解内涝风险，有时是一段时期内唯一可行的选择。

蓄水系统减少地表径流、延缓汇流时间、坦化径流过程的措施及其效果如图 5-4 所示。

蓄水场所分为地表和地下两种类型，不同自然地理条件的城市，采取的适应性蓄水措施会有所差别，因此需因地、因城制宜。

许多称为蓄水的措施，兼具滞水、坦化径流过程的功效：蓄于蓄水池（箱）、下凹式蓄水场所的雨水会在降雨过程中、降雨间歇期或降雨过后缓慢释放回归排水系统；下渗进入地下的雨水，其中一部分会随地下水排入城市河湖或排出城市区域等。

（一）源头蓄水措施

源头蓄水措施指就地蓄滞消化降雨的措施，包括屋顶蓄水池、绿色屋顶或屋顶花园、雨水花园、下凹式绿地、下凹式停车场、透水地面（透水停车场、透水广场、透水道路等）等。源头蓄水措施有的兼具蓄水和加大蒸发蒸腾量的作用，有的兼具地表蓄水和加速雨水下渗蓄水于土壤或地下水中的功效。

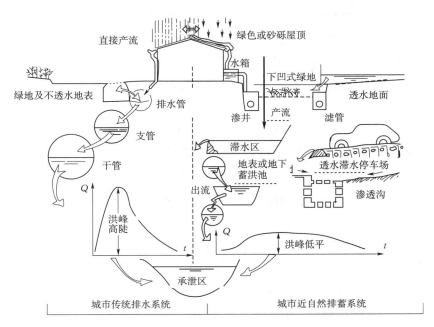

图 5-4 蓄水措施及其效果示意图

各种源头蓄水措施及其作用见表 5-2。

表 5-2 源头蓄水措施及其作用

措施	形式	除涝作用	其他效益	成本	维护
屋顶蓄水池	屋顶防渗、出水控制装备,蓄存雨水	减少或延缓出流	雨水利用	中	中
绿色屋顶、屋顶花园、雨水花园	增加植被面积,植物及土壤蓄水	减少产流、延缓出流、加大蒸腾蒸发	改善生态与环境,改善城市小气候	中	高
下凹式绿地	低于周边地面,蓄存雨水、增加下渗	减少产流、减少和延缓出流	补充地下水	低	低
透水地面	地表、道路透水铺装,增加下渗	减少产流、延缓出流	补充地下水	中	中
下凹式停车场(可为透水式)	低于周边地面,出水口控制	减少或延缓出流		低	低

注 表中成本与维护费用是指在城市开发建设过程中兼顾相应的除涝措施,若是改建或改造,则费用会显著增加。

一般而言,城市屋顶面积约占建成区面积的 25%,可用作屋顶蓄水池、绿色屋顶的以现代建筑物为主,多可占屋顶总面积的 30% 以上,随着旧建筑物的淘汰和改建,这一比例会逐步增加。以屋顶蓄水池面积、绿色屋顶占建成区面积的 10%,可蓄存、消化 24h 降雨量 100mm 计,则对面积 100km^2 的建成区,消减降雨的能力约为 100 万 m^3。而对于传统屋顶而言,降雨基本上会直接转化为径流。

我国城市的绿化覆盖率约为建成区的 40%，绿地的径流系数随降雨量和降雨强度的增加而增加，暴雨及以上量级降雨的径流系数可超过 0.4，即 4 成以上降雨会形成径流，若建成区 50% 的绿地低于周边地面 20cm，则对面积 100km² 的建成区，下凹式绿地蓄水能力将达到 400 万 m³。遇 24h 的 200mm 降雨，因其中约 60% 会通过下渗、蒸发蒸腾消耗，下凹式绿地因此尚余 240 万 m³ 的可蓄水容量。

城市建成区其余约 35% 的面积由道路、水面、广场（含运动场）、停车场等组成。其中道路约占 10% 左右，可用作透水铺装的道路多为人行道，约占道路面积的 20%~30%，广场、停车场的面积因城而异，多不超过建成区面积的 10%，亦可建成透水的和下凹式的，用于增加雨水下渗或临时蓄水。国内外实践表明，维护良好的高效透水地面，可达到将 1h 的 60mm 的降雨全部入渗不产流的效果。

（二）过程蓄水措施

过程蓄水措施将城市地表径流在其流动过程中引入蓄滞场所蓄存、下渗或利用，以达到减少或延缓出流量的作用。

城市常用的过程蓄水措施的类型包括蓄滞洪区和湿地，地表及地下蓄水池，集雨箱（桶），下凹式广场（含运动场）、绿地和停车场，渗沟（管）、渗井、渗池和渗坑等。

1. 蓄滞洪区

蓄滞洪区多沿城市河道布设，因土地稀缺，市区内的蓄滞洪区通常面积有限，且多与湿地结合，兼具生态、环境、景观、休闲等综合功效，面积较大的蓄滞洪区大都位于城市上游郊区或农业地区。蓄滞洪区的主要用途是当河道流量超过河道安全泄量或水位超过保证（设计）水位时，分续超额洪量，消减洪峰，因其蓄水运用可降低城市河段的水位，有利于城市排水，因此具有减轻内涝的作用。此外，蓄滞洪区多位于低洼地带，其周边降雨径流会自然汇集其中，有的城市还通过管渠将径流输送至蓄滞洪区滞蓄，也可视为一种暴雨径流的蓄水措施。实际上，城市河道超标准洪水出现的可能性通常很小，合理调度运用城市内部的蓄滞洪区蓄纳城市区域的暴雨径流，可有效提高其利用效率。

城市地表径流流经湿地型蓄滞洪区还可净化其水质、补充湿地水源、维持湿地正常功能，干旱季节还有补充河道径流，维持河道基流，改善河道生态、环境和景观的作用。

城市暴雨期间，一些缺水城市有意将蓄滞洪区铺设为沙石底床，以增加蓄洪时的下渗，回补地下水，引周边降雨地表径流入其中，具有缓解城市内涝、降低汛期河道流量和水位、进一步加大地下水回补量的多重功效。

2. 集雨箱与蓄水池

集雨箱（桶）多设置在单体建筑物雨落管末端收集储存雨水，在降雨间歇期或降雨过后排出，也有储留箱中用作平时浇灌草坪、树木或洗车等。

有的集雨箱（桶）还设有区分初雨雨水（污染物较多）和其后雨水的装置，以改善留作利用雨水的水质。

受场地所限，集雨箱的容量通常不大，难以有效消纳大强度暴雨的雨量。例如 1000m² 的屋顶，遇 60min 的 50mm 降雨（在许多城市大致为 2 年一遇暴雨）产流量近 50m³，远大于常规集雨箱（桶）的容量。为达到收纳加大强度暴雨雨量的目的，可在建筑物地下建造大容量蓄水池，其构造更为复杂，多分为两个以上的池体，第一级池体用于沉淀和过滤随雨水而下的垃圾，且多需设置水泵，因此建设成本和维护成本均远高于地表集水箱（桶），同时其雨水资源利用效率也更高。

对于城市易涝点的下潜式道路（或立交桥区），因地势低洼、排水不畅，在其下设置地下蓄水池临时收纳蓄存周边汇集于此的地表径流，有时是缓解局地内涝问题的唯一选择。

为保证新开发区和建成区开发建设后降雨期间的地表、地下出流总量不超过开发建设前的自然状态，建设区内地表蓄水池，不仅可有效地消纳因建设增加的地表径流，还兼有改善区内环境、景观，利用雨水的作用。

在城市公共休闲娱乐广场设置景观、蓄水兼用水池，或将已有景观水池（喷泉池）稍加改造使其具备收集周边地表径流的功能，可有效减少进入排水管渠系统的径流量或延缓地表径流汇流速度。

与天然水体不同，城市内小容量的蓄水箱（桶）、地下及地表蓄水池因难以形成自我净化的生物多样化生态系统，多存在蚊虫滋生、水质恶化的问题，而可能危及公众健康和景观，因此，其中蓄水若长期不用，需及时排干，尤其是要确保在蚊虫卵成熟之前完全排干。

城市集雨箱（桶）、蓄水池体系如图5-5所示。

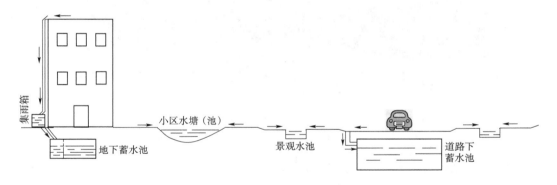

图5-5　城市集雨箱及蓄水池布局示意图

3. 下凹式蓄水场所

下凹式城市绿地、地面停车场和露天广场（运动场）等是过程蓄水措施的主要类型之一，其作用是在降雨期间临时蓄滞地表径流，缓慢释放或增加雨水下渗量，减缓汇流速度或减少地表径流量，从而达到降低内涝发生可能性、减轻内涝淹没程度的目的。下凹式蓄水场所会同时收纳降入其中的雨水，故多兼具源头蓄水和过程蓄水双重功效。

下凹式停车场和下凹式广场主要用于临时滞蓄其周边区域汇入其中的径流，通过地表或地下出水口缓慢释放其中的蓄水，当其中蓄水位超过某一限度，则自然溢流至周边地面；下凹式绿地沿程收纳流经其周边的地面径流或沿道路行进的水流，临时滞蓄、下渗，并缓慢释放，因绿地占城市面积的比例较大（多在40％左右），利用下凹式绿地蓄水，可有效地减轻内涝。如前所述，建成区为100km²的城市，若其中50％的绿地为低于周边地面20cm的下凹式绿地，则遇24h 200mm的暴雨，

291

其源头和过程可能消纳的雨水总量约为 400 万 m^3，占降雨总量（2000 万 m^3）的比例可达 20%。图 5-6 为下凹式绿地收纳蓄滞地表径流过程示意图。

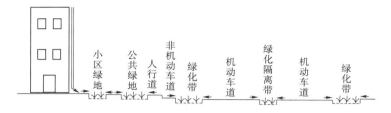

图 5-6　下凹式绿地收纳蓄滞地表径流过程示意图

　　传统的城市绿地多高于周边地面，其作用多为下渗降入其中的部分雨水和延缓其中径流速度，随着降雨强度和降雨量的增加，产流量和径流速度相应增加，绿地的地表径流还会携带其中的泥沙流出，进入排水管渠系统，可能造成管渠或河道淤积，降低排水能力。典型的传统城市绿地形态如图 5-7 所示。

图 5-7　城市传统绿地形态

　　4. 下渗蓄水措施

　　下渗蓄水措施包括渗沟、渗井、渗池和渗坑等，其作用是收纳周边地表径流，加速雨水下渗，蓄水于土壤或地下含水层，部分雨水会随地下水排出城市区域，从而减少可能造成内涝的地表径流量。

　　渗沟（管）为在地表开挖的明渠，有时覆有盖板，沟壁采用多孔介质，如砂砾石堆砌，以加速雨水下渗，在渗沟中埋设多孔管道，则为渗管，草皮沟也是渗沟的一种类型。渗沟（管）多沿小区道路、公共交通道路和河道堤防（护坡）两侧布置，具有下渗、蓄滞和输送雨水，消减地表径流和延缓雨水汇流时间的功能。

　　渗井与渗沟的结构类似，位于地下，功能更为单一，即将雨水渗入地下。渗井可在任何适宜的地点布置，如建筑物雨落管出水口处、渗沟沿线、下凹式绿地和露天停车场内等。

　　渗池位于地表，通过收纳存储高处来水，逐步渗入地下，减少地表径流，多设置于建筑物，如楼房、高架道路等的雨落管出水口处。

　　渗坑多设置于自然下渗条件优良的场所，如由砂砾石构成的地层，将表层土壤去除，形成地势低洼的坑状，收纳周边来水，或经沟渠输送雨水至其中集中下渗。将城市树木根部周边的土壤铲除，形成低于周边地面的浅坑，收纳下渗雨水，也是渗坑的一种类型。

一些主要的城市下渗蓄水措施如图5-8所示。

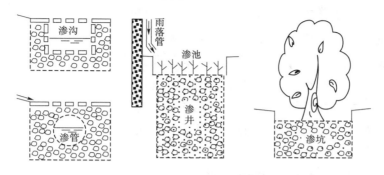

图5-8　几种主要的城市下渗蓄水措施

此外，拆除河渠底部和两岸硬化铺装，如混凝土板、浆砌石等，恢复为近自然状态，也可增加下渗量，减少地表径流。

下渗蓄水措施在地下水位低、地下容水空间大、包气带渗透性强的北方地区，尤其是地下水超采的地区更为适宜，既可缓解城市内涝问题，还具有回补地下水、增加水资源量、改善地下水生态的功效。

三、工程措施的最佳组合

城市内涝治理工程措施无外乎排、蓄两种类型，两者具有互补性，具体措施的选取受自然地理、外排和下渗条件，效率（经济可行性）和公平，以及防洪、资源、生态、环境和景观等因素的制约，不同的城市，其工程措施的最佳组合既有相似之处，也有不同程度的差异。

就自然地理、外排和下渗条件而论，山丘区城市、城区总体地形坡度较大的准平原城市排水条件优良，排水措施所占份额较大，多以排为主；平原城市则应排蓄兼筹；沿大江大河、大湖和滨海城市，排水条件相对有利，排水措施往往被优先考虑，但因城市暴雨季节通常也是江河湖泊处于汛期高水位期间，自排会因河湖水位高低而受到不同程度的顶托，为维持城市设计排水能力，需建泵站强排（机排），从而导致投入增加，运行和日常维护费用上升，紧临承泄区（大江大河大湖）的排水分区通常可通过排水措施（自排和强排）达到设计排水标准，而对于需经城市排涝河道排水入承泄区的排水分区，其排水将受到排涝河道泄量和防洪安全的约束，不可能一味依靠提高排水能力达标，通过提高城区自身蓄水能力缓解内涝则成为必然选择；位于水网区的城市，如太湖平原区、珠三角等地区的城市，区内水系，尤其是外排河道排水能力有限，目前采取的城市大包围方式大幅度提高强排能力，将城市内水排入周边河网的方式并不可取，单一城市如此似乎效果明显，一旦各城市群起效仿，河网必不能容纳，限排不可避免，排水能力提高有名无实，就地消纳内水缓解内涝问题更为可行；南方城市地下水埋深浅，地表蓄水措施更为适宜，北方城市则更利于地表地下蓄渗并举。

效率和公平性原则是城市除涝工程措施选取的刚性约束。任何工程措施均服从投入递增和收益递减的规律，即随着某类工程规模增加到一定程度，其边际效益（单位收益－单位投入）为零，按照效率原则，不可进一步投入，由此可见，将各类适宜性措施进行优化组合，效益最佳。公平性既存在于城市内部，也体现在城市与周边地区之间：在城市河湖排蓄水能力一定的前提下，一排水分区的排水量应维持在为其分配的排水量上限之下，即不得额外增加城市其他区域的风险或挤占其他排水分区的额定排量，某一区域开发建设后的径流排出量不得大于开发建设之前，即不得增加其他区域的排水压力；城市排水的出境最大流量通常会在流域总体规划、流域防洪规划或行政区域间的协议中规定，该流量界定了城市总体排水能力的上限，超过此值，则会引发区域间关于公平性的矛盾和争端。

城市内涝治理措施的采取还会受到城市防洪、资源、生态、环境和景观需求的约束。城市排水管渠、泵站等排水措施建设既增加了进入城市河道的径流量，也使雨水汇流速度更快、更集中，导致河道流量增加、水位上涨，加大城市河道的防洪压力，当排水能力超过河道过流能力时，会造成河水漫溢、洪水泛滥，比之内涝通常后果更为严重，因此河道安全泄量通常是城市排水体系（局部的和整体的）建设的刚性约束；拓宽河道、设置蓄滞洪区、开挖扩大城市湖泊水面可排泄和蓄滞更多的暴雨径流，有效缓解内涝问题，但城市竞争性的、稀缺的土地资源对其构成严重制约，这种制约在一定程度上可归结为效率问题：土地资源总是向效率最高的领域流转；衬砌的河渠可提高排水能力，但会减少生物多样性、恶化水生态和水环境，雨水下渗措施可缓解内涝、回补地下水，但携带城市污染物的雨水在下渗过程中可能会污染土壤和地下水；修建堤防同时具有提高防洪标准、加大排水量、增加河道蓄水能力的功效，但会破坏城市河道自然景观、阻隔人类亲水通道、遮挡观景视野等。

最佳内涝治理工程措施的组合便是在诸如此类的制约下合理权衡、比选的结果。

（一）内涝分析

城市内涝分析有两种互补的方法：历史内涝调查统计分析和模型模拟分析。

分析城市历史发生的暴雨内涝，尤其是近期发生的暴雨内涝数据和资料可在一定程度上揭示在各种实际暴雨量级和分布情况下内涝发生的区域、易涝点、内涝程度、造成内涝的原因、城市排水蓄水能力以及城市排蓄体系薄弱环节等，该方法对于发展、扩张、变化不大和内涝治理措施建设基本完成的城市更为适合。

实际上，作为国家或区域社会经济中心的城市，总是处于变化之中，对城市化快速发展的国家和地区，城市的变化更为迅速和深刻。因此，历史暴雨内涝资料往往难以准确反映当下内涝的实际情况和特点，也难以预测未来城市内涝的变化，建立内涝模拟模型，在利用历史暴雨内涝资料检验的基础上，针对不同量级、各种分布的暴雨，分析现状及未来城市不同发展变化情景下的内涝淹没特征，评价各种内涝治理工程措施组合的效果和影响是目前采用的主要方法。

内涝分析主要包括以下内容：

（1）全面调查收集地理、气象、水文、土地利用、建筑物和构筑物、防洪除涝工程、历史暴雨内涝、城市发展规划和防洪除涝规划等资料。

（2）采用第三章所述的原理、方法和技术，结合城市具体情况，构建含城市集雨区在内的内涝模拟模型。目前国内外有许多成熟的城市内涝分析软件可供构建模型所用。

（3）利用历史暴雨内涝资料和历史暴雨内涝发生时的相关基础资料检验模型中概化处理及有关假定的合理性，率定模型参数，验证模型计算精度和可靠性是否满足既定的要求。

（4）运用模型，分析计算内涝治理目标暴雨量级（如排水管渠的排水目标为2～5年一遇短历时降雨道路不积水，除涝工程体系防御的暴雨量级为50年一遇等）及其他暴雨量级下城市现状内涝淹没、管渠排水及河湖蓄泄情况。

（5）根据城市发展规划、城市防洪除涝规划及相关排水除涝政策和技术规范，设计未来不同水平年的情景，运用模型开展以上第4部分所述的分析计算。

内涝分析将揭示城市现状和未来各规划水平年情景下，不同量级暴雨的内涝淹没情况，排水和蓄水体系的除涝效果及是否达到预期能力，外排河道及蓄水湖泊的水情、内涝与洪水之间的相互关系等，从而为合理有效的除涝工程体系规划部署提供依据。

（二）寻求工程措施的最佳组合

寻求除涝工程措施最佳组合的内容包括除涝目标确定、可能的排水及蓄水能力分析、工程措施组合方案设计、经济分析等方面的内容。

1. 明确除涝目标

所谓工程（排蓄）措施的最佳组合是指在既定的约束条件下达到最优效率的各类措施的组合。除涝目标不同，采取的具体组合和措施规模不同：若以达到某一除涝标准，例如24h 50年一遇暴雨不发生内涝为目标，需寻求达到该目标的效率最优的措施组合；若以效率最大化为目标，则是寻求投入的边际效益等于公共资源投入平均边际效益条件下除涝最优的措施组合，此时城市所能达到的除涝能力可能高于也可能低于相关规范要求的标准。

有时，除涝措施建设的目标可能不止一个，例如在实现上述某一目标的同时，还要求遇超过防御目标暴雨一个或更多量级时，城市交通干道仍可维持通行，重点防御对象（区域）不出现内涝等。

除涝工程建设目标需清晰界定，尽可能明确具体的量化指标，有些工程措施难以达成的目标，例如减少或避免人员伤亡，多需通过规范人类行为、规避内涝风险、降低人的抗灾能力等非工程措施实现，不宜作为工程建设的目标。

2. 城市排水能力分析

除就地蓄留外，城市降雨形成的地表径流通常经两条线路外排出城市区域，一是经排水管渠和地表进入城市排水河道排入承泄区，二是经排水管渠和地表直接排入承泄区（图5-9）。由此可见，城市排水能力分析包括承泄区受水能力、城市河道排水能力和管渠及地表排水能力分析三方面的内容。

（1）承泄区受水能力分析。

城市排水承泄区有江河、湖泊、海洋等承接城市排水的水体，有的城市可能兼有不同类型的承

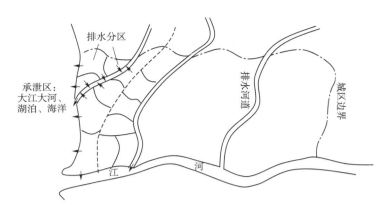

图 5-9 城市排水路径示意图

泄区，例如滨海城市部分区域直接排水入海、部分区域排水入流经城市的江河后入海，同时位于湖区和江河沿岸的城市其排水分别入湖、入河等。

以海洋为承泄区的城市或其部分区域，因承泄区容量可视为无穷大，因此其受水能力并无上限；以某些大江大河或大湖，如长江、珠江、淮河、鄱阳湖、洞庭湖、太湖等为承泄区的城市或其部分区域，虽然河道设计流量、湖泊有设计水位的限制，在洪水期间出于防洪大局的需要，可能会限制，甚至禁止强排农田涝水，但因城市的重要性和排水量所占份额较小，承泄区的受水能力也可视为无上限；但对某些作为城市排水承泄区的河流，如承泄北京市部分区域排水的北运河，承泄大湖流域诸多城市排水的大运河、望虞河和太浦河等，其受水能力是有限制的，当防洪和城市排涝有矛盾，或城市排水可能造成区域间的利益冲突时，会限制城市排水。

对于承泄城市排水有限制的河道，其受水能力大小与以下因素有关：形成河道洪水与形成城市暴雨的是否为同一天气系统，如是，河道上游来水洪峰经过城区时是否与城市暴雨径流外排遭遇。若河道洪水与城市暴雨天气系统无关，可假定城市暴雨排水期间的河道流量为城区河段年最大流量的多年平均值，承泄区的受水能力则为承泄河道设计流量与该平均值之差；对属于同一天气系统的，则需基于历史洪水资料统计分析确定承泄区的受水能力。

有些受水能力有限的河湖，可能会承泄沿程（岸）多个城市的排水，需要将总体受水能力在城市间进行分解配置，对单一城市而言，其外排上限即为配置给该城市的承泄区受水流量或受水总量。

承泄区受水能力是制约城市或城市部分区域排涝总量的主要因素，城市排涝总体安排和部署需在此约束下进行。

（2）城市河道排水能力分析。

城市河渠排水能力（流量）主要受制于承泄区水体的水文条件：排入泄蓄能力有限量的河湖，最大排水能力为承泄区的设计流量或设计容积，当城市有多条河渠排入承泄区时，该设计泄量或容积，需在各河间分配；排入承泄能力无限制的河湖或海洋，城市河渠最大排水能力与承泄区水体在城市排水期间的水位有关，自排情况下近于刚性约束，强排（机排）时受承泄区水体水位的制约较小，但会面临效率（经济可行性）和城市排水河渠自身条件的约束。

城市排水河道多发源于城市所在子流域，因此会有郊区径流汇入，河道上游不同暴雨量级下进入城区入口断面的流量为经上游各类工程措施调蓄后的流量过程，该流量演进至河道出口（因槽蓄作用会衰减）与上述最大排水能力之差，即约为河道承泄城区管渠和地表排水的最大能力（流量）。

　　（3）管渠及地表排水能力分析。

　　除就地蓄留外，城市暴雨形成的地表径流的绝大部分会经由城市管渠进入排水河道，仅排水河道和承泄区沿岸较小面积的地表径流以及直通排水河道和承泄区道路的路面径流直排入相应的水体之中，根据直排径流的地表面积或道路情况，可计算得出各暴雨量级下相应的地表排水能力。

　　沿城市排水河道各排水分区的管渠体系将各排水分区的暴雨径流经排水口（自流或强排）注入排水河道，累计注入量受排水河道最大排水能力的制约，最大注入流量约为排水河道最大排水能力与城市上游区域来水流量之差。

　　城市排水河道沿程分布着多个排水分区，因此，上述最大注入流量需在各排水分区间进行分解配置，重要地区的管渠排水标准较高，单位面积配置的排水份额更大，较大面积的排水分区与同等重要性的排水分区相比，配置的排水份额更多。

　　以排水河道出口设计排水能力为总控条件，根据排水分区的重要性、排水分区的面积等因素，运用内涝分析模型，可沿排水河道两岸自下而上分析确定城市遇防御对象暴雨（如50年一遇暴雨）时，对应于每一入河排水口所在河道断面的最大过流能力。相邻断面过流能力之差则为每一排水口对应的排水分区管渠排水流量最大容许值，即排水分区管渠排水措施建设规模的上限（图5-10）。

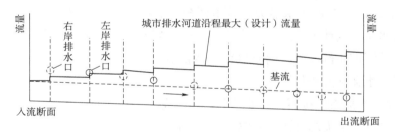

图5-10　排水河道沿程排水分区最大容许排水流量示意图

　　当暴雨量级大于防御对象暴雨时，因上游来流增加，而河道出流受最大排水能力制约，各排水分区或部分排水分区的允许出流量将减少（对于机排会采取限排措施），更多的地表径流会滞留于城市地表，造成内涝；反之，当暴雨量级小于防御对象暴雨时，上游来流较小，排水河道可容纳更多的区间排水，由于城市地表产流量较少，加大排水分区的出流通常并无必要。

　　排水河道有限的排水能力，使得超过该能力的超额城市暴雨径流通过蓄水措施滞蓄成为城市内涝治理的必然选择。

　　3. 城市蓄水能力分析

　　城市蓄水能力指城市地表地下蓄水措施可能蓄滞的雨水量，主要由生产生活小区（居住区、行政事业单位、企业等）蓄水和公共区域蓄水构成。

（1）小区蓄水能力分析。

本节第二部分（城市蓄水系统）中所述的蓄水措施大多适用于增加小区蓄水量，一般而言，当小区蓄水满足排出其外的径流（包括管渠和地表的）不大于小区开发前天然状况下的地表径流量（包括峰与量），则视为小区达到了蓄滞雨水量的标准。

有的小区，例如城中村、棚户区或老旧小区，由于排水管渠系统缺乏、新建或改造排水系统难度大，可能会采取更大规模的蓄水措施蓄滞雨水，以缓解内涝问题，其蓄水能力可能超过上述标准，即其蓄水措施消纳的雨水会大于天然状态下的蓄水量。

小区内各类蓄水措施的蓄水效果可通过水文、水力学模型进行分析比较得到。

（2）公共区域蓄水能力分析。

公共区域蓄水能力指遇城市防御对象暴雨时，位于公共区域的各类蓄水措施可能蓄滞的雨水量，主要包括以下几个方面：

1）地表下渗能力。地表下渗包括就地下渗和过程下渗措施两类。参照城市地表透水铺装的相关政策与规范要求，分析计算绿地、透水路面、广场、停车场等可用于就地下渗雨水的地表的下渗蓄水能力。针对可建为或改造为渗沟、渗井、渗坑、树坑等渗透措施的实际条件，根据其汇水区间面积确定汇水量，分析计算下渗蓄水能力。

2）下凹式蓄水场所蓄水能力。参照相关规范对绿地、植被隔离带、广场（运动场）、公共停车场等下凹式蓄水措施设计要求，根据其汇水面积或来流条件（如下凹式绿地或广场等可能蓄纳沿道路流经其周边的径流的情况），采用水量平衡方法或运用数学模型分析计算可能的蓄水能力。

3）水面、蓄滞洪区、湿地蓄水能力。城市河湖、池塘、湿地的汛前正常或规定水位（汛限水位）与容许最高蓄水位（设计水位或保证水位）之间的容积差即为其蓄水能力，城市河道沿岸的蓄滞洪区主要用于分蓄河道超额洪水，同时也会自然蓄纳其周边部分区域的地表径流，蓄水量可根据其周边汇水面积采用水文学方法估算。

4）道路及地表蓄水能力。按照《室外排水设计规范》（GB 50014—2006），城市公共交通道路和其他区域地表积水有某一最大容许值，该容许值以下的蓄水量即为城市道路和地表蓄水能力。

5）其他。城市雨水管渠、路边沟、渗沟、公共建筑物绿色屋顶等也具有与其容积相应的蓄水能力。

4. 工程措施的最佳组合

完全发挥城市可能的排水能力和蓄水能力近于城市工程除涝措施组合的上限，也是在规划、政策或规范约束下城市可防御暴雨量级的上限，这一组合有可能在遇城市防御对象暴雨时基本保证不发生内涝或可防御更大量级的暴雨，也有可能仍会有部分或局部区域出现内涝。但以效率（经济可行性）原则衡量，这并非工程措施的最佳组合。

效率原则要求，在自然条件和公平性约束下，工程措施建设的边际效率（最后单位的投入产生的效益）应不小于公共资源投入的平均边际效率，即所谓工程措施的最优组合是指内涝治理措施建设投入的边际效率等于公共资源投入的平均边际效率的措施组合。

内涝治理措施从处理雨水的方式上分为排、蓄两种形态，排水又有管渠排水和地表道路排水之分，管渠河道排水则有自排和机排两种方式，蓄水的具体措施种类更多。因此，城市除涝工程措施会有的大量可能的组合方案，寻求最佳组合措施将是一个反复分析比选的过程。由于受认知的不完备性、自然、工程和人类行为的不确定性、信息不完整性以及分析过程中简化概化处理等因素的影响，"最佳"的工程组合不可能得到，通过下述方法寻求的措施组合是一个不断改进，逼近最佳组合的过程。

除非是在自然或非城镇地区重新规划新城，几乎所有城市内涝治理措施的规划建设均基于现有措施之上，因此，已有措施是寻求最佳措施组合的基础和出发点。

针对现状和城市发展规划不同水平年，可运用前述"内涝分析"和城市排水蓄水能力分析方法，得出以下结果：

（1）遇各量级暴雨，现状和规划除涝措施的除涝效果，包括总体的和分项措施的效果，以及城市防御暴雨内涝的能力，即在何种暴雨量级下城市不发生内涝。

（2）遇超过城市除涝能力的暴雨，城市内涝分布及淹没程度。

（3）城市排涝河道的排水能力及该排水能力是否达到了河道容许排水能力，经城市管渠和地表进入排涝河道的径流是否超过了河道排水能力，哪些河段超过了或尚未达到其排水能力。

（4）城市各类蓄水措施的蓄水能力以及该蓄水能力与可能的蓄水能力之差。

（5）造成城市内涝的原因等。

在上述分析结果的基础上，寻求工程措施最佳组合的方法和过程（步骤）如下：

（1）在城市暴雨径流最大外排能力约束条件（可能是城市外排流量或水量的约束，也可能是承泄区水文条件的约束）下，分析遇到可能造成内涝的各量级暴雨直至防御对象暴雨（内涝治理工程措施建设目标之一）和特定的超标准暴雨（如在此暴雨量级下某些重要区域不发生内涝，即另一内涝治理目标）时，城市现状或各规划水平年的内涝分布与淹没程度。

（2）优先考虑适合城市特性的近自然的内涝治理措施（亦称"可持续的蓄排措施"），如源头和过程蓄渗措施、近自然的排水沟渠等，分析计算单一或组合措施采取后遇上述相同量级暴雨时城市内涝的分布与淹没程度。

（3）分析计算采取措施前后的内涝灾害损失及减灾效益（有无措施情景下的期望损失差），考虑措施的建设维护费用，评估措施的效率，判断相关措施的边际效益是否高于公共资源投入的平均边际效益，对低于该平均值的措施，适当缩减规模，使其满足效率原则。由此得到的措施组合即为近自然蓄排系统在经济可行前提下的除涝能力，若未达到城市内涝防御目标（通常如此），则需采取传统的排水措施进一步提高除涝能力。

（4）设计并调整城市管渠排水、地表道路排水和河道排水系统建设方案（包括改建、扩建和新建，）在城市暴雨径流最大外排能力和对应于各排水分区的排水河道分段入流上限的约束条件下，以及纳入上述近自然排蓄措施后，分析计算排水措施采取后遇不同量级暴雨时城市内涝分布与淹没程度。

（5）运用以上第（3）步同样的方法，开展排水系统效率分析评价，并据此调整排水系统布局和规模，如提高地表和道路排水能力，加大效率较优的排水方式或分区的排水措施规模，缩减效率低下的排水方式或分区的排水措施规模等，得到满足效率原则的排水措施组合。

（6）由于暴雨径流（包括地上的和地下的）总处于不断的运动之中，其在各种具体除涝措施之间的分配（滞蓄、下渗、排泄）会随其运动过程动态变化，各措施间也会相互干扰、影响、补充，通过上述过程得到的排蓄措施组合仅为初步优化的结果，因此需要反复运用内涝模拟模型、损失评估模型和经济效益评价模型，结合城市特点和实际暴雨内涝特征，参考其他类似城市的成功经验，由粗到精，由全局到局部，不断调整完善，逐步逼近"最佳"的措施组合。

（7）对于一些特殊的区域，下潜式道路路段、河水可能倒灌的部位、排水措施难以实施的地区（城中村、棚户区或老旧低洼城区等），常规的措施可能一时难以奏效，除有针对性地建设局部工程措施或设施（例如设置地下蓄水池、采取更大规模的就地蓄水措施等）外，还需根据内涝特性采取应急工程措施，如机动泵站、可装卸临时挡水板、对倒灌出水井口临时安装高于河道水位的套管等，缓解内涝、防止倒灌或围护重要保护对象。

第三节　城市内涝治理非工程措施

受效率、公平、自然、社会和环境等各种因素制约，工程措施可防御暴雨内涝总会有一上限，虽然随着技术的进步这一上限有可能在一定程度上进一步提高。超过工程措施防御能力的内涝风险称为剩余风险，对于剩余风险需通过调整人类的开发建设和应对洪水的行为、增强承灾体（人、资产和经济活动）自身抗御内涝的能力，即降低承灾体的脆弱性等非工程措施加以管理。

管理内涝剩余风险仅是非工程措施发挥其减灾效益的一个方面，预先避免无视或忽视内涝风险的不合理的或得不偿失的城市开发建设模式或行为也属于非工程措施的范畴。

非工程措施并非工程措施的补充，而是与工程措施共同构成优势互补、效率最大化的内涝风险管理措施体系。有时，在城市某些区域，盲目的无节制的开发发展所获得的利益并不足以抵消开发导致的除涝工程建设的投入、内涝的损失和因发展而转移到其他区域的内涝风险或增加的全局内涝风险；有时，某些类型的开发建设是有利可图或不可避免的，但受各种因素所限，可能难以采取工程措施应对内涝威胁；有时，虽然有采取工程措施的条件，但相比而言，非工程措施效率更优等；在诸如此类的情况下，非工程措施便成为管理内涝风险的最佳选择。

与工程措施通过改变城市暴雨径流运动形态或过程减轻内涝风险不同，非工程措施是在全面准确认识把握暴雨内涝风险特征的基础上，通过改变、调整、规范和引导人的相关行为达到减轻内涝风险，支撑城市可持续发展的目的，因此，广泛的持之以恒的宣传和知识普及，确保城市各阶层、政府、团体和公众了解面临的内涝危险和风险及其成因，提高其风险意识，是非工程措施得以推行并发挥其减灾效果的基础。

根据洪水（内涝）风险的定义，城市内涝治理的非工程措施分为减少承灾体暴露性的措施和降低承灾体脆弱性（提高承灾体抗御内涝性能或能力）的措施两类。前者包括内涝区划（城市空间规划）、抬高建筑物基础、（永久或临时）抬升地下设施进出口高程、居民或资产临时转移或永久性搬迁等，后者包括建筑物和设施防水、提高人的自救和救生能力、固体和液体垃圾管理，以及保险、救济、援助、减免税和灾后恢复重建等。

一、提高内涝风险意识

认识了解内涝风险及其影响，提升社会各阶层的内涝风险意识是内涝治理措施，尤其是非工程措施得以推行并发挥其期望效果的基础：决策者和政府相关部门可据此在城市发展规划、城市空间规划、城市土地利用规划、城市建设规划、城市交通规划中采取适宜的措施减轻、规避内涝风险，企事业单位和其他社会团体可据此在其开发建设和社会经济活动中有意识地规避内涝危险或采取措施提高资产和相关活动的抗御内涝的能力，社会公众可据此调整或改变其可能加重内涝风险的行为，并采取合理的行动减轻或避免内涝造成的生命财产损失。

由于接受、理解内涝风险知识是一个由浅入深、由表及里的过程，由于城市的发展以及内涝治理措施的建设会改变内涝风险特征，还由于城市各阶层人员总是处于不断变化之中，通过内涝风险知识的宣传，普及提高全民内涝风险意识是一项需要持之以恒的、长期的和不断强化的工作。针对不同的受众，需根据其在减轻城市内涝风险中发挥的作用及应采取的行动设计相应的宣传方案，以保证知识普及的效果。

（一）内涝风险图和内涝风险公示

内涝风险图是提高公众内涝风险意识最有效的手段之一。城市内涝风险图的编制方法和过程如第三章所述，类型包括近期典型暴雨内涝淹没实况图、现状及不同规划水平年情景下各量级暴雨内涝风险图和根据暴雨预报编制的内涝淹没预警图。针对不同受众的实际需求，风险图中相关风险信息的具体内容及表达方式会有所不同。一些典型内涝风险图见表5-3。

表5-3　　　　　　　　　城市典型内涝风险图及其用途

类　型	用　途	受　众	信　息	
			关键参数	辅助参数
现状及规划情景城市全景内涝危险图（小比尺）	辅助制定城市发展、土地利用、城市建设、内涝治理政策和规划	决策者、相关规划部门	● 不同重现期暴雨内涝范围与分布	● 水深
现状积水点及道路淹没图（大比尺）	内涝治理措施、交通管制	水务及交通管理部门	不同重现期暴雨 ● 内涝淹没范围与分布 ● 水深	● 流速（道路）
分区域现状内涝淹没图（大比尺）	提高风险意识	公众、非专业人员（如决策者、企事业从业者、新闻工作者等）	不同量级降雨（大雨、暴雨、大暴雨、特大暴雨等） ● 内涝淹没范围与分布	● 历史相当量级内涝信息（范围、水深、图片）或实况图 ● 水深

续表

类　型	用　途	受　众	信　息	
			关键参数	辅助参数
内涝预警图（全图和分区图）	应急管理和应急响应	应急管理机构、相关部门、公众	预报降雨 ● 内涝淹没范围、分布、水深 ● 高危险区域或路段 ● 受威胁的人口、基础设施、资产	高流速道路或区域 ● 流速
内涝（洪水）保险图（大比尺标准分幅）	内涝（洪水）保险、标的自保措施	保险企业（直保和再保险）被保险人	不同重现期暴雨 ● 内涝淹没范围与分布 ● 水深	● 标的分布及高程 ● 超过某一阈值的流速、淹没历时

　　与从事内涝治理和内涝研究的专业人士不同，无论是城市管理决策者、城市规划和其他相关部门的政府人员，还是企事业单位从业者、社会团体人士和公众，对内涝风险的认识多来自于其暴雨内涝的经历和媒体零星、表象和短期的报道，且这种认识会随着时间的推移逐渐淡化，将内涝风险信息及相关知识以图形化的方式有针对性地表达，并通过各种媒体传播、普及，直观、易懂，既可为受众展示城市内涝风险全景，又表现了不同受众所关心的信息，有助于其准确理解并把握内涝风险特征并引导或辅助其采取合理行动。

　　各类内涝风险图除直观的图形内容外，还需针对受众接受能力和需求辅之以其他说明信息或对比图，帮助其理解和使用内涝风险图。例如，为决策者所用的内涝风险图，包括内涝后果、损失和影响的说明，以及采取了可能的治理措施前后的内涝风险、除涝效果对比图；为城市发展、土地利用和城市建设部门所用的内涝风险图，包括规划前后内涝风险态势变化的分析说明，以及内涝风险对比图；为公众所用的内涝风险图，包括内涝及内涝风险基础知识的介绍，面对内涝采取何种行动是适宜的，并采用易于理解的概念和方式（如用"暴雨""大暴雨"等通俗说法，而非"重现期""概率"等专业术语）表达需专递的相关信息等。

　　内涝风险图公示的渠道和范围应与受众特点相适应，用于公众风险意识提高和内涝保险的图和相关知识主要通过公共媒介，如网络、移动终端（手机等）、电视、公共场所宣传栏、平面媒体（报纸、杂志、宣传册和传单等）、科普展览、知识竞赛，以及新闻发布会、内涝治理规划或措施听证会等公共参与方式宣传、普及；用于决策、规划和建设部门的各类具有特定用途和专业知识的内涝风险图，则主要通过部门间专用网络、报告资料交换、会议、专项讨论等形式传播、共享。

　　城市内涝淹没及其风险特征会随着城市的发展和人口的变动而变化，因此，城市内涝风险图需根据变化的情况及时更新，以保证内涝风险信息表达的可靠性和实效性。

　　（二）持之以恒地开展宣传活动

　　现代社会任何人都面临着海量信息的推送和冲击。对公众而言，内涝风险宣传所获得的信息和知识会随着时间的流逝湮没在其他信息的海洋之中，而渐渐淡化、模糊，甚至遗忘；对决策者和相关规划建设部门而言，内涝问题的重要性和迫切性与其他问题，如获取稀缺的土地资源、经济发展、就业、基础设施建设等相比，往往居于次要地位，而在无意间或忙乱间被轻视或忽视，仅当突如其来的暴雨造成严重内涝灾害时，才发现重视不够，考虑不周。因此，准确把握受众特点，与其切身利益相结合，采取适宜的方式，持之以恒地开展宣传教育，对于提高应对类似于内涝灾害这种偶发事件的风险意识尤为重要。

内涝风险及相关知识宣传教育的目的是，将内涝风险及正确合理地应对内涝风险的方法、行为和措施告知利益相关者，使之有针对性地采取自发的、有意识的和合理的行为，开展灾前预防准备、灾中应急响应和灾后恢复重建，从而有效地减轻内涝可能造成的生命财产损失及社会经济影响。

在城市发展过程中，各类增加或无视内涝风险的开发建设行为，例如填埋侵占河湖、开发内涝高风险区土地、大面积不透水铺装、"先地上后地下"或地下排水设施不配套、不合理的下潜式道路设计、地下设施进出口高程不足等，并非决策者或规划建设部门有意为之，不了解相关行为可能导致的内涝风险以及适宜的应对内涝风险的方法措施，缺乏防范意识是主要原因之一。

社会公众的某些加重内涝风险或内涝损失的行为，例如擅自侵占城市低洼地带而无防范内涝淹没的相应措施、盲目驶入或步入积水区域招致溺水或触电伤亡、随意丢弃倾倒垃圾导致排水设施或排水通道堵塞淤积、面临内涝淹没未及时转移或转移行为不当等，与缺乏内涝风险意识和相关应对知识不无关系。

作为一项长期工作，建立提高内涝风险意识的宣传机构，并由其设计宣传计划和实时方案，推动宣传活动的开展，监测宣传效果是必要的，这一机构在许多城市不必新建，多可通过增加现有宣传机构的职能实现。

宣传计划或方案需在对城市利益相关者现有内涝风险意识调查评估的基础上，针对受众的需求，结合城市内涝具体特征设计，内容包括内涝风险信息和相关知识表现方式、宣传活动形式、宣传渠道和媒介、宣传效果（内涝风险意识提升）监测评估方法、宣传活动日程安排等。

除常规宣传外，当本市或类似城市发生严重内涝事件时，在事件发展过程中和灾后恢复重建时期，是开展内涝风险宣传，巩固和提高城市各阶层内涝风险意识的最佳时机，实际发生的内涝暴露出的各种问题和鲜活的案例，以及对其成因和影响全方位的分析解答，可加深受众的直观感受和认知，有效地强化宣传效果。

如前所述，图形化的内涝风险和相关知识的表达，例如针对城市不同阶层的各类内涝风险图，科普性的动画、图解及知识挂图等，对于非专业人士和公众而言，直观易懂，是最有效的宣传方式和手段。

在校学生正值接受知识、了解自然环境、关心社会问题、踊跃参加公益活动的阶段，知识水平和接受能力基本一致，是宣传教育的关键受众群体之一。针对学生特点，设计宣传材料，有组织、有计划地传输解释相关知识，不仅可提高其内涝风险意识，还可通过他们，采取课外活动或公益活动的方式，有意识地向家庭成员和所在社区传播相关知识。

决策者和政府相关部门公职人员因忙于日常事务，向其传播的信息需要与其管理职责相匹配，常规宣传方式多不能满足需求，结合其具体工作性质和管理需要，开展针对性的培训更为省时有效。

宣传并不局限于内涝风险和内涝知识本身，与之相关的环保和健康知识，例如改变随意丢弃倾倒垃圾的不良习惯，及时收集处理日常垃圾和动物粪便，避免在内涝期间接触受污染的积水，确保供水系统免受内涝侵袭和污染，及时排除污染积水并对一时难以排出的内涝积水采取消毒处理，避免蚊虫滋生传播疾病等，也是宣传的重要内容。

虽然内涝知识宣传和内涝风险意识提高的实际效果只能在内涝发生时体现出来，但若仅据此检验宣传成效，并发现风险意识不足，则为时已晚。可见，在针对不同阶层受众开展的各类宣传教育活动告一段落之后，有计划地监测调查评估宣传效果和风险意识水平，并据此调整优化宣传方案，弥补不足和缺失，是宣传活动不可或缺的环节之一。风险意识的调查评估有多种方式和途径，例如特定宣传活动前后的问卷调查和知识竞赛，社会公众是否采取了宣传所推荐的减轻内涝风险的措施，决策者和政府规划建设部门是否制定了应对内涝风险的相关政策或在城市发展、土地利用和城市建设规划，以及相关建设规范中是否考虑了内涝风险并据此采取了合理的应对措施等。此外，各层次的演习是检验和发现宣传活动薄弱环节与不足，维持巩固风险意识最直接的方式。

二、规避内涝风险

规避风险与风险三要素中的暴露性相对应。暴露性泛指承灾体受灾害威胁的程度，减少暴露性即是降低承灾体受威胁的程度，与之对应的措施多属于规避风险的行为。

与应对其他灾害类似，规避内涝风险的措施也分为永久性和临时性两类：划定禁止开发区和限制开发区、抬升建筑物基础或抬高建筑物和设施进出口高程、搬迁位于内涝高危险区内的资产或人口至相对安全的地带等属于永久性规避措施；在内涝发生前或内涝期间，临时转移安置人口和资产、临时交通管制、临时封堵或抬高建筑物和设施出入口等为临时性规避手段。相比于泛滥洪水，由于内涝淹没程度有限，规避内涝风险的措施的规模要小得多，因此更易施行。

几乎所有规避内涝风险的措施都涉及人的开发建设和应对内涝行为的调整和改变，因此，城市各阶层内涝风险意识的提高和对规避内涝风险相关知识的了解至关重要：决策者和决策机构可制定更为有效的规避内涝风险的政策；规划建设部门可在规划和建设过程中采取策略合理规避内涝风险，从而在规划建设实施过程中或实施后免受内涝威胁，避免在造成不必要的损失和影响后才发现问题，进行调整、补救，甚至更改、拆迁或重建；公众可自发采取合理的措施和行动规避内涝，减轻内涝损失和保障自身安全等。

（一）内涝风险区划

在城市发展与扩张过程中，面临各种自然灾害风险，例如洪水内涝风险、地震风险、地质灾害风险等。不断侵占有内涝风险的低洼地区，甚至填埋河湖以获取发展所需的稀缺土地资源是世界范围内城市化过程中的共同特点。无疑，以城市发展需求和经济效益衡量，适度地利用暴雨径流汇集和蓄滞的区域是不可避免的，也是有利可图的，具有社会经济合理性，但是任何形式的侵占和建设，就内涝风险而言，都会有一个临界点或临界线，过此界线便会得不偿失。内涝风险区划即是确定临界线，规范城市土地开发利用行为，合理规避内涝风险的制度措施，内涝风险区划通常需划分出两类区域：禁止开发区和限制开发区，或称禁建区和限建区。

1. 土地利用规划与规避内涝风险

城市土地利用规划既确定了城市建设发展的土地需求和用途，也基于可持续发展的目标，根据生态、环境和防御减轻各类灾害风险的要求建立了土地空间管控机制，使得城市多样化的且通常相互冲突、竞争的土地需求能够整合于同一框架之中，通过"综合"的土地利用规划，划定用于内涝风险管控的空间范围，即内涝风险区划，是合理规避内涝风险的最为有效的途径之一。

为避免因盲目或无序发展可能引发的内涝问题而保留或划定内涝风险管控空间的提议、措施、甚至规定，在快速城市化的背景下，往往会湮没在当下大量的对城市稀缺土地资源竞争性的迫切需求之中，而被忽视或弱化。因此，一方面，城市内涝治理主管部门需根据城市发展趋势和土地需求，开展内涝风险评估，制定内涝风险管理规划，进行内涝风险区划，为城市土地利用综合规划提供内涝风险空间管控的依据和信息；另一方面，城市土地利用综合规划主管部门则需树立风险意识，统筹发展与灾害防范，兼顾土地开发利用与土地管控，在经济合理的前提下，根据内涝风险特征，划定禁止开发区和限制开发区，为内涝的蓄滞和排泄保留并长期维持必要的空间，规避风险，保障土地更为合理和有效的利用。

城市土地利用规划的制定受制于城市规划政策，《中华人民共和国城乡规划法》规定：制定和实施城乡规划，应当防止污染和其他公害，符合防灾减灾的需要，城市总体规划的内容应当包括划定禁止、限制和适宜建设的地域范围，防灾减灾应当作为城市总体规划的强制性内容。可见，将包括内涝在内的灾害防治内容纳入城市总体（综合）规划，并根据内涝风险确定"禁止、限制和适宜建设的地域范围"既是城市内涝治理部门的职责，也是现行法律的要求。

内涝风险区划并不局限于城市发展规划区，还包括建成区内因无序和盲目开发已侵占的本应作为禁止或限制开发地域的内涝风险区，从而为城市改造、重建规划工程中调整空间管控措施，搬迁内涝风险区划内的资产人口，规避内涝风险提供依据。

2. 内涝风险区划

内涝风险区划的基础是内涝风险分析和内涝风险图，详见第三章的相关内容。

内涝风险区划是根据内涝风险分析结果，判断评价何种风险程度的区域属于禁止开发，仅用于蓄滞或排泄内涝的区域，即禁止开发区；何种风险程度的区域属于禁止某些特殊类型开发建设或对某些开发建设设置特定建设要求，而容许其他形式开发建设的区域，即限制开发区。根据开发建设类型（承灾体）的重要性和脆弱性差异（表5-4），限制开发区可能会进一步细分为多个限制程度不同的分区。

305

表 5－4   承灾体重要性和脆弱性分类

重要性和脆弱性	承 灾 体 类 型
重要基础设施	交通枢纽、战略基础设施等
高度脆弱	消防及应急指挥中心、应急响应的通信设施、急救中心（站）、紧急避难场所、地下室及地下设施、危险品生产及仓储设施等
中等脆弱	医院、卫生服务站、养老院、幼儿园、儿童福利院、小学学校、中小学生宿舍、平房住宅、宾馆、公众集会场所、有害垃圾处理设施、填埋场等
较低脆弱	商店、写字楼、办公室、其他非住宅建筑物，常规工厂、公园、体育场等休闲活动场所，苗圃林地及附属建筑，常规垃圾处理设施，水及污水处理厂等
低脆弱	排涝蓄涝设施、泵站、码头、航运设施、造船厂、水上娱乐设施、景观绿地和湿地、自然保护区等

最简单的区划方式是以内涝发生概率作为指标，确定区划阈值，进行内涝风险区划，如：

（1）内涝发生的可能性小于 1％，即重现期大于 100 年一遇的区域，为内涝低风险区，适宜于进行各种类型的开发。

（2）内涝发生的可能性为 1％～5％，即内涝发生的重现期在 100～20 年一遇之间，为内涝中低风险区，禁止有毒有害危险品的生产和仓储，要求重要基础设施、学校医院等公共设施以及住宅基础抬高至 100 年一遇暴雨内涝淹没水位以上。

（3）内涝发生的可能性为 5％～10％，即内涝发生的重现期在 20～10 年一遇之间，为内涝中等风险区，禁止有毒有害危险品的生产和仓储，禁止学校、医院、交通枢纽、水电气控制中心等重要设施建设，要求其他基础设施、住宅、工商建筑物等基础抬高至 50 年一遇暴雨内涝淹没水位以上。

（4）内涝发生的可能性大于 10％，即内涝发生重现期小于 10 年一遇，为内涝高风险区，划为内涝蓄排专用区，禁止所有形式的开发建设。

将内涝发生概率与内涝淹没水深指标综合，确定区划阈值，进行内涝风险区划，可进一步提升内涝区划的合理性，如采用下述二维矩阵的方法见表 5－5。

表 5－5   采用概率-水深指标的区划实例

概率 ＼ 水深/m	<0.2	0.2～0.5	0.5～1.5	>1.5
1％	低风险，适宜开发	低风险，适宜开发	低风险，适宜开发	中风险，中度限制
2％	低风险，适宜开发	较低风险，低限制	中风险，中度限制	中高风险，高限制
5％	较低风险，低限制	中风险，中度限制	中高风险，高限制	高风险，禁止
10％	中风险，中度限制	中高风险，高限制	高风险，禁止	高风险，禁止

由于城市土地的稀缺性和影响城市内涝风险因素的复杂性，除按照相关法律，例如《防洪法》的规定，划定河湖管理范围（禁止开发区）外，对于城市其他可能发生内涝的区域，在城市发展规

划制定过程中，根据建议的土地利用与建设方案，遵循效率和公平原则，采用第二章的洪水风险评价方法及第三章的相关技术手段，开展风险识别、风险估算和风险评价，据此划定禁止开发区和限制开发区，并将其融入城市综合（总体）规划，作为空间管控的内容之一，是规避内涝风险、减轻内涝灾害损失和影响的有效手段。

对于建成区，由于土地利用状况已既成事实，分析条件更为明确，且有历史内涝资料检验，采用上述方法和技术得出的内涝风险区划则更为准确、可靠，该区划既可用于避免建成区内涝高风险区的进一步侵占，也可作为在老旧城区改造或灾后恢复重建过程中进行空间管控，规避内涝风险的依据。

（二）抬高建筑物与设施设备

对位于内涝可能淹没区域内的固定资产：建筑物、各类地表及地下设施，以及建筑物内部的关键设备或部件，根据内涝分析结果，采取永久性或临时性的抬高措施，使建筑物本身，或其内部资产，或附着于建筑物的关键设备免于淹没或进水，是规避内涝的主要方式之一。有时永久性和临时性的抬高措施会配合运用，以提高减灾效率。

抬高措施需针对内涝可能的淹没特征和资产的重要性、脆弱性合理选择，开展暴雨内涝分析，制定相关建设规范是确定适宜的抬高措施的前提和依据。暴雨内涝分析将给出各量级或重现期暴雨可能的积水深度或淹没水位，建设规范则规定了不同防御对象需抬升的高度或标准。

地面建筑物基础抬高有两种方式：地表整体填高和单体建筑物基础部分抬高，后者更为普遍。位于低洼易涝地带的建筑物，也有采取桩柱结构规避内涝的：一层平时用作停车场或休闲活动场所，其上为住宅、办公或其他活动（如体育馆）所用，暴雨期间提前转移位于一层的资产，用于临时蓄滞涝水，既规避了内涝风险，又兼收土地利用和维持蓄涝空间之利。抬高建筑物基础方式的选择需综合权衡其成本和减灾效果，一般而言，建筑物防涝建设规范会针对不同用途的建筑物规定需满足的最低标准，通常要求常规建筑物抬升至高于当地排水除涝能力一个量级暴雨内涝的水位，如当地排水除涝体系的能力为 20 年一遇暴雨，则基础高程应抬升至 50 年一遇暴雨内涝水位之上，而对于重要的或高脆弱性建筑物，如应急指挥中心、医院、学校、危险品生产或仓储等建筑物或设施，会有更高的要求。

地下设施，如地铁、地下室、地下商场、地下停车场等，是内涝高脆弱性场所，其可能进水的部位多为出入口，相对明确且局部，抬升其高程是最为有效的内涝防御措施。

无论是地表建筑物或地下设施，抬高基础或出入口高程的措施都有一定的标准，超过此标准的暴雨发生的可能性依然存在。在针对可能的超标准暴雨进行内涝分析计算的基础上，预先设置、准备适当的装备或物质，例如在可能进水的口门事先设置插槽，并预备可装卸插板，或准备常规的挡水沙包，遇超标准暴雨时，临时封堵或抬升建筑物出入口，对于所有类型的建筑物，均是规避内涝的有效手段。

即使采取了上述措施，当暴雨达到一定量级，一些建筑物进水不可避免，这种情况在城市低洼地带、城中村、棚户区、老旧城区、沿街商铺等场所更常发生。此外，一些户外设施，如路灯杆的线路检修口,也可能进水漏电,对周边行人的安全构成威胁。基于内涝分析,抬升室内及户外高内涝脆弱性设备、设施、部件和物品,例如电源开关、电源插座、难以临时转移的仪器装备和危险品、货架、电路检修口等的高程,可进一步减轻内涝造成的损失和影响。

有些整体抬高或局部抬升、封堵的措施可通过法规规范的方式推行,但由于城市建筑物和设施的复杂性,建设主体的多样性,以及存在许多违规建设行为,政策和规范不可能面面俱到、严格执行。因此,公示内涝风险,宣传相关知识,提高内涝风险意识和应对内涝的技能,促使公众、建设开发企业针对可能的内涝威胁,有意识地自发采取适宜的抬高措施,预防和减轻内涝损失和影响,也是规避内涝风险的重要方面。

(三)永久搬迁和临时转移

在快速城市化过程中,向低洼地带无序扩展、盲目开发内涝高风险区、填埋侵占河湖,导致内涝频发且严重化,内涝损失和影响加剧,甚至得不偿失的现象,几乎在所有城市都不同程度的存在。对许多城市,根据内涝风险情况,适度采取永久性的搬迁措施,规避内涝风险,同时恢复城市河湖和易涝低洼地带的蓄排能力,提高城市防御内涝水平,减轻内涝损失和影响,是内涝治理的一项长期、繁重和势在必行的工作。

相对于洪水泛滥,通常情况下,内涝的淹没水深要小得多,淹没历时也较短,城市大多数内涝积水区域,即使涝水侵入室内,也会很快退去,对生命安全不构成威胁,基本无需组织人员转移。但对于城市低洼地带、排水设施不完善的城中村、棚户区或老旧城区等区域,若遇极端暴雨事件,内涝淹没水深则较大,某些质量低下的建筑物(简易房、危房等)可能在涝水浸泡下发生局部破坏或整体倒塌,不仅会危及老弱病残等高脆弱性群体生命安全,还可能对青壮年成人构成威胁,对此,根据暴雨预报和实际暴雨情况,开展预警,组织或由居民自发向预设的安全区域或避难场所转移,则是必要的。

根据暴雨内涝预报和实际暴雨情况,临时转移可能受淹的财产、对可能淹没的道路实施临时交通管制,也是规避内涝风险,减轻内涝损失的有效手段。

1. 永久搬迁

永久搬迁既包括根据法律规定和城市内涝风险区划要求,搬迁已建的违规或位于禁建区的住宅和其他建筑物,也包括拆除或改建侵占或堵塞排涝通道,加剧城市内涝损失和影响的建筑物、构筑物和公共设施。

我国《防洪法》规定,河道湖泊需划定管理范围,除按防洪规划修建了堤防的河湖,其管理范围为堤内和堤外护堤地区域外,其余河湖的管理范围或是某特定量级设计洪水(暴雨)或是历史最高洪水位淹及的河道两岸或湖泊周边。许多城市河湖,即使在《防洪法》颁布后,由于未及时划定管理范围,或虽然划定了管理范围,但执法缺位,仍被各类建筑物和设施侵占,因此需依法在明确划定河湖管理范围的基础上,结合城市改造、灾后恢复重建和洪涝灾害防治措施建设,制订计划,逐步搬迁、拆除位于河湖管理范围内的建筑物和设施,异地安置其中居民,恢复河道湖泊的排涝蓄水能力。

同样，根据内涝风险区划，搬迁位于禁止开发建设区的所有建筑物和设施，以及位于限制开发区内受限的建筑物和设施。对于受限建筑物和设施，就地改建，抬高基础也是搬迁的一种可行的方式。

此外，根据排涝和环境景观需要，拆除排水通道盖板，搬迁或改建其上建筑物和设施（如道路），改造缩窄排水通道的跨河（渠）建筑物和设施（包括连通河渠上下游的涵管），从而恢复河渠排水能力，改善排涝体系，也属于搬迁的范畴。

2. 临时转移

临时转移既包括转移人口、可移动的资产和可能造成污染和危害的危险品，也包括在暴雨期间对发生内涝的道路采取交通管制，引导车辆、行人转至其他安全道路通行的管理行为。

（1）预案与预警。

城市各级政府灾害应急管理部门、交通部门、水务部门及有关单位，应事先根据城市不同暴雨量级内涝分析结果，针对需采取人口异地转移安置的内涝淹没区和需采取交通管制的受淹危险道路，在广泛征求各方意见及公众参与的基础上，制定人口、资产、危险品临时转移和交通管制预案，内容包括明确职责分工，分析确定不同量级暴雨内涝的转移范围、转移人口和资产、转移路线、安置场所，以及禁止通行的道路、车辆行人疏散绕行方案，设置合理的预警等级（如警示、准备和转移或封闭道路），明确界定各预警等级的内容及含义，建立预警发布机制、预警信息传播方式和传播渠道，详细说明在各预警等级及各种环境条件（暴雨期间、夜间、某些通信手段中断等）下相关政府机构、单位和公众应采取的具体行动及应对意外事件的措施，以及后勤保障等。

广泛并持续反复的宣传，确保参与转移或交通管制的相关应急管理机构、部门、单位和公众充分理解预案的内容，深入了解其职责分工以及应采取的行动，是转移或交通管制得以顺利实施，达到预期效果的基础，针对不同受众具体需求编制转移图和交通管制疏导图是理解预案、引导合理行动的最有效的手段。

预警的目的是通告即将来临的暴雨内涝，启动并实施应急预案，由于应急预案不可能面面俱到，预警还具有告知可能受内涝影响的利益相关者，关注暴雨内涝动态，引导其采取合理的应对行动，减轻内涝灾害损失和影响的作用。

由于城市暴雨内涝预警涉及：①根据暴雨实时预报或实际暴雨情况开展分析预测，确定可能的内涝影响范围和程度等技术内容；②决策者、相关应急管理部门、技术支撑部门和公众；③针对不同受众的信息传播渠道和表达方式；④收集处理分析各类相关信息；⑤监测突发事件，提出应对建议等复杂、多样化和随时变化的事项。因此，根据预案和可能的应急响应需求，建立内涝预警系统，可有效提升预警效率，改进预案实施和应急响应行动效果。

（2）财产转移。

预警通常分为三个等级：警示、准备和转移。警示预警多根据24h或更短预见期（如12h）暴雨预报作出，有较大的不确定性，有时可能会有一个，甚至一个以上量级的误差，例如警示的暴雨量级为暴雨，实际发生的降雨为大雨、中雨或大暴雨、特大暴雨等；准备转移预警则根据短临（如预见期3～6h）暴雨预报作出，具有较高的确定性，多可掌握暴雨量级并基本可预测大致的内涝范围；转移预警特指人员转移，此时降雨多已开始，暴雨量级、分布和内涝淹没范围及程度基本确定，且有可能对某些区域的人员安全构成威胁，需立即采取转移行动。

室内可能浸水的居民、商家和单位，应事先确定财产转移方案。对于城市内涝防御应急预案中明确的需采取人员转移措施的易涝区，在接收到准备转移预警信息后，立即开始财产转移行动，将不耐淹的物品、设备转移至内涝淹没水位以上，并固定可能漂浮的物品。由于暴雨积水的上涨速度通常缓慢，无需人员转移但可能发生室内浸水的区域，可视内涝发展情况，转移室内物品至较高处。

车辆是内涝脆弱性较高的高价值财产，在城市内涝事件中占总损失较大比重，是财产转移的重点。为安全起见，在接收到可能发生内涝的暴雨警示预警信息后，车主应避开可能积水的场所驻车，或及时将停在低洼地带的车辆挪至无内涝威胁的高处。有的城市防汛部门根据暴雨预报预测可能的内涝积水范围及积水程度，并将此信息公示或告知保险部门，由保险部门通知投保车主，引导其采取行动，合理驻车，也是减少车辆内涝损失的有效方式。

（3）交通管制。

城市主要排水管道多沿城市道路布设，出于排水考虑，城市交通道路均低于其周边地面，暴雨期间，道路周边地表径流会迅速向道路汇集，而使道路，尤其是低洼和下潜式路段成为最易积水致涝的场所，实际内涝事件表明，有些内涝严重的路段，积水深可超过1m以上，在一些山丘区城市的某些道路内行进的水流流速可达2m/s，不仅可造成车辆受损，还会危及车内人员和行人的生命安全。

由于道路承纳周边大量汇水的特殊性，有些低洼路段的积水可能会在降雨后短时间内达到危及车辆通行或行人安全的深度，考虑到车辆和行人在降雨期间和道路积水后行进速度会大幅度降低，易涝低洼路段的交通管制通常需根据暴雨短临预报或实时降雨预报在暴雨未来临前实施，而交通疏导（车辆行人绕行引导）则需在交通管制（部分道路禁行）前开始。

除针对易涝、高水流流速路段按照预案在暴雨超过某一阈值的条件下实施交通管制与疏导外，在某些突发事件发生时，如因雨水进水口或管道堵塞造成非易涝路段积水、局部道路因降雨沉陷或塌陷等，也需采取应急交通管制措施，并及时引导车辆行人转移至其他安全道路通行。

（4）人员转移。

与洪水泛滥相比，城市内涝发生时需实施异地转移的范围和人口数量均有限，主要集中在局部低洼地带和有危房或简易房的城中村、棚户区或老旧城区。转移预警信息发布后，这些区域的居民需根据预案，或自发或有组织地立即按照预定的路线向安置区或应急避难场所转移。由于城市暴雨内涝淹没时间相对短暂，且需转移区域附近通常有容量充足的公共设施和政府及事业单位建筑物，供水供电等基础设施基本不会因内涝受损中断，转移人员的安全、安置条件和饮食卫生均可得到较好的保障。需要注意的是在转移期间，尤其是夜间，防止触电、失足掉入河渠或雨水井等事故的发生。

虽然制定转移预案并实施有组织转移的区域多为内涝淹没水深较大且有危房或仅为平房的城市

低洼地带，但当暴雨达到一定量级，其他区域的住宅或工作场所，包括有人员活动的地下空间也有可能出现内涝浸水，危及室内人员安全的情况。对于地上建筑物内的人员，室内进水后，应密切关注涨水情况，一旦水位有可能淹及室内电源外接插口或达到 40cm，需立即停止搬迁财产，自行撤离出室内，转移至安全场所。对地下空间内的人员，一旦发现可能进水或有水浸入，则应立即采取行动，迅速撤离地下，若正常出入口因水流湍急无法通行时，应及时打开其他可能的通道，如天窗、电梯竖井、通风口等，撤离地下，地下设施管理人员应担负起观察室外内涝淹水态势，组织、引导、维持转移秩序，疏通排水通道或启动应急排水设备的责任，在确无安全通道撤离地下的情况下，则需充分利用现场物资，如货架、柜台、桌椅、可漂浮物等，在地下空间内临时搭建避难平台，转移至其上，等待救援。

三、降低脆弱性

承灾体（资产、人口及经济活动）相对于内涝的脆弱性是构成内涝风险的三要素之一，反映了承灾体遭受内涝淹没后的损失或受影响程度。

无论采取何种措施，城市发生内涝，造成资产淹没，甚至危及人员安全的风险不可能完全消除，针对可能的内涝淹没情况及其后果，以提高资产抗淹性能、人员自救和救生技能、加速灾后恢复为目的的措施，称为降低脆弱性的措施。

建筑物可能受内涝淹没部分的结构改良、防水材料采用，物品防水或关键设备、部件的防水密封，人员了解相关自救知识掌握自救技能，洪水内涝救生队伍和装备的完善以及救生技能的提高，灾区卫生防疫，减轻内涝灾害影响和加快灾后恢复的救济、援助和保险等，均属于降低内涝脆弱性的范畴。

1. 降低资产脆弱性

基于城市内涝淹没分析，针对城市建筑物，包括房屋、基础设施等可能受淹部分采用防水建筑材料或在其表面增设防水层，是减轻建筑物水力侵蚀损伤、降低建筑物脆弱性的有效措施。相对而言，增设表面防水层，对于砖结构和木质结构的古建筑或老旧房屋更为适用，降低其脆弱性的效果也更为明显。

水敏性设施、设备或部件的防水密封措施分永久性和临时性两类。为防止设施和设备的某些水敏性关键部件，例如自动控制设备的芯片、传感器、电源、电器开关等因浸水失效而影响整个系统的正常运行，在生产或装配阶段进行防水密封处理，是永久性降低内涝脆弱性的措施。同理，预先制定应急方案，在内涝发生前或内涝发展过程中，采取针对性措施，临时局部密封水敏性关键部件或就地整体密封关键设施设备和可能造成次生灾害的危险品，也可有效降低水敏性物品的内涝脆弱性，减少内涝灾害损失和影响。

电气设备因内涝浸水漏电是造成城市内涝人员伤亡的主要原因之一，在内涝可能淹没区域采用密封式电器设备或临时密封可能漏电的电器设施设备，是降低城市内涝脆弱性的重点工作。

2. 降低人员脆弱性

溺水、触电、建筑物倒塌、污染物扩散、危险品泄漏和疫病流行是内涝期间及灾后可能造成人员伤亡和健康问题的主要原因。

除政府部门和有关机构通过各种形式公示内涝风险，开展应对内涝风险知识、措施和行动的宣传教育外（见本节第一部分"提高内涝风险意识"），提高公众自救和救生技能、组建装备齐全的专业救生队伍、强化城市内涝卫生防疫是降低人员面临内涝威胁的脆弱性的主要措施和有效手段。

（1）减少溺水伤亡。

暴雨期间地表径流迅速汇集至城市低洼地带或灌入地下空间导致水深短时间内达到危及人员生命安全的深度（对于儿童和老弱病残该深度约为 0.5m，对于健康的成人约为 1.5m），位于其中的人员和车辆若应对不及或不当，可能面临没顶之灾，北京 2012 年"7·21"暴雨某高速路段和某下潜式立交桥积水，以及济南 2007 年"7·18"暴雨某地下商场进水是内涝导致人员溺水伤亡的典型案例。对于山丘区城市，暴雨产生的地表径流沿程携带各种杂物迅速向地势相对低洼的道路汇集，较大的比降、较小的糙率和顺直的走向，会在道路中形成洪流，流速可达 2m/s 以上，水深可超过 0.3m，在高速水流冲击和杂物撞击的共同作用下，沿线的行人可能失足跌入水流，行驶的车辆可能失控相互碰撞，随波逐流，甚至冲入河渠之中，而造成人员溺水死亡或受伤，这种现象在济南 2007 年"7·18"暴雨其间表现得尤为突出；暴雨内涝期间，受地表水流冲击或地下管道水流顶托的作用，一些井盖或雨箅子可能移位而形成若干陷阱，在地表积水的掩盖下，路过的行人可能因大意而失足陷入其中，造成伤亡，这种情况在城市内涝期间时有发生；此外，道路内涝积水可能淹没车辆或行人平时用于行进的路面参照物，而使其误入道路周边的河渠、坑塘，导致溺水伤亡事件的发生。

如本节"临时转移"部分所述，根据暴雨预报和实际暴雨情况采取交通管制、禁止某些路段的通行，预先组织疏散内涝积水深度超过危及生命安全临界值的区域的人口是避免内涝溺水伤亡最有效的措施。由于各种原因和意外因素，城市暴雨期间可能会有一些人员暴露于内涝威胁之下，需采取合理的行动和适宜的措施降低脆弱性，保障生命安全，有关行动和措施包括如下内容：

1）专业救生队伍在可能危及公众生命安全的内涝危险点（危险路段、危险区域）布防待命，引导可能受威胁的人员撤离，并对处于危险之中或溺水的人员实施救生行动。

2）位于低洼路段或低洼地带的人员和车辆，发现道路或地面积水并上涨时，立即向周边地势较高处转移，若车辆因积水熄火抛锚，车内人员立即弃车步行转移至高处或周边建筑物内。

3）可能受内涝威胁的地下设施运营单位在暴雨期间安排专人在出入口值守，若发现外围涝水汇集上涨，有可能漫入的迹象，立即通知地下设施紧急事件负责人，组织人员撤离，并禁止外部人员进入；若出入口灌入的水流湍急无法通行，地下设施管理者在求助专业救援部门的同时，立即利用室内可用的器材，搭建应急平台，组织内部人员临时避难，等待救援。

4）困在接近没顶的内涝深水区且无游泳技能的人员，切忌盲目涉水，宜寻找附近的漂浮物或抛锚车辆临时自救，若困于下潜式道路深水区，可及时移动至路边，攀扶竖墙自救，同时利用各种方式呼救；具备游泳技能的人员，应在保证自身安全的前提下，救助深水区受困者脱离险境。

5）暴雨期间位于坡度较大道路的行人和车辆，若发现路面水流形成且超过 10cm（没过脚踝）并呈上涨趋势，应及时进入垂直于该道路坡度平缓的街道或沿道路周边的院落，当车辆因水流冲击操控困难时，则应果断弃车，步行脱离险境。

6）在内涝淹没的路面行走时，尤其是夜间，需仔细观察水面情况，避开有旋涡或水面有波动的区域，若万一失足，应及时张开双臂，避免身体完全没入竖井；位于内涝积水区的行人和车辆，当路面积水与周边河渠、坑塘连成一体且平时判断行进方向的参照物没入水下时，应就地驻足或停车，或等待救援，或待积水消退（因有排水系统，城市路面积水历时多较短）。

（2）避免触电。

现代城市室内和街道密布各类电气设备，包括电源开关、插座、电线等，暴雨内涝期间，电线可能因各种外力作用切断、倒伏落入积水之中，电源插座、开关可能进水漏电，而导致其周边水体处于带电状态，位于积水区的人员若恰逢带电电器漏电或行人若误入其中，可能发生触电事故，危及生命安全。暴雨内涝期间避免触电和针对触电者的救生行动主要包括如下内容：

1）室内进水后，立即切断电源开关，或在室内水深接近插座高度时，中止室内排水和搬迁财物的行动，撤至室外无水地面。

2）在室外行走过程中避开积水路面，确需涉水时，应观察积水路段是否有电线坠入、是否有电线杆受淹，并缓慢试探进入积水区，一旦有触电感觉，及时退回。

3）遇水中触电者，现场无专业救生人员时，路人切忌湿足涉水徒手施救，若穿着超过水深的雨鞋，可用多层塑料袋防护双手，贴身救援，亦可用绝缘的长杆或绳索将触电者拖离带电集水区，并及时进行心肺复苏救治行动。

3. 污染防治与卫生防疫

暴雨期间随波逐流的各类垃圾、漫溢的污水以及雨污合流管网汇入河渠的大量污水，会造成城市地表、河渠、土壤和地下水污染，危及人类健康和生态与环境，增加城市相对于内涝的脆弱性，其主要影响表现如下：

1）滋生蚊蝇和细菌，传播疾病、瘟疫，甚至触发病疫流行。

2）导致伤口和体弱者感染，严重时危及生命安全。

3）造成有毒、化学物质扩散，长期威胁人类健康。

4）污染地表水和地下水，其中污染物经由饮水或农产品、水产品等的积累进入人类食物链，持续危及健康等。

上述影响在垃圾管理不完善的城市、城市低洼地带、排水能力不足的老旧城区和棚户区表现得尤为突出，是城市内涝卫生防疫的重点。

前述的提高城市排水能力、老旧城区和棚户区排水系统改造、地表积水的应急排除和湿地型蓄涝区建设等措施既可缓解城市内涝，也有助于控制暴雨内涝期间污染物的扩散和病菌滋生的范围，减轻内涝对人类健康和环境的影响。此外，一些针对性的措施，如暴雨径流污染防治、因内涝而扩散的垃圾及时处理、卫生防疫等，可进一步降低内涝期间及灾后人类健康和生态与环境的脆弱性。

（1）暴雨径流污染防治。

城市巨大的人口数量和高度密集的经济活动会产生大量的生活、生产、商业、建筑垃圾和废水污水，其中含有各类有毒有害污染物，暴雨期间可能随着径流进入河道或地下，造成地表和地下水以及土壤污染，并向下游扩散。有些污染源于垃圾污水管理处置不当，如在露天随意堆积遗弃、沿河倾倒、雨污管道合流等，有些污染物则广泛散布于城市地表（面源污染），常规手段难以处置，如建筑物和地表尘土、机动车泄漏于道路和停车场的油污等。

管理处置不当的城市垃圾，在暴雨期间不仅导致环境污染，还会堵塞淤积排水系统，使得城市排水能力减低，内涝程度加重：水流携带的垃圾杂物，尤其是塑料袋经过雨水收集系统（雨箅子）时会在此停滞并不断积累，导致进水效率大幅度萎缩；进入排水管渠和河道的固体垃圾，会造成管道堵塞、河渠淤积，不仅降低排水系统的排水能力，还有可能抬高河道洪水位，加重河道洪水的威胁。

对于固体垃圾，可通过完善城市垃圾收集处理设施，强化日常环卫清洁，加大对随意丢弃倾倒垃圾行为的监督执法力度，提高公众的环境保护意识等措施进行管理，从而减少垃圾和污染物随雨水扩散的数量；对于城市日常污水，雨污分流，各行其道是最有效的手段。

某些特殊的固体或液体垃圾，如医疗垃圾、化工垃圾、含有重金属和有毒物质的工业垃圾等，需在不受洪涝侵袭的场所设置专门的设施，妥善收集处理，避免因内涝造成污染物泄漏，而导致次生灾害的发生。

对于城市面源污染，强化环卫清洁仅可在一定程度上缓解，雨水分期就地处理则是最有效的措施之一。

受城市面源污染最严重的是降雨初期（通常约 10min 左右）产生的那部分径流（称为"初雨径流"），尤其以进入雨季后的第一场降雨产生的初雨径流或相邻两场降雨间隔期较长的初雨径流受面源污染最为严重，由此可见，北方地区的初雨径流污染甚于南方地区。

源头和过程蓄水措施，尤其是下渗蓄水措施和湿地系统本身就具有降解、吸附污染物、净化水质和避免污染物扩散的作用，但也可能造成部分污染物进入地下污染土壤和地下水的环境问题。在源头和过程蓄水措施中设计分蓄装置或设置专门区域临时存蓄初雨径流，待降雨过后排入城市污水处理系统集中处置，可有效地减轻地下水、地表水和土壤污染。

对于雨污合流的排水管渠系统，设计收集装置将初雨径流与日常污水混合物引入污水处理厂，或在专用雨水管渠系统末端设置收集设施，用于存蓄处理初雨径流，也可缓解面源污染问题。

（2）垃圾清理。

内涝淹没区积水排除后，排水管网和河渠中水流消退后，会在生活生产区、道路、管道内和河道沿程沉积各类垃圾、淤泥和受损的器具，及时清理内涝遗留垃圾，不仅可加速灾后恢复、维持排涝体系应有的功能，还可有效消除病菌滋生环境，防止污染物进一步扩散，修复生态、环境和城市景观。

垃圾分拣及层次化的处理是垃圾清理的合理模式：轻微受损的器具和浸水衣物经修理和清洁后可继续使用或捐献给慈善机构，分拣可回收物品和可燃物实现垃圾的再利用或汇集至垃圾焚烧厂生成能源，然后收集清理其余垃圾至垃圾处理或填埋场所。

经暴雨径流冲入城市河渠湖池等水体中的漂浮物，尤其是动物尸体和易腐烂的植物，需组织专业打捞队伍，在暴雨内涝期间和此后，全程观测、及时打捞、清理和妥善处置。

雨水管网及河湖因城市暴雨或排污所积累的淤泥，不仅会降低城市径流的排蓄能力，加重内涝危害程度，也是病菌滋生源，并造成生态与环境影响。管网河湖淤泥清理宜在每年讯后集中进行，除清除外，河湖中的有害底泥也可采用生物措施处理。

（3）卫生防疫。

城市雨季正值蚊蝇滋生、病菌繁殖的旺盛期，暴雨造成的大面积涝水退去后，会遗留大量垃圾淤泥，一些低洼地带的积水可能一时难以排出，某些缺乏自净能力的小型景观水体甚至饮用水源可能因垃圾或污水浸入而污染，受淹建筑物内即使经过排水和垃圾清理也会在缝隙死角、器具上和墙壁内遗留污染物和病菌，这些污染源和隐患若不及时妥善处置，有可能导致感染或疫病流行，危及城市居民健康。上述情形在低洼且垃圾管理不完善的老旧城区和棚户区表现得尤为突出。

垃圾淤泥清理前，需由城市卫生防疫部门进行排查，涉嫌有毒、化工和医疗垃圾，应由专业队伍处置，其他垃圾在进行常规消毒后及时清理。

受涝水侵蚀的饮用水源，应暂停供水，经化验检测并采取严格的净化处置，达到饮用水标准后，恢复供水。

对未能及时排除的积水，受污染的景观水体、池塘和雨水收集池（箱）内的存水，以及受淹建筑物内部可能受污染的部位，采取针对性的消毒措施，控制蚊蝇滋生、病菌繁殖，避免感染和疾病传播。

动物尸体，需经现场消毒后，由城市卫生防疫部门采取集中焚烧或专用场地填埋的方式妥善处置。

若发现流行病感染者，及时隔离治疗，并立即追踪、锁定并采取针对性措施消除病源，防止疫病扩散流行。

4. 保险及灾后援助

洪水（内涝）保险、巨灾融资、减税、低息贷款、搬迁补偿及救济等应对内涝残留风险的经济措施或手段具有两方面的效果。首要的，也是最直接的作用是分担残留风险，化解或减轻内涝受灾者的经济负担，加速灾区重建，使城市社会经济活动和城市功能尽快恢复至正常状态，从而减轻内涝灾害的影响。对于发生频率低、灾害后果巨大的事件，保险和巨灾融资措施因其直接且明显的加速灾后恢复效果，而为越来越多的国家所采用。

洪水保险、减税（多指购买减灾产品或采取政府推荐的减灾措施，如出入口挡板、应急排水设备、防水密封器材、抬升建筑物基础等的税费）和补偿（如为搬迁出内涝高风险区的资产，尤其是灾后受损资产基于市场价值提供补偿）等措施的第二个主要功能是在风险评估的基础上，通过经济手段激励位于洪涝风险区的人们采取适当的行动降低风险和减少损失。以保险为例，保险方多会根据风险评估结果，一方面，在保险合同或明确地或隐形地要求投保人采取适宜的降低风险的行为，或通过调节保费的手段激励、引导投保人采取推荐的减灾措施；另一方面，为获取更多的保费收入，保险方会为投保人提供技术和信息支持，协助其采取合理的减灾措施，并在洪涝来临前告知投保人采取封堵出入口、转移资产等应急行动，减轻或避免损失。

虽然城市内涝风险区与城市受河道洪水、风暴潮（对沿海城市而言）威胁的区域并不完全重叠，但在推行保险时通常会统一纳入综合性的洪水保险产品中一并考虑。对于单纯受内涝威胁的区域，由于淹没水深、流速和历时均远小于河道和风暴潮泛滥洪水，其保险对象（标的）的选择会有所差异，就城市而言，脆弱性较高适宜于保险的资产一般为车辆、企业可能受淹的易损性产品和设备、低洼地带仓储设施、地下设施以及可能造成次生灾害的危化品、污水处理厂等。

发行巨灾债券、建立巨灾基金是应对极端、大范围严重灾害事件，加速灾后恢复重建的有效经济手段。由于包括洪涝在内的自然灾害在统计意义上具有灾害损失年际变化大，极端灾害事件发生时受灾范围广、损失巨大的特点，通常不满足基于市场化的可保性要求，许多国家的洪涝保险均是基于巨灾基金建立和推行的，其模式或由国家担保，以避免参与灾害保险的私营公司破产，或由私营保险公司提供保险服务收取佣金，而保费收入则纳入保险基金之中。

洪涝保险的推行建立在对洪涝风险深入认识和精细评估的基础之上，并要求将洪涝风险信息公之于众，因此，伴随洪涝保险还会产生另一附带效应，即提高全民的洪涝风险意识，引导公众根据洪涝风险特征自发采取适宜的行动，减轻、规避风险，合理开发建设，保障生命安全。

第四节　结　论

城市内涝是洪水的类型之一，比之于河道洪水、风暴潮、农田内涝等其他类型的洪水，其形成、发展及淹没形态受人为因素的干扰和影响更为深刻、显著：高度聚集的人口和各类高强度的人类活动散发出大量的热能与尘埃所产生的热岛与雨岛效应，使得城市区域暴雨发生频率增加、强度加大；大面积、高比例的人工硬化地表，以及刻意追求地表整齐划一、平整光洁和大量建设高出周边地面的绿地的传统审美观念，减少了雨水下渗量和土壤蓄水量，导致地表径流成倍增加、汇流时间缩短；填埋侵占河湖、缩窄或阻隔天然排水通道等与水争地的城市开发建设模式，造成城市地表水系紊乱、排蓄能力大幅度降低；无视水流运动特性的下潜式道路、立交桥和隧道建设，人为形成了诸多低洼的水流聚集区和易涝点；城市排水管网建设，以及试图尽量将地表径流排入河道的城市内涝治理思路，造成入河水流峰量俱增，河道洪水倒灌事件日趋频繁；道路低于周边地面的城市交通体系建设布局，使得道路成为地表水流汇集的最终场所和行进的主要通道，因而也使其成为积水内涝的易发地带；城市高强度的人类活动所产生的大量垃圾，不仅会在降雨期间堵塞淤积排水通道，还可能造成污染物扩散，引发环境问题。诸如此类的现象均表明，人类行为的管理对于城市内涝治理至关重要。

深入认识城市内涝成因，尤其是人类活动与内涝风险之间的内在联系，在效率与公平原则指导下，结合城市发展需求和趋势，开展基于内涝风险分析的城市内涝治理规划，因城制宜，采取适宜的工程与非工程的组合措施，是应对城市内涝问题，减轻内涝风险，保障城市健康发展的最佳策略。

合理的城市内涝治理及减轻内涝风险的思路如下：

（1）在充分挖掘城市就地消化（蓄滞、下渗）雨水能力的基础上，遵循效率和公平原则，以流域为单元，以承泄区最大消纳能力为约束，建设地表、管网和河渠排水相结合的排水体系（大系统），形成调控降低内涝风险的蓄排措施优化组合的工程体系。

（2）对于超出工程措施调控能力的内涝残留风险，则通过规避风险、提高人口资产自身抗御内涝损害与影响能力（降低脆弱性）等调整人类行为的非工程措施合理应对，减轻内涝损失和影响。

（3）开展广泛、深入、持续的城市内涝风险及应对内涝风险知识的宣传教育，提高城市各阶层内涝风险意识，以此促使政府制定相关法规和规划，推进城市内涝治理措施的实施，规范土地开发与建设活动，引导公众采取合理的减灾行为。

建设标准适宜的内涝调控工程体系是保障城市在暴雨期间正常运行的基础，由于工程体系只能在合理的范畴内尽可能降低而非完全消除内涝风险，因此，分析残留风险的特征及其可能的影响，并据此未雨绸缪，采取适当的非工程体系，规范人的行为，提升承灾体自身抗御内涝的性能，加速灾后恢复重建，进一步减轻内涝损失和影响，是应对城市内涝灾害的必然选择。

面对城市稀缺的竞争性的土地资源需求和众多公共问题，内涝治理往往并非是决策者和政府所需考虑的优先事项，相关主管部门在推进城市内涝治理措施的同时，若能兼顾其他土地利用需求或其他公共问题的解决，则有助于有关措施的推行和实施：下凹式运动场或广场的建设，既可在暴雨期间蓄滞地表径流，又可在平时用作运动和休闲场所；下凹式绿地和绿化带，在蓄留下渗雨水，应对内涝问题的同时，兼具美化环境、净化水质、截留垃圾、补充地下水、缓解城市热岛效应的功效；清理河渠障碍、拓展空间、营造两岸绿化带、开挖小区蓄水池、恢复城市湿地，既增加了城市径流排蓄能力，又美化了城市景观，提升了周边土地开发价值，丰富了生物多样性；强化城市垃圾管理，兼有改善环境、减少水土污染、维持排水系统能力、防治病菌传播的作用等。

在快速城市化的大背景下，已有城市向周边继续扩展，新的城市不断涌现，大量土地转化为城市建设用地是社会经济发展的必然结果。针对未来城市发展态势，分析评估可能的内涝风险，将城市内涝治理措施融入城市发展建设规划之中，是减轻内涝对城市发展的影响，维持城市正常运转的最有效的方式。

参 考 文 献

［1］ ［印］Abhas K Jha，［英］Robin Bloch，Jessica Lamond，等著. 城市洪水风险综合管理［M］. 王虹，等译. 北

京：中国水利水电出版社，2014.

［2］ ［加］Slobodan P. Simonovic，著，朱瑶，张诚，等译．气候变化背景下的洪水风险管理［M］．北京：清华大学出版社，2017.

［3］ 赵春明，周魁一．中国治水方略的回顾与前瞻［M］．北京：中国水利水电出版社，2005.

［4］ 夏岑岭．城市防洪理论与实践［M］．合肥：安徽科学技术出版社，2001.

［5］ 张建云，宋晓猛，王国庆，等．变化环境下城市水文学的发展与挑战 I．城市水文效应［J］．水科学进展，2014，25（4）：594－605.

［6］ 黄国如，何泓杰．城市化对济南市汛期降雨特征的影响［J］．自然灾害学报，2011（3）：7－12.

［7］ 吴正华．北京的城市化发展和城市气象灾害［J］．城市防震减灾，1999（3）：14－18.

［8］ 顾孝天，李宁，周扬，等．北京"7·21"暴雨引发的城市内涝灾害防御思考［J］．自然灾害学报，2013，（2）：001－6.

［9］ 刘志雨．城市暴雨径流变化成因分析及有关问题探讨［J］．水文，2009，29（3）：55－58.

［10］ Selina Begum，Marcel J. F. Stive，Jim W. Hall，编．欧洲洪水风险管理［M］．叶阳，邓伟，付强，等译．郑州：黄河出版社，2011.

［11］ 向立云．城市洪涝灾害的成灾模式初步分析［J］．自然灾害学报，1995（s1）：197－201.

［12］ 仇劲卫，陈浩，刘树坤．深圳市的城市化及城市洪涝灾害［J］．自然灾害学报，1998（2）：67－73.

［13］ 刘树坤．城市内涝灾害的对策与管理［J］．中国应急管理，2007（9）：25－27.

［14］ 刘树坤．城市河流的治理与研究展望［J］．水利科技与经济，2012，18（1）：1－3.

［15］ 程晓陶．城市型水灾害及其综合治水方略［J］．灾害学，2010，25（s1）：10－15.

［16］ 王虹，李昌志，程晓陶．流域城市化进程中雨洪综合管理量化关系分析［J］．水利学报，2015，46（3）：271－279.

［17］ 胡盈惠．论快速城市化进程中的城市内涝治理［J］．中国公共安全（学术版），2011（2）：6－8.

［18］ 李飞，陶涛，莫镇华，等．防治城市内涝的主要挑战及技术［J］．中国市政工程，2013（s1）.

［19］ 张悦．关于城市暴雨内涝灾害的若干问题和对策［J］．中国给水排水，2010，26（16）：41－42.

［20］ 金菊良，魏一鸣，付强，等．城市防洪规划方案的综合评价模型［J］．水利学报，2002，33（11）：0020－0026.

［21］ 张炜，李思敏，时真男．我国城市暴雨内涝的成因及应对策略［J］．自然灾害学报，2010，21（5）：180－184.

［22］ 许有鹏．流域城市化与洪涝风险［M］．南京：东南大学出版社，2012：98－102.

［23］ 王伟武，汪琴，林晖，等．中国城市内涝研究综述及展望［J］．城市问题，2015（10）：24－28.

［24］ 刘俊，陆剑峰，方正杰，等．对现代城市防洪的一些思考［J］．自然灾害学报，2005，（2）：136－139.

［25］ 任希岩，谢映霞，朱思诚，等．在城市发展转型中重构——关于城市内涝防治问题的战略思考［J］．城市发展研究，2012，19（6）：71－77.

［26］ 车伍，杨正，赵杨，等．中国城市内涝防治与大小排水系统分析［J］．中国给水排水，2013，29（16）：13－19.

［27］ 汉京超，王红武，张善发，等．城市雨洪调蓄利用的理念与实践［J］．安全与环境学报，2011，11（6）：223－227.

［28］ 张冬冬，严登华，王义成，等．城市内涝灾害风险评估及综合应对研究进展［J］．灾害学，2014，29（1）：144－149.

［29］ 徐艳文．国外治理城市内涝的经验［J］．防灾博览，2013（4）：52－55.

［30］ 赵凡，赵常军，苏筠．北京"7·21"暴雨灾害前后公众的风险认知变化［J］．自然灾害学报，2014，（4）：38－45.

［31］ 杨威．济南"7.18"暴雨洪涝灾害及其启示［J］．中国防汛抗旱，2007（6）：19－20，32.

［32］ 俞布，缪启龙，潘文卓，等．杭州市台风暴雨洪涝灾害风险区划与评估［J］．气象，2011，37（11）：1415－1522.

［33］ 顾朝林，陈田，史培军，等．1991年苏皖城市洪涝灾害成因分析［J］．地理学报，1992，47（4）：289－301.

［34］ 中华人民共和国国务院．城镇排水与污水处理条例［R］．2013.

［35］　中华人民共和国住房和城乡建设部，中华人民共和国国家质量监督检验检疫总局．GB 50014—2006 室外排水设计规范（2014 年版）［S］．北京：中国计划出版社，2014.

［36］　中华人民共和国住房城乡建设部．海绵城市建设技术指南——低影响开发雨水系统构建（试行）［R］．2014.

［37］　Abebe A J，Price R K. Decision support system for urban flood management［J］. Journal of Hydroinformatics，2005，7（1）：137 - 150.